# 塔里木油田油气水集输及处理标准化工艺手册

》》》》》》》》》》》》》

《塔里木油田油气水集输及处理标准化工艺手册》编写组 编著

TALIMU YOUTIAN YOUQISHUI JISHU
JI CHULI BIAOZHUNHUA GONGYI SHOUCE

石油工业出版社

## 内容提要

本书以油田油气水集输与处理的基本理论为依托，全面地总结了塔里木油田相关地面工艺技术的实践和发展，对各项地面工艺进行了标准化梳理，形成标准化工艺推荐。为便于读者阅读和理解，采用了先理论后实践推演出标准化总结的方式。

本书主要包括油田集输工艺、原油处理工艺、气田集输工艺、天然气处理工艺、采出水处理工艺等方面内容，在基础理论与实践相结合的基础上对塔里木油田各地面标准化工艺进行了概要性介绍。

本书可作为塔里木油田油气水技术及处理设计人员的指导性书籍，也可作为石油院校及油田生产管理人员、工程技术人员的参考用书。

---

图书在版编目（CIP）数据

塔木里油田油气水集输及处理标准化工艺手册 /《塔里木油田油气水集输及处理标准化工艺手册》编写组编著．—北京：石油工业出版社，2023.2
ISBN 978-7-5183-5707-9

Ⅰ．①塔⋯ Ⅱ．①塔⋯ Ⅲ．①油气集输－标准化－工艺－手册 ②石油开采－水处理－标准化－工艺－手册
Ⅳ．① TE866-62 ② TE35-62

中国版本图书馆 CIP 数据核字（2022）第 241124 号

---

| | |
|---|---|
| 出版发行： | 石油工业出版社 |
| | （北京安定门外安华里 2 区 1 号　100011） |
| | 网　　址：www.petropub.com |
| | 编辑部：（010）64523710 |
| | 图书营销中心：（010）64523633 |
| 经　销： | 全国新华书店 |
| 印　刷： | 北京中石油彩色印刷有限责任公司 |

2023 年 2 月第 1 版　2023 年 2 月第 1 次印刷
787×1092 毫米　开本：1/16　印张：17.5
字数：400 千字

定价：100.00 元
（如出现印装质量问题，我社图书营销中心负责调换）
版权所有，翻印必究

# 《塔里木油田油气水集输及处理标准化工艺手册》编委会

主审人：何新兴　王天祥　孔　伟　任永苍

主　编：孟　波　艾国生　杨春林　张志勇　窦玉明

编写人：张明益　谭川江　崔兰德　孙凤枝　严东寅
　　　　谭建华　蒋余巍　张　波　赵建彬　陈绍云
　　　　王赤宇　刘百春　吉万成　薛　剑　黄　涛
　　　　于跃云　雷志云　王　盼　韩国强　张烜玮
　　　　张景山　宋美华　宫彦双　王　坤　邓志伟
　　　　冯　泉　姜　奎　梁晓飞　唐洪军　牛　强
　　　　刘婷婷　王军伟　陈　磊　梁　钊　单　华
　　　　孟庆鹏　王林强　王玉柱　陈　欢　陈英敦
　　　　李　娜　朱丽静　王　瑶　朱万成　张新庆
　　　　牟晓波　陈杨磊　陈　树　王洪松

# 前言
## PREFACE

塔里木盆地是我国陆上油气增储上产潜力最大的盆地之一，6000米以深的超深油气资源占我国陆上超深层油气资源总量60%以上，勘探开发潜力巨大。塔里木盆地油气勘探始于20世纪50年代初，经历"五上五下"艰难探索，受资金和技术所限，至70年代末仍未取得重大突破。1989年4月10日，中国石油天然气总公司批准成立塔里木石油勘探开发指挥部，随后即展开了轰轰烈烈的新型石油大会战。至2020年底，塔里木油田已全面建成3000万吨大油气田和300亿立方米大气区，成为继长庆、大庆之后的我国第三大油气田，是西气东输的主力气源地。

塔里木油田积极探索开发生产新模式新技术，共开发建设31个油气田，涵盖超高压干气气田、凝析气田、低凝油油田、稠油油田等。塔里木油田油气藏多样，有超深超高压干气气藏、整装凝析气藏、碳酸盐岩油藏等。地貌复杂，有处于"死亡之海"的塔中油田、哈得油田，有戈壁平原的东河油田、牙哈油气田，有位于天山深处的克深气田、大北气田。地面系统庞杂，有常规油气集输、长距离混输、高压集输，各种脱水工艺、油气回收工艺，多种水处理工艺。近些年，陆续完成了单井标准化等数百项标准化定型图，有效推进一体化集成装置、数字化、橇装化、模块化工作进程，稳步推动标准化设计工作的全面开展，取得了卓越的成绩。

油气水集输及处理技术发展至今，各项技术工艺均已较为成熟。在各种书籍中多为理论论述，其中的工艺选择也多原则性说明，较少系统性地结合一个油气田生产实际进行标准化研究。地面工程目前所做的标准化，多由设计院结合实际项目出具设计流程平面布置、设备管线安装等，缺少对油田整体系统性的分析说明。为此，在对相关技术文献进行系统的研究、筛选、归整、对比分析后，结合塔里木油田三十年的实践，选择油气田地面设计的关键工艺进行标准化研究，力图对塔里木油田高压超高压气田、碳酸盐岩油田等多种特性的油田油气水集输与处理工艺进行较为系统的标准化总结，实现工艺流程与标准化定型图的协同作用，完善集输与处理工艺标准化体系的纲要，助推标准化工作的体系化发展。

本书共分为六章，依次从地面工艺概况、油田集输工艺、原油处理工艺、气田集输工艺、天然气处理工艺、采出水处理工艺六大方面进行论述。在编写方法上，分工艺模块从最基本的概念和原理入手，按照装置从整体到局部，根据流程顺序依次进行论述，以期做到层次分明，系统全面，为读者了解塔里木油田油气水集输与处理工艺提供一个系统的容易接受的途径。

由于编著人员水平有限，对油田油气水集输与处理工艺的认识还不十分深入，对塔里木油田的总结可能还不够准确全面，书中有不妥之处，恳请各位专家、同行和广大读者批评指正。

编者<br>
2021 年 10 月

# 目录 CONTENTS

**第一章　塔里木油田地面工艺概况** ·············································· 1
　第一节　塔里木油田发展历程 ·················································· 1
　第二节　塔里木油田油气物性 ·················································· 9
**第二章　油田集输标准化工艺** ················································ 14
　第一节　油田集输概述 ······················································ 14
　第二节　油田集输布站 ······················································ 17
　第三节　集油工艺 ·························································· 26
　第四节　计量工艺 ·························································· 33
　第五节　标准化井场工艺 ···················································· 40
**第三章　原油处理标准化工艺** ················································ 45
　第一节　原油处理概述 ······················································ 45
　第二节　油气分离工艺 ······················································ 52
　第三节　原油脱水工艺 ······················································ 57
　第四节　原油、凝析油稳定工艺 ·············································· 68
**第四章　气田集输标准化工艺** ················································ 86
　第一节　气田集输概述 ······················································ 86
　第二节　总体布局工艺选择 ·················································· 90
　第三节　集气工艺 ·························································· 95
　第四节　标准化井场工艺 ··················································· 113
　第五节　标准化集气站工艺 ················································· 121
**第五章　天然气处理标准化工艺** ············································· 125
　第一节　天然气处理概述 ··················································· 125
　第二节　天然气脱硫脱碳 ··················································· 133
　第三节　天然气脱水脱烃 ··················································· 147
　第四节　天然气凝液回收 ··················································· 172
　第五节　硫黄回收及尾气处理 ··············································· 184

## 第六章　采出水处理标准化工艺 ········ 208
### 第一节　概述 ········ 208
### 第二节　油气田采出水处理技术 ········ 211
### 第三节　塔里木油田采出水处理技术 ········ 234
### 第四节　采出水处理工艺适应性分析 ········ 252
### 第五节　标准化采出水处理工艺 ········ 256
### 第六节　注水工艺与设备 ········ 262

## 参考文献 ········ 269

# 第一章 塔里木油田地面工艺概况

塔里木石油工业从 1952 年起步，到现在已经走过了 69 年的光辉历程。塔里木石油工业起步之初，国家一穷二白，石油前辈们用人拉肩扛的方式将钻机搬进天山，以骆驼为运输工具"九进九出"塔克拉玛干沙漠，1958 年发现依奇克里克油田，1977 年发现柯克亚油气田。改革开放后，中美合作地震队进入塔克拉玛干沙漠勘探，取得了重大成果，1985 年石油工业部决策"六上塔里木"，三年内在塔里木盆地北部取得重大突破。1989 年 4 月，中国石油天然气总公司在库尔勒市成立塔里木石油勘探开发指挥部，调集全国陆上石油精兵强将，展开了一场新时期的大规模石油会战，并将其定位为中国石油"发展西部的一次战略性行动"。30 多年来，塔里木石油人坚持"两新两高"工作方针，大打勘探开发进攻仗，攻克了一系列世界级难题，在祖国西部边陲建成 $3000 \times 10^4$t 级的现代化大油气田，为国民经济发展做出了重要贡献。特别是 1998 年克拉 2 大气田的发现，直接促成国家西气东输工程的立项和决策，推动中国进入天然气时代，为国家石油工业发展和能源结构调整做出了历史性贡献。

今天的塔里木油田，历经 30 余年的快速发展，依然朝气蓬勃，展示出巨大的发展潜力和良好的发展势头。2020 年，塔里木实现了建成 $3000 \times 10^4$t 大油气田的目标；按照规划目标，2025 年，塔里木油气当量产量将力争达到 $3500 \times 10^4$t。

## 第一节 塔里木油田发展历程

1988 年，轮南 1 井和轮南 2 井获高产油气流。同一时期，地质矿产部西北石油局部署在塔北地区的沙 14 井、沙 7 井、沙 5 井也相继获得高产油气流。这表明，塔北地区是油气富集区。中国石油天然气总公司（下称总公司）党组讨论了塔里木盆地的勘探形势，认为加快塔里木盆地油气勘探步伐的时机已经成熟。1989 年 3 月 6 日，总公司组建了塔里木石油勘探开发指挥部首届领导班子。塔里木石油勘探开发指挥部作为总公司的派出机构和总甲方，代表总公司直接指挥和领导塔里木石油会战。经过一个月的紧张筹备，1989 年 4 月 10 日，总公司在库尔勒市召开塔里木石油勘探开发指挥部成立大会。塔里木石油勘探开发指挥部的成立，标志着塔里木石油会战正式开启，此次会战是中国改革开放以来，中国石油工业动员力量最多，涉及范围最大，对外开放程度最高、声势浩大、影响最为深远的一次石油勘探开发会战。

30 余年来，塔里木油田牢记实现我国油气资源战略接替、保障国家能源安全的崇高使命，征战"死亡之海"，挑战生命禁区，探索建立中国特色油公司管理模式，形成富有塔里木特色、具有世界先进水平的勘探开发技术系列，走出一条稀井高产、少人高效的科学发展之路。截至 2021 年底，累计发现和开发轮南、塔中、哈得、克拉 2、迪那 2、英买力、克深 2 等 32 个大中型油气田，探明油气储量当量 $32 \times 10^8$t，生产原油 $1.5 \times 10^8$t、天然气

$3740×10^8m^3$，油气当量 $4.5×10^8t$，向西气东输供气超 $2945×10^8m^3$，向南疆供气超 $450×10^8m^3$，上缴税费超 1686 亿元，为保障国家能源安全和促进国民经济发展作出了重要贡献，塔里木主要油气田分布如图 1-1 和图 1-2 所示。

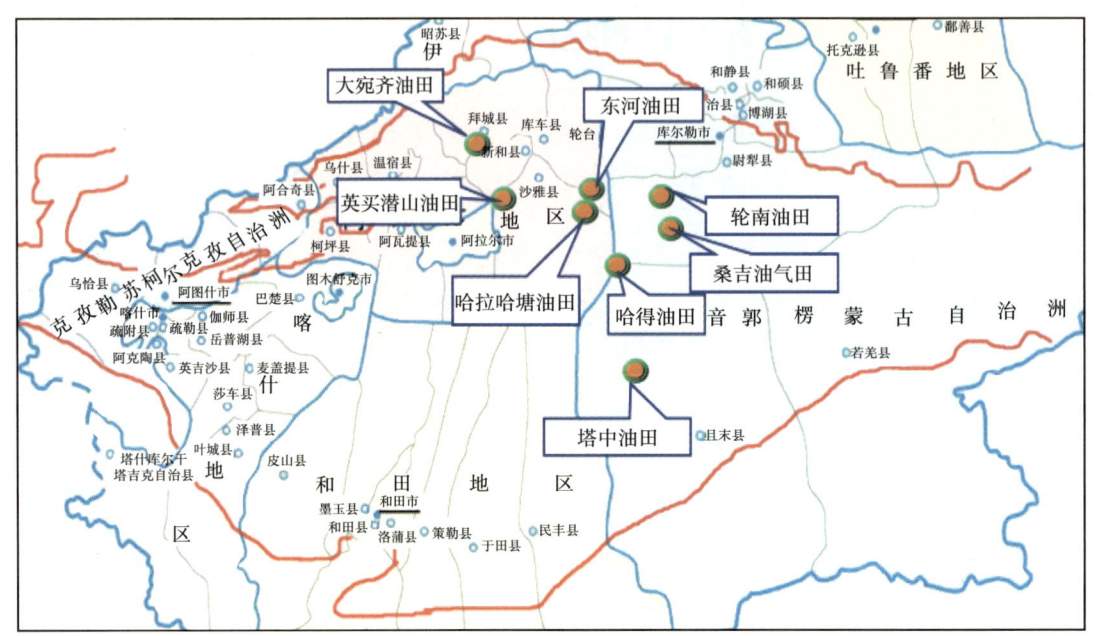

图 1-1　塔里木主要油田分布图

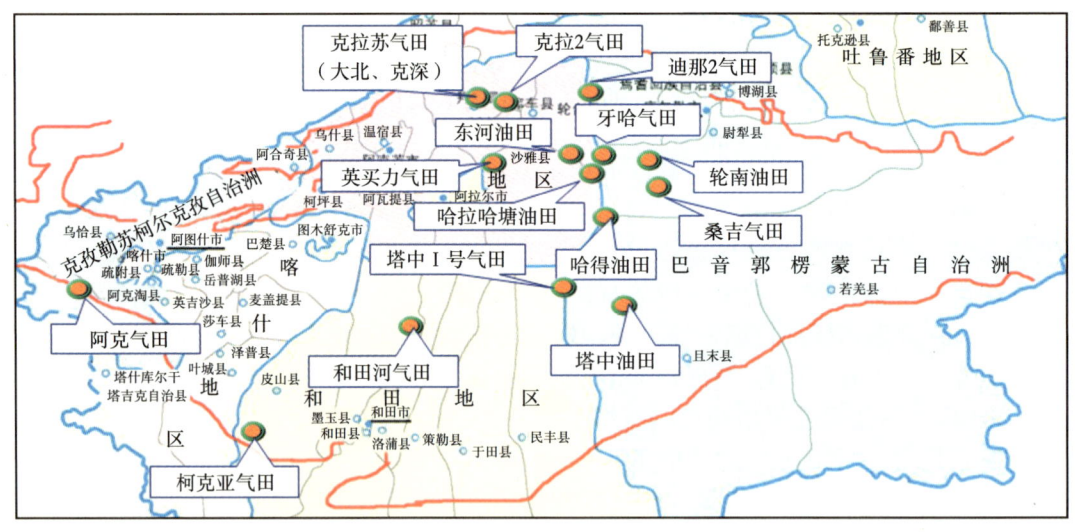

图 1-2　塔里木盆地主要气田分布图

## 一、塔里木油田第一个油田——轮南油田

轮南油田是塔里木石油会战探明的第一个油田，1989 年 6 月 15 日投入试采，1991 年 7 月 6 日，轮南油田地面工程建设开工，1992 年 5 月主体工程建成投产。主要地面工程包

括：轮一联合站及配套的站外系统和通信、道路、消防等工程，计量转油站及计量间，边缘井卸油场，工业污水提升站，轮南轻烃回收站等。轮南油田地面工程采用了46项新技术、新装备，实现了各种工艺技术单元与电子计算机同步投产。按照开发公司—作业区两级管理，人员也得到有效控制。轮南作业区员工75人，初步达到了"三高两少"要求，生产管理实现了遥控、遥测、遥信、油气生产数据采集、传输等自动化，为以后油气田开发积累了初步经验。

1993年，轮南油田正式投产的第一年生产原油$102×10^4$t。1993—2002年，轮南油田成功实现$90×10^4$t稳产10年的目标，比开发方案设计的稳产期延长5~7年。10年间累计生产原油$1022×10^4$t，两次被总公司评为高效开发油田。作为塔里木石油会战以来第一个投入开发的油田，轮南油田不仅为油田开发建设积累了经验，也为其他油田培养输送了大批开发技术人才。

## 二、具有国际先进水平的一流油田——东河塘油田

东河塘油田位于库车县城以南27km，因地处东河塘乡而得名（东河塘，维吾尔语，现译墩阔坦，意为高地上的羊圈）。东河塘油田的东河砂岩油藏埋深近6000m，是中国陆上油田平均埋深的3倍。井深、压力高、温度高，油田面积$2.36km^2$，探明石油地质储量$3323.16×10^4$t，是一个小而肥的油田。

东河塘油田是塔里木石油会战以来第二个投入开发建设的油田。总公司要求，将东河塘油田建成具有国际先进水平的一流油田，稀井高产，一级布站，现场控制在50人以内，少井、高产、高速度、高效益、高度自动化。北京石油勘探开发科学研究院与塔里木石油勘探开发指挥部地质研究大队合作，开始进行"东河塘油田开发概念设计"的研究工作，这是中国油田开发首次引入概念设计。根据开发方案，东河塘油田设计年生产能力$60×10^4$t，采用一套层系、一套井网、一次整体开发，共布开发井7口、注水井5口；采用高温深井电潜泵采油，电潜泵下深3000m，保持单井日产油300t左右；地面油气集输系统采用单管、密闭、不加热进联合站集中计量、一级布站的工艺流程，并且实现从井口到外输首站基本不加热集输原油；采用美国福陆公司自动化设计方案，实现生产系统的自动化数据采集、处理、远传，自动生产调节，自动生产控制；生产系统采用分布式计算机控制方案，安全消防系统采用可编程序逻辑控制方案。

1993年地面工程开工建设，主要工程包括：年处理能力$100×10^4$t的东一联合站、110kV变电站、生活公寓、4座储油罐，以及油田道路、消防设施和相关配套系统。1994年6月建成投产，投产当年生产原油$42×10^4$t，现场操作人员20人。自动化水平为当时国内一流。

东河塘油田开发初期显著特点是井少、单井日产量高（平均177t）、自动化程度高、经济效益高（人均产值上千万元）。截至2012年底，东河塘油田累计生产原油$881.84×10^4$t，最高年产量达到$63.47×10^4$t，平均年产$51.6×10^4$t，连续12年稳产在$40×10^4$t以上。2013年开始注气开发试验，油田产量逐年下降，进入低速度开发期。东河塘油田投入开发后，总公司领导现场考察调研，认为东河塘油田的建设开发总体上达到国际一流水平，可以称为国内样板油田。在东河塘油田的示范影响下，兄弟油田的开发开始走上依靠科技进步和先进管理，实现"少人高效"的道路。

### 三、高效开发的中国第一个沙漠油田——塔中4油田

1992年4月，中国第一个沙漠油田塔中4油田被发现。塔中4油田地处塔克拉玛干沙漠腹地，是流沙覆盖、寸草不生的无人区，自然条件非常恶劣。

塔中4油田的开发，油藏工程、采油工程、地面产能建设工程三种方案设计同步进行，相互穿插，相互优化，实现了总体方案的协调性和高水平。地面工程主要包括：联合站及配套设施、燃气发电站、长途输油输气工程、通信光缆工程和原油稳定工程（在轮南）等。采用了热化学沉降脱水和密闭外输等新工艺、新技术、新设备，简化油气分离、原油脱水及外输工艺，实现联合站外无人值守，站内少人值守，设备高效、耐用、长周期运行，适应沙漠恶劣自然条件；建设结构采用预制化、橇装化、组装化施工。

塔中4油田的开发建设，不仅开创了中国开发建设沙漠油田的成功范例，而且为塔克拉玛干沙漠腹地持续勘探建立了牢固的根据地，使塔中勘探开发有了坚强依托。塔中4油田在开发中所探索形成的技术系列，对于后来开发塔中16、塔中10、塔中6等沙漠油田提供了技术支持，特别是水平井开发技术，不仅在其他油田开发中得到广泛应用，而且有了进一步的发展。

### 四、国内首次采用超高压大规模循环注气的气田——牙哈气田

牙哈凝析气田位于库车县牙哈乡境内，1993年发现，是中国当时最大的整装凝析气田，具有以下特点：油气储量规模大（石油 $876×10^4$ t、天然气 $376.451×10^8 m^3$、凝析油 $2975.6×10^4$ t，折合油气当量 $8119×10^4$ t）、埋藏深度大（4900~5200m）、地层压力高（高达56MPa）、油气层系多（有4套）、凝析油含量高（每立方米天然气含凝析油790g）等。1997年，塔里木油田决定运用循环注气技术，先期开发牙哈凝析气田。1999年10月18日开始建设牙哈凝析气田产能工程。地面工程主要包括：总井数共22口（含水平井1口），其中采气井13口，注气井8口（注气结束后转为采气井），观察井1口；采集气管道设计压力25MPa，约32km；高压注气管道设计压力56MPa，约27km；站外系统仅设有一座阀组间（1号阀组间），天然气集中处理站1座、站外管网、电力工程、生产辅助设施、铁路装车站、作业区公寓等；为了充分利用地层压力，气田采用了高压常温集输流程，取消了井口加热炉，降低能耗的同时，为后续处理厂的压力能的利用提供了条件。地面工程于2000年11月16日建成投产，设计规模为日处理天然气 $320×10^4 m^3$，日循环注气 $300×10^4 m^3$，年生产凝析油 $50×10^4$ t。

牙哈凝析气田采用循环注气开发技术进行早期保压开采，实现了国内首次超高压大规模循环注气，日注气规模达到 $350×10^4 m^3$、注气压力达到50MPa，年生产凝析油规模达到 $70×10^4$ t，是当时国内规模最大的凝析气田，凝析油生产能力居国内首位，其注气规模、回注压力世界少有。

### 五、在沙漠中滚动开发的油田——哈得油田

哈得油田发现于1998年，位于塔里木河南岸沙雅县境内的沙漠与戈壁过渡地带，地面工程从2000年4月1日开工建设，本着安全、实用、环保、国产化等原则，优化设计方案，有效控制投资，全面推行项目管理、程序管理和目标管理，严密组织施工，严格控

制工期，严格遵循质量保证体系。2000年8月1日，哈得油田地面产能建设项目工程如期竣工并顺利投产。该项目工程在远离东部物资供应市场的情况下，当年开工，当年投产见效，创出了仅用120天就建成一个年处理能力 $30\times10^4t$、原油外输 $40\times10^4t$ 的新油田的记录。

哈得油田的开发采用了滚动开发模式，地面工程共建设了三期。一期（2000年）建成原油生产能力 $30\times10^4t/a$，集油系统采用常温集油，布站方式为一级和一级半混合布站方式。二期（2002年）扩建为 $80\times10^4t/a$，集油系统采用常温集油+电加热集油流程。三期（2005年）新增产能 $90\times10^4t/a$，油田总产能规模达到 $170\times10^4t/a$。三期工程中，油田地面集油流程改为二级布站流程。

## 六、西气东输主力气田——克拉2气田

克拉2气田位于阿克苏地区拜城县境内，西距拜城县59km，环抱于我国著名的雅丹地貌内，藏身于魔鬼城附近。作为西气东输工程的主力气源地，克拉2气田区域勘探始于1983年，1998年1月20日克拉2在古近系—白垩系喜获高产工业气流，至此克拉2大型整装气田诞生。克拉2气田是具有弱边底水的背斜块状深层、低温、异常高压干气气藏，是当时我国发现的储量最大、特高丰度的大型整装优质气田，其含气面积达到 $47.1km^2$，探明天然气地质储量 $2840.3\times10^8m^3$，平均每平方千米含气达到 $59.17\times10^8m^3$，地层压力高达74MPa，单井日产量可达到 $300\times10^4m^3$。

克拉2气田地面工程建设始于2003年8月27日，翻开了我国能源建设史上新的一页。该工程建设规模庞大，时间紧迫，质量可靠性与安全性要求都非常高，是关系到西气东输安全的国家工程。塔里木油田公司以决战的思想观念、决战的工作状态、决战的组织方式，挑战极限，顽强攻坚，实现了高水平、高标准、高效率建设安全、绿色、环保工程的目标。仅用15个月便完成了建设任务，工期缩短了9个月，并于2004年12月1日竣工投产，创造了世界一流的建设速度，为西气东输立下了汗马功劳。

克拉2气田地面工程建设规模达到 $3000\times10^4m^3/d$，单套处理能为 $500\times10^4m^3/d$，最大年处理天然气气量可达到 $127.3\times10^8m^3$。到目前为止，仍然是我国建设的最大的天然气处理厂。克拉2气田内部集输采用单井、高压、常温、气液混输工艺技术，为防止天然气中二氧化碳和气田水中氯离子对管线的腐蚀，从井口到中央处理厂管材大量使用2205双相不锈钢管线，这种钢材焊接要求在绝氧环境中施工，工艺要求十分严格而复杂。2205双相不锈钢具有很强的力学强度和耐腐蚀性，此前只是在高腐蚀的化工和制盐等工业有零星应用，该管材在克拉2气田的成功应用，填补了国内空白，为油气田管道腐蚀问题提出了新的解决方案。

## 七、塔里木第一个成组含硫化氢凝析气田——桑吉气田

2004年，塔里木油田第一个含硫化氢气田，同时也是西气东输气源地之一的桑吉气田开工建设。它是塔里木油田第一个投入开发建设的成组油气田，包括8个油气区块：桑塔木油田、解放渠东油田、桑南油田、吉拉克、吉南4、轮古2、吉南1试采油气区块。气田面积约 $2000km^2$，含油面积 $338.3km^2$，探明原油地质储量 $6659\times10^4t$，探明天然气地质储量 $478\times10^8m^3$。

桑吉凝析气田地面建设工程是中国石油天然气股份有限公司2004年十大重点"优化"项

目之一，设计中针对油田、气田毗邻，油中伴生气含量多，气中凝析油含量大，不同地层原料气物性差距大等特点，优化油气田总体布局，选择最佳油气集输、原油处理和天然气净化处理方案，采用了多项适用的"四新"技术。该工程的建成投产，为塔里木油田的原油和天然气上产，提高油气田开发综合经济效益及带动地区经济发展创造了巨大的社会财富。

桑吉凝析气田地面工程于2004年4月11日开工建设，2005年4月9日建成投产。该气田整体建成年产气 $4.8 \times 10^8 m^3$，年产凝析油 $7.8 \times 10^4 t$ 的生产规模。井口采用加热和高压集输相结合的工艺，单井采气管道采用20G无缝钢管。在桑转站西侧建天然气净化处理厂1座，建设规模为 $150 \times 10^4 m^3/d$，包括天然气脱硫装置、烃水露点控制装置、凝析油及伴生气处理装置及相关配套工程。

### 八、支援地方建设的气田——阿克莫木气田、和田河气田

为了提高南疆当地农民的生活质量，同时也为了改变当地的能源结构，改善大气环境质量，创建和谐社会，塔里木油田公司先后开发了阿克莫木、和田河两个专供地方用气的天然气田。这两个气田是经国家、自治区批准的造福南疆三地州人民的"民心工程"。它们的建成投产，有力地缓解了喀什、克州、和田市的经济快速发展与能源供需不足的矛盾，有效地改善了当地的能源供给结构，促进了生态环境的改善和保护。油地双方本着强强联合、互惠互利、优势互补、共同发展的原则，联合开发利用石油天然气，对加快实现喀什、中亚、南亚经济圈重心地位战略目标，促进民族团结和地方经济建设，促进油田与地方之间的共同发展，提高边疆人民生活质量都具有十分重要的意义。

### 九、塔里木油田第一个凝析气田群——英买力气田

2005年12月，塔里木油田开工建设英买力凝析气田群。英买力气田群包括英买力、羊塔克、玉东2三个凝析气田。英买力和羊塔克两个凝析气田位于新和县境内，分别发现于1991年和1994年，探明天然气地质储量 $544.9 \times 10^8 m^3$；玉东2位于温宿县境内，1997年发现，探明天然气地质储量 $73.32 \times 10^8 m^3$，三个凝析气田共探明天然气地质储量 $618.3 \times 10^8 m^3$。产能建设工程设计年生产能力为天然气 $23.94 \times 10^8 m^3$、凝析油 $53.93 \times 10^4 t$、液化气 $4.35 \times 10^4 t$，集气系统包括东、西干线和8座集气站；东、西集气干线分别为61km和77km，总长达138km，油气经井口或集气站加热后混输至油气处理厂；日处理 $700 \times 10^4 m^3$ 天然气和年处理 $50 \times 10^4 t$ 凝析油的油气处理厂1座，长217km（管径813mm）输气管道、长151km（管径219mm）凝析油管道及液化气管道，以及相关配套工程。2007年4月25日建成投产，使塔里木油田公司年生产天然气能力达到 $156.24 \times 10^8 m^3$。

### 十、最大的整装凝析气田——迪那2气田

迪那2气田位于轮台县以北，探明天然气地质储量为 $1752.18 \times 10^8 m^3$、凝析油地质储量为 $1338.90 \times 10^4 t$，迪那2气田自东向西由迪那1井区、迪那2井区组成，主力含气层为古近系，厚356~408m，属于超深层、高丰度、大型、高产、低含凝析油的凝析气田，具有单井产能高、地层压力高、异常高温的特点。

迪那2气田产能建设地面工程包括油气处理厂、油气集输、外输管道、供电系统、员工生活公寓、伴行道路六大单元，设计规模为年生产天然气 $44 \times 10^8 m^3$、凝析油 $31.98 \times 10^4 t$。

考虑到周边气田包括吐孜洛克气田、依南 2 气田、迪那 3 井区未来的开发，天然气处理能力确定为 $50×10^8m^3$。迪那 2 气田是迄今为止我国最大的整装凝析气田，天然气年产规模达到 $50×10^8m^3$，是确保西气东输稳定供气的又一保障。

迪那 2 气田的成功开发，不仅为西气东输稳定供气提供了坚实的资源基础，而且形成了具有塔里木特色的凝析气田开发配套技术。

## 十一、再续塔中辉煌——塔中 I 号气田

塔中 I 号气田位于民丰、沙雅、且末三县境内，构造上位于塔中低凸起北部斜坡带北边缘。截至 2018 年底，已上交三级天然气地质储量 $4284.38×10^8m^3$、凝析油 $16093.68×10^4t$；原油 $6849.53×10^4t$、溶解气 $260.49×10^8m^3$。其中探明原油地质储量 $6849.53×10^4t$、探明天然气地质储量 $3940.9×10^8m^3$、探明凝析油地质储量 $15133.68×10^4t$。

塔中 I 号气田从东到西依次划分为 I 区、II 区、III 区。I 区又称东部开发试验区，含气层位主要为奥陶系良里塔格组和鹰山组，主要包括塔中 62、塔中 82、塔中 26、塔中 83 井区；II 区含气层位主要为奥陶系良里塔格组和鹰山组，主要包括中古 8、中古 43、中古 5、中古 10、中古 7 井区；III 区含气层位主要为奥陶系一间房组，主要包括中古 15 井区。I 区和 II 区中古 8、中古 43 井区为主力气藏。

2002—2010 年进行勘探科技攻关，相继在塔中 62、塔中 82、塔中 26、塔中 83、塔中 45-86、塔中 72-16、中古 2、中古 5、中古 8、中古 10、中古 15、中古 26、中古 43 等井区获得突破。2007 年 3 月，中国石油天然气集团公司决定在塔中 I 号气田设立重大开发试验区，进行酸性气田（含硫化氢）开发技术攻关。

2007 年 8 月《塔中 I 号气田开发试验区 10 亿立方米试采方案》完成，方案设计动用塔中 62、塔中 82、塔中 83 井区，动用天然气地质储量 $303.18×10^8m^3$、石油地质储量 $1837.76×10^4t$。塔中 I 号气田开发试验区年产 $10×10^8m^3$ 试采地面工程，设计生产规模为日处理天然气能力 $314×10^4m^3$、年处理凝析油 $23×10^4t$，主要工程包括油气集输系统、油气处理厂及相关配套工程。油气集输系统有单井站 27 座、集气站 4 座、集气支干线阀室（井）15 座（含 2 座进气截断阀室）；油气处理厂包括厂内集气装置、增压装置、脱硫装置、脱水脱烃装置、凝析油处理装置、硫黄回收装置，以及管道防腐、自动控制、通信、供配电等设施。地面工程于 2009 年 4 月 21 日开工建设，2010 年 9 月通过塔里木油田公司初步验收，投入生产。

2012 年《塔中 I 号凝析气田中古 8—中古 43 区块初步开发方案》完成，开发方案主要针对奥陶系鹰山组油气层系进行开发，动用天然气地质储量 $1004.18×10^8m^3$、石油地质储量 $4601.84×10^4t$。方案设计建产期 2012—2015 年新钻井总数 78 口，建成天然气产能 $18×10^8m^3$、凝析油产能 $80.9×10^4t$。

塔中 I 号气田中古 8—中古 43 区块地面建设工程，设计天然气日处理规模 $500×10^4m^3$、凝析油日处理规模 3000t；天然气年外输规模 $30×10^8m^3$、凝析油年外输规模 $180×10^4t$。主要工程包括：油气处理厂 1 座、综合公寓楼 1 座、油气内输工程（单井站 66 座、集气站 5 座）、油气外输工程（156.91km 外输线路、3 座阀室、1 座中间清管站）、配电系统（变电所 11 座、光伏电站 5 座、电力线路约 174km）。工程建设于 2013 年 3 月 18 日开工，2014 年 9 月 16 日建成投产。

塔中 I 号气田是塔里木油田 $3000×10^4t$ 奋斗目标的重点产能建设工程。

## 十二、塔里木最大的碳酸盐岩油田——哈拉哈塘油田

哈拉哈塘油田位于沙雅县和库车县境内，是轮南—英买力奥陶系碳酸盐岩油藏的一部分，整体表现为向西倾的大型鼻状构造，构造整体比较平缓。哈拉哈塘油藏类型为受岩溶缝洞型储层控制的大型超深、常温、常压、准层状未饱和油藏，截至2018年底，已探明含油面积1322.81$km^2$，探明石油地质储量24675.23×$10^4$t，溶解气393.2×$10^8m^3$。哈拉哈塘油田由哈6、新垦、热瓦普、金跃、跃满、富源、跃满西等7个区块奥陶系碳酸盐岩油藏构成，其中哈6、新垦、热瓦普、金跃、跃满为主要的开发区块。

哈拉哈塘油田产能建设工程分两期进行。

哈拉哈塘油田一期产能建设工程于2011年开始实施，以哈6区块为主力建产区，部署新井106口，建设产能100×$10^4$t。地面工程于2012年9月8日正式开工。地面工程主要包括联合站1座、转油站2座，并配套建设原油处理与外输、天然气处理及外输、含油污水处理与回灌、供配电、道路、自控、通信、给排水及消防等设施。

哈拉哈塘油田一期地面工程采集系统采用枝状集油工艺，南部油井所产气、液通过单井或主干管线收集后，进入哈601转油站，北部油井所产气、液进入哈15转油站，哈6联合站附近油井则直接进入哈6联合站阀组。哈6联合站对区块产液集中进行油气分离，原油脱水、脱硫，天然气脱水、脱硫，增压及外输，硫黄回收，污水处理及回灌，净化油外输。哈拉哈塘生产的原油处理后，进入去轮南的输油管道输送到轮一联合站；外输天然气通过输气管道输至东一联合站天然气处理站。

哈拉哈塘油田二期产能建设涵盖新垦、热瓦普、金跃三个区块，设计年产规模原油71×$10^4$t，天然气1.27×$10^8m^3$。二期地面工程主要包括：新建转油站2座（热普转油站、新垦转油站）、清管站2座、集油干线、集气干线、注水干线、集输单井88口，配套建设原油及天然气外输、给排水及消防、供配电、自动控制、通信、机械、防腐保温及阴极保护、暖通、道路等设施。地面工程于2015年9月2日正式开工，于2016年6月30日建成投产。

## 十三、塔里木天然气产能的主战场——大北气田、克深气田

### 1. 大北气田

大北气田因位于大宛齐油田之北而得名，东距拜城县城约28km，因1999年大北1井获工业气流而发现。大北气田由大北1、大北101、大北102、大北201、大北3、大北302、大北4等多个断块组成。大北气田的气藏类型复杂，属于"超深、超高温、超高压和超高地应力"的"四超"气藏，是世界少有、国内仅有的气藏类型。2018年底，大北气田含气面积133.91$km^2$，三级天然气地质储量1949.41×$10^8m^3$，三级凝析油地质储量204.84×$10^4$t。

大北气田产能建设工程，设计年产天然气30×$10^8m^3$、年产凝析油23×$10^4$t，建设井场30座（改造3座）、集气站3座（改扩建1座）、阀室4座、处理厂1座、综合公寓1幢、凝析油泵站1座、采集气支线47km、集气干线17.5km、燃料气管线52.6km、凝析油管道12.1km、35kV电力线路3.1km、10kV电力线路81km、通信光缆101.1km、道路67km及配套工程。大北气田处理厂有脱水脱烃装置3套，单套设计日处理能力500×$10^4m^3$，凝析油稳定装置1套，设计日处理能力700t。地面工程于2013年3月25日正式开工建设。2014年7月12日建成投产。

## 2. 克深气田

克深气田位于克拉 2 气田以西、大北气田以东的克拉苏构造带克深区带上。由克深 2、克深 1、克深 8、克深 9、克深 5、克深 11 等区块组成。克深 2 区块含气面积 100.87km², 探明天然气地质储量 1745.2×10⁸m³。克深 1 区块由克深 10 井区、克深 1 井区、克深 24 井区组成，圈闭面积 89.4km²。截至 2018 年底，克深 1 区块合计上交三级天然气地质储量 1941.32×10⁸m³。克深 8 区块含气面积 53.7km²，探明天然气地质储量 1584.5×10⁸m³。克深 9 区块含气面积 51.5km²，探明天然气地质储量 548.49×10⁸m³。克深 5 号构造含气面积 48.8km²，至 2018 年累计探明天然气地质储量 703.31×10⁸m³。克深 11 构造位于克深 5 以北，含气面积 45.7km²，2018 年探明天然气地质储量 368.01×10⁸m³。

克深天然气处理厂一期工程和克深 8 区块地面工程，设计年处理天然气规模为 60×10⁸m³，工程主要包括：天然气处理厂 1 座，有脱水脱烃装置 2 套，单套日处理能力 1000×10⁴m³、年处理能力 60×10⁸m³，凝析油处理装置 1 套，日处理能力 50t；内部集输工程共设置单井站 20 座，集气站 1 座，采气、集气管线 30.5km，外输管线 27km；天然气外输工程设置外输首站、末站各 1 座，建设克深天然气处理厂至克拉 2 气田清管站外输管线，在克拉 2 气田清管站进入克拉 2—轮南复线等。地面工程于 2014 年 3 月 20 日正式开工；2015 年 7 月 15 日，天然气处理厂建成，投入生产。

自 1989 年 6 月轮南 2 井投入试采以来，轮南、东河塘、塔中 4、牙哈、哈得、克拉 2、英买力、迪那 2、哈拉哈塘、大北、克深等油气田相继投入开发，塔里木油田产量呈现台阶式增长。2002 年，塔里木油田原油产量突破 500×10⁴t 关口，达到 502×10⁴t。2004 年 12 月克拉 2 气田建成投产，2005 年生产天然气 32.50×10⁸m³，塔里木油田全年生产原油 600×10⁴t、天然气 49.56×10⁸m³，油气当量产量 1040.5×10⁴t，迈上年产 1000×10⁴t 台阶；2007 年，生产原油 643×10⁴t、天然气 154.14×10⁸m³，成为中国陆上第一大产气区。2008 年天然气产量达到 173.83×10⁸m³，油气当量产量达 2030.1×10⁴t，跨上 2000×10⁴t 台阶，成为中国石油天然气集团公司第三大油田。2018 年，塔里木油田生产石油液体 551.5×10⁴t、天然气 266.2×10⁸m³，油气当量 2673×10⁴t，成为中国第三大油气田。2020 年生产石油液体 600.01×10⁴t、天然气 301.59×10⁸m³，油气当量达到 3003.12×10⁴t，全面建成 3000×10⁴t 大油气田和 300×10⁸m³ 大气区。

30 余年来，塔里木油田大打油气勘探开发进攻仗，成功开发 32 个大中型油气田。近年，塔里木油田立足大盆地、寻找大场面，深化地质认识，攻关瓶颈技术，先后获得中秋 1、博孜 9 等 24 个新发现，突破油气成藏、工程技术、效益勘探三条"死亡线"，在 8000m 以深深层找到丰富油气资源。秋里塔格、寒武系盐下等战略接替区破茧而出，博孜—大北、塔北油田富满区块两个十亿吨级集中建产区横空出世。全覆盖开展老油气田综合治理，加快新区高效建产，油气勘探迎来新一轮高增长，油气产量三年净增超 530×10⁴t。塔里木油田将力争到 2025 年油气产量达到 4000×10⁴t/a，2035 年油气产量将突破 5000×10⁴t，全面建设世界一流现代化大油气田。

# 第二节　塔里木油田油气物性

## 一、塔里木原油特征

从 1989 年 6 月轮南 2 井试采至今，塔里木油田油气勘探不断取得突破，先后发现了奥陶系、志留系、石炭系、三叠系、侏罗系、白垩系、古近系和新近系等11套含油气层系，相继建成了轮南、桑塔木、东河塘、塔中、大宛齐、哈得、英买力潜山、哈拉哈塘等8个油田，各油田又下辖多个区块，原油产量稳步增长。至2020年末，塔里木油田石油液体年产量已达600×10$^4$t以上，形成轮南、东河塘、塔中、哈得、桑塔木、哈拉哈塘6个主要原油生产处理基地。

截至2020年，塔里木油田已建成联合站10座，原油年处理能力947×10$^4$t。形成了以轮南储运站为枢纽的原油生产布局。总体流程为：轮南、哈得、塔中、东河塘、哈拉哈塘、桑塔木和英买力潜山油田的净化原油集中输至轮南储运站，通过轮库油线外输，原油流向如图1-3所示。

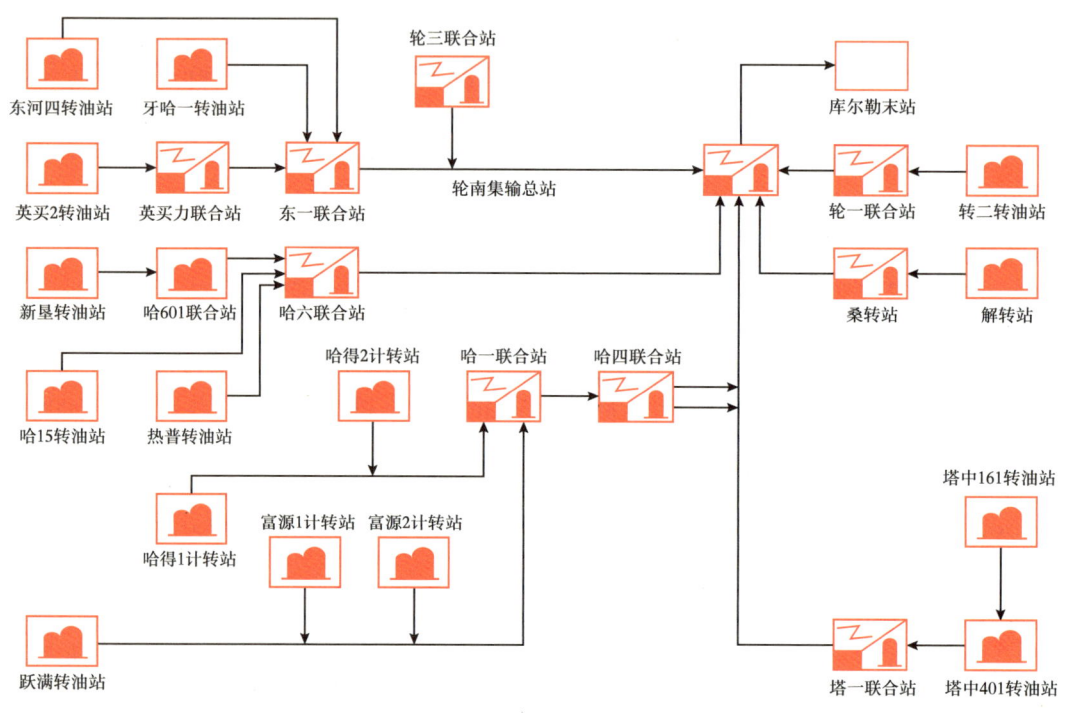

图1-3 塔里木油田原油流向框图

根据中国石油天然气集团公司石油产品价格管理暂行办法（中油财字〔1999〕第317号），原油按其密度分为轻质原油，中质原油Ⅰ号、中质原油Ⅱ号和重油四类，见表1-1。

表1-1 陆上原油品质分类表

| 原油种类 | 轻质原油 | 中质原油Ⅰ | 中质原油Ⅱ | 重质原油 |
|---|---|---|---|---|
| 密度 $\rho$/(t/m$^3$) | $\rho \leqslant 0.846$ | $0.846 < \rho \leqslant 0.870$ | $0.870 < \rho < 0.910$ | $\rho \geqslant 0.910$ |

注：$\rho$ 为原油在20℃下的密度。

塔里木油田主要产油区块油品物性见表1-2。

表 1-2 各区块油品物性表

| 油田或区块 | 20℃ 密度 / (g/cm³) | 50℃ 运动黏度 / (mm²/s) | 含蜡量 / % | 胶质、沥青质 /% | 凝点 / ℃ | 含硫量 / % | 油品类型 |
|---|---|---|---|---|---|---|---|
| 轮一联 | 0.855 | 4.87 | | | -22 | | 中质 I |
| 轮二联 | 0.832 | 4.53 | | | -14 | | 轻质 |
| 东河 | 0.8547~0.8778 | | 3.58~7.61 | | -24.5~-20 | 0.54~0.89 | 中质 I |
| 哈得 | 0.8776 | 6.608 | 7.11 | 3.98 | -30~6 | | 中质 II |
| 桑吉（解转站 + 桑转站） | 0.858 | 48.9 | 4.2 | | -7 | 1.2 | 中质 I |
| 英买力潜山 | 0.868 | 9.64 | 7.3 | 4.98 | 0~-28 | 0.4~0.78 | 中质 I |
| 哈拉哈塘油田（稠油） | 0.858 | 4.82 | | | | | 中质 I |
| 哈拉哈塘油田（稀油） | 0.807 | 1.77 | 6.2 | 1.32 | -11 | | 轻质 |
| 牙哈 2 区 | 0.7928 | 1.227 | 10.73 | 微量 | 16.46 | | 轻质 |
| 吉拉克 | 0.8033 | 1.15 | 1.28 | 0.6 | -20 | | 轻质 |
| 大宛齐 | 0.79 | 1.51 | 3.04 | 0.71 | 9 | 0.012 | 轻质 |
| 英买力气田 | 0.782 | 1.148 | | | 10 | | 轻质 |
| 迪那 2 气田 | 0.7916~0.8116 | 0.7442~1.1 | 3.9~10.87 | | -6~6 | 0.02~0.06 | 轻质 |
| 塔一联 | 0.835 | 4.558 | | | -20 | | 轻质 |
| 塔二联 | 0.76 | 1.8 | 13 | | -22 | 0.15 | 轻质 |
| 塔三联 | 0.77 | 1.25 | 7.2 | 1.94 | -12 | 0.2 | 轻质 |

塔里木油品主要以凝析油为主，原油及凝析油主要以轻质油为主。

**1. 塔里木凝析油井流物特征**

（1）高压分离器气体中甲烷（$C_1$）含量为 75%~90%。

（2）高压分离器气体中乙烷及以上含量在 7%~15% 范围，若 $C_{2+}$ 含量大于 10%，凝析气藏一般有油环。

（3）气体干燥系数（$C_1/C_{2+}$，均为摩尔分数或体积分数比）在 10~20。

（4）气体的湿度（$C_{2+}/C_1$，均为摩尔分数或体积分数比）在 6~15。

（5）分离器气体的相对密度（空气相对密度为 1）$\gamma_g$ 为 0.6~0.7。

（6）油罐油（或称为稳定凝析油）的相对密度 $\gamma_o$ < 0.8，常在 0.726~0.812。

（7）油罐油的地面动力黏度 $\mu_o$ 小于 3mPa·s。

（8）凝析油的凝点一般小于 11℃。

（9）凝析油的初馏点一般小于 80℃，且 200℃ 时的馏分含量大于 45%。

（10）含硫量一般小于 0.5%。

（11）含蜡量一般小于 1%。

（12）胶质沥青质含量一般小于 8%。

## 2. 塔里木原油井流物特征

（1）高压分离器气体中甲烷（$C_1$）含量为45%~80%。

（2）高压分离器气体中$C_{2+}$含量在7%~15%。

（3）分离器气体的相对密度$\gamma_g$为0.8~0.9。

（4）原油的相对密度$\rho_o$ < 0.9，常在0.85~0.93。

（5）油的地面动力黏度（50℃）为1~5000mPa·s。

（6）凝析油的凝点差别较大，部分凝点在0℃以下，部分凝点可达到30℃。

（7）凝析油的初馏点一般大于60℃。

根据原油的品质不同，塔里木油田轻质原油进行气液分离可脱除游离水，凝析油稳定后可将原油处理合格。

中质原油Ⅰ和中质原油Ⅱ及以上的原油需要采用沉降或热化学脱水才能将原油含水脱至外输标准。

## 二、塔里木天然气特征

截至2020年12月底，塔里木共投入开发气田17个（克拉2、牙哈、羊塔克、玉东2、吉拉克、桑南东、塔中6、柯克亚、阿克、塔中Ⅰ号气田、迪那2、大北、克深、博孜等），形成库车、塔北、塔中、塔西南四个环塔里木盆地的主要天然气生产地区，建成了克拉、克深、博大、英买力、迪那、牙哈、塔中、柯克亚8个天然气处理基地。

建成天然气处理厂17座，天然气处理能力为$542.5\times10^8m^3/a$，凝析油处理能力为$349.8\times10^4t/a$；主要天然气外输管线23条，年输气能力合计$464.241\times10^8m^3$，总长度1571.12km。其中，库车地区建成天然气处理厂5座（克拉2中央处理厂、克拉2第二处理厂、克深处理厂、迪那2油气处理厂、大北天然气处理厂），天然气处理能力为$334.3\times10^8m^3/a$；输气管线5条，总长度515.3km$^2$，输气能力$475\times10^8m^3/a$；凝析油、轻烃、液化气外输管道各1条，长度均为31km，输送能力分别为$29.77\times10^4t/a$、$13.29\times10^4t/a$和$13.22\times10^4t/a$。塔北地区建成天然气处理厂4座（英买力、牙哈、桑南、吉拉克），天然气处理能力为$51\times10^8m^3/a$；输气管线4条（已建3条、在建1条），总长度286.74km，输气能力$77\times10^8m^3/a$；凝析油外输管道4条，总长度391.43km，总输送能力为$231.57\times10^4t/a$。塔中地区建成天然气处理厂2座（塔二联、塔三联），处理能力$26.5\times10^8m^3/a$；输气管线3条，总长度354.28km，输气能力$50\times10^8m^3/a$，凝析油外输管线3条，输送能力$250\times10^4t/a$，建设总长度343.94km。塔西南地区建成天然气处理厂（站）3座（柯克亚、和田河、阿克），天然气处理能力$30.9\times10^8m^3/a$；输气管线9条，总长度733.34km，输气能力为$43.3248\times10^8m^3/a$。建成凝析油处理能力$18.1\times10^4t/a$，凝析油外输管线2条，输送能力$36\times10^4t/a$，建设总长度152.5km。除塔西南地区的阿克、和田河及柯克亚气田供南疆管网和周边外，天然气系统基本形成自西向东、由南往北，以轮南集气总站为天然气总外输口的天然气集输结构。

塔里木气田主要分为干气气田（克拉、克深）、非酸性凝析气田（大北、迪那、英买力、牙哈、柯克亚）、酸性凝析气田［塔中、桑吉、和田河、阿克（含$CO_2$）］三类，以干气、凝析气为主，部分典型气井组分见表1-3。

表 1-3 塔里木油田部分典型气井天然气组分表

| 单井名称 | 组分摩尔分数 | | | | | | | | | | | | | |
|---|---|---|---|---|---|---|---|---|---|---|---|---|---|---|
| | 甲烷 | 乙烷 | 丙烷 | 异丁烷 | 正丁烷 | 异戊烷 | 正戊烷 | 正己烷 | 正庚烷 | 正辛烷 | $N_2$ | $CO_2$ | $H_2S$ | 氧 |
| 迪那 1-1 | 0.8954 | 0.0669 | 0.0135 | 0.0026 | 0.0026 | 0.0011 | 0.0007 | 0.0012 | 0.0012 | 0.0002 | 0.0101 | 0.0032 | 0 | 0.0013 |
| 东河 1-10H | 0.8017 | 0.0737 | 0.0333 | 0.0058 | 0.0088 | 0.0031 | 0.0032 | 0.0035 | 0.0013 | 0.0002 | 0.0459 | 0.0177 | 0 | 0.0017 |
| 克拉 2-2 | 0.9758 | 0.0050 | 0.0004 | 0.0001 | 0.0001 | 0 | 0 | 0 | 0.0001 | 0 | 0.0103 | 0.0069 | 0.0012 | 0 |
| 博孜 3 | 0.8826 | 0.0699 | 0.0187 | 0.0035 | 0.0046 | 0.0018 | 0.0013 | 0.0012 | 0.0005 | 0 | 0.0116 | 0.0030 | 0 | 0.0013 |
| 塔中 401 | 0.5112 | 0.0180 | 0.0128 | 0.0144 | 0.0264 | 0.0151 | 0.0194 | 0.0120 | 0.0014 | 0 | 0.3651 | 0 | 0 | 0.0043 |
| 吐孜 102 | 0.9490 | 0.0288 | 0.0039 | 0.0007 | 0.0007 | 0.0003 | 0.0002 | 0.0003 | 0.0003 | 0.0001 | 0.0134 | 0 | 0 | 0.0023 |
| 哈得 1-6H | 0.2893 | 0.1338 | 0.1068 | 0.0209 | 0.0356 | 0.0091 | 0.0095 | 0.0061 | 0.0016 | 0.0002 | 0.3429 | 0.0409 | 0 | 0.0035 |
| 英买 50 | 0.8807 | 0.0628 | 0.0146 | 0.0031 | 0.0036 | 0.0011 | 0.0007 | 0.0005 | 0.0002 | 0 | 0.0285 | 0.0017 | 0 | 0.0025 |
| 中古 14 | 0.8173 | 0.0196 | 0.0061 | 0.0021 | 0.0033 | 0.0019 | 0.0020 | 0.0026 | 0.0017 | 0.0009 | 0.0213 | 0.1109 | 0.0069 | 0.0037 |
| 克深 10 | 0.9644 | 0.0063 | 0.0002 | 0 | 0 | 0 | 0 | 0 | 0.0001 | 0 | 0.0128 | 0.0140 | 0 | 0.0021 |
| 大北 12-5 | 0.9678 | 0.0080 | 0.0007 | 0.0001 | 0.0002 | 0.0001 | 0.0001 | 0.0001 | 0.0002 | 0 | 0.0204 | 0.0020 | 0 | 0.0003 |
| 牙哈 1-3 | 0.7192 | 0.0966 | 0.0472 | 0.0082 | 0.0150 | 0.0036 | 0.0036 | 0.0021 | 0.0007 | 0 | 0.0671 | 0.0238 | 0 | 0.0127 |
| 柯 8012 | 0.7929 | 0.0918 | 0.0314 | 0.0052 | 0.0111 | 0.0018 | 0.0030 | 0.0012 | 0.0002 | 0 | 0.0521 | 0.0010 | 0 | 0.0084 |
| 满深 2 | 0.7862 | 0.0569 | 0.0232 | 0.0044 | 0.0063 | 0.0015 | 0.0013 | 0.0007 | 0.0002 | 0 | 0.0722 | 0.0293 | 0.0029 | 0.0149 |
| 阿克 1-1 | 0.7775 | 0.0037 | 0.0005 | 0.0001 | 0.0001 | 0 | 0 | 0 | 0.0001 | 0 | 0.0834 | 0.1328 | 0 | 0.0018 |

# 第二章 油田集输标准化工艺

油气井作为油气田开发的基本单元，分布在油气田的各个区域，开发一个油气田需要生产井少则几十口，多则成百上千口。分别计量各单井的原油、天然气产量，并收集分散的油井产物，经过一定的处理工艺，达到国家相应标准，成为合格产品（如出矿原油、天然气、液化石油气及天然汽油等）后才能销售出去。油气集输的概念一般指将油田内油气井采出的原油和天然气汇集并输送到联合站或处理站的过程，本章主要研究的就是油井油气汇集和输送的工艺，简称为油气集输。

## 第一节 油田集输概述

### 一、油田分类

按照油藏工程定义和所处地理环境，油田大致分为以下六类。

**1. 整装油田**

整装油田指一次建成产能规模大、单井产量较高、井站多、管网系统复杂、生产期较长的油田，地面建设模式宜为整体建设、功能齐全、系统配套。油田开发按照含水率分为四个阶段：0＜含水率＜20%为低含水期；20%≤含水率＜60%为中含水期；60%≤含水率＜90%为高含水期；含水率≥90%为特高含水期。

**2. 低产低渗透油田**

低产低渗透油田是指油层平均空气渗透率小于50mD、平均单井产量低于10t/d的油田。低产低渗透油田在中国石油所属的各油气田公司均有分布，投入开发的低产低渗透油藏累计有200个左右，主要分布在长庆、大庆外围、吉林、华北、辽河、玉门等油田。特别是长庆油田公司所属油田基本全部属于低产低渗透油田，马岭、安塞、靖安、西峰等油田是最为典型的整装低产低渗透油田，其中西峰油田是大型整装百万吨级特低渗透油田。

**3. 分散小断块油田**

分散小断块油田指含油面积小、储量规模小、地面建设产能规模较小、产建区域较分散的油田。如大港油田公司的多数区块。

分散小断块油田通常远离主力区块，采用滚动开发方式，并且油气比低、稳产期短。

**4. 沙漠油田**

沙漠油田指处于沙漠或戈壁荒原的油田。如塔里木油田公司的塔中4、塔中16、哈得4油田及新疆油田公司的石南、石西、陆梁等油田。

**5. 稠油油田**

按国内稠油分类标准，稠油可分为普通稠油、特稠油和超稠油。稠油的特点是原油中沥青质和胶质含量较高、黏度较大，通常采用热力采油方式，生产成本高。中国石油稠油开发区块主要分布在辽河油田和新疆油田。

稠油主要采用蒸汽吞吐、蒸汽驱和SAGD等热采方式，目前也在开展火驱重大开发试验。热采稠油油田原油集输处理温度高，脱水难度大，能耗高。

**6. 三次采油（聚合物驱）油田**

三次采油（聚合物驱）油田指采用三次采油（聚合物驱）开发方式开发的油田。三次采油（简称三采）是通过向油层注入化学剂、热介质或能与原油混渗的流体，改变油层中的原油物性并提高油层压力，从而提高油田最终采收率的开发方式。目前，国内三采以化学驱为主，按化学助剂类型可分为聚合物驱及三元复合驱等。中国石油在国内唯一大规模开展三采的油田是大庆油田，具有规模产量的是聚合物驱开发和三元复合驱开发，其中聚合物驱开发配套的地面工艺技术较为完善。

## 二、原油及凝析油物性

**1. 原油物性**

习惯上把未经加工处理的石油称为原油。原油是一种黑褐色并带有绿色荧光，具有特殊气味的黏稠性油状液体。原油的性质包含物理性质和化学性质两个方面。物理性质包括颜色、密度、黏度、凝点等；化学性质包括化学组成、组分组成和杂质含量等。

1）物理性质

（1）相对密度。

原油相对密度一般在 0.75~0.95，少数大于 0.95 或小于 0.75。依据标准计量指标，一般以 20℃ 时原油的密度为标准密度，根据《油田油气集输设计规范》（GB 50350—2015）区分如下：

①轻质原油，在 20℃ 时，密度 ≤ $0.8650g/cm^3$ 的原油；

②中质原油，在 20℃ 时，$0.8650g/cm^3$ < 密度 ≤ $0.9160g/cm^3$ 的原油；

③重质原油，在 20℃ 时，$0.9160g/cm^3$ < 密度 ≤ $0.9960g/cm^3$ 的原油。

（2）黏度。

原油黏度指原油在流动时所引起的内部摩擦阻力，原油黏度大小取决于温度、压力、溶解气量及其化学组成。温度增高其黏度降低，压力增高其黏度增大，溶解气量增加其黏度降低，轻质油组分增加，黏度降低。原油黏度变化较大，一般在 1~100mPa·s，黏度大的原油俗称稠油。根据《油田油气集输设计规范》（GB 50350—2015）的规定：稠油是温度在 50℃ 时，动力黏度大于 400mPa·s，且温度为 20℃ 时密度大于 $0.9960g/cm^3$ 的原油。根据黏度不同，可分为普通稠油、特稠油和超稠油。

①普通稠油，在 50℃ 时，400mPa·s < 动力黏度 ≤ 10000mPa·s 的原油；

②特稠油，在 50℃ 时，10000mPa·s < 动力黏度 ≤ 50000mPa·s 的原油；

③超稠油，在 50℃ 时，动力黏度 > 50000mPa·s 的原油。

（3）凝点。

原油在规定条件下冷却到失去流动性时的最高温度称为凝点。原油的凝点在 -50~35℃。凝点的高低与石油中的组分含量有关，轻质组分含量高，凝点低，重质组分含量高，尤其是石蜡含量高，凝点就高。

①高凝原油，含蜡量大于 30%，且凝固点高于 35℃ 的原油；

②普通凝点原油，除高凝原油以外的原油。

2）化学性质

（1）化学组成。

原油是烷烃、环烷烃、芳香烃等多种液态烃的混合物。主要成分是碳和氢两种元素，分别占83%~87%和11%~14%；还有少量的硫、氧、氮和微量的磷、砷、钾、钠、钙、镁、镍、铁、钒等元素。

（2）含蜡量。

含蜡量指在常温常压条件下原油中所含蜡的百分比。石蜡是一种白色或淡黄色固体，由高级烷烃组成，熔点为37~76℃。石蜡在地下以胶体状溶于石油中，当压力和温度降低时，可从石油中析出。地层原油中的石蜡开始结晶析出的温度叫析蜡温度，含蜡量越高，析蜡温度越高；析蜡温度越高，油井越容易结蜡，对油井管理不利。

（3）含硫量。

含硫量指原油中所含硫（硫化物或单质硫）的百分数。我国原油含硫量较小，一般小于1%。硫对原油性质的影响很大，对管线有腐蚀作用，对人体健康有害。根据硫含量不同，可以分为低硫、含硫、高硫石油。

（4）含胶量。

含胶量指原油中所含胶质的百分数。原油的含胶量一般在5%~20%。胶质指原油中分子量较大（300~1000）的含有氧、氮、硫等元素的多环芳香烃化合物，呈半固态分散状溶解于原油中。胶质易溶于石油醚、润滑油、汽油、氯仿等有机溶剂中。

（5）沥青质。

沥青质是一种高分子量（大于1000以上）具有多环结构的黑色固体物质，不溶于酒精和石油醚，易溶于苯、氯仿、二硫化碳。沥青质含量增高时，原油质量变差。

**2. 凝析油物性**

凝析油指从凝析气田的天然气中凝析出来的液相组分。天然气中部分较重的烃类在油层的高温、高压条件下呈蒸气状态，采气时由于压力和温度降低，这些较重的烃类从天然气中凝析而出，成为轻质油（称凝析油）。凝析油的主要成分是$C_5$—$C_8$烃类的混合物，并含有少量大于$C_8$的烃类及二氧化硫、噻吩类、硫醇类、硫醚类和多硫化物等杂质，它的馏程多在20~200℃，相对密度小于0.78，其重质烃类和非烃组分的含量比原油低，挥发性好。凝析油可直接用作燃料，并且是炼油工业的优质原料，通常石脑油收率在60%~80%、柴油收率在20%~40%，API度在45以上。凝析油可分为石蜡基、中间基和环烷基3种类型。石蜡基凝析油适合生产乙烯裂解料，中间基、环烷基凝析油可作为芳香烃重整料。

## 三、集输工艺概述

油藏工程、采油工程及油气田地面工程共同组成了油气田开发工程。油藏工程研究的是拟开发油气田的油气藏类型、各类储量和产能，确定油气田的生产规模和开发方式；采油工程研究的是钻井、完井及油田开采工艺；油气田地面工程主要研究的是采出物的收集、矿场处理及输送工艺，即以油气集输系统为主的及与之相关配套的油气田生产管理方面的内容。三者是紧密结合的，也是流程承接的三个方面。

集输工艺设计应充分结合油气藏工程、油气田分阶段开发开采的具体要求，统一论证，总体规划，分期实施。

集输系统布局及总工艺流程遵循的主要技术准则：

（1）符合国家能源建设要求，符合国家、行业和地方相关法律法规及标准规范要求，做到安全合规；

（2）与总体开发方案要求相匹配，实现远近结合、总体规划、分步实施要求；

（3）简化工艺流程，合理确定装置的集中度，采用密闭工艺流程，提高集输系统的安全性和操作便利性；

（4）合理利用油气井压力能，选取合适集输系统压力，优化集输半径，减少中间转接，降低集输能耗；

（5）合理利用油气井热能，做好设备和管道保温，降低油气集输温耗；

（6）结合后端处理工艺，整体考虑优化工艺流程，选取高效节能设备，提高综合效益；

（7）工艺流程的选择要兼顾系统选材及配套的防腐方案，避免不必要的选材浪费；

（8）合理选择集输温度压力区间，确保流体流动性和经济性的平衡；

（9）充分结合地形地貌、水文地质等自然环境条件，处理好与周边重要工矿企业及环境敏感区的关系，合理选择集输方式。

油气集输工艺主要综合油气藏工程、采油采气工程方案，油气物理化学性能、下游联合站或处理厂进站技术条件及油气田地面自然条件等因素进行多方经济技术论证确定。

油气集输不单是将油气井产物进行集中、处理和输送，而且还要为不断调整优化油气田开发方案、正确经济地开发油气田提供科学的决策依据。

## 第二节　油田集输布站

### 一、油田集输的布站方式

集油流程确定以后，布站方式的合理与否，对系统的整体运行效率、效益、能耗及油田地面工程建设投资有着直接影响。影响油气集输系统布站方式的因素较多，如油田面积、油藏条件、所采用的集油流程、集油半径、油井产量计量方式、油区自然环境等，所采用的布站方式，需要综合考虑以下几点因素，并从技术、经济两方面进行全面评价后确定。

（1）紧密结合开发部署及油田生产实际，不但要满足近期生产要求，还要兼顾远期油田发展及工艺条件改变的适应性；

（2）尽量与油田地面工程各系统统筹考虑，减少工程建设投资，降低生产运行费用；

（3）充分利用油井产出物流已具有的能量及地形条件等外在能量，流向合理，减少油气损耗，便于油田伴生气、采出水的综合利用，降低综合能耗；

（4）布站合理，管理方便，系统综合效率高。

油气集输系统的布站方式通常有三种，即一级布站、二级布站和三级布站。另外，在生产实践中，根据具体情况，可将二级或三级布站优化简化后的布站方式称为一级半或二级半布站。所谓布站级数，就是油井产出物流从井场到矿场原油库或外输首站所经过的中间站场种类数。

**1. 一级布站方式**

在油井能够依靠自然能量（回压及地形高差）将产出物流直接混输至联合站进行处理时，宜采用一级布站方式，如图2-1所示。计量方式可采用油井分散计量，也可在联合站进行多井集中计量。

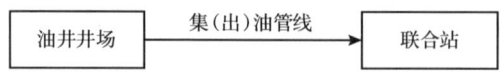

图 2-1　一级布站方式示意图

**2. 二级布站方式**

二级布站一般适用于开发面积不大、集输半径较小的油田或区块。二级布站方式主要有以下三种情况。

（1）计量方式为多井集中计量，油井依靠自然能量能够将产出物流直接混输至联合站进行处理，布站方式如图2-2所示。

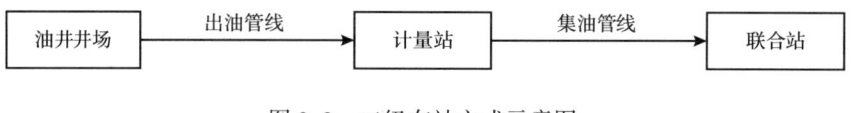

图 2-2　二级布站方式示意图

（2）计量方式为多井集中计量，油井难以依靠自然能量将产出物流直接混输至联合站进行处理，布站方式如图2-3所示。

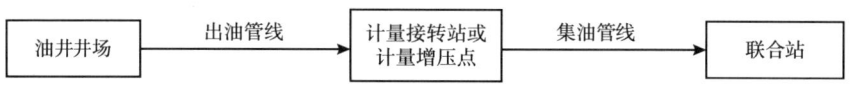

图 2-3　二级布站方式示意图

（3）计量方式为单井计量，油井难以依靠自然能量将产出物流直接混输至联合站进行处理，布站方式如图2-4所示。

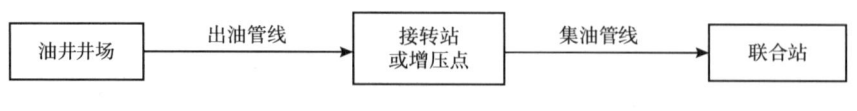

图 2-4　二级布站方式示意图

**3. 三级布站方式**

随着油田开发面积的不断扩展，集输半径越来越大，油田总产量也越来越多，采用二级布站，联合站设置数量较多不经济，通常在油区适当位置布1~2座较大规模的联合站，采用增压接转的方式完成油井产出物流至联合站的集输。三级布站主要方式主要如图2-5

所示。

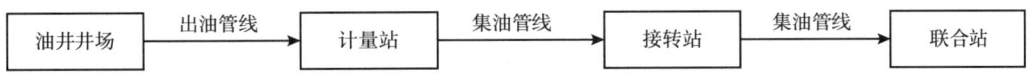

图 2-5　三级布站方式示意图

**4. 一级半布站方式和二级半布站方式**

所谓"半"的布站方式，主要是基于采用多井集中计量时，为了减少计量站数量，节约地面工程投资，节能降耗，节省集油成本，方便生产管理等而提出的。实际上是将计量站简化为选井阀组，将计量设备布置在相关站场内。

一级半布站方式是由二级布站简化而成，在计量站的位置只设选井阀组，单井先至选井阀组，从选井阀组到联合站为两条管线，一条为油井计量用管线，与设在联合站的计量设备相连；一条为其他不计量油井产出物流的集油管线。一级半布站方式如图 2-6 所示。

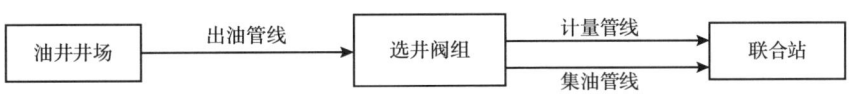

图 2-6　一级半布站方式示意图

二级半布站方式是由三级布站简化而成，其流程原理与一级半布站方式一样，只不过中间多了一级计量接转站，如图 2-7 所示。

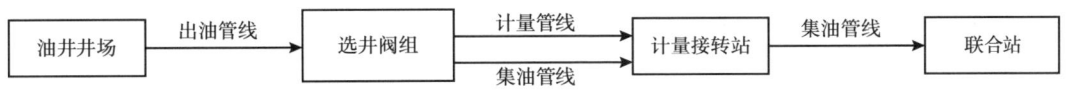

图 2-7　二级半布站方式示意图

一级半布站和二级半布站在油田采用多井集中计量的区块上应用比较普遍。总体上讲，一级布站方式从油井到集中处理站的集输距离较短，系统损耗少，但仅适用于油田开发面积不大、地层能量条件较好的油田；二级布站和三级布站是各油田比较普遍采用的两种布站方式。实际上每种布站方式没有严格的使用限制条件，都是随着主观、客观条件的变化而灵活运用，在一个油田往往是以某一种布站方式为主导，视具体情况以其他布站方式为补充，形成一整体的集输系统。一般建设面积大的油田，可分片建立若干个既独立而又有联系的集输系统，面积小的油田建立一个集输系统。总之，在具体实践中，油气集输系统布站要做到站场布置与集输流程相结合、与理论计算相结合、与油区地形地貌相结合、与系统配套工程相结合、与地质部署近期和远期相结合及与生产管理相结合。

## 二、塔里木油田集输布站方式概况

塔里木油田的集输中间站场主要有四种，即计量站、计量接转站、接转站和联合站。在井场与站场之间，根据油田地质和自然环境等条件，针对不同时期的集输工艺，布站方式既与国内其他油田类似，又有其自身特点。

### 1. 塔中油田

塔中油田下辖有塔中4油田、塔中10油田和塔中16油田等，油气处理场站为塔中第一联合站（下称塔一联），建设有水平一转油站、塔中401转油站、塔中161转油站、塔中40转油注水站等油气计转站，塔中4油田站外气举系统。塔中油田单井多采用单管密闭常温集油工艺，单井产液通过集油管道常温输送至转油站或计量间，转油站泵增压后输送至塔一联进行脱水处理；边远井采用油罐车拉油运至卸油台，最终进入塔一联进行处理。

塔中4油田、塔中16油田前期均采用一级半布站工艺，后期改造在各阀组间加设计量分离器，布站方式变为二级布站，即单井气液混合物经集输管道进入各阀组间（转油站进站阀组），阀组间计量后油气混输至塔一联处理。阀组间由两条汇管组成，一条是可以实现单井切换计量的计量汇管，另一条是所有单井汇集的生产汇管。转油站内设多管束移动计量橇一台，可以实现单井的不分离计量。塔中4油田1#—5#阀组设多管束计量分离器，塔中401转油站及塔中161转油站在其站内可实现油气分离，原油通过离心泵外输，放空天然气进行回收再利用的处理工艺。塔中水平一转油站是一座集卸油、储存、脱硫、外输、装油为一体的转油站，其主要功能为塔中油田偏远试采单井拉运原油回收。

塔中油田油气集输系统流向如图2-8所示。

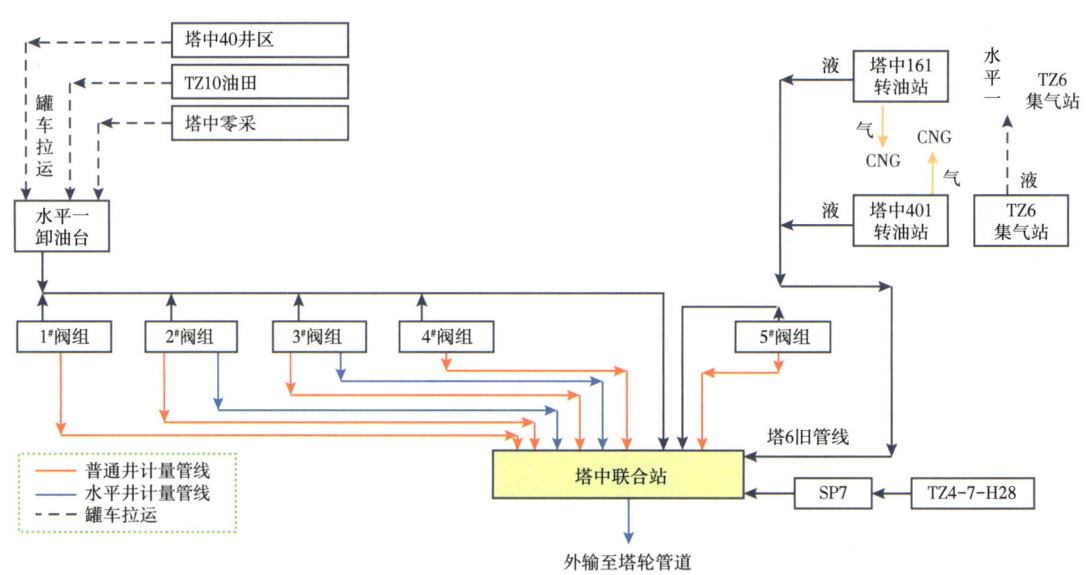

图2-8　塔中油田油气集输系统流向示意图

### 2. 哈得油田

哈得油气下辖哈得1、哈得4、哈得10、玉科、跃满、金跃南、富源、果勒（果勒Ⅱ、鹿场、富源Ⅱ待评价）9个区块。现有油井263口，计转站4座，计量间12座，转油站1座，联合站2座。

哈得油田集油方式主要采用单管集油，边远井采用罐车拉运。集输系统示意图如图2-9所示。

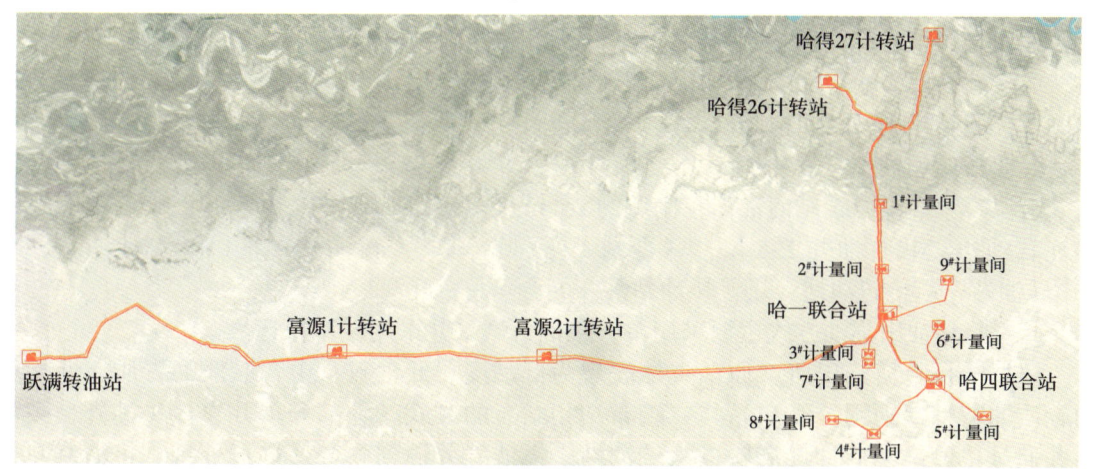

图 2-9　哈得油田集输系统示意图

哈四联进站原油凝点在 -30~-6℃，具有良好的油品特性。该区块原油集输均采用单管密闭不加热常温集输流程。单井布站方式采用一级布站与二级布站相结合的油气混输方式，即联合站周边油井油气产物从单井井口单管常温集输至联合站计量间，经计量后的多井油气混合液输送到哈四联三相分离器；远离联合站的油井油气产物从单井井口单管常温集输至计量间（或计量转油站），经计量后的多井油气混合液输送至哈四联。

哈四联现有计量间 7 座，其中，站外 8# 计量间、9# 计量间分别与站外 4# 计量间、6# 计量间混合进站，站外 5# 计量间单独进站，站内共有计量间 2 座。5 座计量间采用立式气液分离器进行气液两相分离，气相与液相分别进气、液管路单独计量的分离计量方式。以哈得油田 6# 计量间计量工艺流程、装置设备说明如下：

哈一联所辖油区呈条形分布，辖区内有计量间 5 座、计转站 4 座，转油站 1 座。以哈一联为中心分布，布站方式采用一级布站、二级布站和三级布站相结合方式。

1）一级布站

联合站周边油井油气产物从单井井口单管常温集输至联合站计量间，经计量后的多井油气混合液输送到哈一联三相分离器。

2）二级布站

远离联合站的油井（除跃满转油站下辖的单井）油气产物从单井井口单管常温集输至计量间（或计量转油站），经计量后的多井油气混合液输送至哈一联。

3）三级布站

跃满转油站下辖的单井因分布范围较广，采用三级布站，转油站外设串接阀组，井口产出液进入串接阀组进行计量，再通过集油干线输送至转油站进行集中增压。

**3. 东河油田**

东河油田管辖着东河塘油田、牙哈 1 油田及红旗油田等外围试采区块。共有油井 52 口，联合站 1 座（东一联），转油站 2 座（牙哈 1 转油站、东河 4 转油站）。

东河油田集油方式主要采用单管集油，试采井采用罐车拉运。

东河油田单井布站方式采用一级布站与二级布站相结合的方式，东河 1 油田来油通过各井独立的管线单独进站，单井进联合站计量分离器进行计量。牙哈一转油站原油经加热、加破乳剂后泵输至联合站与东河四转油站来油汇合后进入原油处理系统。偏远单井采取试采拉油至牙哈一转油站卸油。

**4. 哈拉哈塘油田**

哈拉哈塘油田位于东河油田东南侧约 25km 处。该区块主要包括一期哈 6 及二期新垦、热瓦普油田。共有油井 225 口，联合站 1 座（哈六联），转油站 4 座（哈 15 转油站、哈 601 转油站、新垦转油站、热普转油站）。

哈拉哈塘油田集油方式主要采用单管集油，试采井采用罐车拉运。

根据哈拉哈塘油田所产原油整体表现为低黏度、低含硫、中含胶质沥青质、低凝点的轻质油特性，采用一级布站与二级布站相结合的方式。除部分单井直接进站外，多数油井通过单管串接后油气混输进入转油站，再油气分输到联合站进行处理。集输流向如图 2-10 所示。

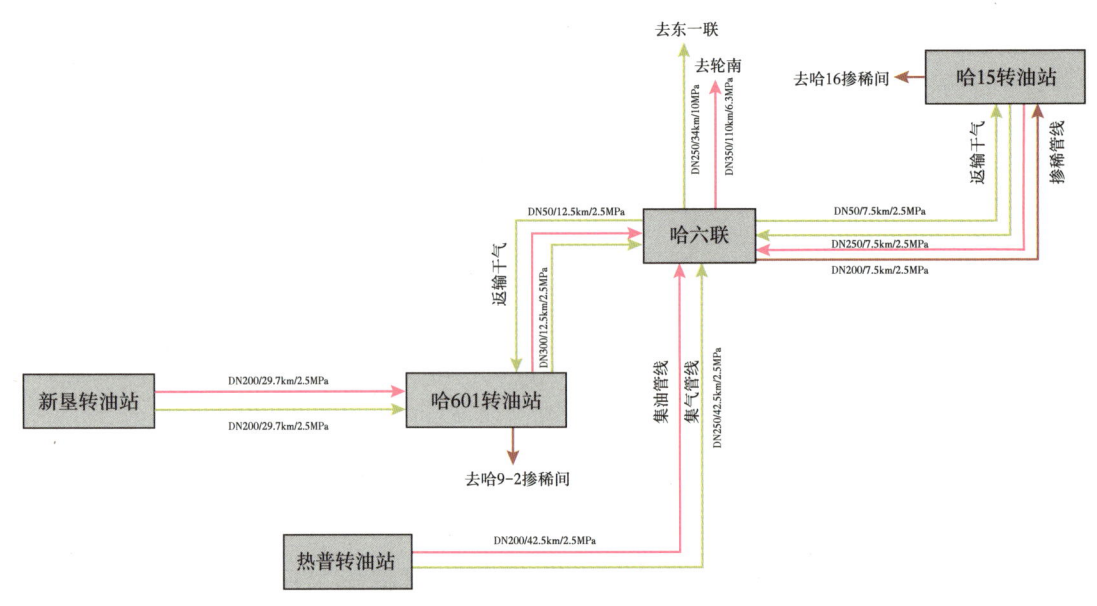

图 2-10　哈拉哈塘油田集输流向示意图

**5. 轮南油田**

轮南油田共有油井 135 口，联合站 1 座（轮一联），转油站 1 座（轮二转），计量间 7 座。

轮南油田所产原油密度小、黏度小、凝点低、流动性好、井口温度较高，单井采用单管集油工艺，采用一级布站与二级布站结合的方式，工艺流程采用"单井进站、集中计量、油气混输、集中分离"。油气产物从单井井口单管常温集输至计量间进行轮换计量，经计量后多井气液再油气混输至轮一联。自喷井、电泵井计量方式采用多管束计量橇进行计量，抽油机井采用"多管束计量橇＋功图量油"模式计量。集输流向如图 2-11 所示。

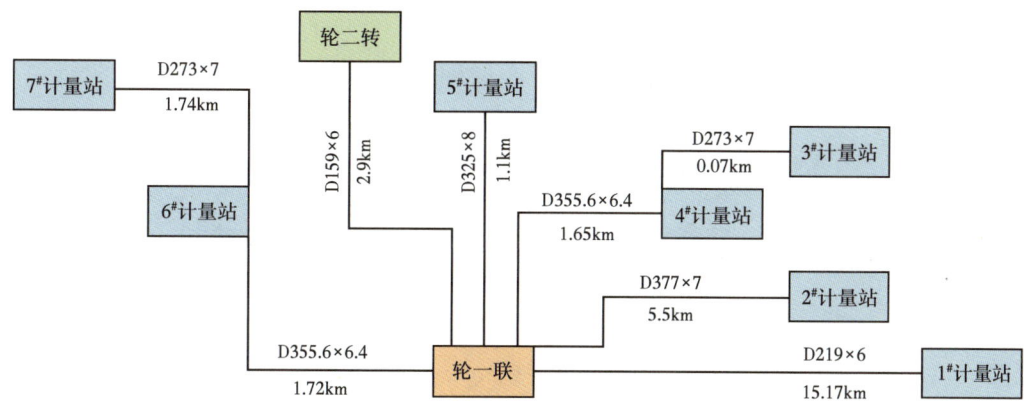

图 2-11　轮南油田站外集输图

## 6. 轮西油田

轮西油田为一大型复杂碳酸盐岩稠油油田，包括轮古 15 井区、轮古 9-40、轮古 47 井区、轮古 2、轮古 7 及桑南西区块，具有油层埋藏深、油层超高压、高温、原油含硫化氢等特点。共有油井 67 口，联合站 1 座（轮三联），转油站 1 座（轮古 7 集油站），计量间 5 座。

单井采用双管掺稀集油流程，采用一级布站与二级布站结合的方式，除部分单井直接进站外，多数油井进计量站计量后，再混输到轮三联合站进行处理。集输流向如图 2-12 所示。

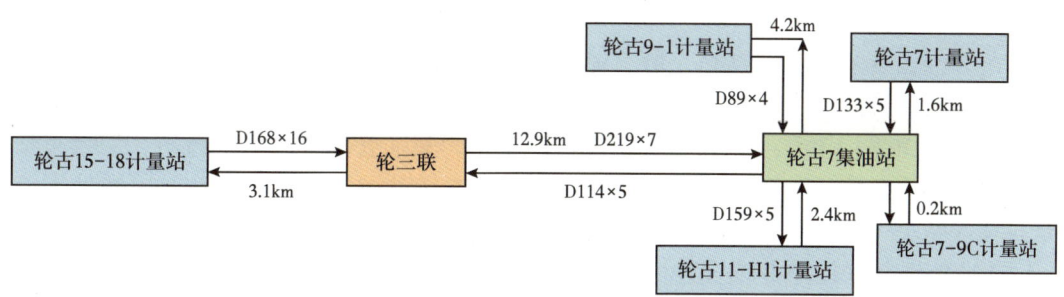

图 2-12　轮西油田站外集输图

## 7. 桑塔木油田

桑塔木油田共有油井 151 口，油气处理站 1 座（桑南站），转油站 1 座（解放渠东转油站），计量间 5 座。

单井主要采用单管不加热集油流程（部分单井季节性采用加热炉或电磁加热器升温）。原油集输以二级布站为主，局部采用二级半布站。原油从井口输到计量间，计量间汇集后进入桑南站处理。解放渠东转油站周边单井采用二级半布站，单井原油从井口输到阀组间，阀组间设选井阀组，从阀组到转油站为两条管线，一条为计量管线，与转油站计量分离器相连；另一条为生产管线，与转油站生产分离器相连；需要计量的单井进计量管线，其余单井进生产管线；集输流向如图 2-13 所示。

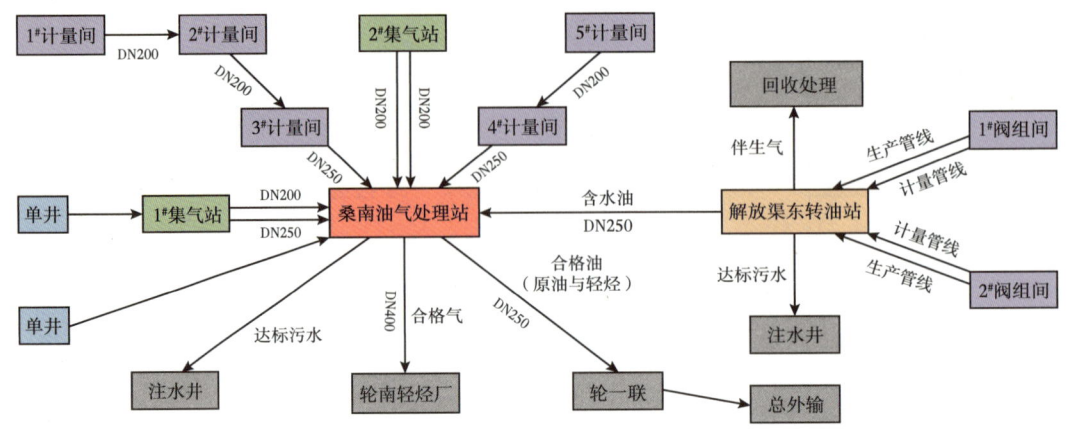

图 2-13　桑塔木油田站外集输图

### 8. 英买力潜山油田

英买力潜山油藏由 7 个区块构成。共有油井 130 口，联合站 1 座（英潜联合站），转油站 1 座（英买 2 转油站）。

原油集输采用二级布站为主，站外采用单管密闭不加热常温集输流程，分离器轮换计量工艺。英买 2 区块建转油站 1 座，区块产液经油气分离后，含水油输往英买力联合站，伴生气本站自用，剩余部分就地外销给 CNG 公司；英买 32 区块及英买 41 区块油井采出物自压进英买力联合站；英买 35 区块、英买 7 区块、英买 1 区块原油采用单井拉运。

### 9. 大宛齐油田

大宛齐油田共有油井 467 口，联合站 1 座（大宛齐联合站），转油站 2 座（105 转油站和 109 转油站），计量阀组 12 座。

大宛齐油田采用单井或多井串接单管集油流程，集输管网采用一级布站、二级布站和三级布站相结合的方式，已建有 2 座转油站——105 转油站和 109 转油站，原油处理依托大宛齐联合站。

（1）站外油井采用单井或多井串接单管集油流程，集输管网采用一级布站、二级布站和三级布站相结合的方式；

（2）在联合站周围的油井采用一级布站方式；

（3）在较远井区的油井采用二级布站或三级布站方式；

（4）为方便油井的生产管理，在集输管网系统中，部分计量阀组采用灵活的生产倒换流程，不仅可直接进入联合站，也可进入转油站。

## 三、标准化布站方式推荐

根据塔里木油田各油田管理面积较大，部分单井较分散的情况，推荐多种布站相结合的方式。由于采用一级布站方式会造成联合站、处理站周边单井管线较多，当站场需要扩建时可能需要进行多条管线迁移，不便于后期开发调整，因此推荐采用一级半布站和二级布站相结合或者一级半布站和三级布站相结合的布站方式。

**1. 串接集油进站**

油田构造带狭长区域井位总体呈长条形分布，外输方向位于井位布置区域的一侧或中部，此类油田布站时管网优先选用枝状管网，沿计量站或接转站的中心轴线设置一条集油干线，各计量站或接转站均通过各自的集油支线接入集油干线，流程如图 2-14 所示。

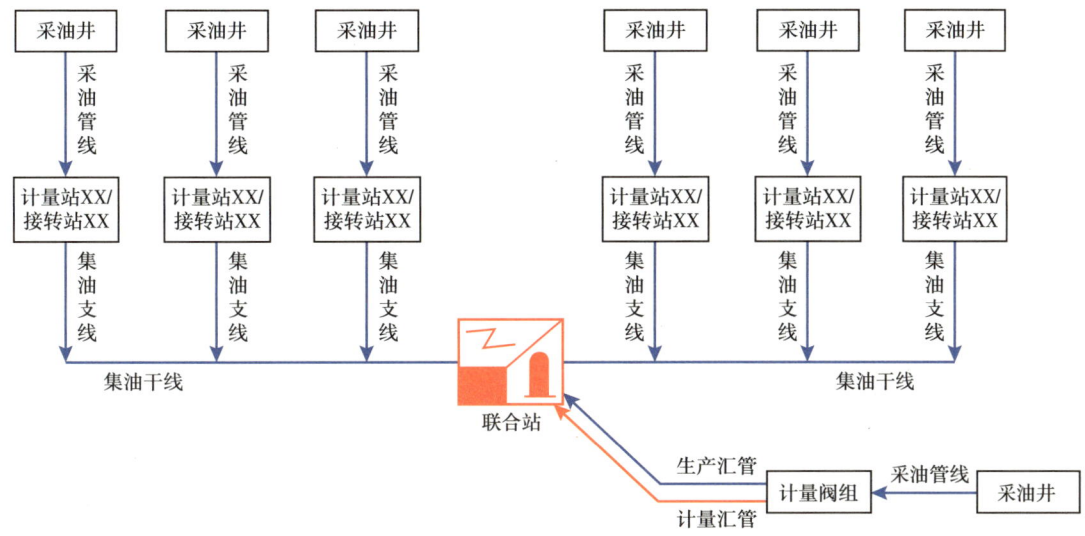

图 2-14　串接集油进站集输示意图

这种布站方式可大大缩短集油管线的长度，节约投资，减少线路征地，同时在后期有新建计量站或接转站时，可就近接入干线，缩短施工工期，减少施工难度。但采用该方式末点站场的起输压力略高，应充分考虑油井井口油压是否能够满足输送要求。当干线发生泄漏或者冻堵时，对上游生产井影响范围大。

**2. 辐射集油进站**

当井位较分散时，采用枝状管网在经济上不优或井口油压不能满足输送要求时，可采用辐射状管网结构，各计量站或接转站分别建设干线接入联合站，此种方式结构简单，各站场间不相互影响，流程示意如图 2-15 所示。

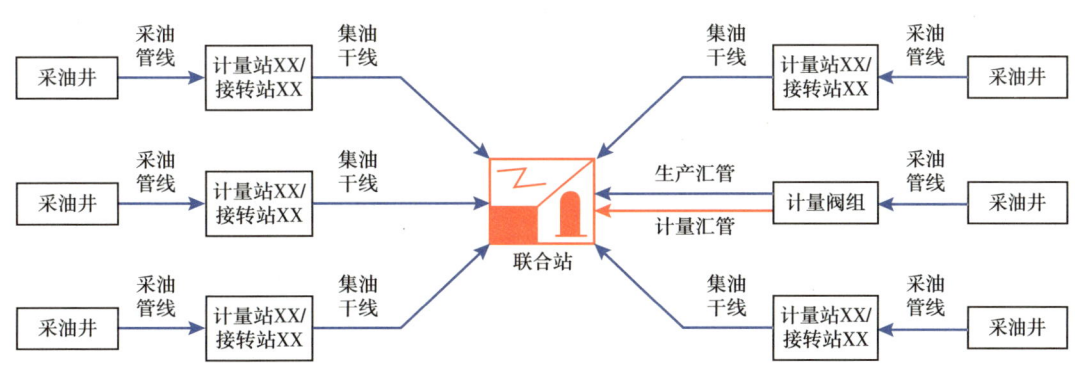

图 2-15　辐射集油进站集输示意图

## 第三节　集油工艺

### 一、集油流程分类与特点

**1. 集油流程的命名**

我国石油行业对现有的油气集输工艺流程还没有统一的命名方法。目前的工艺流程命名都是以流程的显著特征来进行命名的，主要突出了以下几类特征。

（1）集油流程的某种显著技术特点，一般情况下主要以突出集油流程的热力条件来命名，如不加热集油流程、热水伴热集油流程等。

（2）集油流程的管网形态，如树枝状集油流程、环状集油流程等。

（3）集油工艺管线的根数，如单管、双管、三管等。

（4）油气集输系统的布站级数，即从井口至矿场油库间的集输站的种类数。

（5）集油流程的密闭性，如开式集油流程、密闭集油流程。油井产物在收集、中转、分离、脱水、原油稳定等一直到外输计量的各生产过程中，均与大气隔绝的集输流程称为密闭集油流程，密闭集油流程的油气损耗率为 0.3%~0.5%（质量分数）。若其中有部分过程不与大气隔绝就称为开式集油流程，开式集油流程集输系统的油气损耗率为 2%~3%（质量分数）。世界上绝大多数国家在油田开采初期基本采用的是开式集油流程，随着开采规模的不断扩大，逐渐转向密闭集油流程。

**2. 集油流程的分类**

国内外的集油流程大体分为三类。

第一类是对产量特高的油井，每口井有单独的分离、计量设备。有时还有单独的油气处理设备，这种流程的经济性一般较差。

第二类为计量站集油流程，每口油井通过其单独的出油管线将产出物在计量站汇集，计量后与其他井产出物汇集至集中处理站，这种流程使用比较广泛。

第三类为多井串联集油流程，若干口井串接在一根集油管线上，汇集至集中处理站进行处理，由设在各井场上的计量分离器对油井产量进行连续计量，或通过移动式计量装置对各井进行周期性计量。这种流程使用较少。

根据各油田具体情况，在应用计量站集油流程和多井串联集油流程时，我国油气集输工作者常按流程中的显著特点对集油流程进行分类，主要有以下三类。

（1）按加热方式分，主要分为不加热集油流程（习惯称冷输流程）、井场加热集油流程、掺热水（热油）集油流程和热水伴热集油流程。

（2）按管网形态分，主要分为米字形管网集油流程（小站流程）、环形管网集油流程、多井串接集油流程和树枝状集油流程。

（3）按集油工艺管根数分，主要分为单管集油流程、双管集油流程和三管伴热集油流程。

**3. 我国典型油田集油流程的特点及适用条件**

我国典型油田集油流程主要有六种，不同集油流程各有其特点和适应性及优缺点。

1）井口不加热单管集油流程

井口不加热单管集油流程原理如图2-16所示，每口油井产出物流通过单管混合集中到计量站内，各单井产出物流通过站内阀门控制，轮流进入计量分离器分离并进行液、气计量，完成计量后的液、气再度混合与其他油井产出物流汇合进入集油管线出站。为了利于气、液分离，一般情况下，单井产出物流在进入计量分离器、接转站的分离缓冲装置前，均需进行加热。

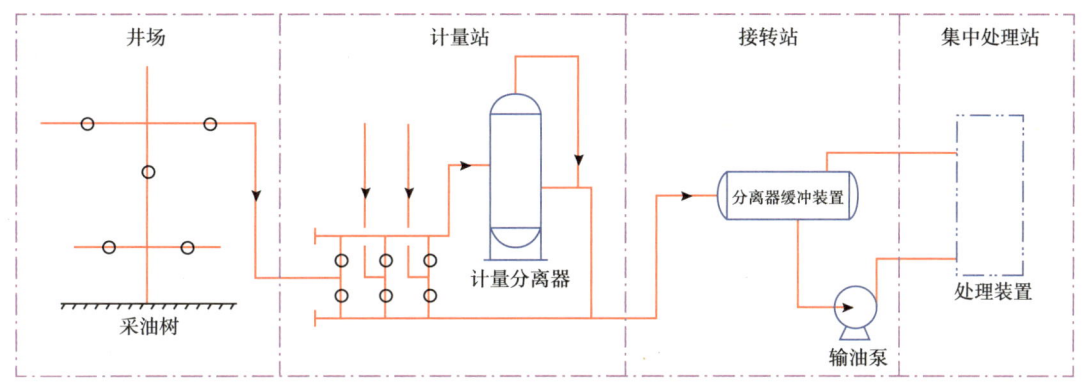

图2-16　井口不加热单管集油流程

井口不加热集油流程是一种非常经济的集油方法。在井场不设加热设施，依靠地层本身能量（自喷井采油）或采油机械动力（机械采油），直接将油井产出物流从井口经集油管线输至计量站或计量接转站等集油站场。除塔里木油田普遍采用该流程外，国内原油物性较好的油田如吐哈油田、长庆油田，一些高含水油田如胜利东辛也采用该流程集油。

总结各油田该流程的使用经验，并参考有关文献，井口不加热集油流程一般适用于：

（1）相对密度≤0.86、黏度≤20mPa·s、凝点≤5℃；
（2）单井产液量在40t/d及以上、井口油温≥50℃；
（3）井口温度下的黏度≤100mPa·s、凝点≤5℃；
（4）单井产液量在5t/d以上、气油比在20$m^3$/t以上；
（5）原油含水率已达到转相点（一般在50%~90%）；
（6）油田所处地区最低气温与原油凝点接近或略低于凝点3~5℃。

达到上述任一条件，均可考虑采用该集油流程。

通过油田的具体实践，管线输送终点温度低于析蜡温度，不加热集油时依然能够正常生产，故此条件不完全对是否采用不加热集油流程起决定性作用，应从原油性质、气油比、含水率、管材管径、敷设环境等多方面综合考虑。

国内一些油田通过应用新工艺、新技术，也成功实践了井口不加热集油流程。如大庆、大港、华北等油田，针对油田进入高含水时期的情况，通过在井口套管或集油管线内添加原油流动性改进剂（俗称原油改性剂），在药剂的作用下使油井产出液形成水包油型乳状液，以降低原油的表观黏度，达到降黏减阻输送的目的。但加入的药剂对后续的原油脱水不利，因原油脱水加入的是破乳剂，所加药剂与破乳剂药性正好相逆。目前还没有找到既能降黏又不影响后续原油脱水破乳的药剂。另外，大庆萨中油田的部分油井利用钢管的集肤效应发热原理，定期给集油管道通 400Hz 的中频电，使其发热升温并熔化管内壁上的结蜡，降低井口回压，实现井口不加热集油。

2）井口加热单管集油流程

主要涉及两种加热方法与技术：一是井口加热炉加热法，另一种是电加热法。由于电加热的运行成本相对较高，大规模生产油井不宜采用，常用的一般为加热炉加热法，其流程如图 2-17 所示。该流程与单管不加热流程相比，多了中间加热环节。在井场设加热炉提高油井产出物流温度后，通过单管集中到计量站内，单井产出物流通过站内控制，轮流先经加热或换热，然后进入计量分离器分离并进行液、气计量，完成计量后的液、气再度混合与其他油井产出物流汇合进集油管线，经加热后外输出站。

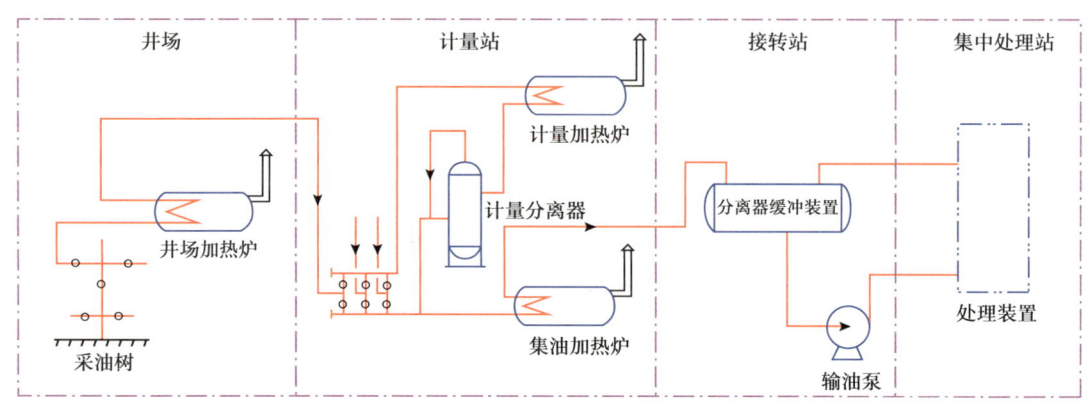

图 2-17　井口加热单管集油流程

井口加热集油流程是国内各油田早期普遍所采用的集油方法，从理论上讲，该流程适用于任何物性的原油，目前主要应用于凝点和黏度较高的石蜡基原油。随着油井生产的延续，原油含水率超过原油乳状液转相点时，加热集油可逐步过渡到不加热集油流程。

与不加热流程相比，有井场加热炉增加了管理环节，实现自动化比较困难；对无气或少气的油井，有时井场加热炉需要另敷设供气管线或采用其他燃料，增加了能耗。这种流程的优点是对油藏条件复杂的油井适应性较强。

3）井口掺热水（热油）双管集油流程

井口所掺液一般为常温水、热水、活性水、油田采出水和稀油等。实际生产中一般采用掺热水的方法。井口掺液双管集油流程如图 2-18 所示。从井口到计量站间有两条管线，一条是从井口至计量站的出油管线，一条是从计量站配热阀组到井口的热水管线。在大站配制活性水或者油田采出水（含有一定浓度的活性剂），经加热、增压后送到计量站，经计量站阀组分配、输送到各井井口；然后用水嘴按规定的流量注入套管，经过井下泵和管路作用，使油形成水包油型乳状液，改善流动效果；液、气进入计量站后，进入计量分离器分离并进行液、气计量，完成计量后的液、气再度混合与其他油井液流汇合进集油管线。油井停抽时，打开井口循环阀门，可用活性水顶替出油管线中的稠油，并保持适量的循环，以防止活性水冻结。

在计量站计量得到的产液量包括油层水和掺入的活性水，需测定总含水率，计量活性水的掺入量，最后通过计算得出本井的产油量和产水量。

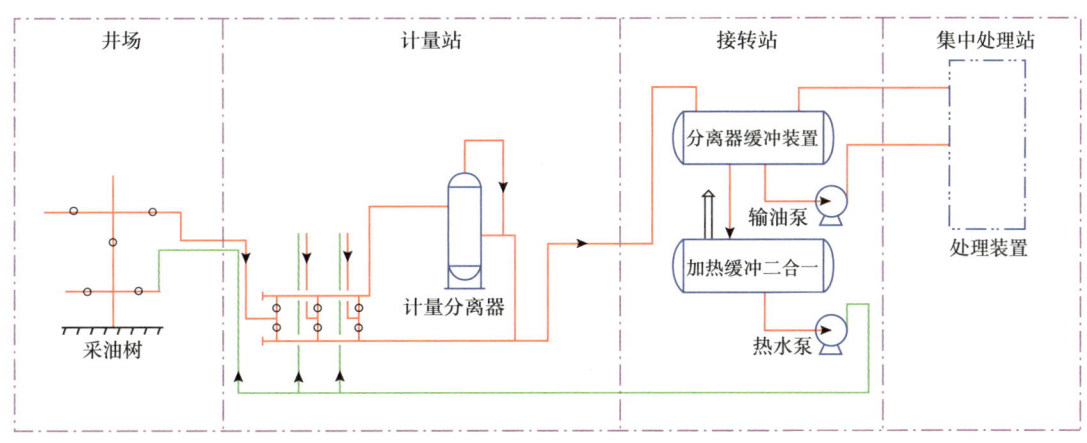

图 2-18 井口掺热水（热油）双管集油流程

该流程主要适用于高含蜡、高凝点、高黏度的中质原油和重质原油的油田及稠油油田。优点是有效解决了高黏原油的开采问题，并且投产容易，停产简单，管理方便，生产安全可靠；井场及干线不设加热炉，节约燃料；能有效降低回压，可适当扩大集油半径。缺点是流程复杂、投资高；生产管理难度较大，掺入各井的水量不易稳定控制，产量无法直接计量，给油田动态分析造成一定的困难；掺入水循环使用，增大了管线腐蚀、结垢速度。

4）三管伴热集油流程

三管伴热集油流程的主要特点是对单井出油管线采取了伴热保温措施，伴热管线介质有三种，一为热水，二为蒸汽，三为导热油。当采用蒸汽管线伴热时，一般采用双管流程，一条为出油管线，一条为蒸汽伴热管线。蒸汽锅炉设在计量站，蒸汽管线紧贴油井出油管线送至井口，并共同保温在一起为出油管线伴热。废蒸汽与冷凝水一般不回收。由于不回收废蒸汽和冷凝水，浪费较大，除非特殊需要，一般不采用这种流程。

伴热流程常采用的是三管热水伴热集油流程，其流程如图 2-19 所示。

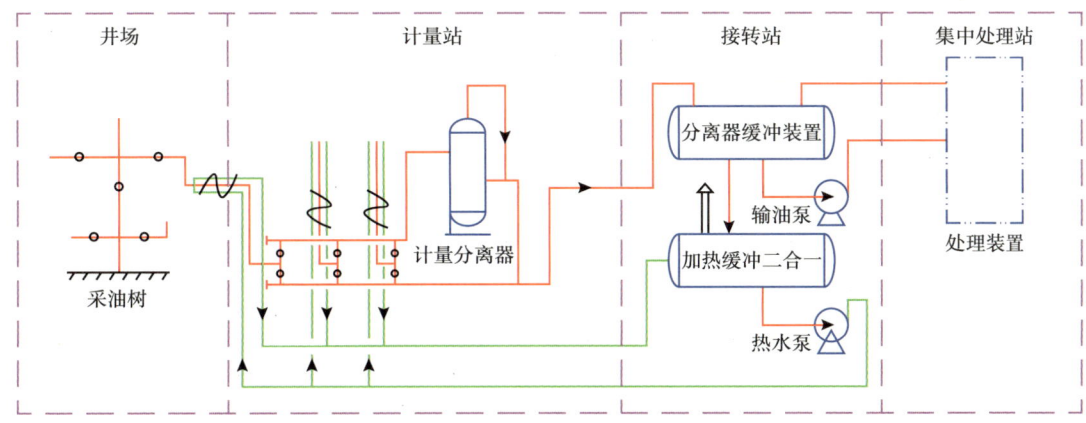

图 2-19 三管热水伴热集油流程

循环水泵将升温的水增压后，经热水阀组分配到各油井；去油井的热水管线单独保温，回水管线与油井出油管线共同保温在一起，各回水管线在回水阀组处汇合进入站内水罐循环使用。为了集中管理，有时把计量站和接转站结合在一起成为集中计量、集中分离流程。

该流程由于系统复杂、投资大、钢材消耗多、生产费用高等缺点，一般不推荐使用。该流程的优点是通过管道换热，间接地为出油管线提供热能，流程的安全性较好；热水不掺入出油管线内，油井计量比较准确。

5）萨尔图集油流程

萨尔图集油流程是在大庆会战时期，根据油田早期采用的横切割内部注水（行列式开发井网）开发方案及油田具体情况创造出来的。萨尔图集油流程的主要特点就是多井"串联"，油、气、水混相进站，也称"串糖葫芦"流程或多井串联集油流程，其流程如图2-20所示。油井（一般为100~150口井）"串联"在"一字形"集油管线上，利用地层剩余压力将油气从井口密闭输送至转油站或联合站；井场上设有计量分离器与水套加热炉联合装置，进行单井油气计量和加热保温，一般在出油管线上设分气包为井场联合装置提供燃料；为提高油井产出物流的流动性并补充输送过程中的热能损失，集油干线上设干线加热炉并在干线上设分气包为其提供燃料。

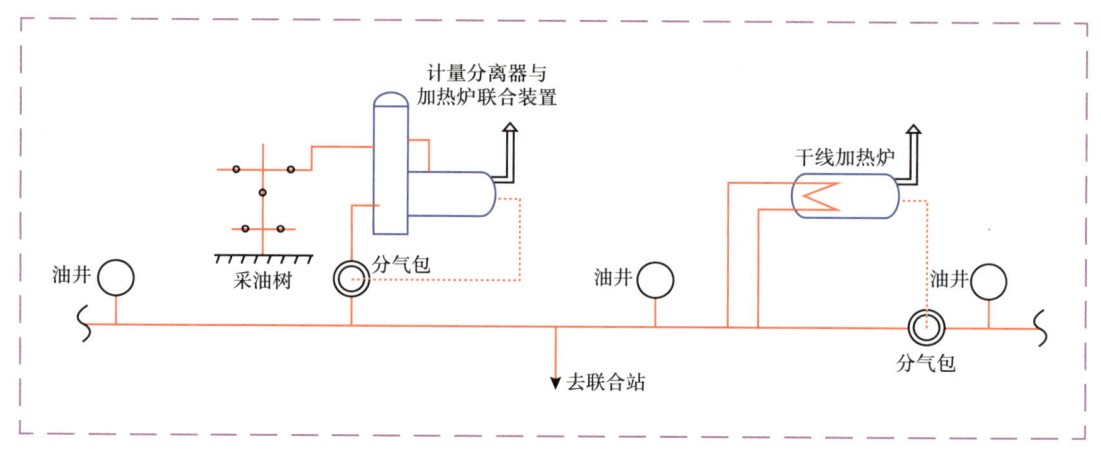

图2-20　萨尔图集油流程

该流程适用于油层压力高、单井产量较大、油井能量差别小，采用横切割注水的行列式开发井网，不适用于面积开发井网。优点是单管集油，比双管、三管流程节省投资；多井串联，泵站数量少，节省投资及能耗。缺点是流程的计量点、加热点多而分散，不便管理及自动化实现困难；由于多井串联于共用的变径集油管上，各井的生产相互干扰较大，尤其是端点井回压较高，甚至产出液难以进入集油管线；流程适应性差，不便于调整和改造。

6）环形集油流程

环形集油流程也属于多井串联集油流程，具有与萨尔图集油流程相似的优缺点。与萨尔图集油流程不同的是将每口井井口加热改为了在环形管起点掺热水加热，并且掺热水、集油是一根环形总管。为了减少串联井相互干扰对生产的影响，每座阀组间管理集油掺水环3~4个，每环串联3~5口油井不等，环路控制长度一般为2.5~3km。

工艺流程包括掺水和集油两大部分。接转站（或联合站）是集输工艺的核心，在站场将循环热水加压后送到阀组间，阀组间内各环掺水阀门将热水分流至各环，依据环的油井产量及管线长度控制掺水阀门开度，进而控制掺水量和压力。热水先到首井与该井产出物流混合，然后混合物流向第二口井推移，依次直到末端井。环集油后，混合物流在掺水压力作用下压至阀组间总回油干线，进而压至接转站（或联合站）进行气、液分离等处理。

该流程适用于油井密度大、产量较低、需要加热集输的油田，在大庆、吉林等油田使用较广泛。优点是取消了井口加热炉，集油管线节约，较萨尔图集油流程相对容易管理。在电力供应比较充足的地方，该流程演变为在环形管终点处引一条分支管线经多相泵增压、电加热器加热后引入环形管起点，改善环形管起点段的热力条件；串接于集油环的各油井采用电加热器为产出液加热，或将加热电缆置于环形管内。

以上六种典型集油流程均为我国传统且基本为三级布站方式的集油流程，随着油田开发技术的进步、单井计量技术的突破，在以上典型流程的基础上，各油田都有不同程度的优化。

## 二、塔里木油田集油工艺概况

### 1. 塔中油田

塔中油田共有单井152口，其中130口井采用单管密闭常温集油工艺，单井产液通过集油管道常温输送至转油站或计量间，输送至塔一联进行脱水处理；其余22口井采用油罐车拉油运至卸油台，最终进入塔一联进行处理。

### 2. 哈得油田

哈得油田集油方式主要采用单管集油，试采井采用罐车拉运。其中采用单管不加热集油方式单井为113口，单管加热集油方式单井为97口，采用罐车拉油的试采井53口。

### 3. 东河油田

东河油田集油方式主要采用单管集油，试采井采用罐车拉运。其中采用单管不加热集油方式单井为44口，单管加热集油方式单井为4口，采用罐车拉油单井为4口。

### 4. 哈拉哈塘油田

哈6区稠油井产能约为$20×10^4$t，哈15井区油井需要掺稀生产，因此，集油系统采用稠稀油分开集输的集油工艺。其中采用单管不加热集油方式单井为135口，单管加热集油方式单井为27口，采用罐车拉油单井为37口，采用双管掺稀油集油方式单井为26口。

1）稀油集油工艺

哈拉哈塘油田稀油集油方式主要采用单管集油，试采井采用罐车拉运。哈6区原油凝固点低，原油凝点为-12~-30℃，平均为-25.1℃，井口出油温度普遍较高，因此集油工艺选择不加热保温集油工艺。

哈9区和哈16区采用多井串联的方式搭接在集油干管上输送转油站。

2）稠油集油工艺

哈拉哈塘油田稠油集油方式主要采用井口掺稀油双管集油流程。

哈6区稠油井主要分布在哈15井区、哈7井区部分油井和哈9井区部分油井，另外，在哈601井区有2口井需要掺稀。

由于稠油井分布相对比较集中，因此，掺稀工艺选择固定掺稀。哈15井区和哈7井区掺稀井的油源就近来自哈六联处理后的净化稀油。哈9井区和哈601井区稠油井距联合站较远，而距哈601转油站较近，因此由哈601转油站处理后的低含水油作为掺稀油源。

哈六联稀油工段脱除的净化稀油，经供油泵增压输送至哈15转油站，在哈15转油站经高压掺稀泵增至20MPa后，由掺稀阀组分配至哈15井区单井。由于哈15转油站与哈16区掺稀井较远，由转油站分一条掺稀干线至哈16区掺稀阀组并分配至单井。

#### 5. 轮南油田

轮南油田所产原油的密度小、黏度小、凝固点低、流动性好、井口温度较高，目前2口单井井口安装电磁加热器加热生产，2口单井采用"电磁加热器+电加热杆"的模式进行生产，1口单井采用电加热杆加热模式生产，其他单井全部采用单管不加热集油工艺生产。

#### 6. 轮西油田

轮西油田单井采出物均为稠油，全部双管掺稀集油流程，即从油管正注稀油与井底稠油混合，降低稠油黏度及密度。由于掺稀后原油温度较低，因此采用单管加热集输流程，混合液经集油管道输送至轮三联进行处理。

#### 7. 桑塔木油田

桑塔木油田主要采用单管不加热输送流程（部分单井季节性采用加热炉或电磁加热器升温），原油从井口输到计量间，计量间汇集后进入桑南站处理。

#### 8. 英买力潜山油田

英买力潜山油田所产原油密度小、黏度小、凝固点低、流动性好、井口温度较高，集油工艺采用单管密闭不加热常温集输流程，分离器轮换计量工艺。英买35区块、英买7区块、英买1区块等边远区块原油采用罐车拉油。

#### 9. 大宛齐油田

大宛齐油田采用单井或多井串接单管集油流程，原油凝固点低，井口出油温度普遍较高，因此集油工艺选择不加热保温集油工艺。

### 三、标准化集油工艺推荐

#### 1. 稀油集油工艺推荐

塔里木油田原油以低黏度、低凝点的稀油为主，单管不加热集油工艺作为最经济的集油工艺，标准化集油工艺推荐优先考虑采用单管不加热集油工艺，该工艺技术成熟，流程简单，能耗低，塔里木油田运行经验丰富。

#### 2. 稠油集油工艺推荐

塔里木油田个别区块所产原油为稠油，推荐采用双管掺稀集油工艺，流程示意图如图2-21所示，该工艺可有效降低稠油黏度及密度，满足集输生产需求。

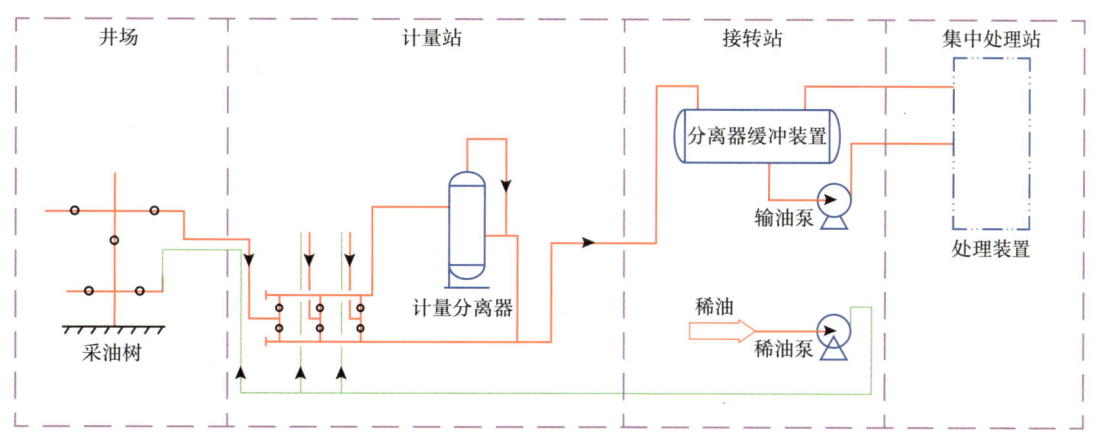

图 2-21 双管掺稀集油流程

## 第四节 计量工艺

油井产量计量是油田日常生产管理中一项极为重要的工作。油井产量计量的主要目的是了解储层的生产状况，科学地制定出开发方案和调整改造方案，提高油田采收率，实现油田管理科学化，提高油田生产的经济效益，提供准确可靠地测量数据。油井产量计量就是要确定油井生产的油、气、水量，计量工艺是油田生产管理和贸易的基础，没有现代化的计量工艺，就不可能有现代化的生产和顺利的贸易交往。

### 一、计量工艺

**1. 计量的特点**

1）准确性

准确性是计量要求的基本特点，是计量技术工作的核心。它表示的是计量结果与被计量的真实值的接近程度。缺乏准确性的计量不能称其为计量，它会造成严重的不良后果，准确性常以误差或不确定度来表示，计量结果的误差只有在允许的误差范围内，其结果才可靠。

2）一致性

计量单位首先要统一，否则很难做到一致。一致性就是说无论在任何时间、任何地点、利用何种方法器具、任何计量人员，只要在符合有关计量所要求的条件下计量，其结果就应该一致。否则，计量将失去其社会意义。

3）法制性

计量单位要统一，量值要准确、可靠。为实现这一目的，不仅要有一定的技术保障，还要有相应的法律、法规和行政管理等法制保障。为此，我国在 1985 年颁布了《中华人民共和国计量法》，把计量活动以法律的形式规定下来，所有计量活动都必须符合这个规定。

**2. 一般规定**

采油井的油、气、水产量计量，主要目的是掌握油井的生产动态、分析储层的变化情况，为进一步科学地制定油田开发方案提供依据。由于油井生产情况较为复杂，油井采出物多呈不均质性，如油中含砂、含气等都将使计量条件变得很差。想要保证精确计量，每口油井都需设单独的计量装置及其配套设施进行连续计量，不经济也不现实。因此，我国对油井产量计量的精度要求：最大允许误差应在 ±10% 以内；低产井采用软件计量时，最大允许误差宜在 ±15% 以内。

油井产量计量是采油作业中每天每班必做的工作。一般情况下，每口油井的产量都随储层能量的变化均有一定的波动，但均有规律可循，故出于准确度和经济性考虑，油井产量普遍采用周期性连续计量。油田长期生产实践证明，每口井每次连续计量时间一般为 4~8h，一般可以代表 1d 的产量，能够满足计量准确度要求，也便于生产管理；对于油、气产量波动较大或产量较低的井，计量时间可延长为 8~24h。

每口井的计量周期为 10~15d，即每月计量 2~3 次。油井产量算法有两种：一种是质量法，一种是体积法。我国、苏联和一些东欧国家一般采用质量法，销售和计算产量都以吨（t）为单位；美、英、日本和一些西欧国家，一般采用体积法，销售和计算产量都以桶（bbl）、加仑（gal）等为单位。

**3. 油井产量计量方法**

油井产量计量在油田生产管理中至关重要。多年来，根据各个油田的生产特点，油井产量计量方法种类也很多。概括起来讲，目前油井产量计量技术主要有两种：一种是分离计量技术，另一种是应用多相流量计计量的不分离计量技术。其中，分离计量技术是普遍采用的一种技术，其方法是油井产出物首先进行分离，然后进行油井气、液计量，常用的计量技术主要有油井两相分离计量技术和油井三相分离计量技术。另外，还有基于抽油机诊断技术原理的"示功图法量油技术"和基于探测液面法试井理论的"液面恢复法量油技术"。以下对国内油田迄今为止应用的计量方法予以介绍。

1）早期简易计量方法

（1）分离器玻璃管量油。

在油气分离器侧壁安装一长约 80cm 的高压玻璃管，其上、下两端分别与分离器的顶部和底部相连通。根据连通器原理，分离器内液柱的压力与玻璃管内水柱压力相平衡。量油时，关闭分离器的出油阀，打开出气阀；油井采出的油、气、水混合物进入分离器后，首先进行分离，被分离出来的气体从分离器上部排出，被分离出的液体沉降到分离器的下部，在油面上升的同时，玻璃管内的水面也相应上升；由于油、水密度的差别，分离器内油面高度与玻璃管内水面高度不同，可以换算出分离器内油柱上升的高度。分离器玻璃管量油是一种比较简单的瞬时量油法。

玻璃管量油结构简单、便于操作、直观且投资较少，是国内各油田普遍采用的传统方法。该方法的优点是设备简单、投资少；缺点是手动操作人为影响较大、误差较大，另外在高含水期特别是在特高含水期，对于气油比低的油井计量后的排液十分困难，给计量操作造成很大不便。该方法适用于油井含水率低、含水波动小、产量波动较小的油井计量。

（2）分离器玻璃管电极法量油。

该方法的原理与玻璃管量油相同，实际上是玻璃管量油的改造升级产品，不同之处在于玻璃管上、下液位处分别安装上、下电极,以控制分离器出油阀开关,从而实现自动计量。

该方法较玻璃管量油最大的优点是可以实现量油自动化。电磁阀的质量是影响计量过程的关键因素。

2）翻斗流量计量油

翻斗流量计量油实际上是一种基于重心位移的力学原理来实现质量计量的一种量油技术,应用的设备主要为油气分离器和翻斗流量计,其中的核心部件为翻斗流量计。分离计量罐由罐体、分离器、翻斗流量计、称重传感器、液位计等部分组成,其中称重传感器是本装置的核心部件。装置密闭容器内安装有对称的两个翻斗,翻斗轴安装称重传感器,传感器与电子计数器连接。装置工作时,单井来油从进口进入容器上室,然后溢流至下室翻斗。油量达到翻斗标定质量时,翻斗翻转卸油,同时另一个翻斗开始进油,两个料斗循环工作。翻斗翻转卸油是利用计量斗内装有液体后重心位移失去平衡而完成翻转。

倒出来的油在分离器上部气体的压力下流入输油管线。如产出液中含有气体,该气体将与产出液一起流入输油管线,在此过程中,称重传感器检测得到一条质量随时间的变化曲线,利用积分计算即可得到累计流量,进而可以换算成当前产量。

该装置能够在井口实现单井产量连续计量,能有效监控油井出油情况,具有如下特点。

（1）井口至集油站单管密闭连续输油计量,简化流程,降低成本。

（2）采用流量计算功能,实现任意时段的数据记录和日产量的计算。

（3）能有效监控油井的出油情况,实现单井产量的就地显示和远传。在单井工作不正常时,可以及时发现问题,并且解决问题,避免了能源的浪费,大大提高了工作效率。

（4）可采用独立的车载式结构进行移动计量或计量标定。

（5）通过对油井产量的准确标定,实现对油产量的落实,达到提高管理水平的效果。

（6）具有可移动、不停井、无污染、节能高效、后期管理费用低等特点,能实现油井产量标定与装置自我误差校正的同步进行。

3）功图量油

功图量油是依据抽油机深井泵工作状态与油井液量变化关系,分别建立抽油杆、油管、泵功图数学模型,生成泵功图,通过泵功图分析并计算出油井液量的一种计量技术。功图量油误差在 $\pm10\%$,满足了油井计量要求。

对于抽油井来讲,抽油泵的理论排量主要由抽汲参数即冲程、冲次和泵径决定,得到这三个参数,就可计算出泵的排量,进而求得油井产量。由于井下气体等因素的影响,抽油泵不可能一直是充满状态,因此理论计算出的产量往往比实际的要大。泵的充满度对计算油井产量影响比较大,因此,必须根据泵的充满度来计算抽油泵的实际排量和油井的实际产量;泵的充满度可以从测得的泵示功图上诊断分析得出。功图量油就是利用抽油机计算机诊断技术,把地面示功图数据用计算机进行数字处理后,消除掉抽油杆柱的变形和黏滞阻力及振动和惯性的影响,得到形状简单而又能真实反映泵工作状况的泵示功图。

在理想情况下（油管锚定、无气体影响和漏失等）,泵的示功图为矩形,长边表示活塞冲程,短边表示液体载荷。油管未锚定时,泵示功图将变成平行四边形,长边表示活塞相对于泵筒的冲程长度。

用泵示功图分析判断泵的工作状况比用地面示功图判断要简单得多。根据泵的示功图，不仅很容易对影响深井泵工作的各种因素做出定性分析，而且可以求得活塞冲程和有效排出冲程，从而可以计算出泵排量及油井产量。示功图量油就是从抽油井系统受力入手，考虑抽油杆、油管、液柱三者在三维空间的振动及杆、管、液三者之间的接触力和相应的摩擦力对系统轴向振动的影响，采用在井口测取杆柱载荷和位移与时间的变化关系，即测得地面示功图，建立计算模型；然后经计算机诊断软件分析出泵示功图，反映泵内流体的充满程度，经计算机识别泵的有效冲程，实时分析每个冲程中泵内液体的充满程度，把泵筒作为计量容器，计算出每个冲程的抽汲量，即可折算单井的采液量。

示功图计量技术特点如下：

（1）"功图法"无线传输系统能够实现全天数据采集和处理，可动态监视油井工作情况；

（2）计量软件能够分析油井工况及产液量，具有故障诊断分析功能；

（3）自动化程度高，为油田生产自动化和信息化管理提供了新的手段；

（4）与传统的双容积计量工艺相比，不存在计量的延时误差；

（5）不需要人工进行井口切换流程，操作方便；

（6）系统具有扩展性，通过增加控制模块，即可实现抽油机工况的远程监测、启停控制、空抽控制和故障保护等功能，有利于提高控制、管理水平；

（7）油管漏失、连喷带抽油井产量无法判断；

（8）标定工作量大，对人员素质要求高，低产及大斜距井计量误差较大。

4）多相流计量技术

（1）工作原理。

管线中，油井采出的油、气、水形成了一种相态和流型复杂多变的多相流，是一个多变量的随机过程。一般地，多相流量计需要用以下的参数来计算各相流量：

①各相在管道截面上所占据的面积 $S$；

②各相沿管道轴线的流速 $v$；

③各相的温度 $T$ 和压力 $p_i$。

由此可见，油、气、水三相在实际状况下的体积流量的测量可以通过对各相流速、流量截面上的含气率和含水率等流动参数的在线监测来实现。

（2）关键技术。

由于多相流流型复杂多变，不同的流型形成不同体积分数的相分布，各相间存在的相对速度形成不同的速度分布。因此，要进行多相流量计量，必须测量油、气、水相的相分率和分相速度。

相分率的测量尚没有统一的方法，目前采用的主要方法有射线吸收法、电法和微波衰减法等。

流速（或流量）测量技术分为均相流测量法和分相流测量法。均相流测量法，即在量前采取措施（如静态混合器）预先将多相流混合物混合均匀，按均相流模型——单相流处理，测量均匀混合物的流速。原则上，单相流速的测量方法，如节流法、容积法等，皆通用于均匀混合物流速的测量，但当前多相流量计多采用文丘里管法测量均相混合物流速。分相流测量法根据测量原理的不同，主要有相关法、节流法和容积法。

（3）多相流量计的选择。

不同测量原理的多相流量计有不同的适应工况，选型时应综合考虑以下因素。

①安装位置。

安装位置包括陆上、海上平台、水下等。水下测量应选用电学法测量多相流量计。

②流体物性。

原油黏度、乳化、起泡、水含盐量等物性是主要考虑的流体物性因素。

③流动工况。

含气体积分数和含水体积分数的高低是影响精度的重要因素。高含气工况应考虑先部分分离气体，再进行多相计量；高含水工况应选用微波衰减法测量含水体积分数；低含水工况应选用电容法或微波衰减法测量含水体积分数。显然，用射线吸收法和电导法测量极端含水工况是不适宜的。

（4）需要改进的地方。

由于技术水平的限制，多相流量计还需要进行改进。

①现有的大多数多相流量计都需要测量若干数据后再根据这些数据计算出各相的流量，使计量精度受到很大影响。目前市场上大多数多相流量计在大部分流态下各相测量误差为±10%。

②所有目前用于多相计量的技术都要求必须掌握流体的特性，如介电常数、质量吸收系数等，才能比较精确地计量。如果流体特性出现变化或多相流量计用于多井计量，必须频繁地评价和标定多相流量计的传感器。

③目前市场上几种主要多相流量计的最高适用含气率为90%~100%。随着含气率的增加，液相的计量精度将受到影响。

④多相流量计普遍采用微波等辐射源，而有关法规对使用辐射源有严格的限制。

⑤现有的多相流量计标定设施只能较好地标定组分测量仪器，而对流速测量尚未有令人满意的标定方法。此外，很多情况下是采用计量分离器来标定，由于计量分离器计量不准确，标定没有实际意义。

目前国内应用的多相流量计主要以GLCC旋流式气液多相分离计量结构为主，该系统由柱状旋流分离器、自力式气液分离控制器、液、气、水单相计量仪表等部分等构成。通过GLCC实现气液两相多级高效分离。分离后的气、液分别通过气流量计、质量流量计实现气量、液量、油量、水量的准确计量。

5）液面恢复法量油

液面恢复法量油是近些年国内油田采用的先进量油技术之一，测油井的动液面、静液面是油田动态分析的内容之一，主要作用是分析储层的工作状况。

静液面是关井后油管和套管环形空间的液柱压力与储层压力平衡时测得的液面，可以用从井口算起的深度，也可以用从油层中部算起的液面高度来表示其位置，与之相对应的井底压力即为地层压力。

动液面是油井生产时环形空间的液面，可以用从井口算起的深度，也可以用从油层中部算起的液面高度来表示其位置，与之相对应的井底压力即为流压。

与静液面和动液面之差相对应的压力差即为生产压差。抽油井一般都是通过液面的变化来反映井底压力的变化。液面恢复法量油的原理就是用回声记录仪分别测量出油井生产时的动液面和停井后的恢复液面,并记录液面恢复到静止液面时的时间,把液面在单位时间内的恢复高度折算成体积,进而求得油井产液量。

液面恢复法量油属于单井分散量油方式,因此可以取消计量站或站场中的油井计量功能,简化集油工艺,一般适用于低产和间歇生产的抽油井。

6）油气自动连续计量

油气自动连续计量主要是靠计算机程序控制。单井油气自动连续计量装置可以在玻璃管量油的基础上改造而成。

量油前分离器内液面在电极 D2 以下。量油时将等待计量的单井出口管线切换到分离器的入口管线上,使油气混合液进入油气分离器。这时由计算机指挥电磁阀打开,被测井的油气混合液经过分离后,气体上部从伴生气管线经由电磁阀进入油气汇管。液体在分离器下部集聚。由于电磁阀开启和分离器油的出口管线顶端高于量油上限,且分离器内压力与出口压力相等,因此,在量油的过程中,分离器内的液体是不能排出的,液面持续升高,当液面升高至量油下电极 D2 时,计算机接收到 D2 发出的液面信号,并记下量油开始时间 $t_2$,之后液面继续上升,当升高到量油上限时,计算机接收到上电极 D1 发来的液面信号,并记下量油结束时间 $t_1$,减去 $t_2$ 就是量油时间 $t$,最后由计算机得出日采油量。

这种方法的特点是适用于砂岩油低温低产的连续计量,不需要对分离器进行压力和液位的调节,因此不需要安装气压和液位调节阀；测量范围广,可测量日产原油从几吨到上百吨的几口油井；能安装在线含水分析仪和密度测定仪,使单井计量更加先进和快捷。

7）流量计仪表计量

流量计仪表计量具有代表性的是应用科氏力质量流量计进行油井产量计量。科氏力质量流量计可靠性高,量程范围宽,能够直接测量流体质量,对于矿场计量来说,其显著的优点是该流量计可以同时作为一个流量仪表和密度测量仪表,实现油井和转油站含水原油的纯油计量。质量流量计在油井计量中主要是与两相分离器配套,将油井产出物进行气液分离后,含水原油经流量计实现液体质量测量和密度测量,从而计算出含水率和纯油量。一台流量计代替了目前传统两相计量中的流量计和含水测量仪表。但采用质量流量计计量,技术上也有一些问题要解决,主要是：液相内夹带气体对计量精度有影响；由于质量流量计测量含水的原理与振动管密度计的原理完全一样,因此,在含水测量中需要解决的问题与密度计测含水的问题完全一样,即油水密度取值、游离气影响、温度影响、含砂、结垢、外力振动干扰等问题。鉴于以上原因,质量流量计在油井计量中应用还有待进一步研究。

不管是何种油井计量技术,自动化量油将是一种发展趋势。目前大部分油井计量技术已从传统的手动操作迈上了自动化计量的台阶；配套发展的两相分离计量系统和三相分离计量系统都实现了计算机控制自动化操作。另外,油田原油计量中的一个关键问题是：原油含水率的测定多年来一直是个难题,直接影响着原油计量的技术发展。传统的原油含水测量方法主要是人工取样、蒸馏法或离心法测定。这些方法都是手工操作,不能实现连续自动测量,存在取样代表性问题和人为因素。随着科技发展,近年来已有多种类型的原油含水分析仪应用于油田原油含水在线测量,尤其是在高含水测量方面应用较多,比如根据电学特性测量原理、密度法测量原理和同位素法测量原理在线测量原油含水。

随着技术的进步，油井计量将会向着自动化的方向发展，降低劳动强度，提高劳动生产率和油田企业用工效率。

## 二、塔里木油田主要计量工艺

### 1. 塔中油田

塔中 1#—5# 阀组目前共有油、气、水井 82 口，其中生产井 61 口，注水井 21 口，1#—5# 阀组将塔中 4 油田各个单井生产的原油通过生产汇管或计量汇管输送至塔一联进行处理。

塔中 401 转油站位于塔中 4 油田东端 401 区块，站内设有计量装置 1 座，能实现各单井的自动计量；现有生产井 15 口。

### 2. 哈得油田

哈得油田采用站场集中轮换计量的有 212 口井，采用大罐量油方式计量的有单井 16 口，采用其他计量方式的有单井 35 口。

### 3. 东河油田

东河油田采油井以井场计量为主，站场轮换计量为辅。

### 4. 哈拉哈塘油田

针对哈 6 区稠油油井开采期短的特点，选择多井串联集油工艺，以节省管材，提高管道利用率。采用串联集油工艺后，单井计量采用软件计量 + 移动计量车在井口计量。

### 5. 轮南油田

轮南油田建成 7 个计量站，原油集输采取集中计量、小站集油流程。原油和伴生气通过井口油嘴降压后，进入出油管道密闭输至计量间，在计量间内，单井来油经计量分离器对井产油、气、水分别进行计量，最终进入计量汇管输送到转油站。

### 6. 桑塔木油田

解放渠东转油站站外单井及阀组间来液一起进入站内进行油、气、水三相分离计量，计量后去转油站气液分离器和三相分离器脱除高压天然气，含水原油直接进入缓冲罐，脱除低压天然气后，进入外输泵加压、计量，最后外输至桑塔木转油站。

### 7. 大宛齐油田

油井产物经计量阀组汇集自压进入联合站或经计量阀组汇集进入转油站，通过泵增压输至联合站，部分计量阀组通过流程切换，即可进入联合站，也可进入转油站。建有计量阀组 16 座。

## 三、标准化计量工艺推荐

### 1. 稠油井

针对稠油井开采期短、含气量低的特点，选择多井串联集油工艺，以节省管材，提高管道利用率。采用串联集油工艺后，单井计量采用软件计量 + 移动计量车在井口计量。

### 2. 稀油井

针对稀油井含气量高、气油比大的特点，采用站场集中轮换计量，单井产出物进两相或三相分离器进行气液分离，分别计量；计量后混输或分输进入联合站处理。

## 第五节　标准化井场工艺

前述章节从集输布站、集油工艺、计量等方面介绍了油田集输系统的各项工艺的理论及塔里木油田的现状特点。本节对采油井场工艺流程进行标准化说明。

### 一、标准化井场工艺推荐

#### 1. 稀油井场标准化工艺推荐

1) 常温井场标准化工艺流程

适用于采用常温输送模式生产的抽油机井和自喷井井场。

（1）产液量：$\leqslant 50 m^3/d$；

（2）气油比：$\leqslant 200$；

（3）井口回压：$\leqslant 2.5MPa$；

标准化流程如图 2-22 所示。

2) 加热井场标准化工艺流程

适用于采用加热输送模式生产的抽油机井和自喷井井场。

（1）产量：液量$\leqslant 60 m^3/d$；

（2）气油比：$\leqslant 200$；

（3）井口回压：$\leqslant 2.5MPa$；

（4）电磁加热器橇功率：40/60kW；加热升温 20℃；

标准化流程如图 2-23 所示。

#### 2. 稠油井场标准化工艺推荐

塔里木油田稀油油田较多，稀油产量高，且黏度低，品质较高，因此塔里木油田稠油集油工艺推荐采用掺稀集油流程，该工艺技术成熟，能耗低，流程适应性强，降黏效果稳定，掺液量小，在塔里木油田运行经验丰富。

1) 常温掺稀井场标准化工艺流程

适用于井口出液黏度高、温度较高、采用掺稀工艺、气液混输的采油井场。

（1）产量：液量$\leqslant 30 m^3/d$；

（2）气油比：$\leqslant 200$；

（3）井口回压：$\leqslant 2.5MPa$；

标准化流程如图 2-24 所示。

2) 加热掺稀井场标准化工艺流程

适用于井口出液黏度高、温度较低、采用掺稀工艺、气液混输的采油井场。

（1）产量：液量$\leqslant 30 m^3/d$；

（2）气油比：$\leqslant 200$；

（3）井口回压：$\leqslant 2.5MPa$；

（4）电磁加热器橇功率：40/60kW；加热升温 20℃；

标准化流程如图 2-25 所示。

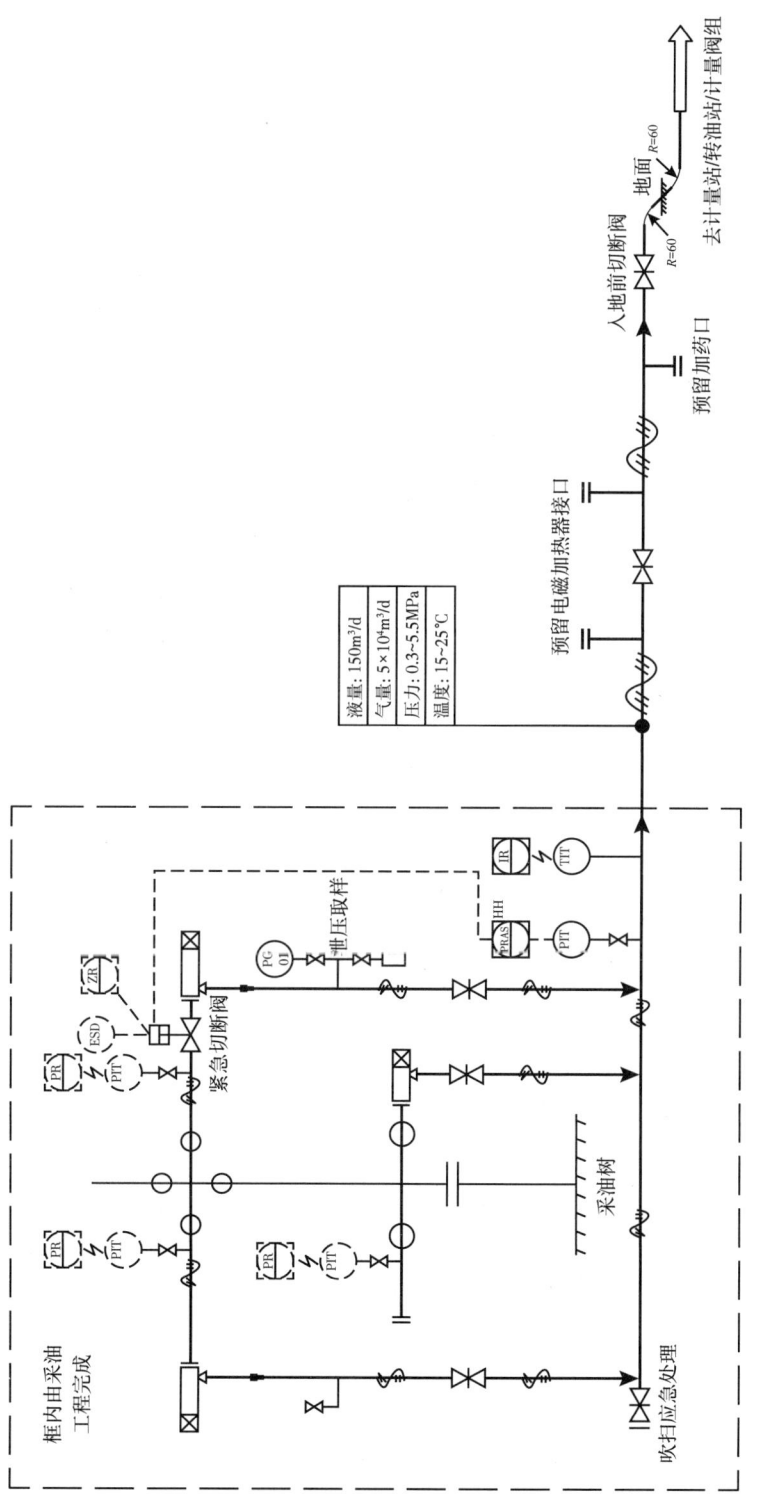

图 2-22 常温井场标准化工艺流程图

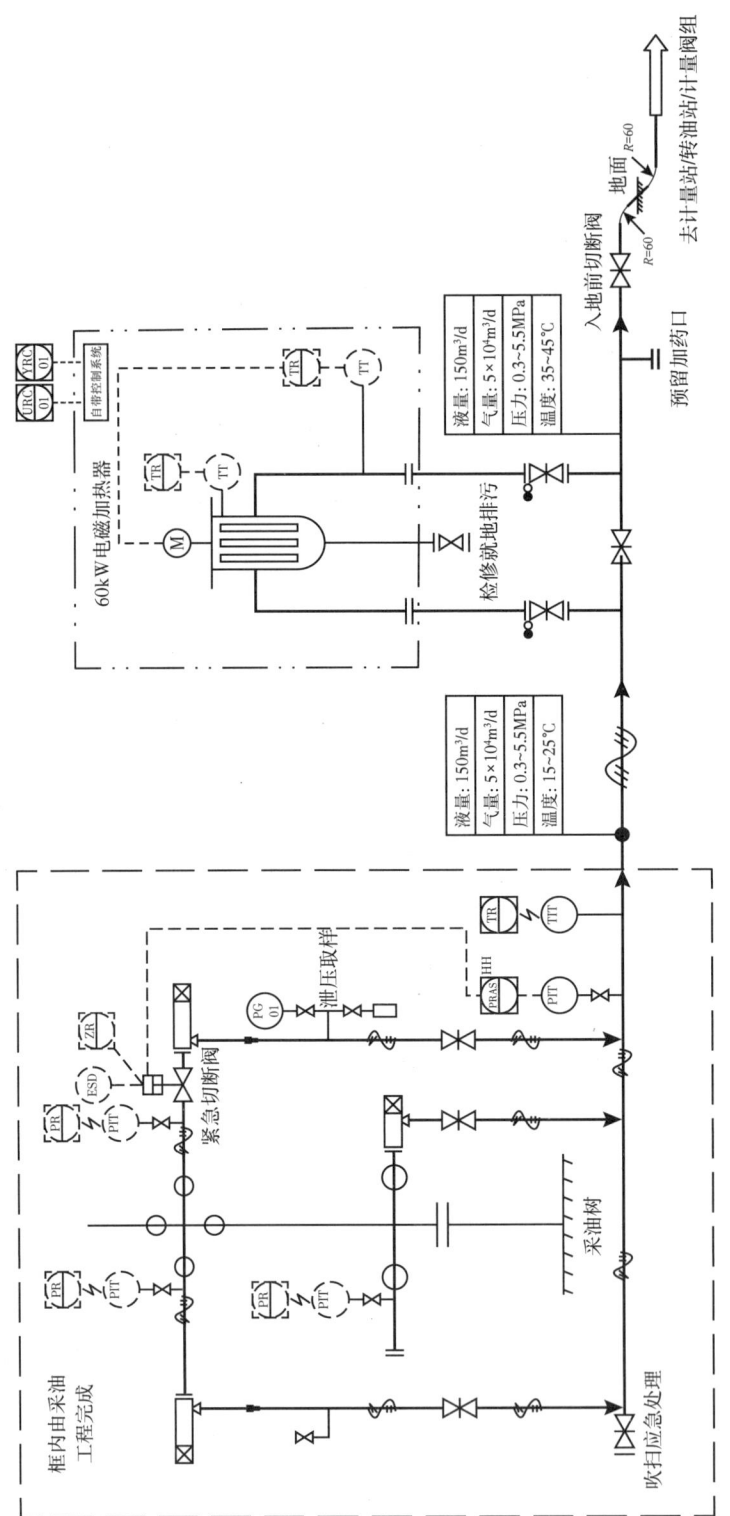

图 2-23 加热井场标准化工艺流程图

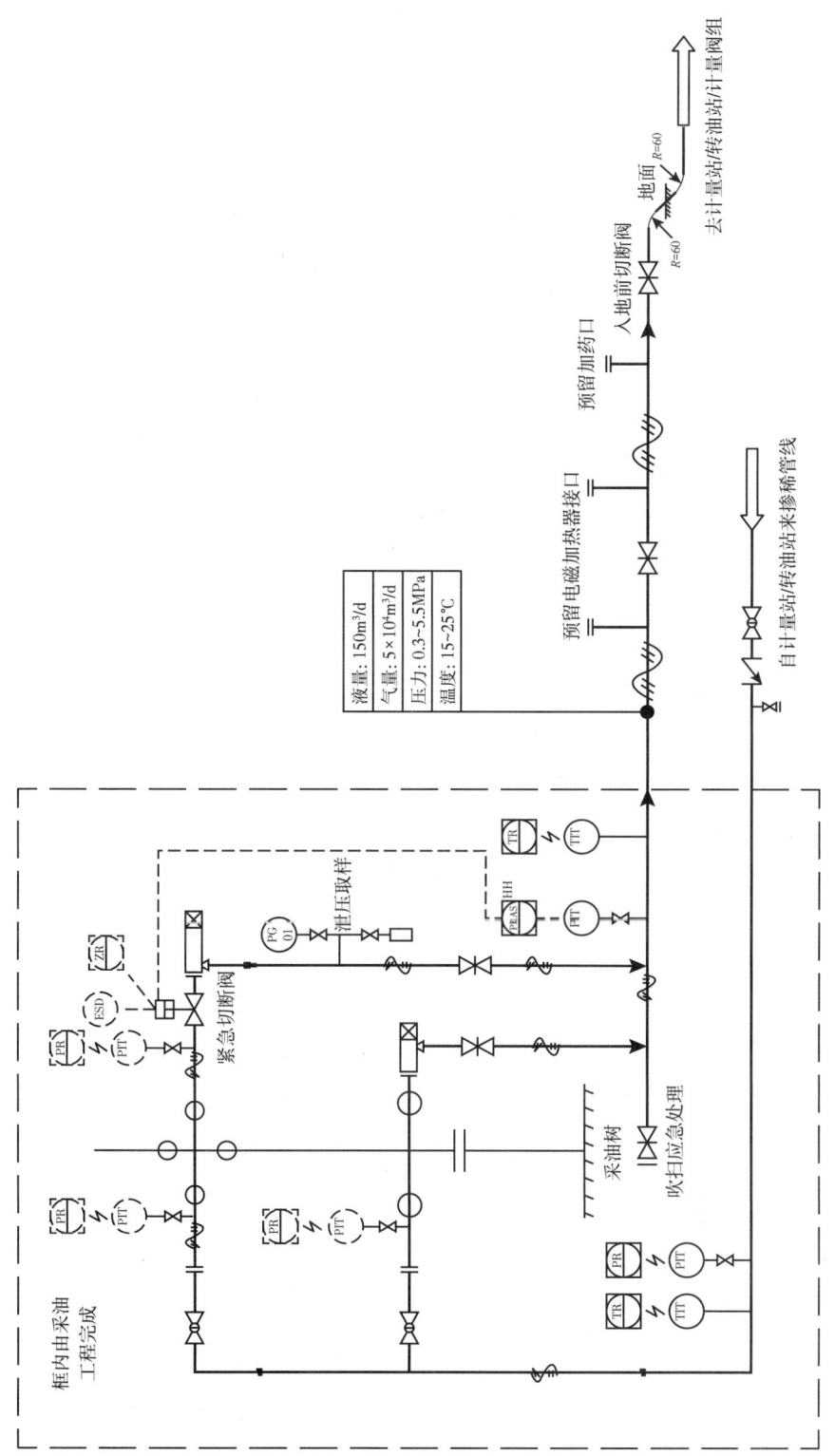

图 2-24 常温掺稀井场标准化工艺流程图

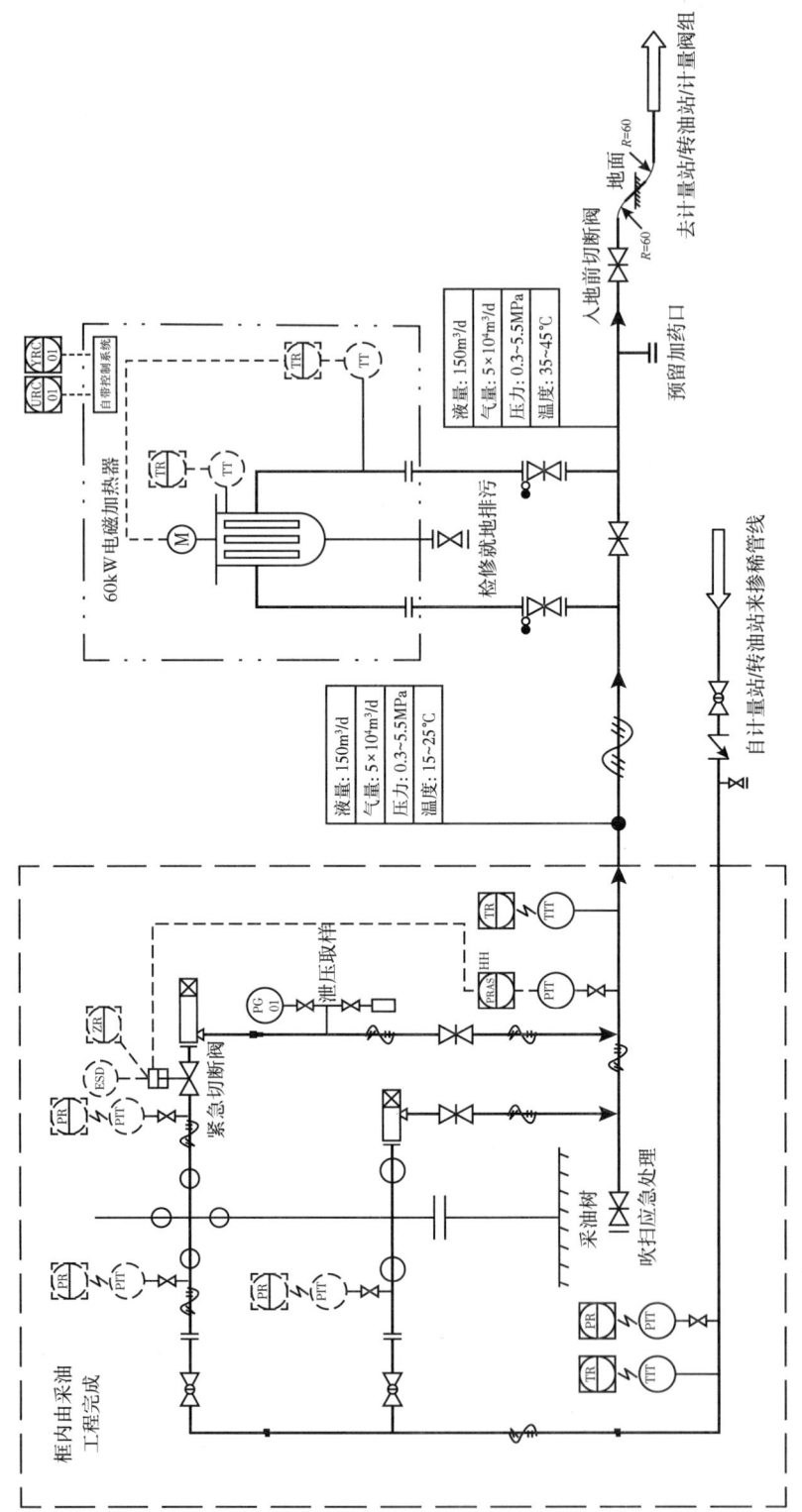

图 2-25 加热掺稀井场标准化工艺流程图

# 第三章 原油处理标准化工艺

经油田集输管道采集的油品进入转油站、联合站对原油进行脱水、脱盐、脱除泥砂等机械杂质,以及对原油进行稳定,使之成为合格的商品原油(达到出矿条件)的工艺过程称为原油处理工艺,国内常称为原油脱水、原油处理或原油预处理。本章主要介绍原油脱水和原油稳定。

## 第一节 原油处理概述

### 一、原油处理指标要求

原油允许含水量与原油密度有关:密度大脱水难度高的原油,允许水含量略高。含盐量的要求:我国绝大部分油田原油含盐量不高,商品原油含盐量无明确要求,一般不进行专门的脱盐处理。

**1.《油田油气集输设计规范》(GB 50350—2015)中的要求**

原油除砂:宜采用不停产水力除砂,水力冲砂时喷射速度宜为5~10m/s,除砂工艺设计应有砂的收集及处理措施。

原油脱水:要求含水率符合行业标准《出矿原油技术条件》(SY 7513—1988);对脱水设备排出的含油污水要求含油量不大于1000mg/L。对聚合物驱采出的原油,含油量不大于3000mg/L,稠油、超稠油含油量不大于4000mg/L。同时要求脱水后的稠油及超稠油含水率不应大于5%。

原油稳定:稳定的深度应根据原油中轻组分、稳定原油的储存和外输条件确定。稳定原油在最高储存温度下的饱和蒸气压的设计值不宜高于当地大气压的0.7倍。

**2.《出矿原油技术条件》(SY 7513—1988)中的要求**

《出矿原油技术条件》(SY 7513—1988)技术要求见表3-1。

表3-1 技术要求

| 项目 | 原油类别 | | | 试验方法 |
|---|---|---|---|---|
| | 石蜡基<br>石蜡—混合基 | 混合基<br>混合—石蜡基<br>混合—环烷基 | 环烷基<br>环烷—混合基 | 附录A(参考件)<br>附录B(参考件) |
| 水含量(质量分数)/% 不大于 | 0.5 | 1.0 | 2.0 | GB 260 |
| 盐含量/(mg/L) | 实测 | | | GB 6532 |
| 饱和蒸气压/kPa | 在储存温度下低于油田当地大气压 | | | 附录C(参考件) |

### 3.《原油》(GB 36170—2018)

《原油》(GB 36170—2018)中对原油中水含量要求同 SY 7513—1988，对蒸气压要求：交接温度下的蒸气压不大于 66.7kPa（仅对于敞口贮存和运输的原油）；对机械杂质含量要求：不大于 0.05%（质量分数），对 204℃ 前馏分有机氯含量要求：不大于 10%（质量分数），见表 3-2。

表 3-2 技术要求

| 项目 | | 石蜡基<br>石蜡—混合基 | 混合基<br>混合—石蜡基<br>混合—环烷基 | 环烷基<br>环烷—混合基 | 试验方法 |
|---|---|---|---|---|---|
| 水含量[①]（质量分数）/% | 不大于 | 0.5 | 1.0 | 2.0 | GB/T 8929 |
| 交接温度下蒸气压[②] kPa | 不大于 | 66.7 | | | GB/T 11059 |
| 机械杂质含量（质量分数） | 不大于 | 0.05 | | | GB/T 511 |
| 204℃ 前馏分有机氯含量（质量分数）/（μg/g） | | 10 | | | GB/T 18612 |
| 盐含量[③]（以氯化钠的质量分数）/% | | 报告 | | | GB 6532 |
| 密度[④]（20℃）/（kg/m³） | | 报告 | | | GB/T 1884、GB/T 1885 |
| 硫含量[⑤]（质量分数） | | 报告 | | | GB/T 17606 |
| 酸值[⑥]（以氢氧化钾计）/（mg/g） | | 报告 | | | GB/T 18609 |

① 特殊情况下，双方可按约定执行。
② 只针对敞口贮存和运输的交接原油。
③ 也可采用 SY/T 0536 或 SN/T 2782 进行测定，结果有异议时，以 GB/T 6532 方法为准。
④ 也可采用 SH/T 0604 或 NB/SH/T 0874 进行测定，结果有异议时，以 GB/T 1884 和 GB/T 1885 方法为准。
⑤ 也可采用 GB/T 17040 或 GB/T 11140 进行测定，结果有异议时，以 GB/T 17606 方法为准。
⑥ 也可采用 GB/T 7304 进行测定，结果有异议时，以 GB/T 18609 方法为准。

## 二、原油处理工艺概述

### 1. 不同油气藏携带油品特征

油气藏按流体性质分类可以分为：干气气藏、湿气气藏、凝析气藏、挥发油油藏和黑油油藏。黑油油藏的气油比相对较低，通常在 0~356.2m³/t，挥发油油藏气油比为 356.2~534.3m³/t，凝析气藏气油比为 534.3~26715m³/t，湿气气藏气油比大于 26715m³/t，其余为干气气藏[1]。

其中干气气藏储层气组成中一般甲烷含量大于 95%，气体相对密度小于 0.65，开采过程中地下储层内和地面分离器中均无凝析油产出。

湿气气藏在气藏衰竭式开采时储层中不存在反凝析现象，其流体在地下始终为气态，而地面分离器内可有凝析油析出，但含量较低，一般小于 50g/m³。

凝析气藏原始储层相态为气态，原始流体体积系数小于 0.05，地层流体密度小于 0.5，地面油品相对密度为 0.775~0.825，呈淡彩色至暗色；液相通常 $C_{7+}$ 含量小于 12.5%，其烃类流体在原始条件下呈单相气态，含有一定量的汽油馏分、煤油馏分及少量胶质、沥青质等高分子烃类化合物，在降压开采过程中，当地层压力低于露点压力时，一部分乙烷至己烷的中间烃及 $C_{7+}$ 重质成分从气相中析出，成为液态的凝析油，地下气态的烃在地面条件下生成油、气两种产品，这样的气藏称为凝析气藏，是介于油藏和纯气藏之间的复杂类型的特殊油气藏。

挥发性油藏原始储层相态为液态，原始流体体积系数大于 1.75，地层流体密度大于 0.5，液相通常 $C_{7+}$ 含量介于 12.5%~17.5%，地面油相对密度为 0.800~0.850，呈淡彩色至暗色。

黑油油藏原始储层相态为液态，原始流体体积系数介于 1.0~1.2，地层流体密度大于 0.875，液相通常 $C_7$ 含量大于 17.5%，地面油相对密度为 0.92~1.04，呈暗色、黑色或黑褐色。

凝析气藏通常液相体积小于 50%，挥发性油藏通常液相体积在 30% 以上，黑油油藏在 60% 以上。因此，原油脱水主要是对凝析气藏、挥发性油藏及黑油油藏的原油进行脱水。

**2. 塔里木原油特点**

塔里木油田原油处理主要包括气田的凝析油和油田原油，气田凝析油主要分为干气气田（克拉、克深）、非酸性凝析气田（大北、迪那、英买力、牙哈、柯克亚）、酸性凝析气田［塔中、桑吉、和田河、阿克（含 $CO_2$）］三类。

**3. 凝析油分离多级闪蒸工艺**

凝析油脱气工艺特点：脱气通常采用多级闪蒸工艺，原油脱气工艺多为 2 级分离工艺，且通常与脱水工艺在同一设备内完成。

原油处理在系统中保持气液两相接触，多级分离效率高所得到的原油密度小。多级分离能充分利用地层能量，减少输送成本。多级分离时，级数越多，获得的原油量越多，分离效果越好。但随着分离级数的增加，在储罐中得到的原油回收增量却越来越少，而投资费用却大幅度上升，经济效益下降。分离级数越多原油收率越高，但投资上升，占地面积加大。在综合考虑的情况下，气油比较高的高压油田，一般采用三级或四级分离；气油比较低的低压油田，一般采用二级分离。

**4. 原油脱水工艺**

目前塔里木原油脱水多采用两段热化学脱水工艺，可以很好地适应高含水及开发中后期的特点。系统来油混合进入三相分离器预脱水，预脱水后的低含水油经预换热器管程与高温净化油换热，并由原油—导热油换热器换热至 65℃ 后进入缓冲罐，低含水高温原油进入热化学沉降脱水器进行二段脱水。脱水后的高温净化油（含水率不大于 1%）进入预换热器壳程与一段脱水后的低温原油换热，降温后的净化油进净化油罐，增压外输。

三相分离器及热化学沉降脱水器脱出的天然气按不同压力等级调压、计量后输送至去天然气处理装置处理，两级脱水器脱除的产出水去污水处理单元。

**5. 原油稳定工艺**

目前塔里木油田常用的原油稳定工艺为微正压闪蒸工艺，采用微正压闪蒸原油稳定工艺的主要联合站有轮南油田、桑吉油田、东河油田、塔中油田、大宛齐油田、哈得油田、英买力油田、哈拉哈塘油田，主要集中处理站有克拉苏气田、迪那气田、牙哈气田、英买力凝析气田、塔中Ⅰ号气田、和田河气田、柯克亚凝析气田、阿克气田。

原油稳定塔的操作压力以塔顶气体产品能克服管线、冷凝、分离设备阻力，到达压缩机进口一般为 0.12~0.2MPa。

## 三、原油处理发展现状

原油处理发展历程主要由油田生产存在的问题及油田开发形势决定，在满足生产要求的前提下，最大限度地降低工程投资和运行费用。

我国原油处理发展历程从东部到西部，主要体现在油气分离、原油脱水、稳定等方面。根据"十四五"规划，油气战略总体上是加强四川、鄂尔多斯、塔里木、准噶尔等重点盆地油气勘探开发，稳定渤海湾、松辽盆地老油区产量，建设川渝天然气生产基地。推进山西沁水盆地、鄂尔多斯东缘煤层气和川南、鄂西、云贵地区页岩气勘探开发，推进页岩油勘探开发。开展海南等地区天然气水合物试采。稳妥推进内蒙古鄂尔多斯、陕西榆林、山西晋北、新疆准东、新疆哈密等煤制油气战略基地建设，建立产能和技术储备。

由于国内东部油区处于油田开发后期，含水率高，以及滩海、低渗透、三采、稠油的开发，存在采出液量大、原油乳化严重、三次采出液处理困难、回注污水达标率低、低渗透油田水质达标困难、能耗及生产运行操作成本高。进一步节能降耗需要对常温油气集输工艺、低温原油脱水、油气分离、脱水效率提高等技术进行研究与完善；另外东部老油田三次采油的比例加大，增加了产出液处理的难度和成本，需要研究经济、高效的处理技术[2]。

### 1. 油气分离工艺发展历程

1904 年 Hazen 根据实践经验提出了"浅池理论"：设斜管沉淀池池长为 $L$，池中水平流速为 $v$，颗粒沉速为 $u_0$，在理想状态下，$L/H=v/u_0$。可见 $L$ 与 $v$ 值不变时，池身越浅，可被去除的悬浮物颗粒越小。若用水平隔板，将 $H$ 分成 3 层，每层层深为 $H/3$，在 $u_0$ 与 $v$ 不变的条件下，只需 $L/3$，就可以将 $u_0$ 的颗粒去除。也即总容积可减少到原来的 1/3。如果池长不变，由于池深为 $H/3$，则水平流速可增加至 $3v$，仍能将沉速为 $u_0$ 的颗粒除去，也即处理能力提高 3 倍。同时将沉淀池分成 $n$ 层就可以把处理能力提高 $n$ 倍。以这一理论为基础，1950 年美国壳牌公司研制成功第 1 台平行板捕集器，其可去除水中最小为 $60\mu m$ 的油滴。20 世纪 70 年代 Fram 公司开发了 V 形板分离器，20 世纪 80 年代 CE-NATCO 公司开发了板式聚结器，这是一种错流式组合波纹板，经过不断改进，这种设备在油气分离、油水分离和含油污水净化方面都得到了应用。

20 世纪 90 年代，随着各油田进一步贯彻高效油气集输技术和设备，GLCC、旋流分离器、高效三相分离器等油气分离工艺得到进一步改进。普遍采用高效气液两相、三相油气分离器，或采用油气分离与其他功能相结合的组合装置，提高分离效果。

目前，各油田在工程建设中，多采用油气分离与其他功能相结合的组合装置，常用油气分离、沉降脱水"二合一"和油气分离、沉降脱水、缓冲"三合一"。

### 2. 原油脱水发展历程

原油的含水可分为游离水和乳化水，其中游离水在常温下用静止沉降的方法短时间内就能从原油中分离出来，原油脱水主要是乳化水的脱除。

乳化水很难用沉降的方法从原油中分离出来，它与原油组成的混合物称之为油水乳状液。原油和水构成的乳状液主要有两种类型，一种是水以极微小的颗粒分散于原油中，称为油包水型乳状液（W/O 型），此时水是内相，油是外相，W/O 型乳状液是油田最常见的原油乳状液；另一种是油以极微小的颗粒分散于水中，称为水包油型乳状液（O/W 型），此时油是内相，水是外相，在原油处理中 O/W 型乳状液很少见。此外还有复合型乳状液，即油包水包油型乳状液（O/W/O）和水包油包水型乳状液（W/O/W）。游离水和原油的分离可以采取重力沉降的方式，依据油水的密度差异完成，而乳化水的分离，需要进行乳化液的破乳，乳化才能达到油水分离的状态，最终通过重力沉降的方式，将原油中的水和机械杂质分离出去，达到外输原油的含水标准，输送给用户，完成油田油气集输生产的任务。原油含水类型示意如图 3-1 所示。

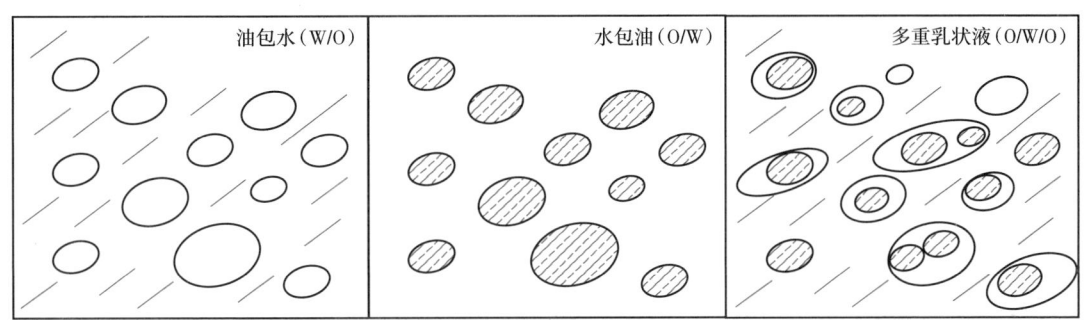

图 3-1　原油含水类型

传统的脱水方法主要包括沉降分离脱水、热化学脱水、电化学脱水。后续相继出现膜分离法、过滤脱水法、超声波脱水法、微生物脱水法、含泥原油脱水法等。

我国的乳状液脱水研究起步较晚，20 世纪 60 年代我国大庆油田首次使用了电脱水为主，化学破乳为辅的流程，随后胜利、大港、华北、江汉等油田也相继建立电脱水为主的流程。

在 20 世纪 80 年代，随着新油田开发，各油田开始出现沉降脱水为主的工艺，从 20 世纪 90 年代起，我国东部大部分油田都进入了中、高含水开采期，采出液含水率（水的体积分数）高达 80%~90% 以上，由于各个油田的采出水量增加，原油采出水的脱除也备受关注。21 世纪初期，辽河油田以稠油为主，电化学脱水和热化学脱水在超稠油脱水研究较为深入，创造国内首个稠油常温破乳脱水，超稠油脱水取得较好的应用。

1）沉降分离法

沉降分离作为一种粗分离法，通常用于出井原油这类高含水原油脱水的第一步。常用设备为重力沉降罐和游离水脱除器。早期的原油脱水由于全靠油水密度差运作，沉降脱水设备的自控水平较低，且伴随着脱水效率不高、耗时较长的问题。

2）破乳剂法

化学破乳法是目前国内外油田普遍采用的一种实现油水分离的方法，常用的破乳剂是可以破坏双电层的电解质和能够降低界面膜强度的表面活性剂。

Berger 等首先提出向原油乳状液中添加化学破乳剂进行采出液脱水。破乳剂的作用是可以降低乳化水滴的界面膜强度和界面张力，防止油水混合物进一步乳化，破坏已经形成的原油乳状液，降低油水混合物的黏度，加速油水分离；具有能破坏乳化水滴外围的界面膜的凝聚作用，使水滴合并，粒径增大，达到油水分层；破乳剂能将亲油性的沥青质和高熔点蜡晶等离开油水界面进入原油内实现分离。

3) 电化学脱水法

电化学法是当今普遍采用的脱水方法，对中低含水的 W/O 型乳化液具有脱水速度快、效率高的特点。电脱设备有三种基本的电场类型：直流电场、交流电场和交直流电场。

在直流电场中以偶极和电泳聚结为主，当原油经过直流电场时，液滴两端由于感应而带上不同的极性电荷，产生诱导偶极，水滴两端受到方向相反、大小相等的两个力的作用而被拉长，导致水滴之间聚结；由于摩擦作用带有一定量正负电荷的水滴在电场力作用下发生电泳现象，致使水滴间相互碰撞聚结，水滴聚结到一定程度，依靠重力作用实现油水分离，达到破乳的目的。

在交流电场中，以偶极和振荡聚结为主，当乳状液通过外加的交流电场时，在电场的作用下发生极化，并因带电而被拉长的水滴产生振荡，振荡作用会减弱乳化液中水滴的乳化膜强度，相邻水滴相反极性端会互相吸引、碰撞，使水滴破裂而合并增大，随着水滴的增大，水滴的沉降速度急剧上升，从而使油水分离。

4) 超声脱水法

超声波脱水技术始于 1993 年，南安普敦大学开始与 BP、挪威 Statoil 公司合作的应用基础研究表明，在湍流条件下采用静电聚结技术使 W/O 型乳化液脱稳是可行的，对电极进行绝缘涂层处理可以防止高含水率下发生电流激增和短路，能够处理含水质量分数超过 40% 的模拟乳化液。20 世纪 80 年代就有相关的报道，RoatzSinone 等分别用超声波和超滤膜来处理用非离子乳化剂稳定的 W/O 型乳状液，并得到超声脱水结论：超滤膜不能使油水完全分离而超声波可以使油水完全分离，而破乳剂加入、温度高及 pH 值低都可以加快油水分离过程。SinghBP 用超声波处理乳状液，在加入破乳剂的情况下脱水率达 99%~100%，不加破乳剂，室温脱水率大于 75%，同时认为当化学破乳不起作用的部分乳状液和相对稳定的乳状液，采用超声波脱水会得到较好的分离效果。

超声对原油脱水的影响因素，包括电场强度、超声波频率、超声波功率、破乳剂用量、注水量等。超声波功率和电场强度增加均可使原油的脱盐脱水效率增加，采用体积分数为 5% 左右的注水量能取得较理想的脱水脱盐效果。已研究的几种类型的紧凑型脱水预聚结器包括电脉冲诱导聚结器、紧凑型静电聚结器、内联静电聚结器、分离器内置静电聚结器及低含水率聚结器。其中，分离器内置式静电聚结器技术在世界各大油田均有成功应用。目前已经研制出紧凑型多相内联水分离系统，能从采出液中分离出大部分的水，其余采出流体（天然气、原油和剩余的水）可达到下游接收指标要求。同时紧凑型静电分离器作为一种最新的电脱水技术已逐步展现出其脱水优势。

5) 高频脉冲电脱水法

高频脉冲电脱水是近年发展起来的一种新的电脱水方法，是在常规电脱水的电压输出波形上叠加了一个高频脉冲信号，使原油乳状液中的水颗粒充分吸收足够的能量，使水颗粒的振动幅度增大，使其与相邻的水颗粒碰撞机会增多，从而提高脱水效率。通过对乳状液液滴在高频脉冲电场作用下的动力学模型研究得出：对粒径不一样的乳状液，外加脉冲电场的频率对乳状液破乳有很大的影响，它们均在某一频率处破乳率达到最大，在此频率下，液滴聚结最为显著。随着液滴平均直径的增大，峰值频率减小，也就是使破乳达到最大时的外加电场的频率随液滴平均直径的增大而减小。从本质上来说仍属于电脱水的新技术，理论上，可解决常规电脱水难以处理的三次采出液的处理问题。

6）磁处理原油脱水法

磁处理技术应用原理的观点很多，目前主要认为：经过磁处理，原油乳状液的流变性和脱水性能有所改善，油水界面的表面张力下降；原油的黏度降低，相对密度和凝点下降；破乳剂部分分子团被拆散，破乳剂的活性提高，有利于原油脱水工艺。经过磁处理的原油乳状液，脱水效率大幅度提高，破乳剂的加量大幅度降低，脱水温度由75℃降低到64℃，脱后污水含油量大幅度降低，污水质量得到提高，节约了大量的药剂，降低了原油脱水的成本，但该方法暂未大规模应用。

7）生物脱水法

目前最新的生物脱水技术，微生物通过消耗原油乳状液中赖以生存的表面活性剂，改变乳化剂的生物结构，破坏乳状液，达到破乳的作用，同时微生物在新陈代谢过程中可以分泌出表面活性剂的代谢产物，而这些代谢产物是良好的破乳剂，从而也可以达到破乳的效果。

利用微生物进行破乳具有成本低、不用化学物质、破乳效率高等优点，具有良好的工业化市场前景。但该技术的大部分成果还停留在实验室阶段，研究成果不是十分成熟，未来的重点研究方向是开发普适性广、成本低且可大规模生产的生物基破乳剂。

**3. 原油稳定工艺发展历程**

原油稳定的目的在于降低原油的蒸发损耗、合理利用油气资源、保护环境、提高原油在储运过程中的安全性。根据节能的需要，通常原油蒸发损耗率大于0.2%时需要进行稳定。

20世纪80年代，国内部分油田多采用大罐沉降的工艺，后期在改造项目中推广使用"大罐抽气"的密闭工艺技术。

在20世纪90年代前多采用负压闪蒸工艺，后期则根据具体工艺及使用环境多采用微正压闪蒸的密闭工艺。$C_1$—$C_4$含量大于2.5%，多采用正压闪蒸。当馏分纯度要求较高时，也采用分馏工艺。总体来说，稳定工艺的选择应根据进料原油的组成、物性，并综合考虑相关的工艺过程，通过技术经济比较后确定。

随着《陆上石油天然气开采工业大气污染物排放标准》（GB 39728—2020）的颁布实施，对原油稳定工艺又提出了新的更高的要求，需要降低原油真实蒸气压或对原油储存阶段产生的VOCs采取回收等措施。

## 四、塔里木油田原油处理工艺现状

塔里木油田联合站原油处理工艺大都采用两段密闭热化学沉降脱水流程，该流程避免油气挥发损耗，充分利用上游来液的能量，是一种经济高效的原油处理工艺。

以塔一联为例。塔一联原油处理采用三相分离+热化学沉降脱水工艺，将原油中含水降到0.5%以下，达到外输商品油的标准。塔一联进站原油经过进站阀组进入三相分离器进行油、气、水三相分离，脱除游离水后的原油经过加热炉进行升温，之后进入热脱水器脱除乳化水，之后进入净化油缓冲罐缓冲经过外输泵外输，工艺流程如图3-2所示。

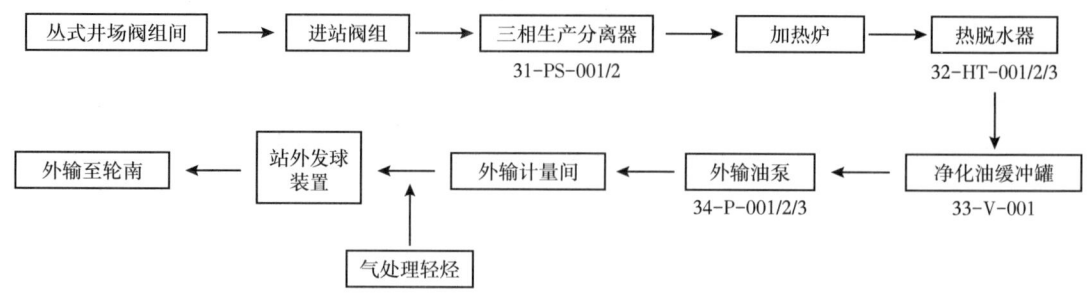

图 3-2　塔一联原油系统工艺流程示意图

针对稠油区块，根据混合原油高黏度、高相对密度的特点，采用大罐热化学沉降工艺，以轮三联为例。轮三联原油脱水采用"一段动态热化学脱水＋二段静态热化学脱水"两段热化学沉降脱水工艺。油井来液经计量分离器进行油气分离计量后，进入分离器进行油气分离，分离出的含水原油进入原油换热器换热升温进入热化学沉降脱水罐（一段热化学沉降脱水），原油再自流进入净化油罐（兼做二段热化学沉降脱水），经外输泵提压、计量后外输，工艺流程如图 3-3 所示。

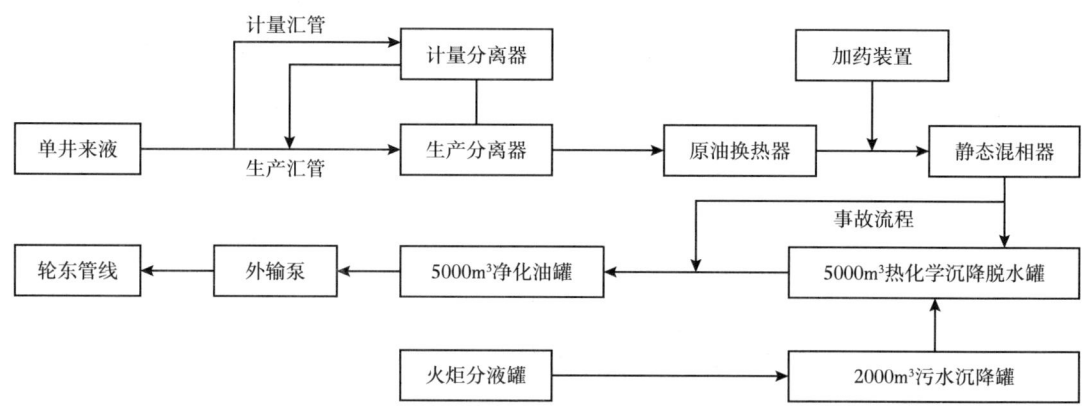

图 3-3　轮三联原油系统工艺流程示意图

## 第二节　油气分离工艺

### 一、油气分离工艺方法与选择

油气混合物自集气或集油装置来后，根据其组分和压力、温度条件形成油气共存的混合物，为了加工、储存和输送的方便，有必要将天然气和油水进行分开，该过程称为油气分离。常规分离为平衡分离。油气混合物在一定温度和压力下，通常经过加热将混合物接入气液分离器分离出天然气的过程。

从分离器流出的原油如果携带过量气泡将使计量仪表的计量精度降低、控制阀和离心泵的工况恶化甚至汽蚀，并可能通过常压储罐排入大气、浪费能源、污染环境，因而要把原油内的含气率控制在容许范围之内，通常采用对比气油比方法判断原油的含气率。

常见的分离模式主要包括旋流分离和重力分离，其中旋流分离器主要利用介质旋转流动的过程产生的离心力进行气液、液液分离；重力分离则采用液体密度差进行沉降分离。对于原油处理而言，从油流中分离掉气体、固体及游离水。

**1. 油气分离理论**

从分离器分离出的天然气中含有一定量的油滴，这样会使气相出口存在管中气液共存现象，不仅影响气相计量准确性，还会增加管路阻力，使得气相管路压降增大；同时本应进入液相的轻质原油随气体带出，使原油的质和量受到影响；再次，气体含油过多，可能会给下游处理设备的正常操作带来问题，如分子筛被污染，乙二醇系统注醇量增加。因此，气体带液率应控制在 0.013L/m³（0.1gal/10⁶ft³）之下。

油气混合物经入口分流器对油气初步分离后，携带大量油滴的气体进入重力沉降区，气体流速突然变慢，油滴在重力作用下开始以某一加速度下沉。随着油滴下沉速度加大，油滴受气流的阻力也越来越大。当油滴所受合力为零时，油滴将以匀速在气流中向下沉降。这时，油滴沉降至分离器集液区所需时间应小于气流把油滴带出分离器所用的时间，后者也即气体在分离器内的停留时间。

目前国内外对分离器计算主要采用斯托克斯公式计算：

$$v_d = \frac{d_d^2 g(\rho_o - \rho_g)}{18\mu_g} \tag{3-1}$$

式中  $v_d$——油滴沉降速度，m/s；

$\rho_o$，$\rho_g$——分离条件下油滴和气体的密度，kg/m³；

$g$——重力加速度，m/s²；

$\mu_g$——分离条件下气体（连续相）的动力黏度，Pa·s。

根据公式 (3-1) 可以看出，气液分离速度主要受分离介质的粒径和油的黏度影响。油滴做匀速沉降时，气体对油滴的阻力与油滴在气体中受的重力相等，油滴粒径越大，沉降速度越快。

由于油滴的沉降速度是重力和气速共同影响，求得某一油滴在气体内的沉降速度后，该油滴在分离器中能否沉降至集液区还取决于分离器类型和重力沉降区内气体的流速。

**2. 气液分离工艺**

1）分离方式

在生产中常采用多级分离方式。多级分离指气液两相在保持接触的条件下，随着压力降，气液相会形成新的气液平衡状态，溶解在液相的部分气会析出，把析出的气体排出后，液相部分继续降压，重复上述过程，如此反复直至系统压力降为常压。每排一次气，作为一级，排几次气叫作几级分离。由于储罐的压力总低于管道的压力，在储罐内总有气体排出，常把储罐作为多级分离的最后一级对待。

2）分离级数

从理论上讲，分离级数越多，液相收率越高，但实际上随着分离级数的增加，液相收率的增量迅速下降，设备投资和经营费用却大幅上升。

**3. 油气分离器**

油气分离是在油气分离器内进行的。油田上使用的分离器，按外形分主要有卧式和立式两种类型；按功能分两类：气液两相分离器和油气水三相分离器；按分离方式分为三类：重力分离器、离心式分离器和过滤式分离器。卧式分离器可分为卧式两相和三相分离器，它们在生产实际中均得到了广泛的应用。

1）分离器的分类

油（气）田上常用的分离器，按其外形分主要有立式和卧式两种，主要靠重力分离，液滴在容器内自然沉降，气体夹带的液滴一般直径大于 50μm 且在 100~600μm。而小于 50μm 的细小液滴分离需采用聚结分离或旋流分离的方法。

（1）立式分离器。

立式分离器一般用于处理高气液比的油气混合物，以便除去大量气体中所含少量液体。混合物由侧面进入分离器，经入口分流器使油气得到初步分离，液体向下沉降至分离器的集液部分，析出所携带的气泡后经液控阀流入管线；经入口分流后的气体向上流向气体出口，气体所携带的较重油滴在重力作用下沉降至集液部分；较小的液滴经出口捕雾器碰撞聚集后进一步脱除，然后气体流出分离器。图 3-4 为立式分离器的简单结构示意图。

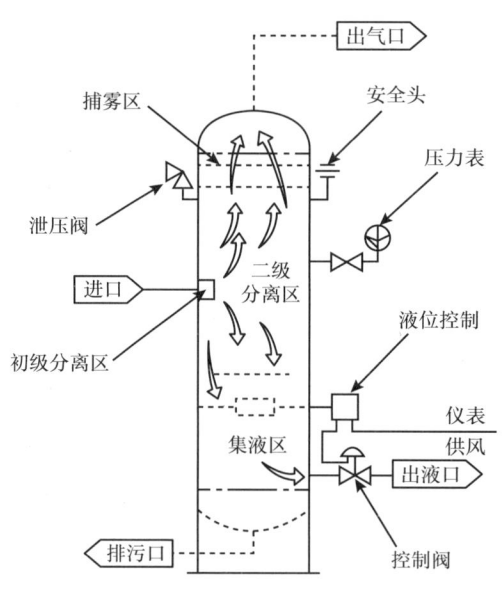

图 3-4 立式分离器的简单结构示意图

立式分离器的计算满足《气田集输设计规范》（GB 50349—2015）附录的公式，以及《油气分离器规范》（SY/T 0515—2014）规范的要求。

（2）卧式分离器。

卧式分离器多用于液气比较高的情况，如原油分离器、缓冲罐等。分离器的内部结构如图 3-5 所示。

流体进入分离器，经过入口分流器后气、液的流向和流速突然改变，使气液得以初步分离。气体水平地通过液面上方的重力沉降部分，被气流携带的液滴在此部分靠重力沉降至气液界面，未沉降至液面的粒径更小的液滴在出口捕雾器碰撞聚集成大液滴，在重力作用下沉降至集液部分。

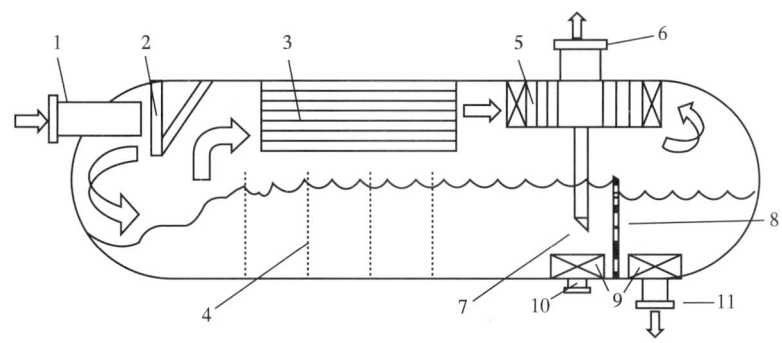

图3-5　一般三相分离器的简单结构示意图
1—三相流体入口；2—挡板；3—气相整流件；4—填料或防浪板；5—捕雾器；
6—气出口；7—下液管；8—溢流堰板；9—防涡器；10—水出口；11—油出口

经过初步分离的液体在重力作用下流入分离器的集液部分，集液部分需要有一定的空间，使液体流出前有足够的停留时间；对于两相分离器，足够的停留时间可以使原油中气泡升至液面并进入气相；对于三相分离器，足够的停留时间除使油中气泡析出至气相外，还可以使油中水滴沉降至水层，水层的油滴升至油层，然后再通过控制阀流出分离器。油气界面的高度一般控制在（1/2~3/4）$D$之间。

（3）分离元件。

为了提高脱水效果，容器内部一般加设分离元件。分离元件的形式有斜板、波纹板，或填料和斜板合一等。油水混合液流过这些填料时，可使水滴吸附其表面，在液体的剪力作用下破坏水滴表面张力，使水滴易于聚结；同时顺着分离元件下沉，缩短沉降时间。分离器气相设置捕雾网。主要是分出气相中夹带的液体。

根据填料和波纹板的功用，它们应满足以下要求：

①具有良好的润湿性，混合物流经其表面时，水滴（或油滴）易于吸附；

②能长期使用，不易破碎，并不与油、水发生化学变化；

③来源广，价格低廉。

对于用于浮式生产储油设施上的分离器，由于波动原因必须考虑增加内部防浪设施稳定界（液）面。比较简单的办法是采用防浪板，有时填料兼作防浪板。防浪板的多少根据分离器分离段的长度来定。

2）气液分离器选型

立式分离器气液分离空间大，有利于中间混合层连续分离，占地小，架设方便但其液面稳定性不如卧式分离器。立式多用于分离液体量少，而且要求有较大的气液分离空间场合，如反应产物气液分离罐、气体缓冲罐、压缩机入口分液罐等。

卧式容器中的液体运动方向与重力作用方向垂直，有利于沉降分离，液面稳定性好，但气液分离空间小，占地面积大，高位架设不方便，因此多用于分离液体量较多或液体量较多且液体中含有少量水分的气液分离过程，如回流罐汽包等。

卧式分离器使用较为普遍，有很大的气液界面，多用于处理高油气比的油品，或含油量大，需要较长停留时间的，立式分离器的重力沉降过程长，油水分离更加彻底，占地面积较小，易处理固体杂质。

为了除去气体中的液滴，需要一定的停留时间；为了脱气（和防止产生泡沫），要限制液体的流速；当容器中需要液位时，则为控制目的有必要保持一定的液体停留时间。

液体停留时间（指高低液位之间的停留时间）要求见表3-3。

表3-3 液体停留时间要求

| 设备 | 名称 | 时间 |
| --- | --- | --- |
| 气液分离计量 | 计量分离 | 15min |
| | 回流 | 5min |
| 产品去储罐 | 非泵送 | 3min |
| | 泵送 | 8min |
| 产品去其他单元 | 有流量控制 | 15min |
| | 液位/流量串级 | 8min |
| 进料缓冲罐 | 直径≤1.2 m | 30min |
| | 直径1.2＜直径≤1.8 m | 20min |
| | 直径＞1.8 m | 15min |

注：（1）以上数据均指最低要求的时间值，情况特殊时可修正。处理量大，控制系统自动化程度高，则可取下限或适当降低停留时间。
（2）当一个容器有几种用途时，这个容器停留时间按上表给出的最大值考虑。

容器中不装破沫网时，气体速度最高可取临界速度的170%。对液沫夹带严格限制的容器，如压缩机入口分液罐等，不装破沫网时，气体速度可取80%临界速度；装破沫网时，可取100%~150%临界速度。有时为安全起见如重整气液分离罐带破沫网气速取80%临界速度，总之应从安全、投资、占地及工程经验综合考虑。

**4. 分离系统流程选择和重要参数的确定**

通常分离工艺流程的选择需要根据油田的实际情况和要求，以及中间是否需要加热、换热或加压等具体情况来定。如果仅为了将井流物进行初步处理，脱出部分气体或水分以满足管输需要，则需要一级或两级处理流程即可；如果为了达到储存或直接销售的商业要求，则可能需要两级或两级以上的分离处理，包括增加相应的冷换设备和加压泵等，对于轻质原油甚至需要采用带稳定装置的流程。

分离系统参数的确定对整个系统的设计也非常重要，下面介绍一下分离系统主要参数的确定。

1）分离级数和各级的操作压力

分离级数和压力的确定主要根据油田的井口压力、井流含气量、井流物性和分离目的及要求而定。

分离压力取决于井口或上游压力、分离级数，以及其他燃气系统或外输压力的要求，需要综合考虑系统的技术可行性和经济性。一般来讲，采用二级时，一级操作压力控制在 0.7~3.5MPa，二级压力控制在 0.07~0.55MPa。

2）各级的操作温度

分离温度的确定取决于分离级数和井流物性。在分离级数确定的前提下，根据原油是否易于分离、什么温度下分离效果好，以及系统热平衡来确定各级操作温度。最好以油田分离试验的数据为基础确定。

3）停留时间

如上所述，流体在分离器的停留时间越长，较小液滴就能有足够的时间聚结沉降分离，分离效率就越高。综合考虑经济性和可行性，上面提到的各规范也根据原油的密度给出了理论推荐停留时间。但停留时间的确定受原油密度、黏度等物性影响较大，最好通过试验，综合考虑操作温度来确定。如塔里木目前大部分油田原油的密度和黏度都比较大，一级停留时间一般为 10~15min，二级停留时间一般为 25min 左右。

4）各级的出口含水率

各级的出口含水率要根据分离级数、原油物性、操作温度和最终分离要求而定。一般原油的三级分离流程中，一级分离器出口含水率要求小于 40%（体积分数），二级分离器出口含水率在 10%~30%（体积分数）之间，第三级通过热化学脱水或电脱水器脱水达到外输脱水要求（一般不高于 0.5%）。对于轻质原油，一般两级即可达到商业脱水要求（一级游离水分离和二级热化学脱水或电脱水），一级分离器出口的含水率一般控制在 20%(体积分数）以下，二级脱水器出口的含水率达到脱水要求（一般不高于 0.5%）。

## 二、塔里木油田原油处理站分离工艺

塔里木油田各联合站均采用一段三相分离器对进站气液进行分离处理。仅是在三相分离器数量上有所不同。

## 三、标准化分离工艺推荐

结合塔里木进站原油高含气的特点，推荐采用一段三相分离器进行气液分离。

# 第三节 原油脱水工艺

## 一、原油脱水方法与选择

在我国处理含水率小于 30% 的原油时，一般采用电化学脱水；当含水率大于 30% 时，一般采用一段脱除游离水和二段采用热化学两段脱水；三次采油，一般采用预脱游离水、热化学和电化学三段脱水或两段脱水，脱水后原油含水率要求小于 0.5%[3]。

稠油、超稠油处理主要采用两段热化学沉降脱水工艺，其中一段为动态沉降，二段为静止沉降，脱水的难点是脱除油中的乳化水。

**1. 原油脱水方法**

油、水分离的基本原理是破坏乳化液油水界面膜的稳定性，使其破裂，促进水颗粒凝聚成大水滴，使水从原油中沉降下来。

为加快水在油中的沉降速度，通常采用加热、加破乳剂，或外加电场、超声波等。其中加热可以提高温度从而降低原油黏度和密度。

加破乳剂使原有包围在小水滴外部的乳化膜削弱直至被破坏，就能使小水滴之间得以碰撞接触，促进水滴的聚结长大，增大水滴直径。由于水滴的沉降速度和水滴直径的平方成正比，加大水滴的直径就可以大大地加速它的沉降速度。

在外加电场作用下，微小的水滴受电场感应而极化，两端带上不同极性的电荷，产生诱导偶极，并被拉长成椭圆形，按电场方向排列成行的相邻水滴之间，因相邻端的电荷性质相反而具有相互吸引的静电引力。

常规的脱水方法包括重力沉降和热化学脱水法和电脱水法及机械脱水和离心脱水，其中热化学脱水法、电脱水法、重力沉降法比较常用。

1）热化学脱水法

加热含有水分的原油到一定的温度，与此同时将少量的表面活性剂加入原油乳状液中，其乳化状态被破乳剂破坏从而使得油与水彻底分离。且由于该方法适应性较强，对原油进口含水量要求较小，目前在开发中后期的油田和新油田区块应用都比较广泛。

2）重力沉降脱水法

含有水分的原油在经过破乳以后，则需要把原油与杂质、游离水彻底分开。而重力沉降法主要是在沉降罐中利用油、水密度的不同，而产生的上部原油水滴沉降与下部水层清洗作用使得油与水的彻底分离。

3）电脱水法

将原油乳状液放在交流或者高压直流电场中，利用电场对于水的作用将水界面膜逐渐削弱致使水滴因碰撞而合并成直径较大的水滴，从而在原油沉降中分离。振荡聚结、电泳聚结及偶极聚结是水滴在电场中的三种聚结方式。该方法在大庆、胜利、中原等油田使用较为广泛，对原油含聚合物的工况适应性相对较好，但需要稳定的电能供应，对含盐量较高的装置需要设置[4]。

4）机械脱水法

机械脱水法主要是利用介质聚结亲水嫌油且面积较大的性质使得水因聚结而沉降的原理。不需要加热处理是机械脱水的主要优点，而缺点则是对于含有蜡的原油脱水或者较脏的原油脱水过程中很容易使得聚结材料的通道堵塞。同时机械脱水法一般都是与其他脱水法配合使用而非单独处理法。

5）离心脱水法

此方法主要是依据离心场内重力加速度小于离心加速度的原理促使因水滴的沉降而使得油与水的分层。

**2. 原油乳状液**

原油乳状液的稳定性主要取决于油水界面膜。原油中的天然乳化剂或开采时加入的表面活性剂吸附在油水界面，形成具有一定强度的黏弹性膜，给乳滴聚结造成了动力学障碍，使原油乳状液具有了稳定性。原油中的成膜物质主要有沥青质、胶质、树脂类物质、油溶性有机酸（如环烷酸）、晶态石蜡、微型碳酸盐、硅石、黏土等。这类物质含量超高，原油乳状液就越稳定。现在的问题是如何打破原油乳状液的这种稳定性，实现破乳脱水。

原油乳状液破乳实质是使破乳剂吸附到油水界面，将原有乳化剂（皂、胶质等）从油水界面顶替下来,但并不形成牢固的保护膜,从而破坏保护层,最终实现了油水分离。因此,影响原油乳状液稳定性的因素及破坏油水界面的因素均影响破乳剂的破乳效果,这些因素包括原油的物性、产出液中化学添加剂的种类及破乳剂的种类、用量、使用温度等。

1) 原油乳状液的破乳机理

由于原油乳状液的形成及稳定性的因素复杂,影响原油乳状液破乳的因素众多。现有的原油乳状液破乳脱水方法多种多样,如沉降分离法、电脱水法、润湿聚结法、化学破乳法等,其中化学破乳法是普遍采用的一种原油乳状液破乳脱水手段[5]。下面就从化学破乳法来研究原油乳状液的破乳机理。

化学破乳法是向原油乳状液中添加化学破乳剂,破坏原油的乳化状态,使油水分离。原油乳状液中加入破乳剂后,使界面张力减小,界面压缩性增大。因为破乳剂比沥青质有更高的表面活性,能取代界面上的沥青质,形成易破的界面膜。破乳剂的用量和原油中沥青质的含量成正比,增大破乳剂用量一般能加快原油乳状液的破乳;但如果破乳剂用量太多,乳状液破乳后可能反乳化。实际上,破乳剂的用量远比取代所有沥青质所需的量少,因为沥青质结构被部分取代到一定程度时,水滴就开始聚结。原油乳状液和破乳剂接触的条件对相分离也有影响,一般认为,搅拌得越好,脱水效果越好;但脱水后如果继续搅拌,有可能会发生二次乳化。因此,作为化学破乳法的辅助手段,搅拌应适度掌握。

在化学破乳法破乳过程中,所有吸附在油水界面上的表面活性物质(包括原油乳状液中的天然表面活性物质和破乳剂)将会达到一个平衡,同时界面将表现出波动的特征。若原油乳状液向老化过程转化,则原油中的表面活性剂能充分吸附到油水界面上,使体系变得更稳定。老化的原油乳状液在与破乳剂混合时液滴增长较慢,油水不容易分离。只有增大破乳剂浓度和混合时间,才能加快油水分离的速度。在加破乳剂后若能优化混合条件,则能够更快加速油水分离。

(1) 顶替或置换机理。破乳剂比乳状液的成膜物质具有更高的表面活性,能够优先吸附到油水界面并将原有成膜物质顶替或置换出来,新形成的膜具有较小的稳定性,从而促进了原油的破乳。

(2) 反相作用机理。原油中的成膜物质都倾向于稳定油包水型乳状液,破乳剂的作用是充当水包油型乳化剂,破乳剂在使油包水型乳状液转相的瞬间,水由于受重力的作用而脱出。

(3) 絮凝聚结机理。分子量较大的破乳剂可将原油乳状液中的分散水滴群集在一起,形同较大的水滴,这一过程是一个可逆过程,称作絮凝作用。群集在一起的水滴再相互合并而聚结成大水滴后从原油乳状液中脱出。

(4) 膜排液机理。当两个液滴(如水滴)相互碰撞时,两个液滴均发生变形并在液滴间形成平行的接触平面。液滴的聚结过程与平行液膜的变薄密切相关,当膜中的液体向周围流动而变薄时,液滴接触界面上的界面活性物质也被带走,这样每个液滴表面便形成了界面张力梯度;为了弥补流失的界面活性物质,液滴表面便形成了与平行液膜流向相反的界面流,从而阻止了液滴间的相互聚结。破乳剂的作用是吸附在界面上有效地消除界面张力梯度,从而促进聚结过程的完成。

(5) 膜击破机理。破乳剂碰撞液珠的界面膜,或代替很少一部分活性物质击破界面膜,使界面膜的稳定性大大降低,从而促进破乳。

（6）润湿增溶机理。破乳剂对乳化膜有很强的溶解能力，从而破坏界面膜。破乳剂可以润湿成膜物质，这种润湿包括水湿和油湿，分别使成膜物质向水中或油中溶解，从而破坏界面膜。这类破乳剂也可被称作增溶剂。

（7）反离子作用机理。破乳剂能中和油水界面膜上的电荷，从而破坏受电荷保护的界面膜。

（8）褶皱变形机理。针对具有双层或多层水圈的乳化液，认为液滴在加热搅拌和破乳剂的作用下，可以褶皱变形，此时液滴内部各层水圈相互连通而聚结，然后再与其他液滴相聚结而破乳。

2）影响破乳的主要因素

破乳剂的破乳能力主要由2个因素决定：一是亲水亲油能力，另一个是破坏界面膜的能力。而破乳剂的结构都将影响这两个因素。任何乳状液的稳定性都由界面膜的特性来决定。而膜的稳定性在很大程度上依赖于吸附脱附热力学和表面活性物质的溶解性及它的界面流变学特性。流变学特性是界面膜动力学性质的主要特性。界面膜有两个流变学特性：表面切变和膨胀黏弹性，而界面的膨胀黏弹性在乳状液的稳定性中起重要作用。

原油乳状液的稳定与破乳是一对矛盾，影响乳状液稳定的因素也会影响乳状液的破乳。影响破乳剂对原油乳状液破乳的因素很多，主要有3个因素：原油乳状液的性质，原油破乳剂的性质，外界脱水条件[6]。

（1）原油乳状液的性质。

原油及乳化水的物理化学特性是其形成乳状液稳定与否的根本所在。原油及地层水的特性不同，界面膜的组成及机械强度也大不相同，而且利用化学、机械、热力的方法破坏界面膜的难易程度也不同。所以讨论影响原油乳状液的破乳因素，首先必须分析乳状液的组成和特性。

①原油组成中的成膜物质。在原油乳状液形成过程中，成膜物质是形成乳状液的必要条件之一。在原油中，这些成膜物质主要有胶质、沥青质、固体石蜡、石油环烷酸皂及其他微量的黏土固体颗粒。这些物质在原油中含量越高，乳状液的稳定性就越好，尤其是胶质、沥青质、环烷酸皂活性物含量较高的原油，其形成的界面膜热稳定性强、机械强度高，乳状液的稳定性好，如中间基及环烷基原油所形成的乳状液。石蜡基原油含蜡量比较高，组成界面膜的主要成分是固体蜡晶。石蜡的凝固点通常比较高，在低温下原油中的石蜡多呈固体，能够稳定地存在于界面膜上；当温度高于蜡熔点以后，石蜡逐渐熔解，从界面膜上消失，使界面膜失去原有的机械强度和界面稳定性，乳状液即被破坏。所以，热力条件对由石蜡基原油所形成的乳状液的稳定性影响是很大的。

②原油黏度。通常，高黏度原油形成的乳状液稳定性较好，比如重质油乳状液比稀油乳状液的稳定性好。主要原因是重质油组分中沥青质、胶质及其他大分子的环烷化合物含量较高，尤其是沥青质含量较高，是天然的成膜物质；同时，连续相介质的黏度高，摩擦阻力大，较大程度上阻止了水滴之间的相互碰撞聚结，减缓了水珠的下沉速度。所以，降低原油黏度是破坏乳状液稳定性的方法之一。升高原油温度是常用的降黏方法，通常的化学破乳过程中常伴随加热过程，就是为了降低原油黏度，增强化学破乳的效果。

③乳化水特性。原油中的含水主要来自地层水和注入水，地层水矿化度的高与低，直

接影响乳化水的密度，矿化度高，水的密度大，使得油水的密度差大，易于沉降脱水；另外，对于高分散度原油乳状液，低含水的乳化原油，含盐量的变化对其乳状液的稳定性影响是很大的，增加含盐量有利于乳状液的破乳脱水。通过研究无机盐对油包水型乳状液稳定性的影响，发现溶于分散相（水相）的无机盐离子能显著降低原油乳状液的稳定性，盐度越高，稳定性降低程度越大；不同无机盐对原油乳状液稳定性影响的程度不尽相同。同时，通过研究无机盐离子对以环氧乙烷环氧丙烷为主体的嵌段共聚物破乳剂破乳效果的影响，发现盐对破乳效果的影响与盐对破乳剂水溶液浊点的影响有关。

④乳状液中含水量及水珠粒径分布。原油乳状液中含水量的多少及水珠粒径分布的均匀程度也是影响其稳定性的重要因素之一。对于含水量高（大于35%）且水珠粒径分布不均匀的乳状液，稳定性较差，有利于原油破乳脱水；而对于含水低于10%且水珠粒径分布较均匀的乳状液，稳定性较强，破乳脱水较困难。

（2）破乳剂的性质。

破乳剂是影响原油乳状液稳定性的关键因素之一。一种性能良好的破乳剂，对乳状液界面膜的破坏应该是很有效的，具体体现在药剂的扩散吸附性、润湿成膜性、絮凝聚结性3个方面的能力。如果有一种破乳剂在这3个方面均具有良好的性能，则这种破乳剂对乳化原油的稳定性影响是最大的，也就是对原油乳状液的破乳脱水效果是最好的[7]。

脱水剂加入后在油水界面扩散，能在油水界面上吸附或部分置换界面上吸附的天然乳化剂，并且与污油中的成膜物质形成比原来界面膜强度更低的混合膜，导致界面膜破坏，将膜内包裹的水释放出来，小水滴聚结形成大水滴沉降到底部，油水两相发生分离，达到破乳目的。

（3）外界条件。

①温度。温度是影响原油乳状液破乳的重要因素。原油乳状液温度升高，首先影响界面膜的稳定性，使有些固体颗粒脱离界面，降低了界面膜的机械强度，使乳状液稳定性降低；其次增加了油水分子的动能，降低了乳状液的黏度，增加了液滴间的相互碰撞次数，有利于水珠的聚结沉降。国内外的原油乳状液破乳脱水处理，无论是纯化学破乳脱水还是电化学破乳脱水，都要将原油乳状液的温度提高到一定值，才能达到较好的破乳脱水效果[8]。

温度升高有利于污油脱水。这是因为温度升高，污油的黏度降低，油水界面张力减小，水滴膨胀使乳化膜强度减弱，使乳化膜内包裹的水释放出来。水分子热运动加剧，分子间碰撞结合机会增加，所有这些均导致污油中乳化水滴破乳聚结，有利于脱水。温度升高到一定程度时，升高温度对污油破乳脱水效果影响不再显著，而且温度过高，能耗大，所以要选择合适的温度。

②电场高压。电场对乳状液的破坏是很有效的。通常水分散相都有一定的矿化度，在电场作用下，每一滴水珠中的阴阳离子沿电场方向分布于两极，使无数水珠由球形变为橄榄形且定向排列，相邻水珠在电场力的作用下逐渐拉长、接触、聚结成大的水珠沉降，从而破坏了乳状液的稳定性。国内常用的现场脱水工艺一般为两段电化学脱水，即原油先经过一段化学脱水脱除原油中的大部分含水，使原油含水降至20%以下；再经过加热进入电脱水器，在高压电场和破乳剂的作用下，细小的水珠聚结成较大的水珠，并沉降分离，彻底脱除原油中的含水。

另外，影响原油乳状液破乳的外界条件还有超声波、磁处理等。

**3. 脱水设备**

1）沉降分离设备

主要依靠下部水层的水洗作用和上部原油中水滴的沉降作用使油水分离。

2）电场力脱水设备

（1）作用机理。

脱水罐内装有两层极板，采用棒状组合式，水平安装，上层接地，下层通电。罐内分三个区域：强电场区、弱电场区和水自然沉降区。原油自下方进入，经油分布器后成层流均匀上升，在油水界面之下分散，靠水层预洗原油中夹带的杂质沉淀。预洗后的原油向上浮升，受破乳剂作用而长大的水滴此时可借密度差而自然沉降。此后原油继续上升进入弱电场区，原油基本不导电而含盐水导电，原油中约80%的较大粒子的水可在弱电场的电聚结力作用下被分离出来。因此，弱电场区对原油脱盐有重大作用。最后原油进入由上、下极板组成的强电场区，此时因含水量已大为减少，就需要靠高的电场强度才能维持有效的电聚结力。脱水脱盐之后的原油通过上部的油集合管由顶部出口，单级的脱盐率可在90%以上[9]。

（2）电脱水器结构。

脱水器壳体内分为两个空间，上部为电场空间，下部为沉降水分离空间，中间有油水界面。电场空间有若干层平板电板，电极间距自下而上逐渐减小，电场强度自下而上逐渐增强。原油从进油管进入预沉降室，沉淀泥砂及一部分游离水，在预沉降室分左右侧两路进入进油槽。从进油槽上的布油孔进入油水界面下部的水相空间，利用水的浮力使油流方向垂直电极面，并自下而上地经过油水界面上部的电场空间。在高压电场的作用下，水颗粒发生碰撞、聚结合并，靠油水密度差分离沉降到脱水器底部，流进集水室、经排水口排出。脱后净油汇聚容器顶部集油槽，经出油口排出。

3）热化学脱水设备

热化学脱水器是热化学脱水的主要设备，主要用于含水量大于30%以上原油的脱水处理。此方法是在含水原油中加入脱乳剂，通过脱乳剂的破乳作用使原油脱水。脱水器内，油、水分离是依靠所受的重力差进行，为了增强脱水效果，脱水前需将原油加热至60~70℃，所以又叫热化学沉降脱水。

我国油田采用的卧式脱水器大致有两大类：空筒式、聚结床式。

（1）空筒式热化学脱水器。

这种脱水器是一般的重力脱水器，利用液流的缓慢流动，将游离水和不稳定的乳化水分离出来。

（2）聚结床式热化学脱水器。

聚结床式热化学脱水器脱水是根据油、水对固体物质亲和状况不同，利用亲水憎油的固体物质制成各种聚结床来提高脱水效率，如：陶粒聚结床卧式沉降罐、陶粒聚结加斜板卧式沉降罐、聚丙烯拉西环填料聚结床卧式沉降罐。聚结床形式中有斜板、波纹板，填料和斜板合一等。在脱水器内加设斜板和聚结材料，可以强化脱水效果，加速油、水重力分离的速度。在达到同样脱水效果下，缩短沉降时间，沉降温度可降低5~10℃，这是油田近几年来着重研究和推广的一项脱水技术。

4）各脱水方式的优缺点

各种脱水方法优缺点见表3-4。

表 3-4 各种脱水方法的基本原理、适用条件和主要优缺点

| 脱水方法 | 原理 | 适用条件 | 优点 | 缺点 |
|---|---|---|---|---|
| 重力沉降和增加停留时间 | 油水密度差 | 处理松散的不稳定乳化液 | 工艺简单，节省能量 | 耗时、效果差 |
| 加热沉降法 | 降黏度、破坏界面膜 | 乳化液 | 工艺简单 | 需要加热设施 |
| 热水冲洗法 | 水洗 | 脱水脱盐 | 脱水及机械杂质 | 需要淡水及泵设备 |
| 化学破乳脱水法 | 破坏界面膜 | 乳化液 | 使用性强 | 费用高 |
| 电场破乳脱水法 | 电荷异性相吸 | 低含水原油进料原油含水在30%左右 | 效率高 | 需要电力设施；进料原油要求高，必须脱除天然气；进料原油经沉降脱除游离水和泥沙 |

## 二、塔里木油田原油脱水概况

塔里木油田大多数中质原油脱水后管输去到轮南储运站外输系统，站场轻质原油（凝析油）输送至牙哈装车站。塔里木的轻质原油由于密度差较大，油品质量较好，主要含水为游离水，采用常规的三相分离器进行脱水已可以满足需求。已建原油脱水站场见表3-5。

表 3-5 塔里木油田原油脱水站场情况

| 序号 | 油田 | 主要站场 | 原油设计能力（$10^4$t/a） | 外输出口 |
|---|---|---|---|---|
| 1 | 轮南 | 轮一联 | 150 | 轮南 |
| 2 | | 轮三联 | 50 | |
| 3 | 桑塔木 | 桑南站 | 50 | |
| 4 | 东河 | 东一联 | 100 | |
| 5 | 塔中 | 塔一联 | 250 | |
| 6 | 哈得 | 哈四联 | 120 | |
| 7 | | 哈一联 | 100 | |
| 8 | 英买力潜山 | 英潜联合站 | 45 | |
| 9 | 哈拉哈塘 | 哈六联 | 100 | |

**1. 轮一联合站**

轮一联合站于1992年建成投产，原油处理采用"气液分离＋游离水脱除＋电化学脱水"三段流程两段脱水工艺，设计原油年处理规模150×$10^4$t，2000年来油高含水后，电化学脱水改为热化学脱水工艺，即"气液分离＋游离水脱除＋热化学脱水"三段流程两段脱水工艺。2011年改造为"三相分离器＋热化学沉降"两段脱水工艺。

**2. 轮三联合站**

轮三联合站是为轮西油田稠油开采提供掺稀原油及处理轮西油田混合原油的处理站，

于 2005 年建成投产，稠油处理采用热化学大罐重力沉降脱水工艺。

### 3. 东一联合站

东一联合站担负处理东河油田的原油和牙哈 1 油田输送来的含水原油。1999 年实际处理原油达到最大量为 $72×10^4$t/a。原油处理采用"三相分离器＋热化学沉降"两段脱水工艺。

### 4. 塔一联合站

塔一联合站年处理原油 $250×10^4$t，油水系统于 1997 年 6 月投产。原油的油气分离、脱水采用两段处理工艺，一段油、水、气三相分离、二段热化学脱水。

### 5. 哈得四联合站

哈得四联合站于 2000 年 7 月投产，哈四联建设规模为 $30×10^4$t/a，原油处理采用两段密闭热化学沉降处理工艺。

### 6. 哈得一联合站

哈得一联合站设计原油处理能力为 $100×10^4$t/a，含油污水处理能力 $5000m^3$/d，原油处理采用两段密闭热化学沉降处理工艺。

### 7. 桑南站

桑塔木转油站 1993 年建成投产，分离脱水转油能力为 $30×10^4$t/a，2005 年扩建成处理规模 $40×10^4$t/a 联合站 1 座，增建桑南油田来油升温、脱水系统。原油处理采用两段密闭热化学沉降处理工艺。

### 8. 哈六联合站

哈拉哈塘油田采出的原油进入哈六联处理，一段采用三相分离器，二段采用热化学沉降脱水器。原油脱硫采用汽提工艺。

### 9. 英潜联合站

英潜联合站原油脱水采用"三相分离器＋热化学沉降"两段脱水工艺，合格原油进罐储存，采出水处理后就地回注。

## 三、塔里木油田原油脱水工艺适应性分析

塔里木油田大多数联合站原油脱水均采用"三相分离器＋热化学沉降"两段脱水工艺，个别联合站由于处理稠油，采用大罐沉降脱水工艺。

### 1."三相分离器＋热化学沉降"两段脱水工艺适应性分析

以轮一联合站原油脱水工艺为例。

1）脱水设备功能

（1）三相分离器。

三相分离器采用旋流预脱气，利用离心和重力分离原理进行气液分离，脱出大部分伴生气，该气体与分离器内脱出的残余气体一起进入分气包，经捕雾器除去气中的液滴后流出设备。而预脱气后的油水混合液（夹带少量气体）经布液装置进入沉降段，再经过含有破乳剂的活性水层洗涤破乳、高效聚结填料整流稳流后，有效降低了来液的波动，加快了油、水分离的速度，提高了油、水分离的效果，脱出的低含水油翻过隔板进入油室，并经液位控制后流出分离器；含油污水靠压力平衡经调节堰管进入水室，经液位控制后流出分离器，从而达到油、气、水三相分离的目的。

（2）热化学脱水器。

热化学脱水是根据原油物理性质和含水状态，在某种条件下，将原油加热到一定温度并按一定比例投放化学脱水药剂，使原油中的水分离出来，达到脱水目的。

热化学脱水器与三相分离器工作原理相似，区别在于取消进口旋流分离装置，提高油堰板高度，加大沉降段体积。加热、加药后的含水原油进入脱水器，经初分离后，再经分离填料，使油、气、水得到进一步分离，分离出的水由底部液位界面调节口进入水腔，油经油腔堰板由上部进入油腔，气由出气口排出。集于水腔和油腔的水和油，分别由水出口和油出口排出容器[10]。

2）工艺流程适应性分析

本流程是目前国内普遍采用的先进、成熟的脱水工艺，流程短，效率高。全流程原油处理密闭，充分利用油井油气产物进站的剩余能量，做到能量逐级利用，挥发损失小，节能环保。

轮一联来液温度52℃左右，基本满足热化学脱水的工艺要求，因此，轮一联的热化学脱水进液不需加热，取消了加热设备，流程简化，能耗降低。脱水设备数量少，降低了运行维护成本。

3）脱水设备适应性分析

三相分离器将气、水、油分离在同一设备中完成，并采取高效的内部构件，大大提高了气液分离、油水分离效果，设备体积小。热化学脱水器同样采用高效的内部构件，提高了乳化水的脱除率，设备结构紧凑。

**2. 立式热化学静态沉降罐工艺适应性分析**

以轮三联合站原油脱水工艺为例。

1）脱水设备功能

当含水原油用泵提升到罐内安全高度时停止进液，进入含水油脱水过程，罐内液体处于静止沉降状态，避免罐内产生流体扰动，加速了水滴的聚结，加大了水滴的下沉速度。随着静止沉降时间的延续，罐内原油含水自下而上呈线性递减分布，且含水随时间延续持续递减，并沉降聚积于罐底部形成水层，原油上浮并随罐液位的增高而原油含水率下降，沉降一定时间后，排出罐内底水，抽出合格原油。

为了达到原油含水率要求，需要针对含水原油物性的变化，在实际生产中不断摸索，确定合理的原油沉降时间。

2）工艺流程适应性分析

立式热化学静态沉降罐脱水工艺具有流程简单，易操作，适应性广的特点，但处理量小，间歇操作，换罐频繁，工人劳动强度大，挥发损失大，污染环境，含油水排放不易达标。

3）脱水设备适应性分析

立式热化学静态沉降罐结构简单，维护方便，适合处理量不均匀的场所。但是由于罐内无脱水附件，脱水效率低。

**3. 立式热化学动态沉降罐脱水工艺+立式热化学静态沉降罐工艺适应性分析**

1）脱水设备功能

（1）立式热化学动态沉降罐。

本工艺的核心设备是立式热化学动态沉降罐，采用进液均匀分布结构，解决了沉降罐内存在死油区的问题。高含水原油从油水界面以下的水层进入大罐，在该处水平面内均匀配液，起到水洗作用。含水原油在罐内呈缓慢上升流动，有利于游离水和破乳后的乳化水的聚合。在罐上部合理布置集油槽。脱水后原油自集油槽溢出形成固定液位，罐下部的污水用泵抽出并控制油水界面，并可动态控制油水界面。

沉降罐内设进液管、布液装置、集水装置、收油槽、集水箱、出油装置、出水装置，并设有水位调节器。采用均匀布液和均匀收油及水洗技术，利用能量平衡的原理，油水界面通过机械式油水界面调节器来控制，使油水界面高度固定在设计范围内，以便提高除油效率，提高油水分离效率。

脱水罐油水界面以上为油层沉降脱水段，分配管至油水界面段为水洗层，作用是溶汇小粒径的游离水，提高脱水效率；分配管以下至集水管为水中除油段。

进入脱水罐的混合液量等于出脱水罐的油、水量之和，油水界面能够维持基本不变，是利用 U 形管能量平衡原理完成的。脱水罐在保持油水界面基本不变的状态下做到油走油路、水走水路，实现自身的自动化运行。

（2）立式热化学静态沉降罐。

本工艺的立式热化学静态沉降脱水罐兼做储油使用，罐内无脱水附件，脱水依靠长时间的自然沉降分离。工艺与前文所述立式热化学静态沉降工艺一致。

2）工艺流程适应性分析

（1）优点。

立式热化学动态沉降罐脱水工艺＋立式热化学静态沉降罐脱水工艺具有流程简单，易操作，适应性广的特点，由于前端采用了立式热化学动态沉降罐脱水工艺，实现连续操作，工人劳动强度降低，处理量得到提高，后端立式热化学静态沉降罐进液含水量已经较低，切水操作频率减少，原油含水率可以有效控制在指标范围内，该流程适合油田集中处理试采井原油、零星落地原油。

"先卸水、后卸油"的工艺流程，减少了进入脱水系统的水量，降低了油罐车运输成本，减轻了转油站的处理负荷。

（2）缺点。

由于脱水流程为开式流程，挥发损失大，污染环境，含油水排放不易达标，因此应对该站的规模适当限制，新区投产应及时建设与之相配套的集中处理站。由于部分转油站还承担试采井的单车原油、零散落地油的处理，其成分复杂，容易在立式热化学动态沉降罐的油水界面形成油—水中间过渡带，形成稳定乳状液层，时间越长，其厚度越厚，严重影响原油的脱水效果。一般来讲，油—水中间过渡带的产生有许多因素，主要有污泥等机械杂质、化学药剂及回收油回掺等。

①污泥等机械杂质因素。原油中的污泥带有负电性，它能够吸附于油—水界面膜上，使乳化颗粒带有电性，因此，常用的非离子型破乳剂对其影响不大。吸附于乳化颗粒膜上的污泥等机械杂质，使乳化膜不易破裂，从而阻碍水滴的聚集沉降。

②化学药剂因素。原油开采中常用的化学药剂有乳化降黏剂、清防蜡剂、三次采油用的驱油剂及污水处理上用的絮凝剂等，都会有利于油—水中间过渡带的形成。

③回收油因素。回收油分为落地回收油、露天污油池回收油及污水处理回收油。落地回收油及露天污油池回收油的乳化颗粒已老化，十分顽固，常规方法极难彻底处理，理应

单独处理，混合处理则成效缓慢，而且可能会影响其他油，从而导致生成很厚的油水过渡层。

因此在正常生产过程中应控制油—水中间过渡带厚度。消除乳状液层的比较有效的方法就是采取措施将其排除，在沉降罐设置稳定乳状液排放管，在适当的时间将其排出罐外，用离心机离心处理。

3）脱水设备适应性分析

两段立式沉降罐结构简单，维护方便，适合处理量不均匀的场所。可以满足试采原油、零星落地原油的处理。

### 四、标准化脱水工艺推荐

标准化工艺需根据油田的发展预测，按照"安全、简洁、节能、合理"的设计原则，在工艺技术可行、经济合理、安全可靠、保证产品外输质量的前提下，根据处理液情况，简化工艺流程，采用成熟、稳妥、可靠的工艺技术路线，对脱水站进行系统设计。

（1）优先采用密闭脱水工艺，逐步减少大罐沉降脱水工艺。

通过轮一联合站从建成投产至今，原油脱水工艺经历了三个阶段所使用的流程及其他联合站脱水流程分析，随着技术水平日益提高，目前脱水流程推荐为全密闭，充分利用油井油气产物进站的剩余能量，减少挥发损失，节能环保；因此为了减少油气挥发，后续需减少大罐沉降脱水工艺的使用。

（2）优先采用预脱水工艺流程，实现节能降耗。

针对油田开发中后期进站原油含水率增大的情况，进站原油在加热脱水前首先进行常温预脱，将一部分游离水脱除，减少加热含水油量，减少能量消耗，实现节能降耗。

（3）选择适当破乳剂及破乳剂温度。

为了充分脱除原油中的水分，在原油脱水过程中，需要加入破乳剂。联合站现在破乳剂加药浓度为20~80mg/L，当温度在55~65℃之间时，原油破乳效果最好。当温度小于50℃时，破乳效果开始下降，当温度小于40~45℃时破乳剂基本失去作用，原油中大量的乳化水很难分离，造成原油含水和污水含油超标严重。

可根据油井油气产物进站温度高低的特点，适当增加或取消加热设备，简化流程，降低能耗，为避免塔中4联合站脱水系统破乳剂效果差的情况，按照目前使用的破乳剂温度要求，来液温度最低需在50℃以上。做好脱水加热设备预留。

采用当今技术成熟可靠的高效脱水设备，简化脱水流程，减少设备数量，降低运行维护成本。

（4）优先采用"三相分离器+热化学沉降"两段脱水工艺适应性分析。

为了满足油田开采后期水量上升的情况，原油处理流程中优先采用塔里木其他油田成熟的两段脱水工艺，采用三相分离器脱除游离水，模式参考哈得四联合站二段脱水，并在前端设相变炉加热，可根据来液温度高低及冬夏季气温变化影响，灵活掌握是否点炉来满足二段脱水温度的要求。

同时参考哈拉哈塘方案到施工图的变化论证的成功案例，建议二段脱水设备选择时考虑油田原油性质，有针对性地确定出工艺路线和技术参数，现场取样进行了一系列油水分离试验，包括高含水生产分离器游离水脱除试验、热化学脱水试验等。根据破乳剂筛选情况，确定原油脱乳化水温度、停留时间、游离水脱除的最低温度。原则上，若为稀油（中质Ⅰ）或有条件调整掺混的稠油（可调为中质Ⅰ或Ⅱ）时，优先采用"三相分离器+热化学沉降"两段脱水工艺。

系统来油混合进入三相分离器预脱水，预脱水后的低含水油经预换热器管程与高温净化油换热，并由原油—导热油换热器换热至65℃后进入缓冲罐缓冲，低含水高温原油进入热化学沉降脱水器进行二段脱水。脱水后的高温净化油（含水率不大于1%）进入预换热器壳程与一段脱水后的低温原油换热，降温后的净化油进净化油缓冲罐，经增压进入外输管道输。

①设计参数。

确定脱水系统设计参数如下：

外站来油进站温度：5~48℃（最低温度）；

外站来油进站压力：0.5~0.84MPa；

脱水站净化油出站温度：55℃；

净化油含水：≤ 0.5%；

污水水中含油：≤ 1000mg/L。

②设备选择。

一段生产三相分离器后，二段原油脱水器前，优先采用高效真空加热炉，提高脱水温度，解决破乳剂低温破乳效果差问题。

可适当减少生产三相分离器处理能力，将减少部分脱水任务移交给原油脱水器，这样既解决了生产三相分离器处理能力不够，又解决了原油脱水器负荷过低问题，由于生产三相分离器与原油脱水器之间设有脱水加热炉，提高了脱水温度，解决了脱水温度低问题。

③合理分配脱水设备的脱水停留时间。

一、二段脱水总停留时间为：一段脱水15~30min；二段脱水120~180min（来液油中含水30%时）；二段脱水150~210min（来液油中含水50%时）。

④仅有稠油时脱水推荐"三相分离器+二段热化学沉降"。

东一联合站脱水按稀油进行设计的，采用"三相分离器+热化学沉降"两段脱水工艺。稠油油藏进站后油品性质变化较大，原油黏度、密度加大，使水中含油指标不合格。说明这种短流程不适应处理较稠油品的脱水。原油处理流程应根据油品性质做出相应调整，以不断适应油田的开发建设。而轮西的原油处理工艺脱水效果较好，脱水工艺技术成熟可靠，针对混合原油高黏度、高相对密度的特点，选择的"一段动态热化学脱水+二段静态热化学脱水"两段热化学沉降脱水工艺具有操作简单、稳定性好、适应性广、耐冲击能力强的特点，容易保证原油质量。

因此当仅存在稠油时，优先采用"一段动态热化学脱水+二段静态热化学脱水"两段热化学沉降脱水工艺。

## 第四节　原油、凝析油稳定工艺

### 一、原油、凝析油稳定工艺方法

脱水处理后的净化原油和未稳定的凝析油内，含有大量在常温常压下为气态的溶解气

（$C_1$—$C_4$），使原油蒸气压很高，在储运过程中产生大量油蒸气排入大气，既浪费能源又污染环境。

原油、凝析油稳定工艺就是把油田脱水后的原油经过密闭处理，在常温常压下从净化原油内中把溶解的轻质烃类（甲烷、乙烷、丙烷、丁烷等）汽化，较彻底地分离出来蒸气压高的溶解天然气组分并加以回收利用。这样，原油就相对的减少了挥发作用，也降低了蒸发造成的损耗，使之稳定，原油稳定是减少蒸发损耗的治本办法[10]。

原油稳定通常是原油矿场加工的最后工序，经稳定后的原油、凝析油成为合格的商品原油。

**1. 原油稳定的目的**

原油稳定技术是根据原油性质和其中的轻烃组分含量不同，采用合适的流程将原油中的轻烃脱出、回收轻油、液化气，以减少在常压储存条件下的蒸发损失，并可以利用脱出的轻烃和伴生气作为化工原料和民用燃料。

原油稳定深度指对未稳定原油中挥发性最强组分 $C_1$—$C_5$ 的分离程度，$C_5$ 以下轻烃组分分离出越多，原油稳定的深度越大。由于原油的饱和蒸气压主要取决于原油中易挥发组分的含量，所以通常用最高储存温度下原油的饱和蒸气压来衡量原油稳定的深度。

按照《原油稳定设计规范》（SY/T 0069—2008）中规定：原油进稳定装置前的集输和处理工艺过程应密闭。原油稳定的深度宜用稳定原油的饱和蒸气压衡量。稳定原油的饱和蒸气压应根据原油中轻组分含量、稳定原油的储存和外输条件等因素确定。稳定原油在储存温度下的饱和蒸气压的设计值不宜超过当地大气压的 0.7 倍。

**2. 原油、凝析油稳定的分类**

根据蒸馏原理，可采用闪蒸法和分馏法脱除原油中的轻组分使其稳定。原油与凝析油稳定的工艺方式都是利用闪蒸原理促使油品达到储存和外输条件下的稳定状态，国内原油、凝析油稳定工艺技术基本分为三种类型，即负压闪蒸、正压闪蒸和分馏稳定法。其中操作压力低于大气压的闪蒸分离稳定工艺称为负压闪蒸，操作压力高于大气压的闪蒸分离稳定工艺成为正压闪蒸。

除了基本类型外，20世纪90年代，在国内部分老油田改造时推广使用"大罐抽气"的密闭工艺技术。

**3. 原油稳定工艺方法**

1) 负压闪蒸法

闪蒸稳定原理：通过对原油加热或减压使原油部分汽化，然后在一个压力和温度不变的容器内，把气液两相分开并分别引出容器。由于轻组分浓集于气相，重组分浓集于液相，使经上述处理后的原油内轻组分含量减少、蒸气压降低，原油得到一定程度的稳定，这种方法称闪蒸稳定。闪蒸时，原料中各种组分同时存在于气液两相中，气相中轻组分 $C_1$—$C_4$ 的纯度不高，液相中也得不到纯度很高的重组分，轻重组分的分离较粗糙[11]。

原油中轻组分 $C_1$—$C_4$ 含量在 2.5%（质量分数）以下，原油脱水或外输温度能满足负压闪蒸的需要时，文献推荐采用负压闪蒸稳定工艺。负压闪蒸稳定原理流程图如图 3-6 所示。

负压闪蒸进料油温一般为脱水温度，即 50~80℃，塔的操作压力为 0.06~0.08MPa（绝）左右。塔顶脱出的闪蒸气经负压压缩机压缩至 0.3~0.4MPa（绝）。负压闪蒸稳定法是国内应用最多的技术，其特点是操作温度低，能耗低，流程简单，操作弹性大；缺点是需要设置负压气体压缩机，且轻烃收率低，稳定程度较低，负压压缩机及其控制系统应力求可靠[11]。

负压闪蒸法适用于密度较大的原油，原油中 $C_1$—$C_4$ 含量小于 2.5%（质量分数）。

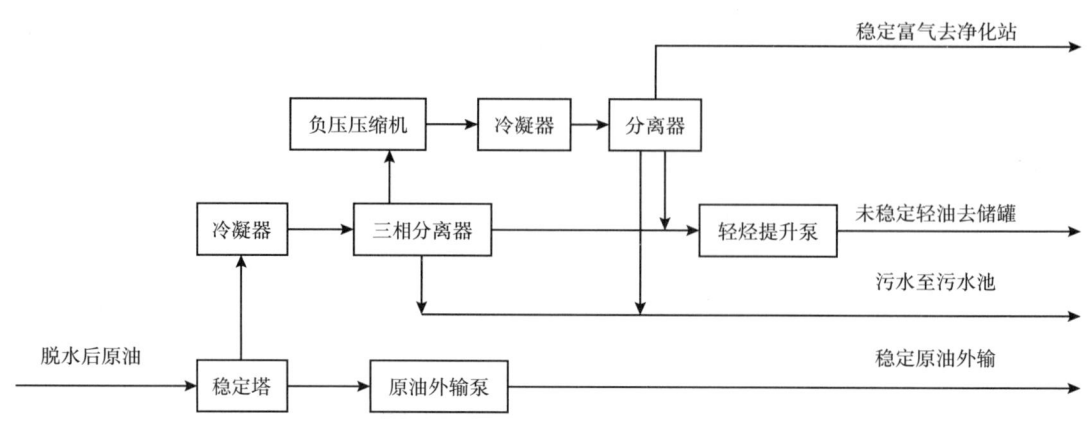

图 3-6　负压闪蒸原理流程图

2）正压闪蒸法

正压闪蒸的原理与负压闪蒸原理相同，只是操作压力大于大气压。

原油中轻组分 $C_1$—$C_4$ 含量大于 2.5%（质量分数）时，可采取正压闪蒸稳定工艺。当有余热可以利用时，即使原油中轻组分含量低于 2.5%（质量分数），也可考虑采用正压闪蒸稳定工艺或分馏稳定工艺。正压闪蒸法是在正压的条件下采取加热提高温度，使原油中部分轻组分蒸发出来，达到稳定的目的。正压闪蒸流程图如图 3-7 所示。

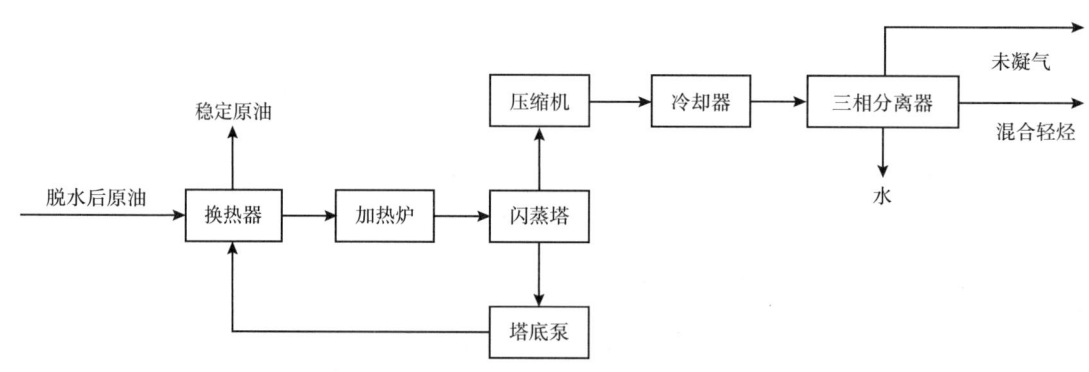

图 3-7　正压闪蒸原理流程图

正压闪蒸法一般闪蒸压力为 0.2~0.3MPa（绝）。轻组分含量较低的原油，操作压力宜为 0.02~0.1MPa，轻组分含量较高的原油，操作压力宜为 0.1~0.3MPa。闪蒸温度应提高到 80~120℃。可利用脱水后的温度不加热或加热后进入稳定装置。

正压闪蒸法可脱出较多的轻组分，可不设外输压缩机和进料泵；需要加热时，能耗较高；适用于原油中 $C_1$—$C_4$ 含量大于 2.5%（质量分数）的原油稳定。

3）分馏稳定法

分馏稳定原理：原油中轻组分蒸气压高、沸点低、易于汽化，重组分的蒸气压低、沸点高、不易汽化。按照轻重组分挥发度不同这一特点，利用精馏原理对净化原油进行稳定处理的过程称分馏稳定。与前几种稳定方法相比，在符合稳定原油蒸气压要求的前提下，分馏稳定所得的稳定原油密度小、数量多[12]。

分馏稳定流程如图3-8所示。

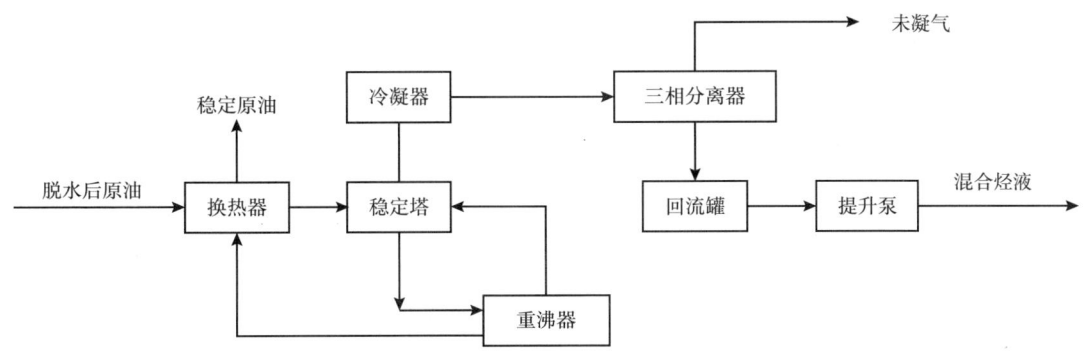

图 3-8　分馏稳定原理流程图

分馏稳定法的优点是稳定效果好，$C_1$—$C_4$收率高；适合于处理轻烃组分高的原油。缺点是工艺流程复杂，控制要求高，能耗高。

对于$C_1$—$C_4$含量较多的原油，可采用分馏法进行原油稳定。分馏塔通常有两段，进料口以上部分称为精馏段，进料口以下部分称为提馏段，这样的塔，称为完全塔；只有其中一段的塔称为不完全塔。根据精馏塔的结构和回流方式的不同，分馏法又可分为提馏稳定法、精馏稳定法和全塔分馏稳定法等三种。我国推荐用不完全分馏塔对原油进行稳定。

（1）提馏稳定法。

如只设提馏段的不完全塔称提馏塔，采用提馏塔稳定的方法称为提馏稳定法。净化原油从塔顶部进料，这种塔的进料温度和操作温度相对都较低，没有塔顶回流，因此能耗低，而且节省设备投资及建设费用。但由于提馏塔没有精馏段，塔顶产品质量没保障，塔底稳定原油收率比较低。

提馏稳定原理流程如图3-9所示。

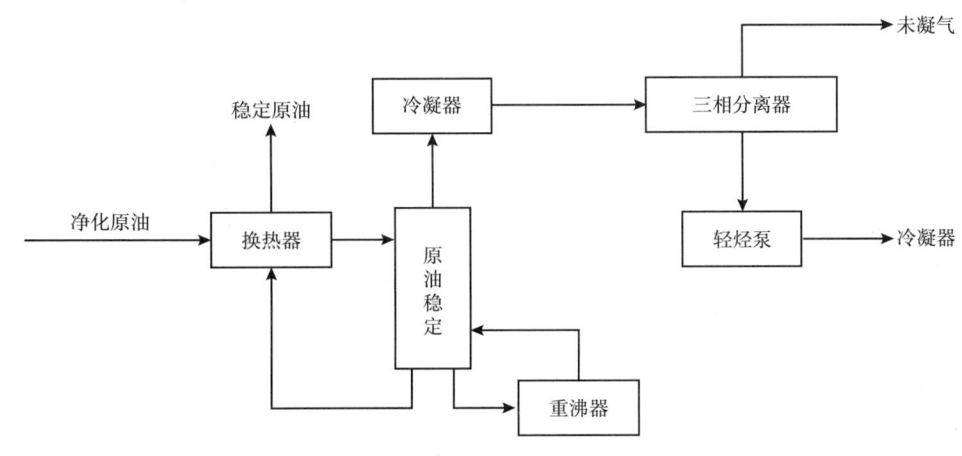

图 3-9　提馏稳定原理流程图

（2）精馏稳定法。

如只设精馏段的不完全塔称精馏塔，采用精馏塔稳定的方法称为精馏稳定法。净化原油从塔底部进料，这种塔的进料温度和操作温度相对都较高，设有塔顶回流，因此能耗较高，设备投资及建设费用较高。

精馏稳定原理流程如图3-10所示。

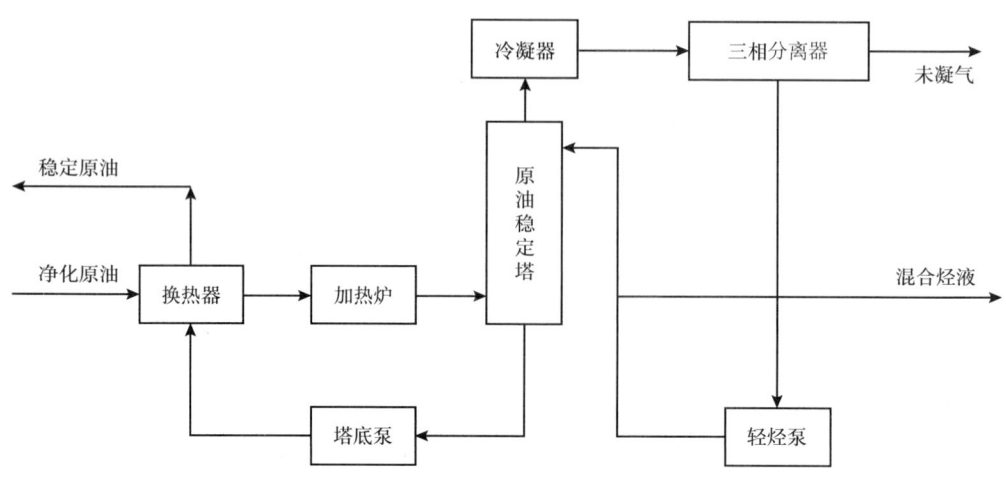

图3-10　精馏稳定原理流程图

（3）全塔分馏稳定法。

既设精馏段又设提馏段的分馏塔称为完全塔，采用完全塔稳定的方法称为全塔分馏稳定法。净化原油从塔中部进料，这种塔的进料温度和操作温度相对都较高，设有塔顶回流，因此能耗高，设备投资及建设费用最高。由于设有精馏段和提馏段，塔顶产品质量好，塔底稳定原油收率高[13]。

采用分馏稳定法时，分馏塔的操作压力可根据工艺计算确定。一般来说，在相同的塔径下适当提高操作压力，可以增大塔的处理能力（有文献介绍，塔的绝对压力从0.1MPa提高到0.31MPa时，塔的负荷可增加72%）。但稳定压力也不能过高，否则装置的建设费用会增加。同时，由于压力提高后，塔的操作温度也相应地提高，塔底热负荷和塔顶冷却负荷相应增加，导致运行成本增加。分馏塔的操作压力应使分离产品能克服设备和管路压降，顺利地流到回流罐或抽出泵入口。塔的操作压力可从塔顶回流罐的压力算起，将塔顶冷凝器压降、管路、阀件压降及塔内压降计入，确定塔顶和塔底的操作压力。分馏塔的操作压力通常为0.15~0.3MPa。

分馏塔的操作温度应由塔顶压力下的相平衡决定，一般要做到水分从塔顶被赶出，不推荐塔侧抽水，因为原油中的水是有变化的，实际运行是难以掌握的。塔底操作温度是根据稳定原油泡点确定的，塔顶温度不低于40℃，以满足水冷要求，塔底温度均大于100℃。当操作压力为0.15~0.3MPa，塔底操作温度为120~200℃，塔顶操作温度为50~90℃。

全塔分馏稳定法原理流程如图3-11所示。

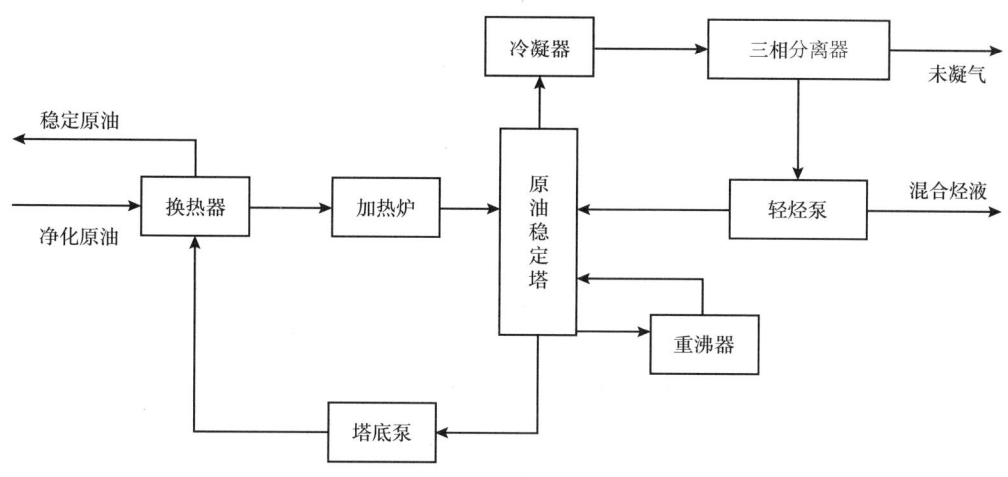

图 3-11　全塔分馏稳定原理流程图

4) 大罐抽气稳定法

对于不宜采用负压、正压闪蒸及分馏稳定的场合，可采用简易的油罐烃蒸气回收工艺，即大罐抽气稳定法。其典型流程如图 3-12 所示。

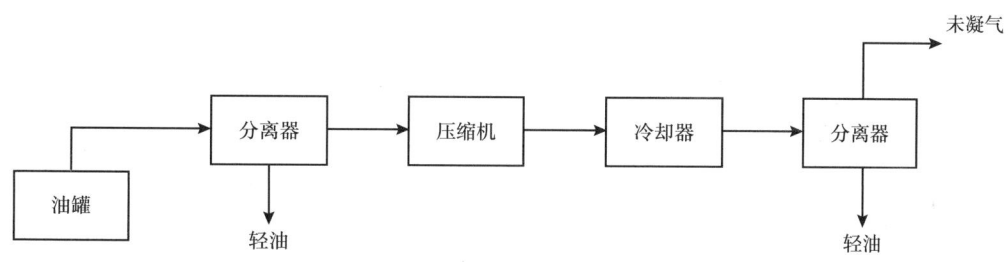

图 3-12　油罐烃蒸气回收原理流程图

立式油罐承压能力仅为 -0.50~2.5kPa，大罐抽气的关键问题是罐内压力的控制。为确保罐内压力在允许范围内，需配置适宜的压缩机和实用的控制仪表，做到超压放空和低压补气，以确保安全可靠。一般调整到油罐正常工作压力为 0.10~0.2kPa。

大罐抽气工艺简单，稳定深度有限。可回收原油罐的烃蒸气，降低蒸发损耗，对老油田改造，实现原油密闭处理有现实意义。

5) 原油稳定工艺的选用

原油稳定工艺的选择应根据进料原油的组成、物性，并综合考虑相关的工艺过程，通过技术经济比较后确定。

（1）原油的蒸发损耗。

从降低原油在储运过程中蒸发损耗和储运安全的角度考虑，稳定原油饱和蒸气压越低越好。但追求过低的饱和蒸气压，不仅稳定装置投入高，能量消耗大，还使稳定原油收率降低，原油中汽油馏分含量减少。所以在确定原油稳定深度时，一般将稳定原油在最高储存温度下的饱和蒸气压控制在当地大气压的 0.7 倍以内。当采用铁路、水路、汽车装运时，稳定原油的饱和蒸气压可略低一些。但稳定装置对 $C_5$ 和 $C_5$ 以上更重组分的收率（质量分数）一般不宜超过未稳定原油在储运过程中的原油自然蒸发损耗率。原油蒸发损耗低于 0.2%（质量分数）或 $C_1$—$C_5$ 含量低于 0.5%（质量分数）的原油一般不需要进行稳定处理。

（2）稳定工艺的能耗。

通常分馏法能耗最高，其次是提馏，加热闪蒸能耗较低，而负压脱气能耗最低，尤其是脱气量不大时，动力消耗也很低。微正压闪蒸的单位综合能耗要低。

（3）液烃收益。

对于相同处理能力的装置，负压闪蒸一般投资较低，分馏法较高；分馏法拔出率可达 4%~6%，负压法脱气则一般为 0.5%~0.8%，加热闪蒸可获得稍高的拔出率。

## 二、塔里木原油、凝析油稳定工艺

塔里木油田的地面工程在油气集输处理的总体设计上，本着简化沙漠腹地设施，减少沙漠油田内生产管理人员的原则，将油气深加工处理系统移至沙漠油田外部，或产能较大的区域，油田内油气集输、油气外输及末站油气处理等过程实现密闭，实现最远 300km 以上长距离输油系统的密闭低含气原油与液态烃混输；将原油稳定、轻烃分馏、液化气储配等油气处理装置建在沙漠外部的轮南原油稳定装置，创造了沙漠油田地面建设实行内外结合，集输处理工艺装置相隔 300km 的密闭生产工艺模式。

塔里木油田的原油、凝析油稳定工艺的选择与油品性质产量相关，原则上油品采取集中稳定，采用少人高效的策略，从整体上来看，原油稳定工艺主要为负压闪蒸和微正压闪蒸工艺、塔二联采用全塔分馏塔。

### 1. 塔里木原油稳定负压闪蒸工艺

塔里木仅有 1 套负压闪蒸原油稳定工艺，轮南建设规模为 $150×10^4$t/a，原油稳定装置 1995 年 7 月由大庆设计院设计，1997 年 7 月，由于油品太贫、轻组分少，已停用。

1）概况

轮南 $150×10^4$t/a 原油稳定装置位于新疆维吾尔自治区巴音郭楞蒙古自治州轮台县南部，距库尔勒市 200km，轮台县约 60km 处。

2）工艺流程

净化原油进入负压塔，塔底稳后原油经稳后油泵直接外输，塔顶气进入回流罐由负压机抽出，经空冷器降温后，进入三相分离器，分离出的气相进入塔中系统压缩机，液态烃进入分馏装置。

3）主要参数

负压稳定装置处理能力：$150×10^4$t/a，处理塔北原油，操作弹性范围 80%~120%。

由于原油中轻组分 $C_1$—$C_4$ 含量在 2.5%（质量分数）以下，原油脱水或外输温度能满足负压闪蒸需要时，采用负压闪蒸稳定工艺。

### 2. 塔里木原油稳定微正压闪蒸工艺

塔里木主要有 2 套原油稳定装置，分别为轮南原油稳定装置，哈一联原油稳定装置。其余主要为凝析油稳定装置。装置均采用正压加热+闪蒸工艺。以下以轮南原油稳定装置为例。

轮南原油稳定装置位于新疆维吾尔自治区巴音郭楞蒙古自治州轮台县南部，距库尔勒市 200km，轮台县约 60km 处。

1）装置建设情况

轮南原油稳定装置有正压原油稳定装置和负压原油稳定装置各一套。正压原油稳定装置由原 250×10⁴t/a 扩建而成，装置设计规模 320×10⁴t/a，负责塔北原油稳定，150×10⁴t/a 负压原油稳定装置停用。进入轮一站的塔北、桑吉、东河油田的原油没有稳定。原油稳定装置产品有稳定原油、不凝气、液化气、稳定轻烃。

2）装置工艺流程简述

320×10⁴t/a 正压原油稳定单元采用正压提馏轻烃稳定工艺。由各油田来的未稳定原油（20℃，0.6MPa），首先进入原油稳定装置 6 台原油换热器换热到 60~70℃，去脱盐装置进行脱盐，脱盐后的原油进入 2 台原油缓冲罐，操作压力为 0.18MPa，进行油、气缓冲分离。油经进料泵加压与稳后原油换热至 95℃，再由加热炉加热到 120~126℃ 进入原油稳定塔，稳定塔塔底操作压力为 0.15~0.20MPa，塔顶操作温度为 83~95℃。塔底稳后原油用泵加压与来油在原油换热器换热，温度由 116~126℃ 降至 45℃ 外输至外输首站。

原油稳定塔顶部脱出的天然气与脱盐系统三相分离器、原油稳定系统原油缓冲罐分离的天然气一起汇合由空冷器冷至 50℃，然后经水冷器与清水换热后进入回流罐，在 0.14~0.11MPa 压力条件下进行油、气、水三相分离。

回流罐分离出的气相去分馏系统单元，最终不凝气去轮一站 40×10⁴m³/a 天然气处理装置。

3）装置产品流向

（1）产品种类：稳定原油、不凝气、液化气、稳定轻烃。

（2）产品流向：稳定原油去轮一站外输；

不凝气去 40×10⁴m³/a 天然气处理装置轻烃回收装置；液化气和稳定轻烃去储运站装车外输。

（3）装置主要设计参数

装置处理能力：正压提馏稳定装置：320×10⁴t/a，稳定塔中及哈得原油，操作弹性 80%~100%；原油稳定装置采用正压提馏稳定工艺；

主要设计数据见表 3-6。

表 3-6　320×10⁴t/a 原油稳定装置工艺参数一览表

| 序号 | 设计工艺参数 | 单位 | 参数 | 备注 |
|---|---|---|---|---|
| 1 | 界区来油进换热器 | m³/d | 7000~10000 | |
| 2 | | MPa（表） | 0.65~0.75 | |
| 3 | | ℃ | 15~25 | |
| 4 | 外输原油 | MPa（表） | 0.15 | |
| 5 | | ℃ | 40 | |
| 6 | 原油进分离罐 | MPa（表） | 0.32~0.35 | |
| 7 | | ℃ | 55 | |

续表

| 序号 | 设计工艺参数 | 单位 | 参数 | 备注 |
|---|---|---|---|---|
| 8 | 原油进沉降罐 | MPa | 0.3 | |
| | | ℃ | 50 | |
| 9 | 原油缓冲罐 | MPa | 0.18 | |
| | | ℃ | 50 | |
| 10 | 原油进料泵进口 | MPa | 0.18 | |
| 11 | 原油进料泵出口 | MPa | 2.0 | |
| | | ℃ | 50 | |
| 12 | 稳后油泵进口压力 | MPa | 0.2 | |
| 13 | 稳后泵出口压力 | MPa | 2 | |
| 14 | 轮一站来清水 | m³/h | 20 | |
| | | MPa（表） | 0.8 | |
| | | ℃ | 25~35 | |
| 15 | 破乳剂 | MPa | 0.32 | |
| | | l/h | 8.4 | |
| 16 | 除氧剂 | MPa | 0.4 | |
| | | kg/h | 0.5 | |
| 17 | 清水换热后进脱盐装置 | ℃ | 35~50 | |
| 18 | 原油进加热炉 | MPa | 0.55 | |
| | | ℃ | 90 | |
| 19 | 原油出加热炉 | MPa | 0.25 | |
| | | ℃ | 120 | |
| 20 | 提馏塔塔底温度 | ℃ | 115 | |
| 21 | 提馏塔塔顶温度 | ℃ | 95 | |
| 22 | 提馏塔压力 | MPa | 0.18 | |
| 23 | 提馏塔气相空冷后温度 | ℃ | 夏35~45 冬15 | |

### 3. 塔里木凝析油稳定微正压闪蒸工艺

塔里木建有多套凝析油稳定装置，主要包括牙哈、迪那、英买力、和田河、柯克亚、阿克、哈拉哈塘、塔二联等凝析油稳定装置。

目前，凝析油稳定主要采用闪蒸＋微正压提馏工艺，根据装置进气压力不同，采用二级或三级闪蒸工艺，稳定后的凝析油、合格轻烃输送至牙哈装车站，统一装车外销。

1）工艺流程

以迪那 2 凝析油稳定装置为例，油气分别在两个段塞流捕集器和四个卧式气液分离器进行气液分离后，油相由汇管进入一级闪蒸罐，分水器的液相也到一级闪蒸罐，在 7.00MPa 左右的条件下利用平衡汽化的原理脱出较轻的组分。一闪气先与中压气汇合后经过二级换热器换热后进入脱水脱烃装置，而液相经过节流降压至 2.30MPa 左右进入二级闪蒸罐，二级闪蒸罐是气液三相分离器，将油、气、水进行分离，油相节流降压至 0.5MPa 左右经过去三级闪蒸罐进行平衡汽化。三级闪蒸罐也是一个三相分离器，分离出来的气相作为稳压机的原料气之一到闪蒸汽分液罐，而后到稳压机二级入口，分离出来的油相则进入凝析油稳定塔进行稳定处理，稳定塔操作温度 110℃。凝析油稳定塔通过分馏作用达到稳定目的，稳定塔顶气相去凝析油稳定气分液罐，而后到稳压机一级入口。

经稳定后的凝析油经凝析油空冷器冷却至 40~45℃ 进入凝析油外输缓冲罐缓冲，而后凝析油经过凝析油产品外输泵输至凝析油储罐或输油首站至牙哈装车站。

2）装置产品流向

装置处理能力：正压提馏稳定装置：$320×10^4$t/a，稳定迪那 2 与迪那 1 来的凝析油，操作弹性 60%~100%；

产品种类：稳定凝析油、不凝气、液化气、稳定轻烃。

产品流向：稳定凝析油去牙哈装车站外销；不凝气去燃料气系统；液化气和稳定轻烃去牙哈装车站装车外输。

（1）稳定凝析油。

温度：40℃；

流量：40m$^3$/h；

饱和蒸气压：约 70 kPa（37.8℃）；

年产量：$31.7×10^4$m$^3$。

（2）稳定轻油。

温度：40℃；

流量：21.81m$^3$/h；

饱和蒸气压：约 30 kPa（37.8℃）。

（3）液化气。

温度：常温；

流量：24.13m$^3$/h；

饱和蒸气压：约 1300kPa（37.8℃）；

年产量：$19.1×10^4$m$^3$。

3）装置主要设计参数

主要设计参数见表 3-7。

表 3-7 凝析油稳定装置工艺参数一览表

| 序号 | 设计工艺参数 | 单位 | 参数 |
| --- | --- | --- | --- |
| 1 | 进料条件 | MPa | 7.7 |
| 2 | | °C | 38 |
| 3 | 一级闪蒸罐 | MPa（表） | 7.7 |
| 4 | | °C | 38 |
| 5 | 二级闪蒸罐 | MPa（表） | 2.0 |
| 6 | | °C | 50 |
| 7 | 三级闪蒸罐 | MPa | 1.0~0.98 |
| 8 | | °C | 65 |
| 9 | 凝析油稳定塔塔顶 | MPa | 0.15 |
| 10 | | °C | 65 |
| 11 | 稳定塔塔底 | MPa | 0.2 |
| 12 | | °C | 115 |

**4. 塔里木原油、凝析油稳定工艺方法**

1）塔里木原油稳定工艺的选择

根据油稳定工艺在塔里木运行的情况，除了未使用的轮南 $150\times10^4$ t/a 负压稳定装置外，其他的凝析油与原油稳定均采用正压提馏轻烃稳定工艺进行稳定。该工艺方法适合于处理轻烃组分高的原油或凝析油，在符合稳定原油蒸气压要求的前提下，分馏稳定所得的稳定原油密度小、数量多，稳定效果好。

迪那、牙哈、英买力等采出气中凝析油中的 $C_1$—$C_4$ 均大于 6%（质量分数），均采用正压闪蒸法。轮南原油稳定、哈一联原油中的 $C_1$—$C_4$ 为 4.88% 大于规范规定的 2%（质量分数）。

当 $C_1$—$C_4$ 质量分数低于 0.5% 时，油田为了降低能耗，改造东河油田采用油罐烃蒸气回收，但实际建成后，油产量降低，由于闪蒸气量小，压缩机能耗过大，一直停用，轮南 $400\times10^4$ t 原油稳定装置的负压闪蒸也是同样原因，装置能耗相对较大，且负压闪蒸操作难度较高，收益远远小于装置的运行成本。

2）塔里木原油、凝析油稳定塔的结构

塔里木凝析油及原油稳定主要采用的塔为填料塔和板式塔，其中牙哈、塔二联等采用板式塔，迪那采用填料塔。

塔二联原油中含硫，为了减少 $H_2S$ 对集输管线的腐蚀，塔二联将稳定塔塔底引入一股气提气，实现脱硫及原油稳定公用一个塔，减少了设备投资。

3）避免结晶盐的形成

盐在生产液中以结晶盐和溶解于水中的盐两种形式存在。一般情况下，结晶盐不会发生，但在特定的压力温度条件下高浓度的盐水会产生结晶盐。在生产中要尽量避免结晶盐的形成，降低原油中盐的含量可以减少沉积物和腐蚀的发生。脱盐一般在脱水的同时完成，由于工艺设备处理能力限制，当纯粹通过脱水来实现脱盐比较困难时，可以通过掺清水稀释的方法来改善脱盐效果。即将清水与脱掉大部分水后的原油混合，使原油中的盐分与清水充分接触，并随水的脱出而脱除。有效地将清水和原油混合一般使用混合器进行混合。

尽管在脱盐系统单元脱出了大部分的盐，但是，在实际运行中往往在稳定塔顶部气体馏出线容易形成结晶盐、堵塞、腐蚀管线，为防止结晶盐的析出，可在塔顶馏出线注清水，使盐溶于水中，在回流罐进行油水分离，含盐水去水处理装置处理。

4）原油稳定塔液位控制

在实际操作过程中，原油稳定塔的液位容易出现波动，出现顶部冒油故障。如何有效避免冒油关系到整个系统操作稳定的关键环节。

造成原油冒顶原因有以下几点。

（1）进料原油具有发泡性质。

当原油在输送和分离处理过程中，原油中的胶质、沥青质吸附在气泡与原油之间的界面上，形成保护膜，促使气泡稳定并聚积成泡沫。原油的黏性，一方面可阻碍油中气泡浮升到气相中去，增加分离阻力，另一方面它又降低气泡表面液膜的流动性。这就相对地增加了泡沫的稳定性。

当原油处理量较低时，生成的泡沫不太多。在泡沫不断生成的同时又不断自然破裂，当生成量与破裂量达到平衡时，气相空间内的泡沫层达到一定厚度就不再升高。随着原油处理量增加，泡沫生成量也随之增加，泡沫层不断升高，逐渐充满气相空间，以致携带着原油从稳定塔顶部冒出。

（2）原油稳定塔的结构分析。

原油生成泡沫多少，与原油稳定塔结构密切相关。原油经阀门进入原油稳定塔后，压力降低，原油中的潜含气开始脱出，以微小气泡存在于原油中，形成原油与气泡的混合物。油气混合物在原油稳定塔入口处的冲击、搅拌和喷溅，促进了泡沫的生成，油气混合物向下冲击稳定塔下部的油，产生剧烈的冲击、搅拌和喷溅作用，从而生成大量的泡沫。同一种原油，在不同的入口结构和流入条件下，生成的泡沫量相差很大。

（3）原油稳定塔丝网捕雾器。

气体流道布置不合理泡沫层在升高过程中要穿过丝网捕雾器。从表面上看，丝网有破泡作用，泡沫不应在丝网上方出现。但是，事实上当泡沫充满丝网下方的气相空间后，经丝网破泡所聚集的油不能顺利排出，而积存在丝网之内，逐渐充满整个网层，并在气流作用下产生"鼓泡"效应，再生成泡沫，聚积在丝网上方空间内。这种"鼓泡"过程不断发生，最后使泡沫充满气相空间并从稳定器顶部冒出，即所谓冒油。特别是当稳定器入口和气体流道布置不当时，气流分布就很不均匀，使丝网更容易产生"鼓泡"效应，生成泡沫。

5）工艺符合性

东河、哈六联、英买力潜山等区块原油不含硫，均输送至轮南统一稳定，未单独设置稳定系统，符合原油稳定与原油脱水和外输综合考虑，统一稳定的规定。

目前，无论是塔中、哈得、英买力、牙哈、大北等原油稳定装置的热量都是将稳定塔塔底的热量回收利用，即原油升温采用与稳后油换热方式实现与原油稳定装置的热联合，达到能量的梯级利用。

轮一联等原油稳定装置来的不凝气接入燃料气系统，符合《油田油气集输设计规范》（GB 50350—2015）中的"5.4.9 原油稳定装置生产的轻烃应密闭储运或处理，生产的不凝气应就近输入天然气凝液回收系统回收利用"。

所有原油进稳定装置前的集输和处理工艺都是密闭的，符合 SY/T 0069—2008 中 4.2 条的规定：原油进稳定装置前的集输和处理工艺过程应密闭。

根据 SY/T 0069—2008 中 4.1 条规定，正压闪蒸稳定的操作压力应尽量降低并应符合下列要求：

（1）轻组分含量较低的原油，操作压力宜为 0.02~0.1MPa。
（2）轻组分含量较高的原油，操作压力宜为 0.1~0.3MPa。

根据现场的操作条件来看，通常的原油稳定压力塔顶为 10~40kPa，进料压力为 0.2MPa，现有稳定装置可以满足生产需要，最终稳定后的原油达到了 SY/T 0069 及 GB 50350 中的有关规定。

### 三、标准化原油、凝析油稳定工艺推荐

原油稳定工艺随原油性质、稳定要求、原油处理的工艺条件等因素而不同。稳定工艺选择的核心问题是要提高装置建设的经济性，要确定原油蒸气压降低的经济界限和装置投资、运行成本的合理数字，以期能用比较经济的方法取得最好的稳定效果。稳定工艺选择既包括工艺方法的确定，也包括在一定的工艺方法中主要工艺参数的选择。

**1. 原油稳定工艺推荐**

收率相同的条件下，一般每降低 0.01MPa 压力相当于提高 4~5℃ 的温度。因此，正压闪蒸一般操作温度比负压闪蒸高 20%~60%，即正压闪蒸的操作温度一般为 80~120℃。

原则上是否新建或采用原油稳定，首先考虑输送距离，若距离较近时，优先接入附近的原油稳定装置，其次考虑外输原油或凝析油中轻组分 $C_1$—$C_4$ 的含量，若原油蒸发损耗低于 0.2%（质量分数）或 $C_1$—$C_5$ 含量低于 0.5%（质量分数）的原油一般不需要进行稳定处理。

原油稳定装置本身的能耗是确定装置经济与否的关键，因此推荐采用不完全塔的简易分馏法，只有提馏段的简易分馏法有一定的分馏作用，由于没有外回流，故能耗低于精馏稳定法；只有精馏段的简易分馏法由于没有提馏段，故不需要较高的温度，能耗也较低。

新建稳定装置时，优先采用微正压闪蒸稳定工艺，对于轻组分含量较高的原油，原油不需加至很高温度，塔的操作压力可再适当提高，从而可节省压缩机动力，降低动设备的数量，减少运行费用。

进稳定装置原油含水的高低对稳定效果有一定的影响，少量含水有助于降低油气分压，提高轻组分收率。

**2. 主要工艺参数的选择**

各种稳定方法都有其合理的工艺参数，这是装置经济运行的关键，原油稳定工艺的主要参数包括操作压力、操作温度和进料情况等。

自集气装置来的凝析油混合后经凝析油预热器与产品凝析油（46℃，0.52MPa）换热至 40℃ 后进入凝析油闪蒸罐，分离出的凝析油降压至 0.2MPa 后进入凝析油稳定塔处理，

塔底采用重沸器加热，满足凝析油产品要求的凝析油自塔底经泵增压至 0.5MPa，分别经过凝析油预热器冷却至 22℃后输送至罐区。

从目前装置运行情况来说，进塔压力在 0.2MPa 左右，稳定塔塔顶压力在 0.1~0.15MPa 较为合适。塔底操作温度控制在 120~136℃。

**3. 凝析油稳定工艺推荐**

若处理低压的不含硫未稳定原油，推荐采用塔顶进料，减少能耗。

若处理含硫的未稳定凝析油，推荐采用塔顶进料，塔底进气气提，可减少一座气提塔，节省投资，同时可以最大限度降低稳定凝析油中的 $H_2S$ 含量。推荐采用塔二联的原油稳定工艺，减少单独的气提塔的设备投资。

下面对采用不同进料方式的装置进行负荷及产量的计算，计算结果见表 3-8 和表 3-9。

表 3-8 油田原油稳定装置（塔底无气提气）工艺参数

| 项目 | 塔底无气提气，进料从塔中进料 | 塔底无气提气，进料 10% 从塔顶进料 | 塔底无气提气，进料 90% 从塔顶进料 | 塔底无气提气，进料从塔顶进料 |
|---|---|---|---|---|
| 换热器负荷 /kW | 120.9 | 109.9 | 12.21 | 0.122 |
| 稳定塔底重沸器负荷 /kW | 94.4 | 102.5 | 198.6 | 211.9 |
| 稳定后凝析油空冷器负荷 /kW | 5.57 | 1.75 | 0.671 | 1.724 |
| 稳定气压缩机功率 /kW | 2.04 | 1.97 | 1.80 | 1.81 |
| 稳定气压缩后冷器负荷 /kW | 10.66 | 9.93 | 8.82 | 8.87 |
| 稳定凝析油产量 /（t/d） | 97.49 | 98.19 | 98.42 | 98.41 |
| 稳定轻烃产量 /（t/d） | 1.808 | 1.663 | 1.46 | 1.47 |
| 稳定凝析油 + 轻烃产量 /（t/d） | 99.3 | 99.86 | 99.89 | 99.89 |
| 稳定凝析油 $H_2S$ 质量流量 /（kg/h） | $5.43 \times 10^{-3}$ | $1.086 \times 10^{-4}$ | $1.206 \times 10^{-7}$ | $1.368 \times 10^{-8}$ |
| 油中 $H_2S$ 含量 /（mg/kg） | $8.655 \times 10^{-8}$ | $2.665 \times 10^{-8}$ | $2.94 \times 10^{-11}$ | $3.337 \times 10^{-12}$ |

注：按照塔二联组分，产量 100t/d，气提气量按 $1 \times 10^4 m^3/d$ 计算。

表 3-9 油田原油稳定装置（塔底有气提气）工艺参数

| 项目 | 塔底有气提气，进料从塔中进料 | 塔底有气提气，进料 10% 从塔顶进料 | 塔底有气提气，进料 90% 从塔顶进料 | 塔底有气提气，进料从塔顶进料 |
|---|---|---|---|---|
| 换热器负荷 /kW | 120.9 | 109.9 | 12.21 | 0.122 |
| 稳定塔底重沸器负荷 /kW | 140.3 | 142.8 | 213.0 | 224.8 |
| 稳定后凝析油空冷器负荷 /kW | 29.30 | 29.3 | 2.352 | 2.43 |
| 稳定气压缩机功率 /kW | 43.40 | 43.66 | 39.38 | 39.27 |
| 稳定气压缩后冷器负荷 /kW | 80.92 | 82.60 | 50.85 | 50.38 |
| 稳定凝析油产量 /（t/d） | 82.78 | 82.14 | 92.37 | 92.52 |
| 稳定轻烃产量 /（t/d） | 8.55 | 8.904 | 3.709 | 2.042 |

续表

| 项目 | 塔底有气提气，进料从塔中进料 | 塔底有气提气，进料10%从塔顶进料 | 塔底有气提气，进料90%从塔顶进料 | 塔底有气提气，进料从塔顶进料 |
|---|---|---|---|---|
| 稳定凝析油＋轻烃产量/（t/d） | 91.34 | 93.02 | 94.50 | 94.56 |
| 稳定凝析油$H_2S$质量流量/（kg/h） | $3.09×10^{-5}$ | $3.146×10^{-5}$ | $3.71×10^{-5}$ | $3.899×10^{-5}$ |
| 油中$H_2S$含量/（mg/kg） | $8.969×10^{-9}$ | $8.975×10^{-9}$ | $9.637×10^{-9}$ | $1.01×10^{-8}$ |

注：按照塔二联组分产量100t/d，气提气量按$1×10^4 m^3/d$计算。

由表3-8和表3-9可以看出油＋烃总产量最多为塔底无气提气，进料从塔顶进料，但若塔底无气提气，进料90%从塔顶进料，可有效节约能量，也就是说，在总产量不变的情况下，采用10%塔顶进料较为经济，与常规的原油稳定塔一致。

当需要提高稳定轻烃的产量时，可以从塔的中部进料。

当外输原油对$H_2S$含量有要求时，推荐采用塔底进气提气，凝析油在塔的中部进料，可有效控制原油中$H_2S$的含量，减少装置费用，且操作弹性大。

推荐含硫的未稳定凝析油采用图3-13流程，减少脱硫的气提塔，总体设备投资降低，该流程已在塔二联成熟应用于凝析油处理工艺。

**4. 凝析油稳定采用闪蒸级数**

1）集气压力大于10MPa

在7MPa左右的条件下利用平衡汽化的原理通过一级闪蒸脱出较轻的组分，一闪气先与中压气汇合后经过二级换热器换热后进入脱水脱烃装置，而液相经过节流降压至2.3MPa左右进入二级闪蒸罐，二级闪蒸罐是气液三相分离器，将油、气、水进行分离，分离出来的污水排放到污水处理系统，而油相节流降压至0.5MPa左右经过去三级闪蒸罐进行平衡汽化。三级闪蒸罐也是一个三相分离器，分离出来的气相作为稳压机的原料气之一到闪蒸汽分液罐，而后到稳压机二级入口，分离出来的污水排放到水处理系统，油相则进入凝析油稳定塔进行稳定处理，稳定塔操作温度110℃。凝析油稳定塔通过分馏作用达到稳定目的，稳定塔顶气相去凝析油稳定气分液罐，而后到稳压机一级入口。

经稳定后的凝析油经凝析油空冷器冷却至40~45℃进入凝析油外输缓冲罐缓冲，而后凝析油经过凝析油产品外输泵输至凝析油储罐或输油首站至牙哈装车站。流程示意如图3-14所示。

2）集气压力小于2.5~7MPa

液相经过节流降压至2.3MPa左右进入一级闪蒸罐，一级闪蒸罐是气液三相分离器，将油、气、水进行分离，分离出来的污水排放至污水处理系统，而油相节流降压至0.5MPa左右经二级闪蒸罐进行平衡汽化。二级闪蒸罐也是一个三相分离器，分离出来的气相作为稳压机的原料气之一到闪蒸汽分液罐，而后到稳压机二级入口，分离出来的污水排放到水处理系统，油相则进入凝析油稳定塔进行稳定处理，稳定塔操作温度110℃。凝析油稳定塔通过分馏作用达到稳定目的，稳定塔顶气相去凝析油稳定气分液罐，而后到稳压机一级入口。

经稳定后的凝析油经凝析油空冷器冷却至40~45℃进入凝析油外输缓冲罐缓冲，而后凝析油经过凝析油产品外输泵输至凝析油储罐或输油首站至牙哈装车站。流程示意如图3-15所示。

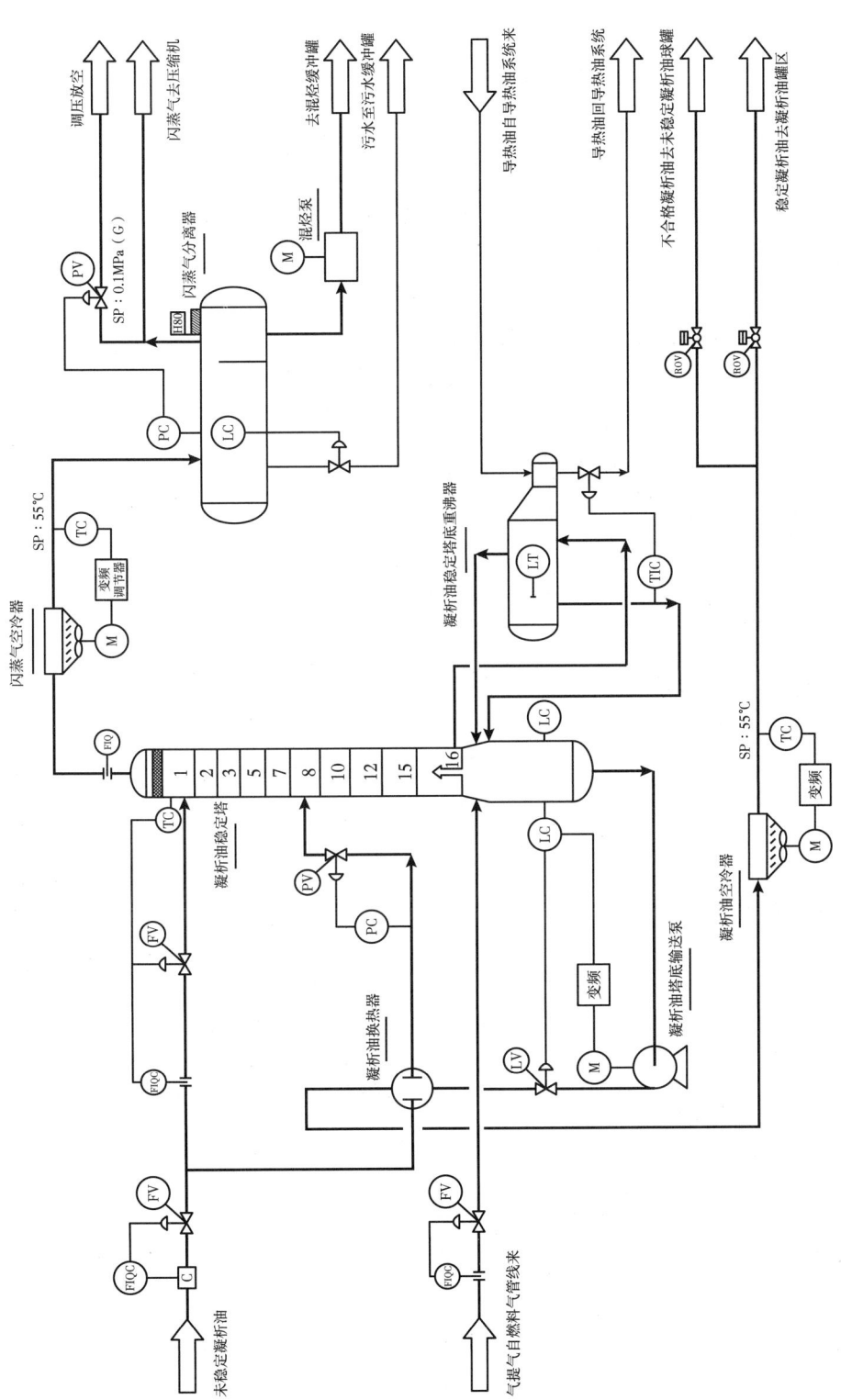

图 3-13 含硫未稳定凝析油稳定流程图

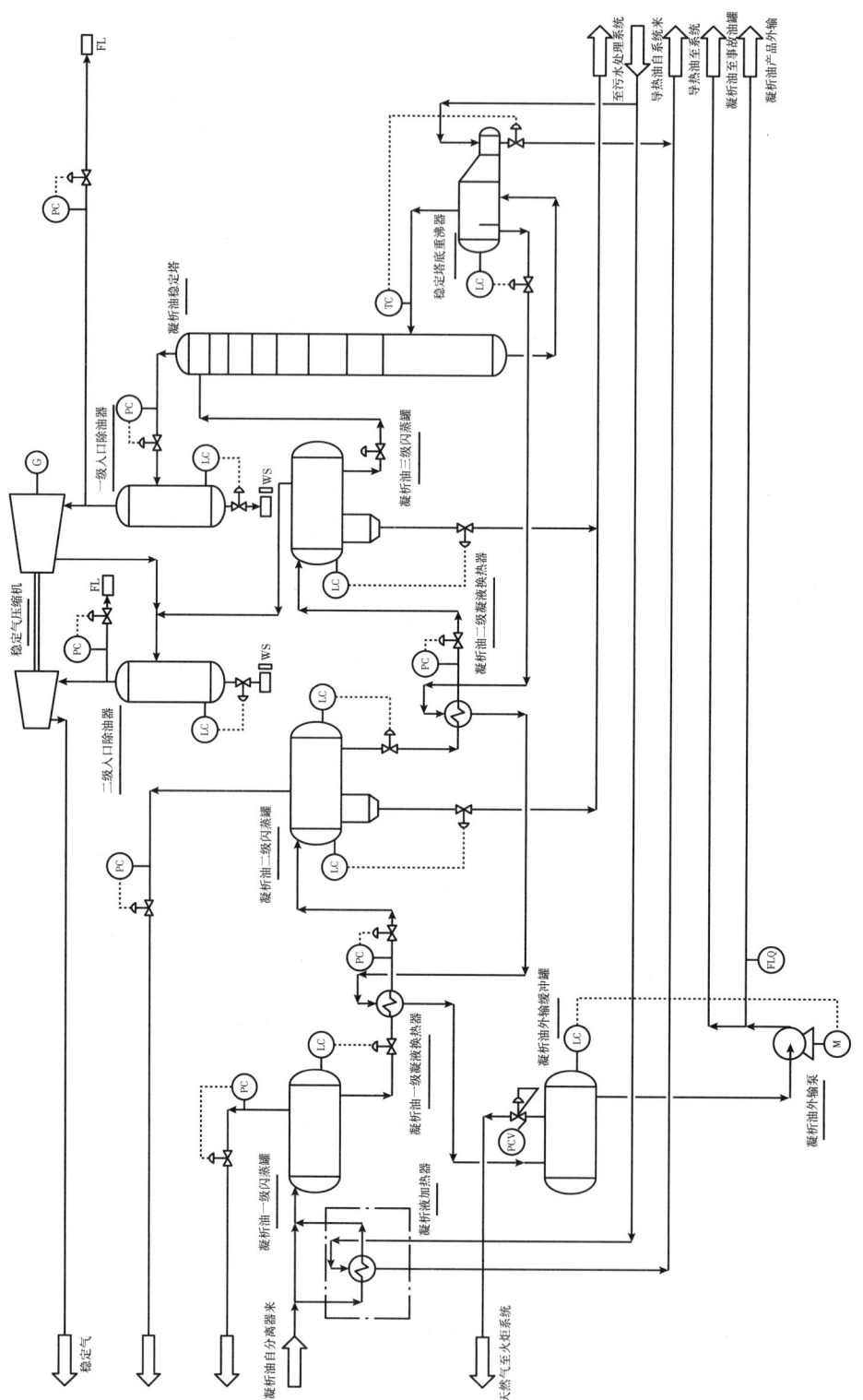

图 3-14 凝析油稳定流程示意图（集气压力小于2.5MPa）

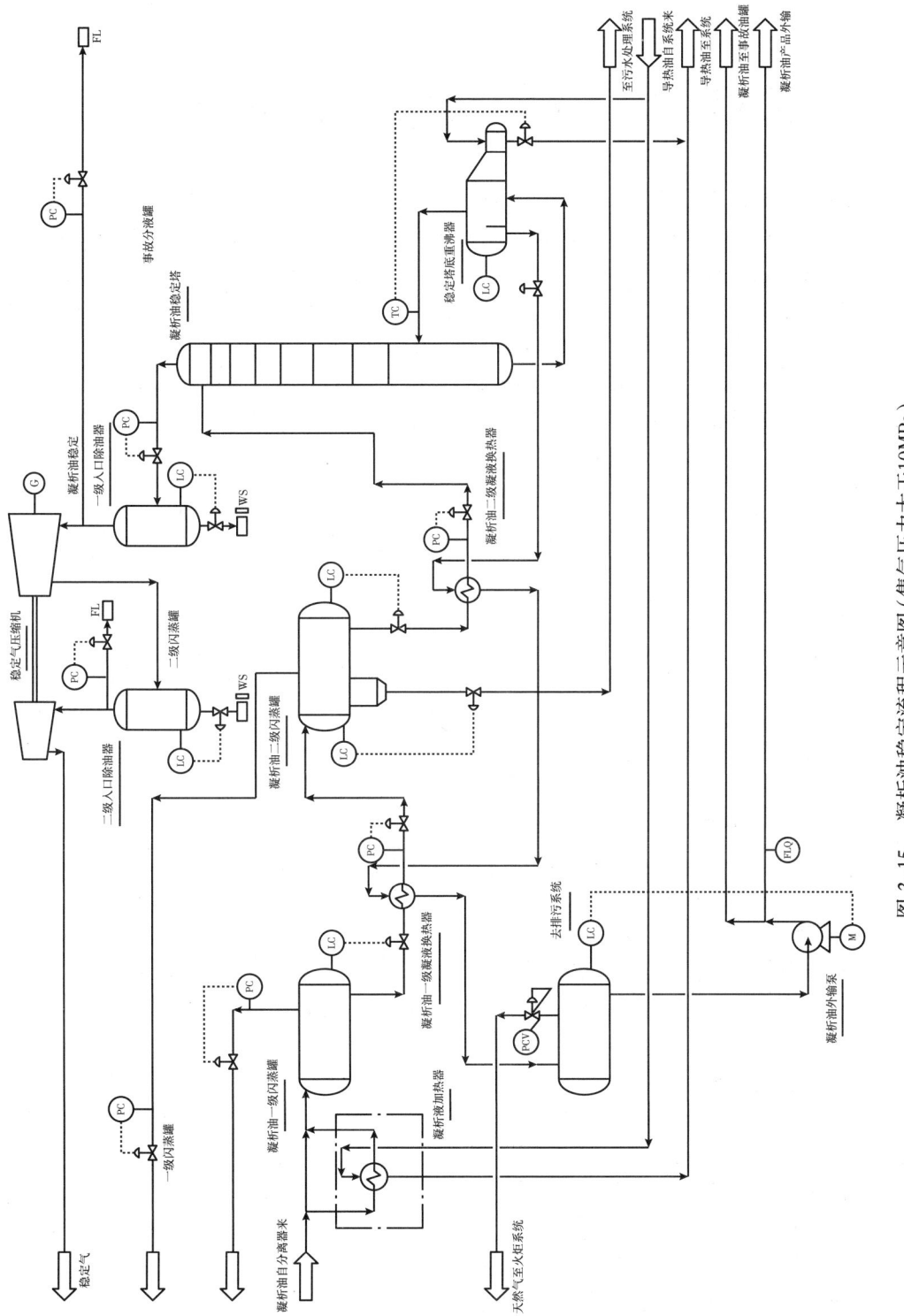

图 3-15 凝析油稳定流程示意图（集气压力大于10MPa）

# 第四章 气田集输标准化工艺

气田地面工艺是将来源于气井的井产物收集输送至处理厂，在处理厂内进行净化、脱水脱烃等处理达到商品交接指标的过程，按照流程主要分为气田集输和气处理两大部分。

其中集输工艺流程上起于采气井终于处理厂，分布范围覆盖整个气田，是气田能源输送的支脉和主动脉，具有工作压力高、工作介质含腐蚀性、易燃易爆、集输工况复杂等特点，是气田地面工程生产成本和能源市场竞争里的主要因素之一。

本章将在气田集输工艺基础理论基础上，结合塔里木油田多年的经验积累，分别对集输系统布局、压力级制确定、节流工艺、水合物防治、计量、混输分输等工艺进行详细论述并总结出一套适用于塔里木油田的集输标准化工艺。

## 第一节 气田集输概述

### 一、气田的分类

对气田的分类目前没有统一的标准。从天然气气质是否含酸性气体，可分为非酸性气田、酸性气田；从气藏类别区分，可分为凝析气田、干气气田、伴生气气田、低产低渗透气田和非常规气田等；根据地面集输系统压力高低，可分为高压气田、中压气田、低压气田等。

**1. 按介质腐蚀性划分**

（1）非酸性气田：指气田所采天然气中 $H_2S$ 和 $CO_2$ 等酸性气体含量甚微或不含有，对集输系统腐蚀性较小。如迪那气田、克拉、大北等气田。

（2）酸性气田：指气田所采天然气中含有较高的 $H_2S$ 和 $CO_2$ 等酸性气体，按照 SY/T 0599 关于酸气界定条件，根据天然气中 $H_2S$ 的含量（体积分数），$H_2S$ 含量小于 0.3% 的属于低含硫天然气，$H_2S$ 含量介于 0.3%~5% 的属于中含硫天然气，$H_2S$ 含量大于 5% 的属于高含硫天然气。塔里木油田暂未发现纯酸性气田，部分油田伴生气属于中含硫天然气。

**2. 按气藏类别划分**

（1）凝析气田：指所产天然气在储层的高温高压环境下呈气态，随着采出地面节流后或地层压力逐步衰竭，物流进入反凝析区而析出凝析油。凝析气田所产天然气中 $C_3$—$C_8$ 含量较高，是生产液化石油气和稳定轻烃的优质原料。塔里木油田迪那、牙哈和英买力等气田均属于凝析气田。

（2）干气气田：指所产天然气在储层中呈气态，采出后进入集输系统随着压力温度变化，也不析出或极少析出液态的气田。一般按照 $C_5$ 界定法，在标准状态下，每立方米天然气中 $C_{5+}$ 烃含量按照液态计算小于 13.5cm³ 的。目前塔里木油田主要有克拉克深气田属于干气气田。

(3）伴生气气田：一般不独立存在，伴生气一般指采油过程中与原油同时被采出，经油气分离后得到天然气，该部分气体的集输需要依据气田进行考虑。塔里木油田诸多油田均伴生天然气，如轮南油田、塔中油田等。

（4）低产低渗透气田：指地层压力不高，生产压力低且递减速度快，单井产量低、递减速度快的气田，主要集中在长庆、吉林等油田，目前塔里木油田没有相关气田。

（5）非常规气田：主要指煤层气田、页岩气田等，目前塔里木油田没有相关气田。

**3. 按地面集输系统压力划分**

（1）高压气田：集输压力大于等于10MPa的为高压气田，一般伴随高压的单井多高产，如克拉气田。

（2）中压气田：集输压力介于4.0~10MPa的为中压气田，如塔中气田。

（3）低压气田：集输压力小于4.0MPa的为低压气田，目前塔里木油田较为少见。

**4. 塔里木油田主要气田及其分类**

（1）克拉、克深、大北气田：属于超高压高温干气气田，整体非酸性气田，少数单井含微量硫化氢；

（2）迪那气田：属于高温高压凝析气田，非酸性气田；

（3）博孜气田、牙哈气田、英买力气田、柯克亚气田：属于高压凝析气田，非酸性气田；

（4）塔中气田：碳酸盐岩气田，初期高压，后期转低压，微含硫化氢气藏。

（5）桑吉气田、和田河气田、阿克气田：酸性凝析气田，其中阿克含$CO_2$。

## 二、天然气组分物性

**1. 天然气的组成**

气田井产物主要为天然气，同时有一定的油水等液体和固体杂质。

天然气指自然过程形成，在一定压力下蕴藏于地下岩层孔隙或裂缝中，由烃类和非烃类组成的混合气体。

天然气是以烃类为主，同时含有少量非烃类物质的混合气体，由于天然气是在不同地质条件下形成的，其组分差异很大。烃类中主要的是正构或异构烷烃，特别是甲烷（$CH_4$）所占比例最大。非烃类气体所谓氮（$N_2$）、硫化氢（$H_2S$）、二氧化碳（$CO_2$）、一氧化碳（$CO$）、氧（$O_2$）、有机硫及氦（$He$）等。

天然气多为饱和含水，天然气中的水是造成腐蚀和形成水合物冻堵的主要因素。天然气中还存在一定的固体粉尘，固体粉尘容易引起后续动设备故障。

**2. 天然气的分类**

1）以天然气的来源分类

天然气分为伴生气和非伴生气。伴生气是伴随原油共生，与原油同时被采出。非伴生气包括纯气田天然气和凝析气田天然气。

2）以天然气含烃组成分类

天然气分为干气、湿气或贫气和富气。

干气：每立方米气中的$C_{5+}$组分，按液体计小于$13.5cm^3$的天然气。

湿气：每立方米气中的$C_{5+}$组分，按液体计大于$13.5cm^3$的天然气。

贫气：每立方米气中的 $C_3$ 及 $C_{3+}$ 组分，按液体计小于 $100cm^3$ 的天然气。

富气：每立方米气中的 $C_3$ 及 $C_{3+}$ 组分，按液体计大于 $100cm^3$ 的天然气。

3）以天然气含非烃类气体的性质分类

天然气分为非酸性天然气和酸性天然气。

非酸性天然气：$H_2S$ 和 $CO_2$ 含量甚微或两者均不含有，不需经过脱除处理，即可成为商品气。

酸性天然气：所含 $H_2S$ 和 $CO_2$ 等酸性气体的量超过《天然气》（GB 17820—2018）的规定，$H_2S$ 浓度 $> 20mg/m^3$，$CO_2$ 摩尔分数 $> 4.0\%$，需要经过处理才能成为商品气。

### 3. 天然气的物理性质

表征天然气的物理特性有以下各种参数：压缩因子、密度、相对密度、黏度、比热容、导热系数等。天然气是由多组分组成的混合气体，各种物理参数需要根据天然气的组成，一般通过实测和计算求得。

### 4. 塔里木油田典型天然气物性组分

塔里木油田天然气组分以干气、凝析气为主，部分气田组分中含有一定的酸性气体。塔里木油田天然气主要包括气田的采出气和油田伴生气，气田主要分为干气气田（克拉、克深）、非酸性凝析气田（大北、迪那、英买力、牙哈、柯克亚）、酸性凝析气田 [塔中、桑吉、和田河、阿克（含 $CO_2$）] 三类。

通过塔里木油气田组分数据可以看出，除克深、克拉两座干气气田外，其余气田天然气组分中 $C_{3+}$ 组分含量较高，需要降低烃露点以满足外输条件。

## 三、集气工艺发展概述

### 1. 我国气田集输发展概况

天然气是存在于地下岩石储层中以烃为主体的混合气体的统称，包括油田气、气田气、煤层气、泥火山气和生物生成气等。气田集输就是以最省的投资，最低的运行费用，安全地将天然气收集、输送到处理厂的过程，主要包含井场、天然气汇集输送两部分。主要技术有天然气矿场采集和预处理技术，天然气管道输送技术，以及配套的电气仪表自动化控制、安全生产等技术等。

我国天然气的开发利用有着悠久的历史。早在西周初年的《周易》中就有记载："象曰：泽中有火。"班固《汉书》中有陕西神木一带钻凿"火井"的记载，到东晋时的《华阳国志》中，明确记载了利用天然气熬盐。到清代中后期天然气的利用已有一定规模，并出现了用竹制笕管等引送火井天然气到煮盐灶户的情况。笕管一般长一丈五尺（约 5m），管径四寸（约 130mm），将笕管首尾相接，从火井接到灶户。对于规模较大、用气量较多的灶户需要从多口井集气，而一些产气量较大的火井则又往往需将天然气分输到多个用户。于是，在一定范围内形成了我国早期的"天然气集输管网"。

天然气真正大规模勘探开发利用还是在 1950 年以后的四川地区。集输管网主要配合气田试采，向附近用户如炭黑厂供气，但输气的范围有限，工程也较简单。1958 年后随着我国工业、农业、国防、交通运输的发展，对能源和原料的需要量急增，天然气工业也得到迅速的发展，天然气集输工程规模不断扩大，技术水平也不断提高。天然气集输技术的发展，经历了一个较长的时间，由以单个气田为集输单元发展到多气田集输系统组合，进而形成大型集输系统。

20世纪50—70年代中期属于我国天然气集输技术发展的初级阶段，天然气利用水平低，用户少、供气距离短。天然气的集输主要采用单井集气流程，天然气在井口采出后经气液分离脱除天然气中的游离水、油及机械杂质，经计量后直接输往用户。70年代后期起，随着我国改革开放带来的工业大发展，天然气利用水平提高，对能源需求的快速增长，油气田开发迅速扩大，天然气集输也得到迅速发展。经过40多年的油气田勘探、开发，从20世纪90年代到21世纪天然气利用与集输进入了大发展阶段，特别是近10年来整体集输技术水平不断完善提高，满足了我国各类地区不同气源开发需要、不同天然气用户供气需要。

目前我国气田开发与集输主要呈现如下特点。

一是有相当部分气田进入产量递减期，采出程度在60%以上，个别气田超过80%，部分气井井口流动压力已不能进入高压集气管网。为了适应这种情况，采用高、低压两套管网分输，高压气进入输气干线，向远离气田的用户供气，低压输气管道向当地用户就近供气。

二是我国天然气勘探开发取得突破，在鄂尔多斯、四川、塔里木、柴达木大盆地相继发现了大气田，例如鄂尔多斯苏里格、乌审旗、榆林大气田、塔里木博孜大北等特大气田；川渝地区双家坝气田、磨溪气田等超大中型气田，形成气源的接续。这些气田多处于山区地貌，离最终用户远，各气田因地制宜，形成低压多井枝状串接大集输半径的苏里格模式和高压集输的塔里木标准化等集输工艺，都充分满足了长距离管道输送的要求，提高集输系统效率。

三是利用气藏能量更加充分，选用高压集气工艺集气压力由2.5~4.0MPa提升到8.0~10MPa，塔里木油田部分区块提升至15~20MPa。

四是天然气集输工艺更加完善，集输方式不断简化，自动化程度不断提高，标准化模块化无人值守不断推进。

**2. 塔里木油田的气田集输技术概况**

塔里木油田气田分布地域广，自然环境差异大，山地戈壁沙漠等增加了天然气集输难度，气质条件千差万别，超高压至低压、伴生气、含硫不含硫等多种情况，所选工艺必须具有较高的适应性。

截至2020年12月底，塔里木油田共投入开发气田17个（克拉2、牙哈、羊塔克、玉东2、吉拉克、桑南东、塔中6、柯克亚、阿克、塔中I号气田、迪那2、大北、克深、博孜等），形成库车、塔北、塔中、塔西南四个环塔里木盆地的主要天然气生产地区，建成了克拉、克深、博大、英买力、迪那、牙哈、塔中、柯克亚8个天然气处理基地。

建成天然气处理厂17座，天然气处理能力为$542.5 \times 10^8 m^3/a$，凝析油处理能力为$349.8 \times 10^4 t/a$；主要天然气外输管线23条，年输气能力合计$464.241 \times 10^8 m^3$，总长度1571.12km。除塔西南地区的阿克、和田河及柯克亚气田供南疆管网和周边外，天然气系统基本形成自西向东、由南往北，以轮南集气总站为天然气总外输口的天然气集输结构。各主要气田集输工艺简介如下。

1）克拉2气田

克拉2气田为大型整装异常高压干气气藏，克拉2气田采用单井集气工艺。按照气藏构造分布设置东西干线。天然气通过单井采气树采出，经过两级油嘴节流、通过孔板流量计计量，流经干线阀室进入干线，输送至处理厂。

2）大北博孜气田

克拉苏大北博孜气田为凝析气田。目前采用多井集气与单井集气相结合的集输工艺，采用单井集气的单井站采用气液分输工艺，分输至集气干线。采用多井集气的单井站采用气液混输工艺，混输至集气站。随后气液混输至集气站后利用集气干线统一输送至大北处理厂进行油气处理。

3）英买力气田

英买力气田为高压凝析气藏，井产物具有低密度、低黏度、低含硫、高含蜡、高凝固点的特点。英买力气田为多井集气与单井集气相结合的集输工艺，设置东西干线，采气支线、集气支（干）线均采用气液混输工艺。气液经东西干线混输至英买力处理厂处理。

4）牙哈气田

牙哈凝析气田属于高压、高含凝析油的大型整装凝析气田。牙哈气田为多井集气与单井集气相结合的集输工艺，混输和分输相结合的输送工艺。

5）迪那 2 气田

迪那 2 气田气藏具有埋藏深、丰度高，大型、高产、常温异常高压、低孔、低—特低渗透、低含凝析油等特点。迪那 2 井区呈长条形，井数多达 30 口，且均匀分布于气田东西轴线两侧，采用单井集气方案，形成枝状集气流程。迪那 2 井区与集气干线同沟敷设专用的计量管道至其相邻的 1 号集气站、2 号集气站。在集气站内设置分离器和计量装置，完成对单井气液的轮换分离计量。

6）塔中 I 号气田

塔中 I 号气田属碳酸盐岩气藏，为我国最大的奥陶系礁滩体凝析气田，采用多井集气＋单井集气的集输工艺，结合井口物流特性，在井口节流降压、加热后输往集气站，在集气站采用轮换分离分别对气、液两相进行计量，计量后的气、液相进入集气干线混输至处理厂的集气装置。

7）柯克亚凝析气田

柯克亚凝析气田采用单井—计量站—处理站的布站方式，混输至处理站进行处理。

8）和田河气田

和田河气田属于凝析气藏，气井采用注醇节流、孔板计量、气液混输工艺。集输管网采用枝状管网。采用单井—集气站—处理厂的布站方式，气液混输至天然气处理厂处理。

9）阿克气田

阿克气田属于干气气田，采用高压集气、气液混输、处理站加热节流集输工艺，阿克气田采用单井—处理站的单井集输工艺。

## 第二节 总体布局工艺选择

### 一、集输系统总体布局

集输系统布局以气井分布及产品外输方向为基础，按照采集气管线串接井的集气方式，主要有单井集气和多井集气两种方式。单井集气，指井口直接通过采集管道接入天然气处理站场。多井集气指因井口距离站场较远，井口较多，需要通过多级集输系统汇集多井油气接入天然气处理站场的集气工艺。多井集气集输系统通常由三级组成：采气管道、集气支线和集气干线。各级之间采用阀室或集气站进行连接，最终通过集气干线接入天然气处理站场。

采气管道：指气井与集气阀室或集气站之间的连接管道，其作用是将采气管线周边的气井产出油气汇集至集气阀室或集气站，进而接入集气支线、集气干线直至天然气处理站。采气管道通常是整个地面集输系统中压力最高、管径相对较小的管道。

集气支线：指连接采气管道阀室至集气干线的管道，其作用是根据井位布置，将局部气井群所采油气汇集至集气干线的管道。属于承上启下的管道，在有一些气田并不需要设置，由采气管线通过阀室或集气站直接接入集气干线，如迪那气田、克拉气田，即仅设置采气支线和集气干线，而无集气支线。

集气干线：指连接集气支线阀室或集气站至天然气处理站场的管道，作用是接纳各集气干线来气汇集至气田中心处理站场。当无集气支线时，也可直接接收采气管线或阀室来气。

集输系统管网构造形态根据气田井位部署、气田构造形态、场站位置、总体集气工艺及产品流向等因素有如下几种或单一或组合的结构形式。

**1. 辐射状管网结构**

辐射状管网结构适用于以集气站为中心，各采气井产物采用单井集气方式经采气管线接入集气站。此种方式简单，适用于局部试采开发，也常作为其他组合式集气管网的基础组成部分。

单辐射状管网特点主要为单井进站，可与集气站集中计量工艺结合。如采用多重辐射状管网结构，则常在节点处设置计量阀组（图4-1和图4-2）。

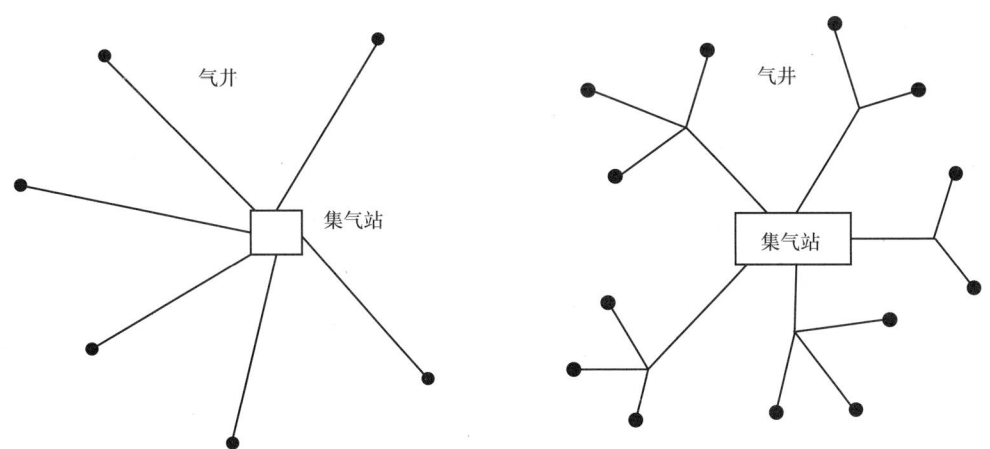

图4-1　单辐射状管网结构图　　图4-2　多重辐射状管网结构图

**2. 枝状管网结构**

枝状管网结构适用于气井具有一定压力能可利用，气田构造带狭长区域布置，井位总体呈长条形分布，外输方向位于井位布置区域的一侧或中部，因此沿井位布置的中心轴线设置一条集气干线是十分合适的。典型的如迪那2气田。

其特点主要是沿集气干线两侧分支引出若干集气支管道，各采气井在沿产气区长轴方向布置的集气干线分散布置，并以最短距离接入（图4-3）。

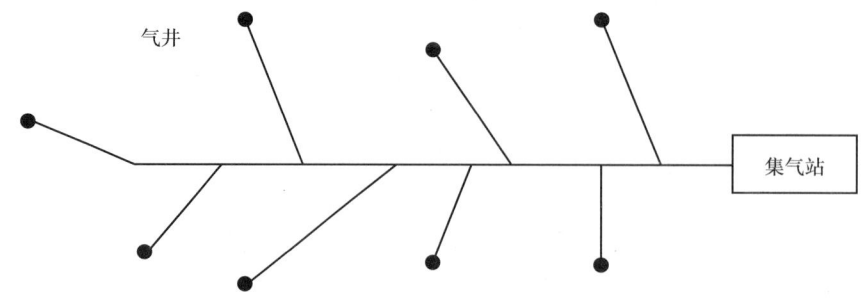

图 4-3　枝状管网结构图

**3. 辐射状—枝状管网结构**

该结构适用于气井具有一定压力能可利用，气田构造呈散布状态，井位多呈零散聚集状态，考虑到集中处理需要，天然气处理站场设置在气田偏中部位置或一侧偏向产品外输方向。根据井位布置情况，设置枝状结构的集气干线和辐射结构的采气管线和集气支线。

在单井压力低和气井布置散布的非常规气田或煤层气田也常采用此种集输系统布局，在井位中部设置区域天然气处理站或增压站，通过枝状结构的集气干线和辐射结构的采气管线和集气支线收集一片区域产能进行集中处理或增压外输。例如长庆油田苏里格气田，此种结构为尽量扩大技术半径，通常集输管径较大，进站压力低。

辐射状—枝状管网特点是按照气田整体布局确定干线，根据采气井布置，分散布置辐射结构，采用阀室或小型集气站串接后，再经集气支线接入集气干线，具有较大的灵活性和扩展性（图4-4）。

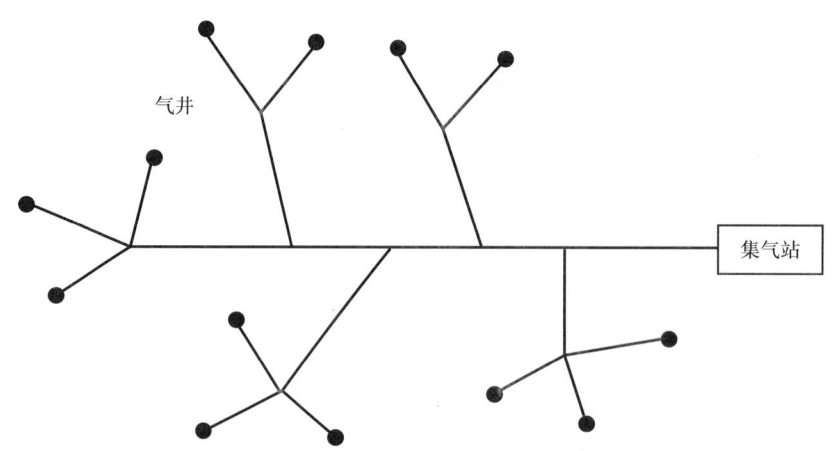

图 4-4　辐射状—枝状管网结构图

**4. 辐射状—环状管网结构**

当气田构造呈环状，可考虑采用此种结构，此种结构最大的优点在于，各进气点压力比枝状小，环管内各点气体可从正反两个方向流动，压力更加均衡（图4-5）。英买力气田有逐渐成环的趋势。

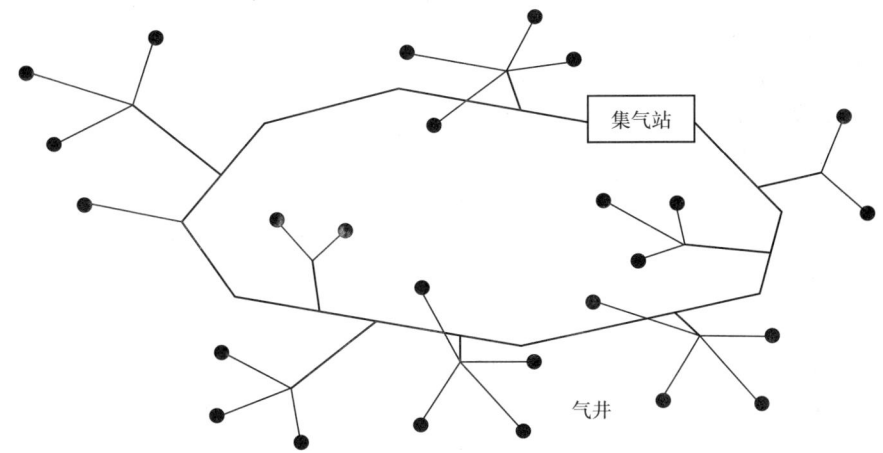

图 4-5　辐射状—环状管网结构图

该结构特点突出，但其局限性也比较明显，需要气藏部门提供较为精准的产气区域，所以一般很难在气田开发初期就确定采用辐射状—环状结构。

## 二、塔里木油田集输系统布局

塔里木油田所辖气田众多，由于产气区布局复杂，在地面集输系统的布局上均各具特点，几乎涵盖以上所述各种布局形式。

### 1. 迪那 2 凝析气田

迪那 2 凝析气田主力气藏位于阳霞凹陷北侧一个东西走向狭长区域，属于整装凝析气藏，而产品外输方向位于区域南端几十千米外的轮南，采用的是枝状结构＋计量干管的系统布局，设置三座集气站进行计量清管等作业，受地形限制，天然气处理站布置在了干线的中间偏东段区域。集气工艺采用高压、常温集输、气液混输，简化了站外系统设施，充分利用了井口自然能量，降低了能耗。设置的一条东西向的集气干线，向东可接纳迪那 1 区块、吐孜区块来油气，向西可接纳迪北来油气。

### 2. 克拉气田

克拉气田所属为整装干气气藏，气藏整体呈长条形东西布置，地貌为山区、沟壑纵横，产品流向向南至轮南。克拉气田总体采用枝状结构布局。东西向沿地质带布置集气干线，中部设置中央处理厂、第二处理厂。气田集输采用单井集气、单井连续计量、气液混输的集气工艺，集气支线气液混输就近进入东、西两条集气干线，集气干线汇集的天然气分别输送至位于气田的中央处理厂、第二处理厂。与迪那类似，两侧均可实现延伸扩展，目前克深气液可通过联通线进入西干线进而进入克拉中央处理厂进行处理。

### 3. 克深气田

克深气田属连片串珠干气气藏，地形上呈东西布置，向东与克拉相接，向西延伸较长，北部为山区，沟壑纵横，南部为山南局部平坦区，气田整体采用辐射＋枝状的布局方式，多干线从克深处理厂向外辐射，每条干线均串接其沿线单井形成枝状布局。这种布局与地下认识逐步加深、区块开发逐步开展有一定的关系，其中西侧延伸长度已超过 50km。

#### 4. 大北气田

大北气田属连片串珠凝析气藏，整体走向呈东西布置，地形地貌属山区地形，与克深克拉类似，布局采用辐射状—枝状结构，处理厂位于中部，干线两侧延伸接收沿线来气，采用单井集气、单井连续计量、气液混输的集气工艺，集气支线气液混输就近进入东、西两条集气干线，集气干线汇集的天然气进入大北处理厂进行天然气处理。

#### 5. 英买力凝析气田

英买力凝析气田属串珠状气田群、凝析气藏，地形相对平坦，产品流向为东侧的轮南。集输布局总体采用辐射状—枝状结构布局，处理厂位于东北部，设置了东西两条干线，随着开发的逐步推进，目前已有形成辐射状—环状管网结构的趋势。

#### 6. 牙哈凝析气田

牙哈气田属连片串珠凝析气藏，气藏面积不大，呈东西方向布置，地形较为平坦，地面集输系统布局整体采用辐射布局模式，在以牙哈集中处理站为核心辐射布置，随着开发的推进，部分单井设置阀室接收所辖区域单井后再行敷设至牙哈集中处理站。

以上罗列了塔里木油田几大主力气田的集输管网布局。各气田布局工艺选择各有不同，且存在不断发展变化的过程，比如牙哈的敷设布局由辐射状逐步演变成枝状＋辐射的布局，英买力布局由东西干线演变成接近成环的趋势。但其布局总体有如下共性：

（1）布局方式尽量集中和简化，采用集输干线的方式居多；

（2）地面布局与气藏布局结构有较好的拟合，部分气田采用贯穿气藏方向的集气干线的方式，大大缩减了采气管线长度，节省投资；

（3）工艺流向总体顺畅，处理厂一般位于气藏中部偏向下游流程方向上，可很好地利用压力能，避免不必要的反向输送。

### 三、塔里木油田气田集输布局经验

#### 1. 集输系统布局选择原则

1）以气田开发方案为基础

（1）地理位置、储层、可采储量；

（2）开发井的井位布置及数量；

（3）井产物的温度、压力、产量、主要理化性质；

（4）井产物的组分；

（5）开发规划进度安排。

以上这些关键因素是确定集输系统布局的气田内在关键因素。储层位置、可采储量决定了总的空间布局和规模；井位布置和数量对集输布局结构形式进行了圈定；井产物的理化性质对工艺方案起到决定性作用；组分性质决定相关产品的可能性，对处理厂的建设起到至关重要的作用，即影响着集输系统的布局；进度安排则对布局的可扩展性提出了要求。

2）以产品方案及流向为方向

区块井产物经过集输至天然气处理厂处理后，其产品方案对于前端流程存在较大的影响，而其产品流向则直接影响处理厂与集输系统的相对布局关系，最终决定技术管网的走向结构。

3）以地形地貌为依托

通过以上对塔里木油田各气田布局的分析可以发现，地形在技术系统布局的结构选择上起到了至关重要的作用。例如山区地形不利于辐射结构、环形结构的布置，而枝状结构虽可能增加集输压降，却具有较高的可扩展性，也适应塔里木油田高地层压力的工况。

4）以气田主体工艺为核心

一个气田的总体布局是多方位分析权衡的产物：计量方式、混输分输工艺选择、节流工艺选择等都从不同角度对布局起到了一定作用。各种工艺对布局影响的重要性根据不同区块本身属性各有不同。例如气液比不大，采用混输工艺；采用连续计量的区块，选用长距离混输的枝状布局，可减少集气站的设置，节省投资，简化管理。

5）以技术经济性比选为判定

布局的选择需要充分考虑适应性、运行便利性和经济性的平衡，在多个方案可行，且运行便利性相差不大的情况下，集输管材的用量、集气站建站数量导致的建设经济性就是至关重要的。

**2. 集输系统布局经验**

（1）开发方案先行，除部分试采项目外，气田开发方案务必先行，其确定的井口布局等关键信息对地面建设布局起到了极大作用。

（2）油田的总体产品布局及区块定位是优先考虑的因素，其决定了区块产品的深度及外输流向，继而影响集输系统管网与处理厂相对布局。

（3）遵从总体规划，骨架先行，地上地下联动的原则，充分考虑兼容性和可扩展性。如干线口径在满足规范前提下，可选择推荐流速的低值，为后续扩展接入提供余量。

（4）鉴于塔里木油田多为地形地貌条件恶劣的不利条件和产气井地层压力较高有压力能可利用的有利条件的情况，辐射+枝状的布局一般是优先选择。

（5）若出现低压气田或非常规气田，辐射和多支干线的模式是优先考虑的选型结构。

针对已建区块集输系统布局，在遵从现有集输布局基础上，需要注意以下两点。

（1）控制集输半径，不建议过大扩展集输半径，避免过高集输系统压降对下游装置运行平稳性的影响，上游压力级制提高造成地面投资的大面积提高。与区域开发方案充分结合，论证气区外扩的地面配套模式。

（2）关注未来地层压力变化趋势，提前谋划衰竭开采末期转低压运行的适应性。随着部分高压区块转中低压，要关注低压集输、低压工况天然气处理及集中增压等配套工艺。

## 第三节　集气工艺

天然气从气井采出，经过降压进行分离除尘除液处理之后，再由集气支线、集气干线输送至天然气处理厂或长输管道首站，称为气田集输系统。当天然气中含有$H_2S$、$CO_2$时，需经过天然气处理厂进行脱硫脱碳、脱水处理，然后输至长输管道首站。

气田集输系统的作用是在合理利用压力能，基于开发方案基础上，结合地形及气田生产可依托条件，将各气井所采天然气采集，按照处理厂入厂条件输送至处理厂。

气藏构造、地形地物条件、自然条件、气井压力温度、天然气组成及含油含水情况等因素是千变万化的，而适应这些因素的气田天然气集输流程也是多种多样的。为适应这些因素，气田集输工艺主要需要解决如下问题：系统压力级制如何确定、选择何种节流工艺、如何选择适宜的水合物防止工艺、何种计量方式更适用更经济、技术系统是采用混输抑或分输工艺等。

## 一、压力级制确定

### 1. 集输系统压力级制

采集气管网的压力应根据气田压力、压力递减速度、天然气处理工艺和商品气外输首站压力的要求综合平衡确定。

气井压力是可提供的高限，商品气外输交接点压力是集输系统应满足的低限，在高限和低限两者之间，选择经济技术合理的、安全可靠的集输工艺及天然气处理工艺。在确定的工艺基础上即确定了集输系统压力级制。

采集气管网的系统压力主要分两级：第一级是采气管道输送压力，第二级是集气管道输送压力。采气管道输送压力主要根据气井井口流动压力、温度、集气工艺、压力能的利用等条件确定。集气管道输送压力应满足集输干线的输压要求及下游天然气处理厂工艺的要求，对于需进行处理的天然气（如含硫、含烃天然气），尚需考虑处理厂内部的压力损失。因此，气田集气系统压力级制的确定主要是根据天然气处理厂工艺、上游气田的供气压力及下游用户的要求，结合气田开发方案及集气工艺方案进行综合考虑。

采集气管网压力级制的确定主要考虑以下因素。

（1）统筹气田开发地质压力能和下游用户压力需求。

充分考虑气田开发方案的开发年限稳产期及压力递减变化的影响，在满足下游用户或处理厂用气压力需求的情况下，尽量利用气田自身压力能，延缓气田进入增压采气阶段的时间，减少气田生产经营费用。

（2）集输工艺与压力级制的协同性。

集输系统压力级制应结合整体集气工艺方案来确定，根据气田自身的特点，在对不同集气工艺方案进行充分对比的基础上，确定合理的压力系统，既满足安全生产的要求，又能降低企业工程投资及经营费用，节约工程总投资。

（3）兼顾气田开发后期增压需求。

集输系统压力级制应综合考虑气田开发后期增压方案的影响。

集输系统压力级制一般有以下几种。

①对于压力系统统一的气田，宜设一种压力级制的管网。塔里木迪那2气田等多个气田均采用了单一集气压力集气管网。

②气田内部存在不同气层压力且压力相差不大，压力能利用价值不高时，采气系统与单井相关，在集气站对压力进行一次统一后进入集气系统，从而形成两级压力级制。

③气田内部存在不同气层压力且压力相差较大，设一套管网不经济时，根据实际情况的需要可设置多种压力级制的管网与之相匹配，例如塔中西部管道设置有两套不同压力等级的集气系统。

### 2. 塔里木油田采集气系统压力级制特点及分析

塔里木油田从国家能源及资源有效利用等方面经过多年的不断摸索创新，除部分天然气产品通过南疆利民就地供居民生产生活用气外，大部分天然气作为西气东输的主力气源,油田内部的集输系统压力级制即需以此为基础。主要产气区块天然气整体走向如图 4-6 所示。

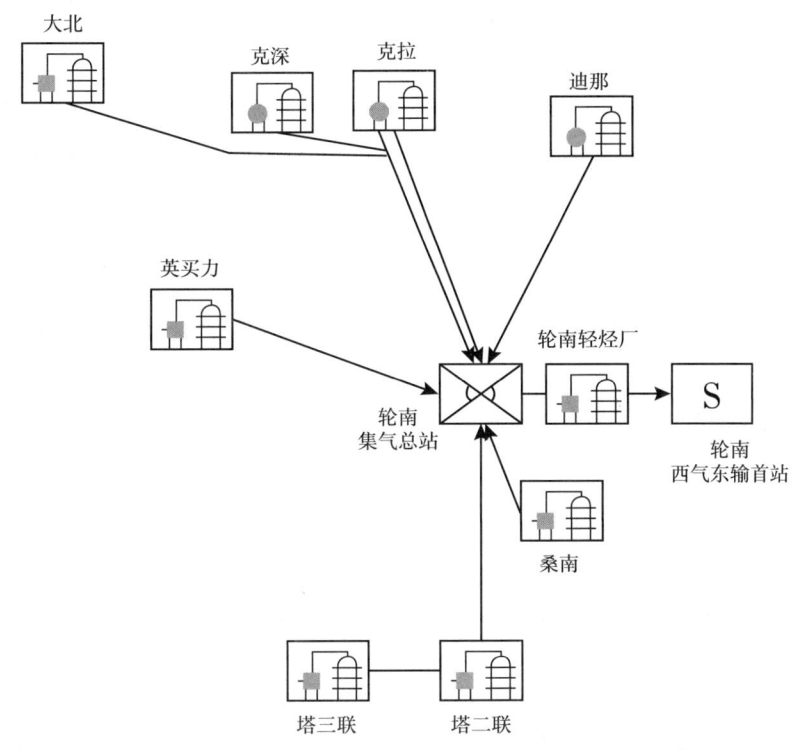

图 4-6 塔里木油田产气区块天然气整体走向图

可以看出,建于轮南的西气东输外输首站和深冷轻烃回收装置,是各气田处理厂外输天然气的压力低限所在。塔里木油田绝大部分气源属于高压气源,处理厂内多采用 J-T 阀节流工艺,经过简单脱水脱烃确保后续输送平稳后,外输至轮南集气总站,进而进入西气东输首站接气点。对整个系统进行分析,塔里木油田油气集输系统压力递降曲线如图 4-7 所示。

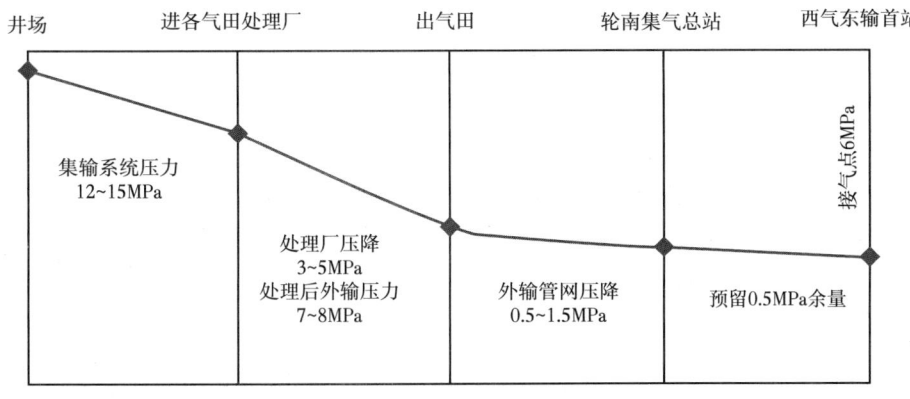

图 4-7 塔里木油田油气集输系统压力递降曲线图

由此运行工况逐步形成了如下的压力级制。

（1）处理站至轮南集气总站，根据压力低限，根据集输距离远近保留0~1.5MPa（表）集输压降，实际运行压力在6~8MPa（表）之间。

（2）天然气处理站，多为控制外输天然气的烃水露点，保障集输条件下的输送平稳，不出现水合物和过多烃类的浅冷脱水脱烃工艺。根据对塔里木油田各气田组分进行核算，通常节流温降为4~6℃/MPa，考虑常温进站或进站空冷降温处理，天然气采用预冷节流工艺达到外输条件，站内所需压降3~4MPa。因此集输系统进站压力在9~12MPa。

（3）采集气系统：根据高于9~12MPa即可满足后续处理工艺需求，因此目前塔里木油田大部分气田集输系统按照15MPa压力等级进行设置，例如迪那气田进处理厂压力为12MPa，集气支线最高操作压力为12.7MPa，干线最高工作压力13.3MPa，集输系统压力等级为15MPa。也存在大北和英买力局部采集气系统因集输半径超长，而适当提高集输系统压力至22MPa的情况。

### 3. 关于压力级制选择的建议

塔里木油田经过多年实践确立了一套工艺简洁，能量利用充分，经济科学合理的压力级制。

塔里木油田所属气田具有较高的地层压力，远超下游用户压力需求和集输沿程压力降，中期来看，除少数老气田和伴生气田外，可继续延续现有压力级制：采集气系统至各气田处理厂前选择15MPa等级，经各气田处理厂处理后的天然气外输管道选择10MPa等级。

与此同时，井场地面集输系统压力超过16MPa，则从井场设施、采气管线、集气管线及其附属阀门等附属设施压力等级均需提升至25MPa或Class1500，费用大幅提高，这一点在博孜气田的一些单井中得到了印证，博大区块已着手修建天然气处理厂，缩短集输系统管线长度，降低集输系统压力，优化地面集输系统压力级制。

## 二、节流工艺

### 1. 节流工艺基础理论

当气井压力较高，为便于集输，需要对井口所产天然气进行节流。天然气田集输系统的节流主要有井下节流和地面节流两种方式，地面节流则可分为井口节流和集气站节流。

1）井下节流

井下节流工艺是将节流装置下入至井下，对井流物进行节流，满足地面集输压力级制需求。其优点有如下两点。

（1）该节流方式可有效利用地层环境热能，给井流物节流提供热量弥补节流温降，防止水合物形成。采用此种工艺可有效简化井口流程并起到节能降耗的作用。

（2）天然气井下节流后降压膨胀，油管内流速加快，减少气液滑脱，提高携液能力，降低井口气油比及减少结蜡。

然而其主要适用于井口油压在5~28MPa范围内的气井。由于节流前后压差大造成节流气嘴密封部件容易失效，需要打捞更换，且存在打捞失败的风险，因此目前塔里木油田只在轮南等中低压油田有所应用，在超高压高产气田均未得到推广应用。

2）井口节流

井口节流在井场辅以加热或注入水合物抑制剂的情况下设置节流装置,将井口采出物节流至集输压力。此工艺需要在取得气井组分分析数据基础上,综合核算节流温降、集输温降、水合物形成温度等参数合理确定节流工艺系统。根据井口油压不同,可设置逐级加热节流。例如,克拉克深等高压气井采用二级节流工艺,一级采气树设置油嘴,而后在地面工艺中设置"加热—节流—再加热"的工艺装置。

井口节流的好处在于可降低井口至集气站的采气管道设计压力,采用更薄的管道壁厚和压力等级更低的设备和阀门配件等,节省投资。

3）集气站节流

集气站节流适用于井口压力不高,需要集中处理利用压力能的工况,常在单井站加热或注醇后,集输至集气站后集中节流。其优点在于更多的利用压力能,简化单井流程。

4）各种节流方式比较

各种节流方式优缺点对比见表4-1。

表4-1 各种节流方式优缺点对比表

| 节流方式 | 井下节流 | 地面节流 | |
|---|---|---|---|
| | | 井口节流 | 集气站节流 |
| 方案简述 | 井筒内下节流器,利用地层巨大温度场提供热量恢复节流后井流物温度,防止水合物形成 | 采用采气树油嘴或地面节流阀将井流物节流至地面集输压力 | 单井不节流或者仅油嘴节流后高压输送至集气站,在集气站进行集中节流 |
| 优点 | 节能环保,地面工艺简化,地面投资低 | 地面集输系统压力易调易控,降低集输压力,降低投资 | 单井流程简化,充分利用井口压力能,同等条件采气管线口径小 |
| 缺点 | 不适用于高压超高压气田,存在打捞失败风险 | 单井站工艺相对复杂 | 采气管线设计压力需与关井压力相同,压力高,投资大 |

**2. 塔里木油田气田节流工艺特点及分析**

塔里木油田各气田区块均有较高的压力能可利用,多为高压或超高压气藏,为保障地面集输系统安全,降低地面系统投资,多采用井口节流工艺。井场节流至15MPa左右,进入地面集输系统。节流级别上,多采用二级节流,少数单井采用三级节流,前两级为采气树油嘴节流,第三级采用加热节流橇节流。

在轮南等地层压力相对较低的油田气井,也在积极进行井下节流的探索研究。在塔中碳酸盐岩气田则在尝试减少节流级别、滚动利用加热节流设备的工艺。

**3. 塔里木油田气田集输系统节流工艺推荐**

在目前具有较高地层压力可利用,高压井下节流工艺暂无更新进展的情况下,地面井口节流方式依然是更加适用塔里木油田的气井节流工艺。井口节流级数一般采用两级节流,极少数气井采用三级节流。

节流所用设备有油嘴和地面节流阀两种。采气树油嘴有固定油嘴和可调油嘴两种,可根据需要设置其中一个或两个,地面节流阀多与加热装置配套使用。

在诸如克深克拉、迪那等具有较高温度,存在对水合物抑制作用的液烃和高矿化度气田水的情况下,经理论和实际检验,可直接采用井口固定油嘴+可调油嘴的方式节流至集输温度后，再根据地面集输系统温降防控水合物形成需求确定增设加热炉的必要性。

在诸如英买力部分气液比高、井口温度低的井口，为避免油嘴低温水合物冻堵，一般采用井口一级节流，地面二级加热节流方式。

### 三、水合物防治

#### 1. 水合物防治理论

1）天然气水合物形成机理

在水的冰点温度以上和一定压力下，天然气中某些气体组分能和液态水形成水合物。天然气水合物是白色结晶固体，外观类似松散的冰或致密的雪，相对密度为0.96~0.98，因而可浮在水面上和沉在液烃中。水合物是由90%水和10%的某些气体组分（一种或几种）组成。

天然气水合物是一种非化学计量型笼形晶体化合物，即水分子（主体分子）借氢键形成具有笼形空腔（空穴）的晶格，而尺寸较小且几何形状合适的气体分子（客体分子）则在范德华力作用下被包围在晶格的笼形空腔内，几个笼形晶格连成一体成为晶胞或晶格单元。

已经确定的天然气水合物晶体结构主要有两种，分别为Ⅰ型、Ⅱ型（图4-8）。

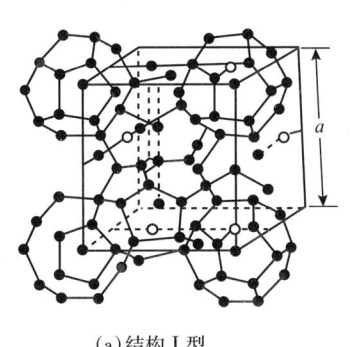
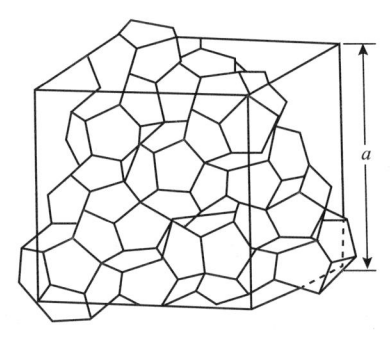

(a)结构Ⅰ型　　　　　　　　　　　(b)结构Ⅱ型

图4-8 天然气水合物晶体结构

结构Ⅰ型、Ⅱ型都包含有大小不同而数目一定的空腔即多面体。存在12面体、14面体、和16面体构成的3种笼形空腔。较小的12面体分别和另外两种较大的多面体搭配而形成Ⅰ型、Ⅱ型两种水合物晶体结构。

结构Ⅰ的晶胞内有46个水分子，6个平均直径为0.860mm大空腔和2个平均直径为0.795mm小空腔来容纳气体分子。结构Ⅱ的晶胞内有136个水分子，8个平均直径为0.940mm大空腔和16个平均直径为0.782m小空腔来容纳气体分子。

Ⅱ型水合物晶格单元不仅包含3种大小不同的空腔，而且是一种二元气体水合物。气体分子填满空腔的程度主要取决于外部压力和温度，只有水合物晶胞中大部分空腔被气体分子占据时，才能形成稳定的水合物。在水合物中，与一个气体分子结合的水分子数不是恒定的，这与气体分子大小和性质，以及晶胞中空腔被气体充满程度等因素有关。戊烷以上烃类一般不形成水合物。

水合物生成过程通常由晶核的生成、晶核的成长、组分向处于晶核的固液界面移动 3 个阶段组成，如图 4-9 所示。

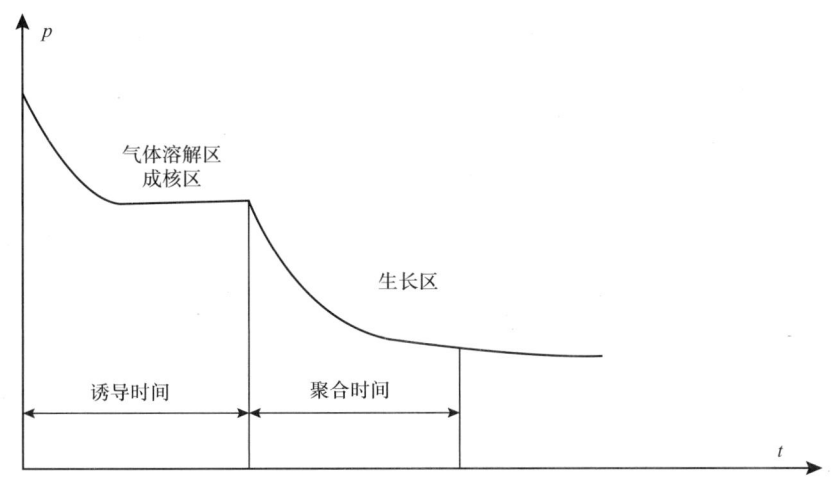

图 4-9 水合物生成过程示意图

（1）在气体溶解区，气体分子溶解到水中形成气过饱和溶液，溶液中的气体分子与水分子结合，形成一种具有临界尺寸的稳定晶核（基本骨架）。该阶段诱导期较长，过程较为缓慢。

（2）气体分子的扩散。气体分子继续溶解到溶液中，在水溶液中扩散。

（3）在生长区，在晶核的固液界面，天然气气体分子被晶核选择性吸附，进入生长阶段。由于晶核的形成，体系内自由能达到最大值。热力学过程自发地朝着自由能减小的方向进行。所以吸附过程迅速进行，晶核迅速生长达到宏观规模。

2）水合物形成条件及相特性

水合物的形成与水蒸气的冷凝不同。当压力一定，天然气温度等于或低于露点温度时就要析出液态水，而当天然气温度等于或低于水合物形成温度时，液态水就会与天然气中的某些气体组分形成水合物。所以，水合物形成温度总是等于或低于露点温度。由此可知，引起水合物形成的主要条件是：

（1）天然气的温度等于或低于露点温度，有液态水存在；

（2）在一定压力和气体组成下，天然气温度低于水合物形成温度；

（3）压力增加，形成水合物的温度相应增加。

当具备上述主要条件时，有时仍不能形成水合物，还必须具备下述一些引起水合物形成的次要条件：气流速度很快，或者通过设备或管道中诸如弯头、孔板、阀门、测温元件套管等处时，使气流出现剧烈扰动；压力发生波动；存在小的水合物晶种，如 $CO_2$ 和 $H_2S$ 等组分，它们比烃类更易溶于水并易形成水合物。液烃的存在在一定程度上会抑制水合物的形成。

3）水合物形成的预测方法

经过多年的研究，已经积累形成预测形成水合物的压力—温度曲线图，已知天然气相对密度，可通过图 4-10 查出天然气在一定压力条件下形成水合物的最高温度，或查出一定温度条件下的形成水合物最低压力。

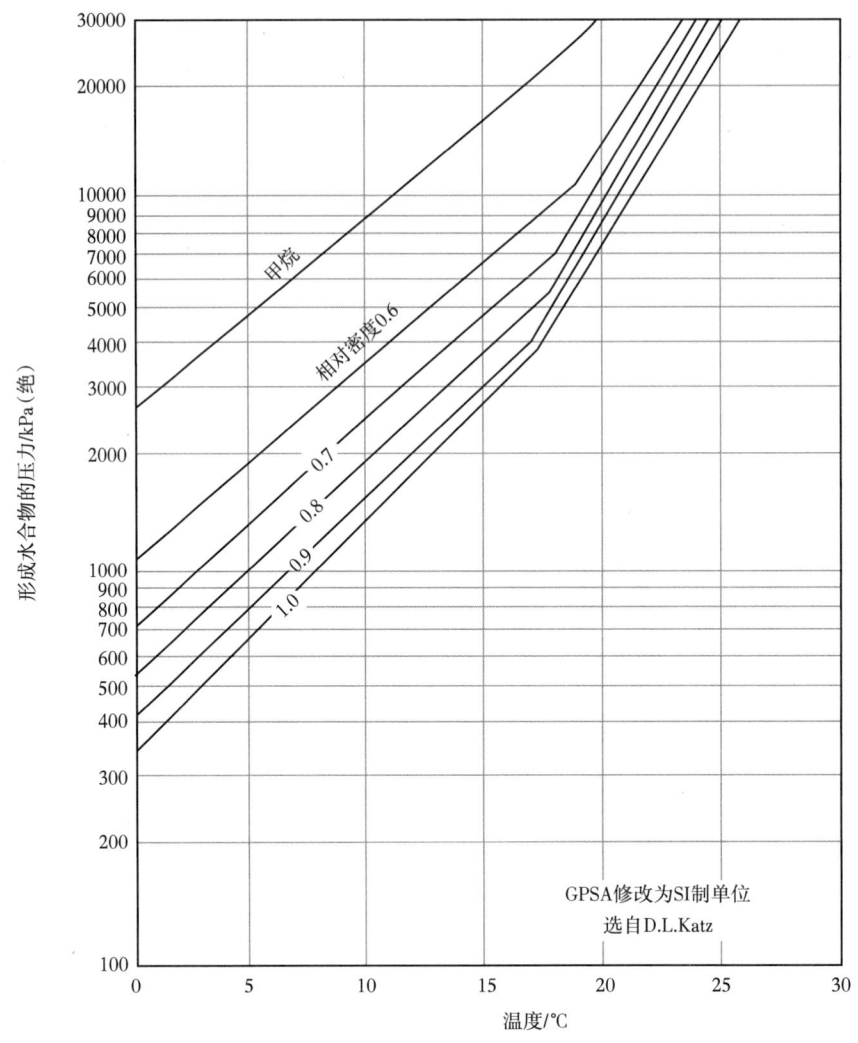

图 4-10 预测形成水合物的压力 - 温度曲线

现代模拟计算软件，通过内置物性热力学参数及经验公式，可以较为准确地预测，目前常用的水合物形成条件模拟软件有 ASPEN、unisim、OLGA 等。

工业实践中发现影响天然气水合物形成的因素要复杂得多，Lingelem 等指出主要因素有：流体的过冷程度、流速、流体性质和液相的乳化、关闭的热流束、管内冷却情况等，最主要的问题是：目前水合物洁净动力学及多项复杂体系的流体力学尚缺乏了解。

针对实际生产过程中，井产物多为含油含水的多相混合物，油及电解质水体系对水合物的影响，有研究针对该体系进行了试验研究，其采用在天然气中混入一定比例的陕 167 井凝析油（密度为 $0.7815g/cm^3$）的方式进行对比试验，得到如图 4-11 所示结果，水合物形成温度降低约 1℃，笔者在 HYSYS 中进行类似混合模拟，不断调高凝析油混入比例，最多得到水合物形成温度降低约 0.3℃。

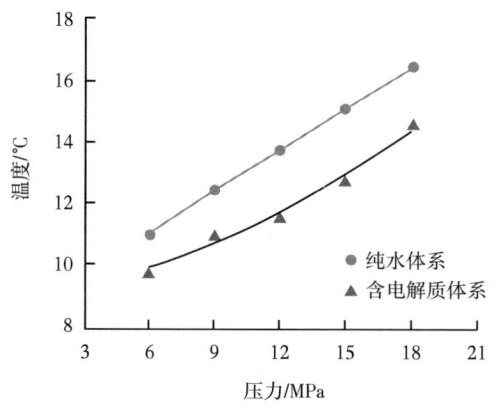 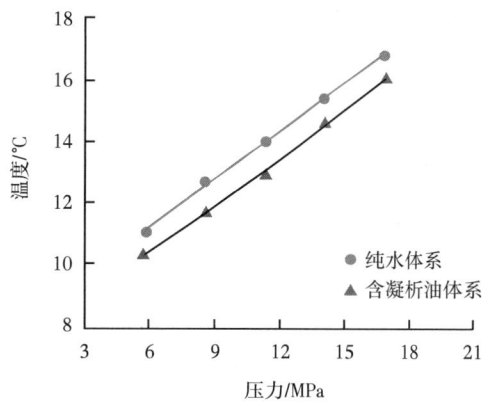

图 4-11　电解质及凝析油对水合物形成温度影响

无机盐作为一种无机热力学抑制剂，具有一定的降低水合物形成温度的效果，目前模拟计算软件对此无相关模块，相关文献较少，2005 年，刘士鑫在其论文《气田生产中天然气水合物防治的试验研究及预测》中，采用试验方法，选取某矿化度为 11250mg/L 的地层水混入天然气中进行水合物形成试验，试验结果表明，地层水电解质的存在对天然气水合物的形成有明显的抑制作用。水合物形成温度降低 1~2.5℃。而在另一文献中，甲烷在不同盐度的水合物中形成温度可以降低 10℃ 以上。很好地解释了东河等地实际运行数据与工艺模拟数据偏差问题。

例如 2007 年宋承毅和杨学其在其论文《多相混输管道水合物预测及控制动态试验研究》中，对国内某陆上天然气混输管道介质进行试验，得出的水合物生成条件曲线与软件模拟结果对比如图 4-12 所示，水合物形成温度相差 3℃ 左右。

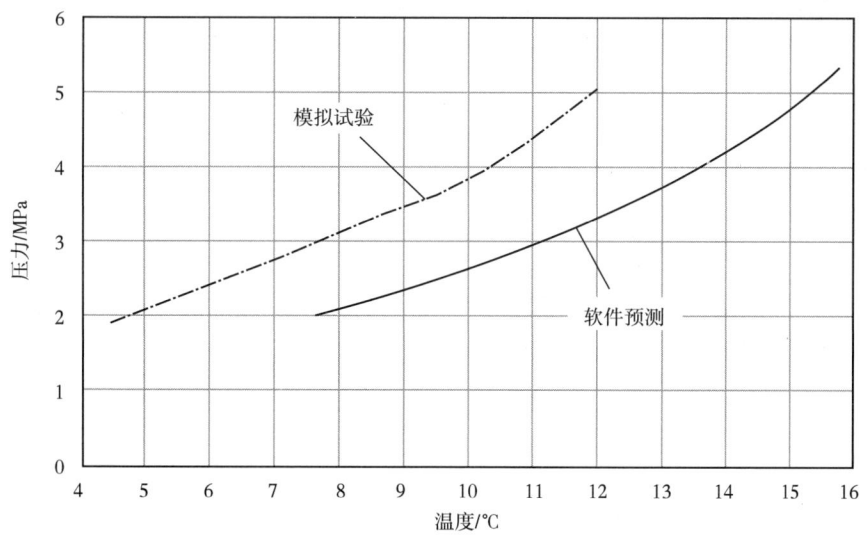

图 4-12　软件预测与试验结果的偏差

而盐溶液对水合物影响方面，2019年啜世阳和王华宁在论文《天然气水合物温度压力盐浓度三维相平衡曲面方程》中也进行了研究，不同浓度的盐溶液在10MPa时对水合物形成温度的影响多达20℃。

目前气—烃—水的混相水合物形成的经验公式回归及工艺模拟等方面均还存在较大空白，还需要进一步研究。

4）防治水合物形成的方法

从井口采出的或从矿场分离器分出的天然气一般都含水。含水的天然气当其温度降低至某一值后，就会形成固体水合物，堵塞管道与设备，极易在阀门、分离器入口、管线弯头及三通等处形成。防止固体水合物形成的方法有加热法、干燥法和水合物抑制剂法三种，而水合物抑制剂法根据注入抑制剂作用机理的不同，分为热力学抑制剂法和动力学抑制剂法。

（1）加热法。

加热法是改变井产物的温度压力状态脱离水合物形成温度区间。可在井场设置加热装置或与集输管道并行敷设伴热管道来实现，使井产物集输温度高于水合物形成温度，其中以设置加热装置最为常见。

（2）干燥法。

当管道或设备必须或不得不在低于水合物形成温度以下操作时，可以通过液体（如三甘醇）或固体（如分子筛）干燥剂将天然气脱水，促使集输介质失去水合物形成的物质基础。这种方法在天然气产品外输时和深冷轻烃回收装置中常常采用。

（3）热力学抑制剂法。

注入基于热力学原理的水合物抑制剂的方法，叫热力学抑制剂法。理论上，采用的热力学抑制剂分为有机抑制剂和无机抑制剂两类。有机类有甲醇和甘醇类化合物；无机抑制剂有氯化钠、氯化钙等无机盐。因无机盐水溶液对集输管道存在较大的腐蚀性，采用较少，目前广泛采用的化学剂是有机热力学抑制剂。抑制剂的加入会使气流中的水分冗余抑制剂中，改变水分子之间的相互作用，从而降低水蒸气分压，达到抑制水合物形成的目的。其机理是改变热力学水溶液或水合物的化学位，使水合物的形成温度更低或压力更高。

目前普遍采用的热力学抑制剂有甲醇、乙二醇、二甘醇、三甘醇等。

对热力学抑制剂的基本要求是：

尽可能大的降低水合物的形成温度；

不与天然气的组分反应，且无固体沉淀；

不增加天然气及其燃烧产物的毒性；

完全溶于水，并易于再生；

来源充足，价格便宜；

冰点低。

实际上，很难找到同时满足以上6项条件的抑制剂，但前4项是必要的。目前常用的抑制剂只是在上述某些主要方面满足要求。

甲醇和乙二醇两种抑制剂在相同条件下所做的水合物形成温度降实验结果表明，质量浓度相同的两种抑制剂，其效果是甲醇优于乙二醇（表4-2）。

表 4-2 常见有机化合物抑制剂主要理化性质

| 性质 | 甲醇(MeOH) | 乙二醇(EG) | 二甘醇(DEG) | 三甘醇(TEG) |
|---|---|---|---|---|
| 分子式 | $CH_3OH$ | $C_2H_6O_2$ | $C_4H_{10}O_2$ | $C_6H_{14}O_4$ |
| 相对分子质量 | 32.04 | 62.1 | 106.1 | 150.2 |
| 常压沸点 /℃ | 64.5 | 197.3 | 244.8 | 285.5 |
| 蒸气压 /Pa | 12.3(20℃) | 12.24(25℃) | 0.27(25℃) | 0.05(25℃) |
| 相对密度 25℃ | 0.790 | 1.110 | 1.113 | 1.119 |
| 相对密度 60℃ | 0.790 | 1.085 | 1.088 | 1.092 |
| 凝点 /℃ | -97.8 | -13 | -8 | -7 |
| 黏度(25℃)/mPa·s | 0.52 | 16.5 | 28.2 | 37.3 |
| 黏度(60℃)/mPa·s | 0.52 | 4.68 | 6.99 | 8.77 |
| 比热容(25℃)/J/(g·K) | 2.52 | 2.43 | 2.3 | 2.22 |
| 闪点(开口)/℃ | 12 | 116 | 124 | 177 |
| 理论分解温度 /℃ |  | 165 | 164 | 207 |
| 与水溶解度(20℃) | 互溶 | 互溶 | 互溶 | 互溶 |
| 物理性质 | 无色、易挥发、易燃、有中等毒性 | 无色、无臭、无毒黏稠液体 | 同 EG | 同 EG |

①甲醇类抑制剂特点。

由于甲醇沸点低(64.6℃),蒸气压高,使用温度高时气相损失过大,多用于操作温度较低的场合(<10℃)。在下列情况下可选用甲醇作抑制剂:

气量小,不宜采用脱水方法来防止水合物生成;

采用其他水合物抑制剂时用量多,投资大;

在建设正式厂、站之前,使用临时设施的地方;

水合物形成不严重,不常出现或季节性出现;

只是在开工时将甲醇注入水合物容易生成的地方。

甲醇在使用过程中的有关问题:

一般情况下喷注的甲醇蒸发到气相中的部分不再回收,液相水溶液经蒸馏后可循环使用。是否需再生循环使用应根据处理气量和甲醇的价格等条件并经济分析论证后确定。根据有关文献介绍,在许多情况下回收液相甲醇在经济上并不合算。若液相水溶液不回收,废液的处理将是一个难题,故需综合考虑,以求得最佳的社会效益和经济效益。

在使用甲醇时,残留在天然气中的甲醇将对天然气的后续加工(主要是天然气吸收或吸附法脱水系统)产生下列问题:

当用吸收法天然气脱水时,甲醇蒸气与水蒸气一起被三甘醇吸收,因而增加了甘醇富液再生时的热负荷。而且，甲醇蒸气会与水蒸气一起由再生系统的精馏柱顶部排向大气，这也是十分危险的。

甲醇水溶液可使吸收法脱水再生系统的精馏柱及重沸器气相空间的碳钢产生腐蚀。

当用吸附法天然气脱水时，由于甲醇和水蒸气在固体吸附剂表面发生共同吸附和与水竞争吸附，因而，也会降低固体吸附剂的脱水能力。

注入的甲醇就会聚集在丙烷馏分中，将会使下游的某些化工装置的催化剂失活。

甲醇具有中等程度的毒性，可通过呼吸道、食道及皮肤侵入人体。甲醇对人中毒剂量为 5~10mL，致死量为 30mL。当空气中甲醇含量达到 39~65mg/m³ 浓度时，人在 30~60min 内即会出现中毒现象。我国工业企业设计卫生标准（GBZ1—2010）规定车间空气中甲醇最高容许浓度为 50mg/m³。因此使用甲醇作抑制剂时应注意采取相应的安全措施。

②甘醇类抑制剂特点。

无毒；

沸点高（二甘醇：244.8℃，三甘醇：288℃），在气相中的蒸发损失少；

可回收循环使用，适用于气量大而又不宜采用脱水方法的场合。

甘醇适于处理气量较大的气井和集气站的防冻；甘醇类抑制剂黏度较大，注入后将使系统压降增大，特别在有液烃存在情况下，操作温度过低将使甘醇溶液与液烃的分离造成困难，并增加在液烃中的溶解损失和携带损失；溶解损失一般为 0.12~0.72L/m³ 液烃，多数情况为 0.25L/m³ 液烃。在含硫液烃系统中的溶解损失大约是不含硫系统的 3 倍。

使甘醇类作抑制剂时应注意以下事项：

为保证抑制效果，甘醇类必须以非常细小的液体（例如呈雾状）注入到气流中。

通常用于操作温度不是很低的场合，才能在经济上有明显的优点。例如，在一些采用浅冷分离的天然气液回收装置中。

如果管道或设备的操作温度低于 0℃，最好保持甘醇类抑制剂在水溶液中的质量分数在 60%~70%，以防止甘醇变成黏稠的糊状体使气液两相流动和分离困难。

（4）动力学抑制剂法。

动力学抑制剂大多数是溶解于水相中的低分子量聚合物，动力学抑制剂在水合物生成和生长的初期吸附于水合物颗粒的表面，防止颗粒达到临界尺寸或者使颗粒生长变慢，从而推迟水合物生成和晶体生长时间，进而保证流体在滞留于管线的时间内，水合物不会生成更不会堵塞管道。动力学抑制剂仅在水相中抑制水合物的成核和阻碍晶体的生长，而不会对水合物形成的热力学条件产生影响。动力学抑制剂自 20 世纪 90 年代以来开始研制开发与使用，一般是一些水溶性或水分散性的聚合物。动力学抑制剂有聚乙烯基吡咯烷酮（PVP）、聚乙烯基己内酰胺（PVCap）等。但目前开发的动力学抑制剂的过冷度不大，为 8~9℃，无法满足气田应用需求，目前在海油工程中有一定的应用。

**2. 塔里木油田水合物防治工艺特点及分析**

塔里木油田所产天然气组分物性参数有一定的偏差，有克拉克深地区的干气气藏，也有迪那、牙哈、英买力的凝析气藏，也有部分重组分含量较高的气藏。对塔里木油田主要气田组分进行热力学模拟，可以得到水合物形成相图如图 4-13 所示。

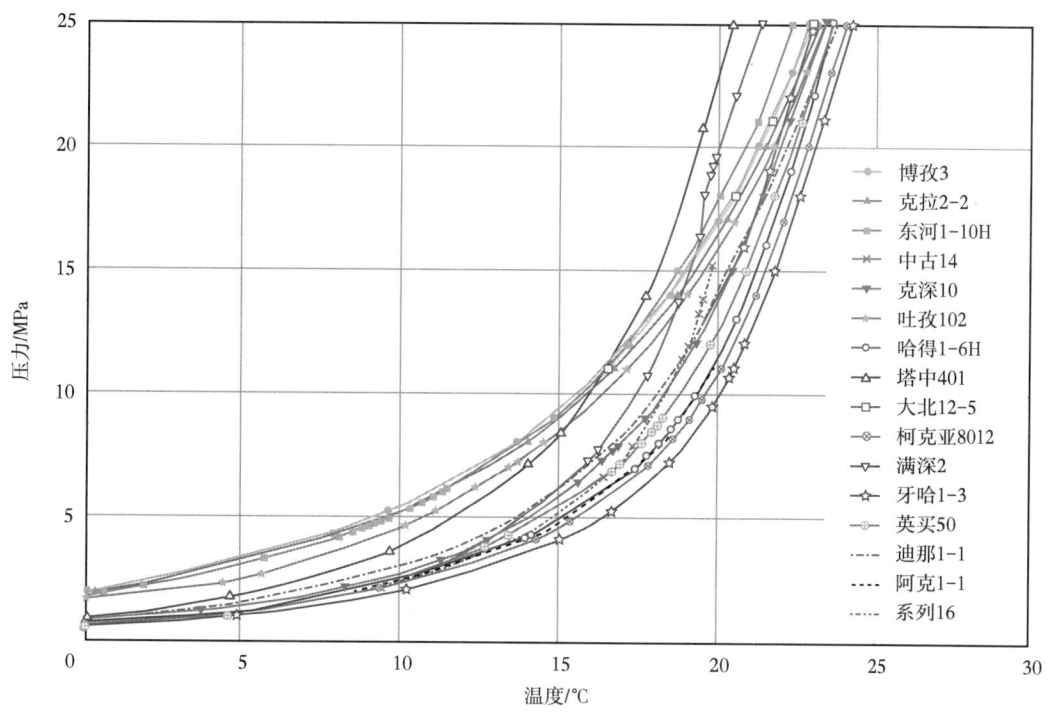

图 4-13 塔里木油田部分典型气井天然气水合物形成压力—温度相图

可以看出，大部分井采天然气水合物形成温度均较高，集输压力降低至 2~3MPa 依然无法满足规范要求水合物形成温度高于集输环境 3℃ 的要求。而塔里木油田集输压力级制确定在 10~15MPa，从图 4-14 可以看出天然气水合物形成温度在 16~22℃，远高于规范要求的低于最低集输环境温度 3℃ 的要求。因此需要根据井口温度、集输管线系统进行热力学核算，确定是否需要在井场设置水合物防治设施。

各种水合物防治工艺各有优劣，选择水合物防治工艺，要充分结合气田集输的特点。

从可行性上分析，因井场脱水成本大，不具现实性，可考虑的只有加注水合物抑制剂和加热法两种。其优缺点和适应性分析如下。

1）井场加注水合物抑制剂

无机水合物抑制剂主要为各种盐类，因其在水环境下存在一定的腐蚀性，且其抑制效果还没有准确预测手段。不易控制，一般不考虑额外添加。

醇类的水合物抑制剂，过冷温降大，加注工艺简单，但加注成本高，回收工艺较为复杂，一旦井流物含液量较大，将造成加注成本的非线性增加，因此目前仅在煤层气等干气气田集输中有所应用。塔里木油田等常规气田未大范围应用。

动力学抑制剂因其过冷度较小等因素，暂不能完全满足气田集输的需求。

2）加热法

加热法是几种水合物防治工艺中唯一从外部解决内部问题的工艺，且比较容易实现，做好集输系统热力学计算基础上，在井场设置电加热器或加热炉即可满足要求。因此在气田集输中广泛应用。

塔里木油田结合自身气田所产天然气物性，经过多年的摸索，目前塔里木油田已经形成了一系列的标准化定形图，对于不同井产物，考虑了不加热、加热节流等多种标准流程，同时从节能角度也设置热负荷100kW的电加热器和燃气加热炉的界限，对于地面工程具有较高的指导性。

**3. 塔里木油田水合物防治标准化工艺推荐**

针对水合物防止工艺，结合塔里木油田水合物防治经验与理论分析研究，推荐如下。

（1）加热法具有较高的应用可行性，也经过众多气田的实际检验。建议高压气井、凝析气井根据热力学计算结果继续采用加热法防止水合物。同时为避免生产波动造成冻堵影响，设置解冻甲醇预留口。加热法防止水合物工艺延续标准化设计工艺分为加热节流工艺、加热工艺两种，根据热源方式分为电加热和燃气加热两种。

（2）考虑在干气且含水或液量极少的气田中，结合后端脱烃工艺在前端可采用水合物抑制剂方式。考虑到甲醇的难以回收、毒性、挥发性等特性，一般考虑注入乙二醇，注入乙二醇时需注意：①为保证抑制效果，务必保障乙二醇以雾化形式注入；②注意配伍问题，避免乙二醇作为水合物抑制剂与缓蚀剂、气田液之间发生反应，出现气泡浑浊的情况。

（3）长距离集输管线，尤其是输送处理后天然气管线的水合物防止工艺选择上，注入水合物抑制剂相对于加热法有一定的能耗优势，需要结合具体情况进行具体分析。

## 四、计量工艺

气藏工程要求掌握各气井的生产动态，以便其对地下气藏进行评价分析，为满足此需求，地面工艺一般需对单井产量进行计量。气井计量工艺根据计量方式的不同，分为以下几种。

（1）单井连续计量。在每口单井设置流量计，连续对单井进行气液计量。根据井产物含液量不同，计量设施分为气液分离计量和不分离计量两种。随着计量技术的发展，也有部分计量采用不分离的多相流计量。部分中低压气田常用的多管束流量计属于此种类型，高压气田因设备制造难度大，费用高等原因，国内暂无应用。

（2）多井轮换计量：与单井集气工艺相结合，各单井接入集气站，在集气站内设置计量分离器等计量装置，根据气藏单位要求每口井间隔5~15d不等进行计量，单井连续计量时间不少于8h。该工艺具有站场工艺流程简单，分离计量设备少，工程投资省等优点。但这种计量方式为间断计量，单井资料录取准确度相对较低。

（3）计量管+多井轮换计量：与集气管线并行敷设一条计量干线，各单井根据需要轮换进入生产干线或计量干线，计量干线接入邻近集气站内，在站内设置计量分离器等计量装置进行计量。

（4）车载移动式计量：根据井场布置，按区域配置车载式移动计量分离器车，对单井的油气进行计量，计量后的气液混合后再进入集气管道，该工艺需在单井流程中设置计量接头，大大简化了井场和集气站的固定设施，降低了投资。但此种计量工艺对于大气量、高压气田，引起安全可靠性差、需大量人员操作、实施难度大等原因，多应用于边缘低压井场。

**1. 计量要求**

按照《气田集输设计规范》（GB/T 50350）规定，属于下列情况之一的气井还需要考虑应进行连续计量：

（1）产气量在气田总产量中起重要作用的气井；
（2）对气田的某一气藏有代表性的气井；
（3）气藏边水、底水活跃的气井；
（4）产量不稳定的气井。

**2. 塔里木油田计量工艺分析及推荐**

以上各种计量工艺在塔里木油田均有深度应用。以克拉克深为代表的气量大、气液比大的气田，多采用单井孔板流量计计量；气量大、气液比中等的博孜大北凝析气田，采用单井分离器计量后混输的方式；牙哈、英买力、塔中等多气田采用多井轮换计量方式；迪那因其独特的气田空间布置，采用了计量管+多井轮换计量的方式；而塔中、英买力部分边缘井采用了车载移动式计量方式；在轮南等部分油田的中低压气井则采用了多管束流量计的计量方式。

根据技术经济对比，各种计量方式在塔里木油田因地制宜的采用，发挥了各自的优势。随着数字化要求越来越高、少人和无人值守的要求不断提升、减少切换操作需求不断增多，从生产管理角度出发更多的采用单井自动计量，下一步在计量工艺选择方面，宜多从此方面进行比选论证。

## 五、混输分输工艺

**1. 混输分输工艺简述**

多相混输和分输主要区别在自井场至处理厂集输介质是否在井场或集气站进行气液分离。受空间限制，混输工艺在海上油气田的开采中应用最为广泛，近年来，随着我国天然气的勘探开发进入高峰期，尤其是塔里木等地广人稀的广袤地区，气液混输在大型气田得到了广泛的应用。相对于传统的就近分离、干气输送工艺来说，混输工艺具有前端流程简单，运行管理压力小，工程造价低等优点。

两种工艺的主要特点及优劣势分析如下。

多相混输：在井场和集气站气相和液相不分离，或经分离计量后再混合，采用一条管道混合输送。其主要优点在于节省一次性投资，简化了流程，井场或集气站无须设置气液分离器，少敷设一条分输液相的管线，大大减少了集输管道长度。其缺点主要体现在管道沿程摩阻相对增大，降低管输效率，存在段塞风险，需要计算确定下游设置段塞流捕集装置，腐蚀性介质对管道的腐蚀作用比分输略强，管道安全性比分输差。

气液分输：在井场或集气站分离为气相和液相，气相和液相分别采用管道输送至处理厂集中处理。分输的优点主要在于理论上沿途管道内积液少，尤其在地形起伏地区，压损远小于多相流。天然气处理厂接收来料无须设置段塞流捕集器。分输的缺点主要是井场及集气站设置有分离器、设置气液两条集输管道，一次建设投资高，运行维护比混输复杂。

气液混相流，由于存在相的分界面，在两相或气、油、水的混相流动的过程中，介质除了与管道壁面之间存在作用力外，在气液相之间还存在着作用力。首先，在连续流动情况下，从力平衡的观点来看，这种两相界面之间的作用力是处于平衡状态的，整个两相流体只与外界物体和进出口界面发生力的作用。可是从能量平衡的观点来看，气液两相流动除了在整体界面上存在能量交换外，在两相界面之间还会有能量交换，而且这种能量交换必然伴随机械能的损失。其次，在气液两相流动中，两相的分布状况也是多种多样的，可以是密集的，也可以是分散的。这种不同的分布状态，称为两相流动的流动型态，简称流型，如图4-14和图4-15所示。流动型态的不同，不但影响两相流动的力学关系，而且影响其传热和传质性能。再次，在气液两相流动中，各相的速度可能是不同的，这种滑动现象称为滑脱。这些都是气液两相流动不同于单相流动的重要特点，就使得气液两相流动的研究变得复杂了。

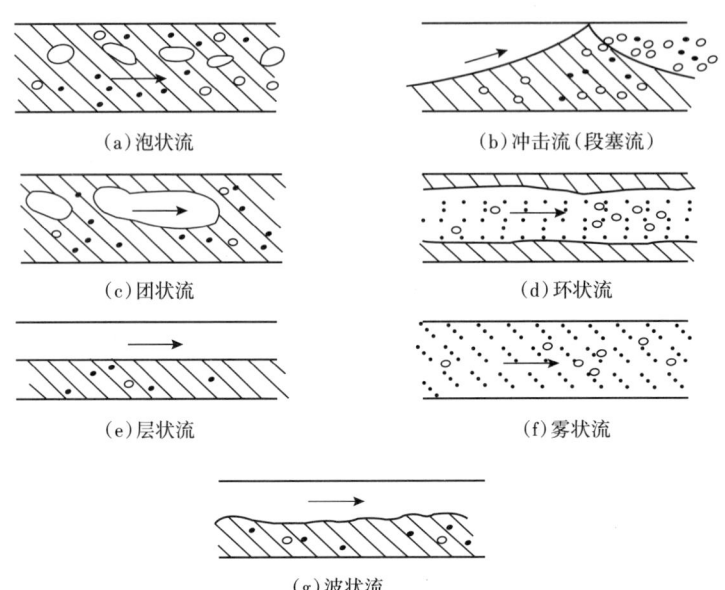

图4-14 水平管道中气液两相的流动型态

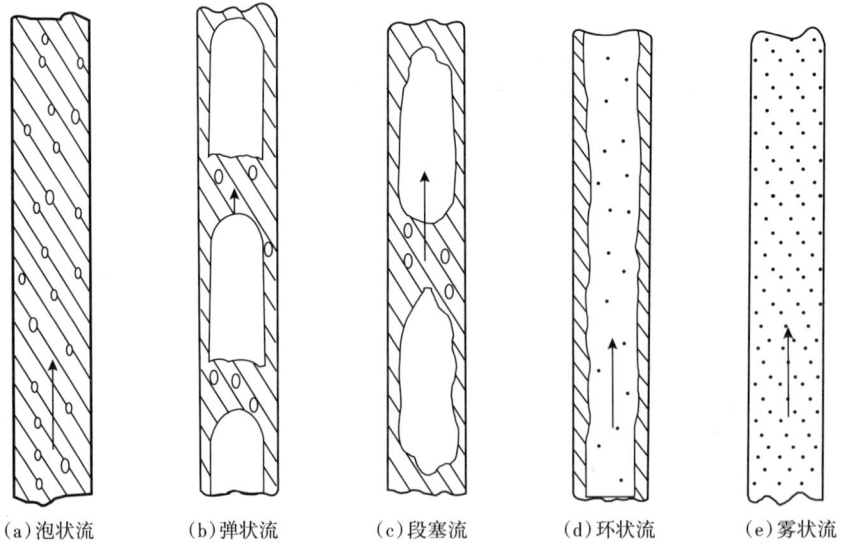

图4-15 竖直管道中企业两相流的流动型态

为准确地计算气液混输管道的热力学动力学结果，需要进行流型判别、摩阻、温降、持液量、段塞等计算，其计算一般分为经验方法、半经验法和理论分析法，常采用的方法有流型图判断法和经验公式法，虽然采用流型图进行流型判断很直观，但用起来较为烦琐，误差也大。目前地面工程设计中通常采用商用软件来进行计算，这些软件在油气介质热力学物性数据基础上，纳入大量经验公式，形成界面友好的计算方式，大大提高了效率和准确度。常用的具有两相流计算功能的软件包括 OLGA、HYSYS、PROFES 和 PIPEPAHSE 等。

不同的流体状态对气液混输管道的压降影响越大。而这些流态与多种因素相关，不同气液比、不同地形、不同流速都可能对流动状态造成影响。例如大高差变化易造成段塞流使压降激增。最终确定混输抑或分输工艺，基于物料属性、物性参数及地形情况，以及集输系统工艺计算和经济比选。

**2. 塔里木油田多相混输集输工艺**

塔里木油田诸多气田均采用多相混输集输工艺，克拉、克深、大北、英买力、迪那、牙哈、塔中等各大油气田均采用混输工艺，其中大北气田混输干线长度已经延伸至 104km。

未经处理的天然气所具有易形成水合物的温度敏感性，而混输时，因液相具有更高的比热容，降温速率更慢，对避免形成水合物冻堵更有利。凝析气田水在井场及集气站的处理困难，且多相流混输在投资和运行维护上的优势明显，是其能在塔里木油田及其他油田广泛使用的主要原因。

如前所述，确定混输分输工艺是基于技术经济比选确定，在众多因素中，介质气液比是可定性考察的普适性因素。所以对塔里木油田各主要气田的气液比进行统计分析，发现目前塔里木油田各采用混输工艺的气田的井产物气液比数据均在 6000 以上，极个别出现 4000 的情况。基于此发现，截取博孜地区某项目集输管道计算模型中的一段（2km 高差 50m 起伏），结果见表 4-3，如图 4-16 所示。

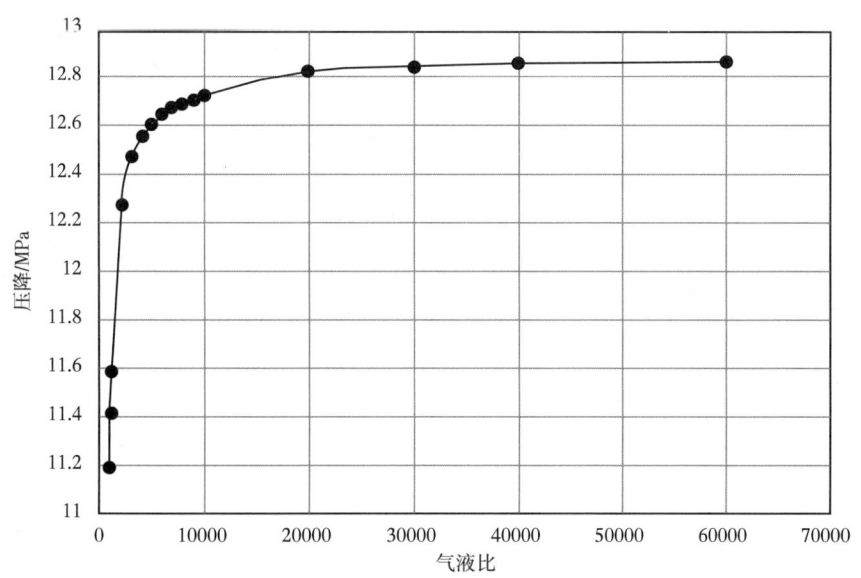

图 4-16 某管段气液比对管道压降影响曲线

表 4-3 某管段模型数据表

博大气井采气支线数据

| 气量/ ($10^4m^3$/d) | 液量/ (t/d) | 气液比 | $10^4m^3$/d | 物流工况体积/ ($m^3$/h) | 气相工况体积/ ($m^3$/h) | 液相工况体积/ ($m^3$/h) | 起点压力/ MPa | 2km管道末压力/ MPa | 压降/ MPa | 流态 | 液相流速/ (m/s) | 气相流速/ (m/s) |
|---|---|---|---|---|---|---|---|---|---|---|---|---|
| 50 | 5.00 | 100000 | 50.27 | 124.998 | 124.7343 | 0.2641 | 13.5 | 12.87 | 0.63 | 分层流 | 0.013 | 4.39 |
| 50 | 6.25 | 80000 | 50.34 | 125.065 | 124.7343 | 0.3302 | 13.5 | 12.87 | 0.63 | 分层流 | 0.016 | 4.39 |
| 50 | 8.33 | 60000 | 50.46 | 125.175 | 124.7343 | 0.4402 | 13.5 | 12.87 | 0.63 | 分层流 | 0.021 | 4.40 |
| 50 | 12.50 | 40000 | 50.68 | 125.395 | 124.7343 | 0.6603 | 13.5 | 12.86 | 0.64 | 分层流 | 0.030 | 4.40 |
| 50 | 16.67 | 30000 | 50.91 | 125.615 | 124.7343 | 0.8804 | 13.5 | 12.85 | 0.65 | 分层流 | 0.039 | 4.40 |
| 50 | 25.00 | 20000 | 51.37 | 126.055 | 124.7343 | 1.3206 | 13.5 | 12.83 | 0.67 | 分层流 | 0.057 | 4.41 |
| 50 | 50.00 | 10000 | 52.73 | 127.376 | 124.7343 | 2.6413 | 13.5 | 12.73 | 0.77 | 过渡流 | 0.111 | 4.45 |
| 50 | 55.56 | 9000 | 53.03 | 127.669 | 124.7343 | 2.9347 | 13.5 | 12.71 | 0.79 | 间歇流 | 0.120 | 4.46 |
| 50 | 62.50 | 8000 | 53.41 | 128.036 | 124.7343 | 3.3016 | 13.5 | 12.69 | 0.81 | 间歇流 | 0.140 | 4.46 |
| 50 | 71.43 | 7000 | 53.90 | 128.508 | 124.7343 | 3.7732 | 13.5 | 12.68 | 0.82 | 间歇流 | 0.160 | 4.47 |
| 50 | 83.33 | 6000 | 54.55 | 129.136 | 124.7344 | 4.4021 | 13.5 | 12.65 | 0.85 | 间歇流 | 0.180 | 4.48 |
| 50 | 100.00 | 5000 | 55.46 | 130.017 | 124.7344 | 5.2825 | 13.5 | 12.61 | 0.89 | 间歇流 | 0.220 | 4.50 |
| 50 | 125.00 | 4000 | 56.83 | 131.338 | 124.7344 | 6.6032 | 13.5 | 12.56 | 0.94 | 间歇流 | 0.270 | 4.52 |
| 50 | 166.67 | 3000 | 59.10 | 133.539 | 124.7344 | 8.8042 | 13.5 | 12.47 | 1.03 | 间歇流 | 0.360 | 4.56 |
| 50 | 250.00 | 2000 | 63.70 | 137.941 | 124.7344 | 13.206 | 13.5 | 12.27 | 1.23 | 间歇流 | 0.530 | 4.65 |
| 50 | 500.00 | 1000 | 77.30 | 151.147 | 124.7344 | 26.413 | 13.5 | 11.58 | 1.92 | 间歇流 | 1.030 | 5.02 |
| 50 | 555.56 | 900 | 80.34 | 154.082 | 124.7344 | 29.347 | 13.5 | 11.41 | 2.09 | 间歇流 | 1.140 | 5.13 |
| 50 | 625.00 | 800 | 84.14 | 157.75 | 124.7344 | 33.016 | 13.5 | 11.19 | 2.31 | 间歇流 | 1.280 | 5.27 |

由表 4-3 和图 4-16 可以看出，气液比对管输压降影响呈现以下规律。

①气液比在 10000 以上，基本是一条直线，6000~10000 时，压降相对变化不大，混输与分输区别小，低于 6000 以下时，压降变化快速。

②气液比 10000 左右出现流态变化，其上为层流，其下出现断续流态，进一步的段塞流计算结果显示，气液比在 6000 左右出现段塞。

由此可见，高气液比在同等地貌、同等管径等情况下，有更好的流态，更低的摩阻。

塔里木油田与国内中东部油田相比，所处地区多地广人稀，交通不便，采用混输可大大减小建站和管理成本，这也是选择和推荐混输流程的一个重要原因。

但在塔里木油田也存在一些特例，某些已见水但产量依然较高的气井，因其液相不具有后续回收利用价值，考虑就近处理后回注地层，因此也出现了高气液比气井，采用井场分水，气液分输的工艺，如克深部分井场。

**3. 关于多相混输分输工艺的建议**

从以上理论分析及结合塔里木油田的情况可以得出如下建议：

1）不宜采用油气混输工艺的情况

①气源压力能不足，减少液量可提高管道集输效率的情况；
②地貌条件极差，地形起伏大，输送距离较长，易造成段塞流严重的工况；
③后续替补井位与开发方案偏差大，导致无法延续原系统的情况；
④串珠气藏且井口压力、气液量均具有较大不均衡性的情况。

其他工况，均优先考虑混输，尤其是凝析气田和酸性气田，宜采用集中处理工艺。

2）适宜采用油气混输工艺的情况

①集输系统气量及气液比相对比较稳定；
②气液比越大越适宜采用混输；
③有足够的井口压力，且波动较小；
④地形平坦或者单向坡面地形；
⑤适宜的流速，从而能确保气体有适宜的携液能力，建议保持在 3m/s 以上。

## 第四节 标准化井场工艺

### 一、井场标准化工艺模块

前述章节从系统布局方案、压力级制确定、节流、水合物防治、计量、分输混输等方面介绍了气田集输系统的各项工艺的理论及塔里木油田的现状特点。本节对采气井场工艺流程进行标准化说明。

根据以上工艺研究，可归纳出以下气井井场标准化功能模块（表 4-4）。

表 4-4 气井井场标准化模块一览表

| 序号 | 类别 | 模块名称 | 功能 |
|---|---|---|---|
| 1 | 安全模块 | 安全放空模块 | 保护井场管道设备安全，防止超压 |
|  |  | 放喷坑模块 | 采用钢制或耐火砖制作，用于生产放喷和安全放空需要 |
|  |  | 高低压紧急切断阀模块 | 按规范设置，目前多采气树自带 |

续表

| 序号 | 类别 | 模块名称 | 功能 |
|---|---|---|---|
| 2 | 加热模块 | 加热炉模块 | 提高井产物温度,防止集输过程形成水合物冻堵,在功率较大且具有燃气资源条件下选用 |
| | | 电磁加热模块 | 提高井产物温度,防止集输过程形成水合物冻堵,在功率较小时选用 |
| 3 | 节流模块 | 加热节流模块 | 在采气树两级节流无法确保井产物降低至集输所需压力时选用,橇内设置两级加热一级节流 |
| 4 | 计量模块 | 气相流量计模块 | 干气气田或气液比大,液相对计量结果影响不大的情况 |
| | | 分离计量模块 | 液相较多,设置分离器进行气液分离计量后汇合外输 |
| | | 多相流流量计模块 | 中低压气田中使用,气液不分离实现分别计量 |
| 5 | 加药模块 | 醇加注模块 | 注入甲醇、乙二醇等水合物抑制剂,防止集输过程形成水合物冻堵 |
| | | 缓蚀剂加注模块 | 井产物存在一定腐蚀性,经济比选后确定,选择碳钢管线并加注缓蚀剂减少管道腐蚀 |

根据不同需求,对不同模块进行组合可形成以下多种标准化气井工艺流程。

## 二、标准化井场工艺流程

### 1. 不加热不计量型井场

1）流程

工艺原理流程如图4-17所示。

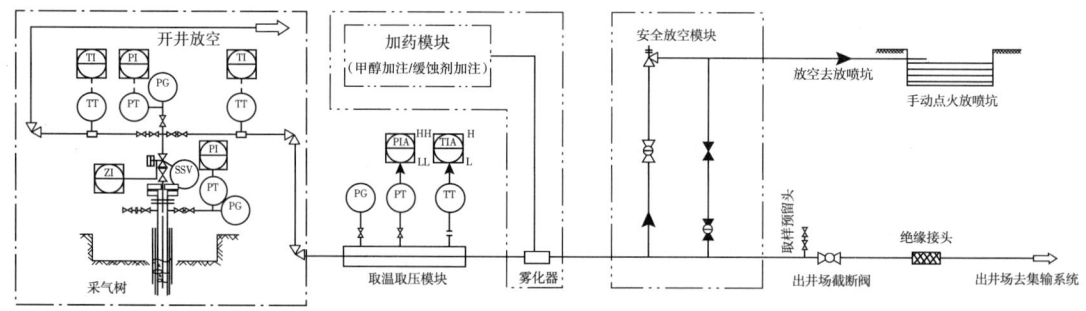

图4-17 不加热不计量型单井站工艺原理流程图

井流物经过采气树一级固定油嘴和一级可调油嘴调压至集气压力,在井站内仅设置安全泄放阀组,用以应对采气管线超压工况,安全放空接入放喷池点燃。井场采气干管上设置压力温度传感器,用以检测采气管道压力温度,信号传输至井场RTU系统,便于实现超压关井等操作。

2）选用推荐

该流程适用于克深克拉等高温高压干气或迪那等高温凝析气气井,采用辐射状布置或辐射+枝状布置的管网结构,系统中设置有阀组计量或计量干线的单井井场。不适用于常温型、气液比低、集气系统中缺乏计量设施的气井。

**2. 不加热计量型井场**

1)流程

工艺原理流程如图 4-18 所示。

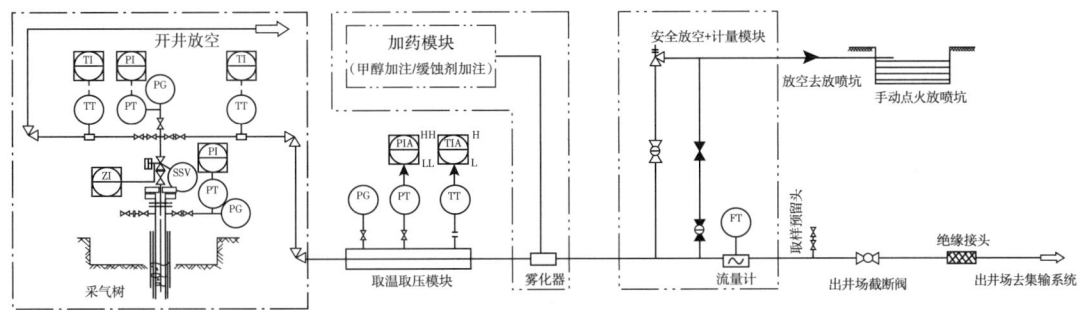

图 4-18　不加热计量型单井站工艺原理流程图

井流物经过采气树一级固定油嘴和二级可调油嘴调压至集气压力,经超声波流量计对气体进行计量后,出井站进入采集气管线。在井站内设置安全泄放阀组,用以应对采气管线超压工况,安全放空接入放喷池点燃。采气干管按照常规同时设置压力温度传感器,用以检测采气管道压力温度,信号传输至井场 RTU 系统,便于实现超压关井等操作。

2)选用推荐

该流程适用于克深克拉等高温高压干气或迪那等高温凝析气气井,采用枝状布置,集气系统不设置计量的单井井场。不适用于常温型气井、气液比低、液量较高的气井。

**3. 加热型井场**

1)流程

工艺原理流程如图 4-19 所示。

井流物经过采气树一级固定油嘴和二级可调油嘴调压至集气压力,后进入加热炉加热至集输所需温度后出井场进入采集气管线。该温度按高于整个集输过程中水合物形成温度 3℃以上经热力学计算确定。井场内不设置分离和计量模块。在井站内设置安全泄放阀组,用以应对采气管线超压工况,安全放空接入放喷池点燃。井场采气干管上设置压力温度传感器,用以检测采气管道压力温度,信号传输至井场 RTU 系统,便于实现超压关井等操作。

2)选用推荐

该流程适用于常温高压型气藏,采用辐射状布置或辐射+枝状布置的管网结构,阀组计量或设置有计量干线的单井井场,不适用于集气系统中缺乏计量设施的采气系统。

**4. 加热节流型井场**

1)流程

工艺原理流程如图 4-20 所示。

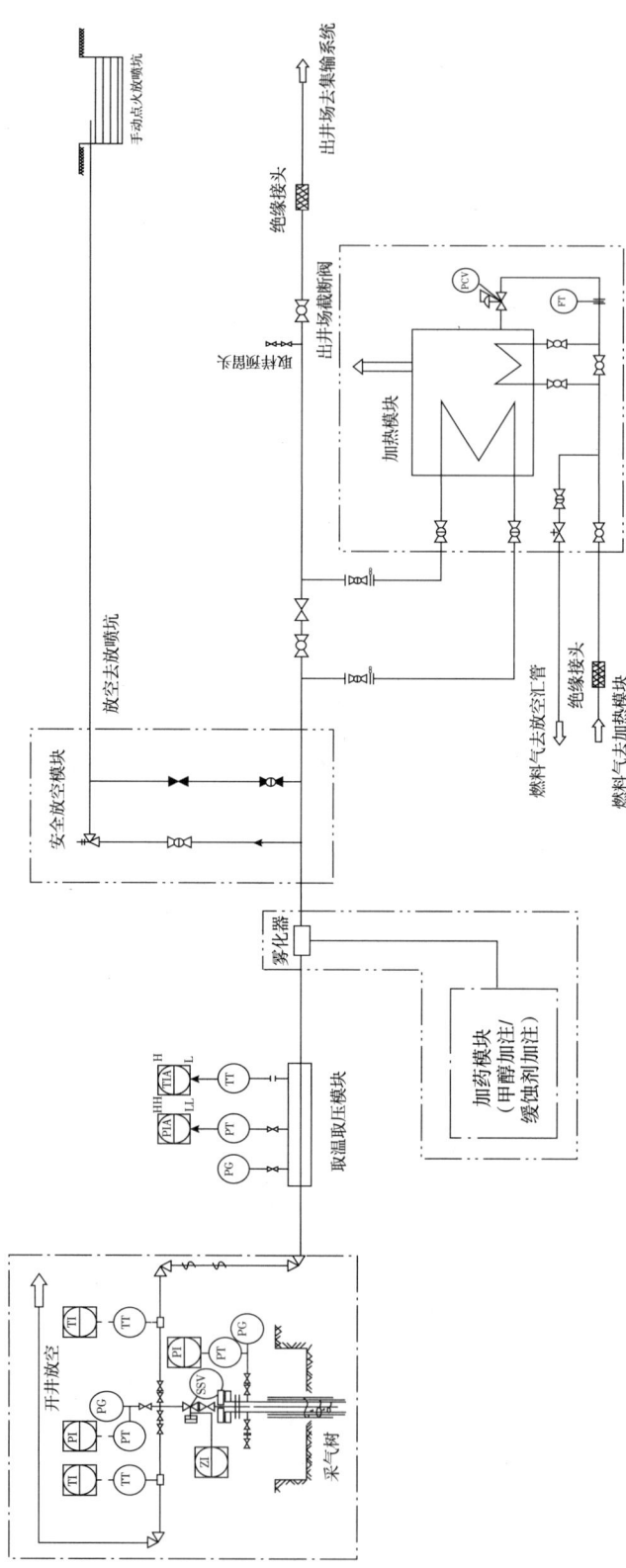

图 4-19 加热型单井站工艺原理流程图

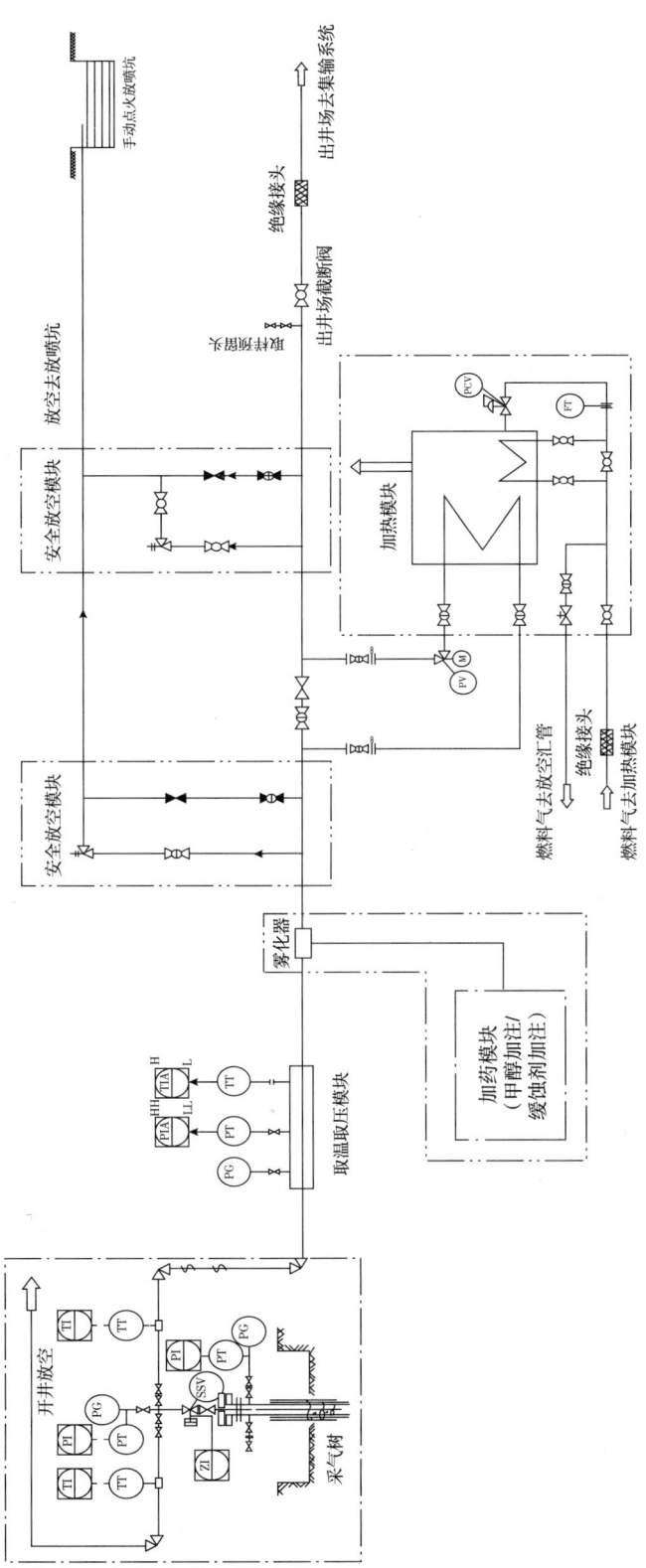

图 4-20 加热节流型单井站工艺原理流程图

井流物经过采气树一级固定油嘴调压后（或一级固定油嘴和二级可调油嘴调压后），后进入加热节流模块一级加热至较高温度后，进入橇内节流阀节流至集输压力进入加热炉二级加热至集输所需温度后出井场进入采集气管线。一级加热升温幅度略高于节流降温幅度即可，二级加热温度按高于整个集输过程中水合物形成温度3℃以上经热力学计算确定。井场内不设置分离和计量模块。在井站内设置安全泄放阀组，用以应对采气管线超压工况，安全放空接入放喷池点燃。井场采气干管上设置压力温度传感器，用以检测采气管道压力温度，信号传输至井场RTU系统，便于实现超压关井等操作。

2）选用推荐

该流程适用于常温高压型气藏，采用辐射状布置或辐射+枝状布置的管网结构，阀组计量或设置有计量干线的单井井场，不适用于集气系统中缺乏计量设施的采气系统。

该流程在选用时，还需要注意开井初期温度场较低的问题，常采用初期放喷或临时增设防冻剂加注模块方式。

### 5. 加热分离计量型井场

1）流程

工艺原理流程如图4-21所示。

井流物经过采气树一级固定油嘴调压后（或一级固定油嘴和二级可调油嘴调压后），后进入加热节流模块加热至集输所需温度后进入分离计量模块，加热温度按高于整个集输过程中水合物形成温度3℃以上经热力学计算确定。分离橇一般采用重力分离器进行分离，分离出的气相和液相分别计量，计量后的气液再混合出井场进入采集气管线。在井站内设置安全泄放阀组，用以应对采气管线超压工况，安全放空接入放喷池点燃。井场采气干管上设置压力温度传感器，用以检测采气管道压力温度，信号传输至井场RTU系统，便于实现超压关井等操作。

2）选用推荐

该流程适用于含液量较高的常温高压型气藏，集输系统采用辐射状布置或辐射+枝状布置的单井井场，不适用于集气系统中缺乏计量设施的采气系统。

### 6. 加热节流分离计量型井场

1）流程

工艺原理流程如图4-22所示。

井流物经过采气树一级固定油嘴调压后（或一级固定油嘴和二级可调油嘴调压后），后进入加热节流模块一级加热至较高温度后，进入橇内节流阀节流至集输压力进入加热炉二级加热至集输所需温度后进入分离计量模块，加热节流橇一级加热升温幅度略高于节流降温幅度即可，二级加热温度按高于整个集输过程中水合物形成温度3℃以上经热力学计算确定。分离橇一般采用重力分离器进行分离，分离出的气相和液相分别计量，计量后的气液再混合出井场进入采集气管线。在井站内设置安全泄放阀组，用以应对采气管线超压工况，安全放空接入放喷池点燃。井场采气干管上设置压力温度传感器，用以检测采气管道压力温度，信号传输至井场RTU系统，便于实现超压关井等操作。

2）选用推荐

该流程适用于英买力、大北等常温高压凝析气气井，采用辐射状布置或辐射+枝状布置的管网结构，集气系统不设置计量设施的井场。

# 第四章 气田集输标准化工艺

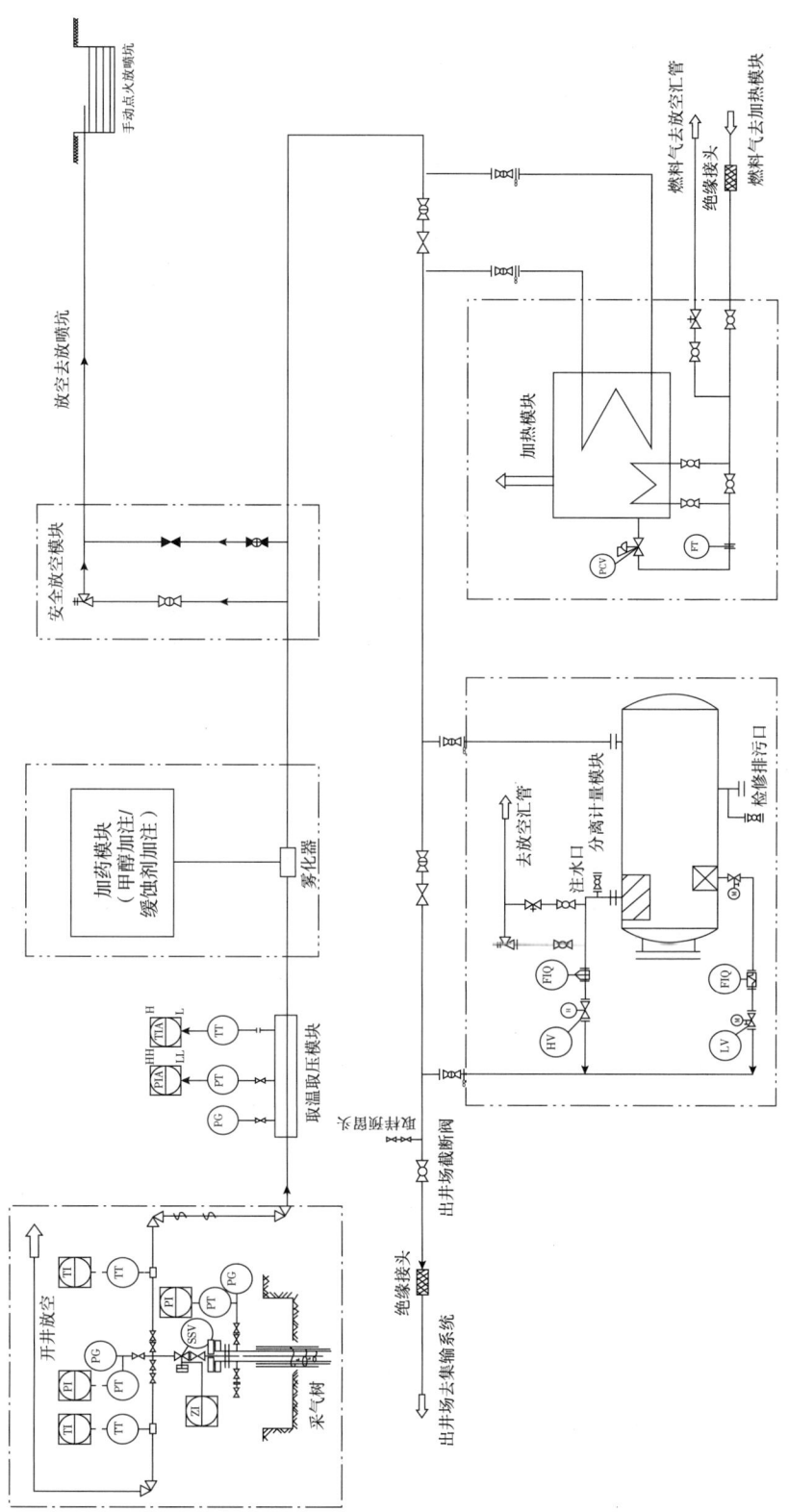

图 4-21 加热分离计量型单井站工艺原理流程图

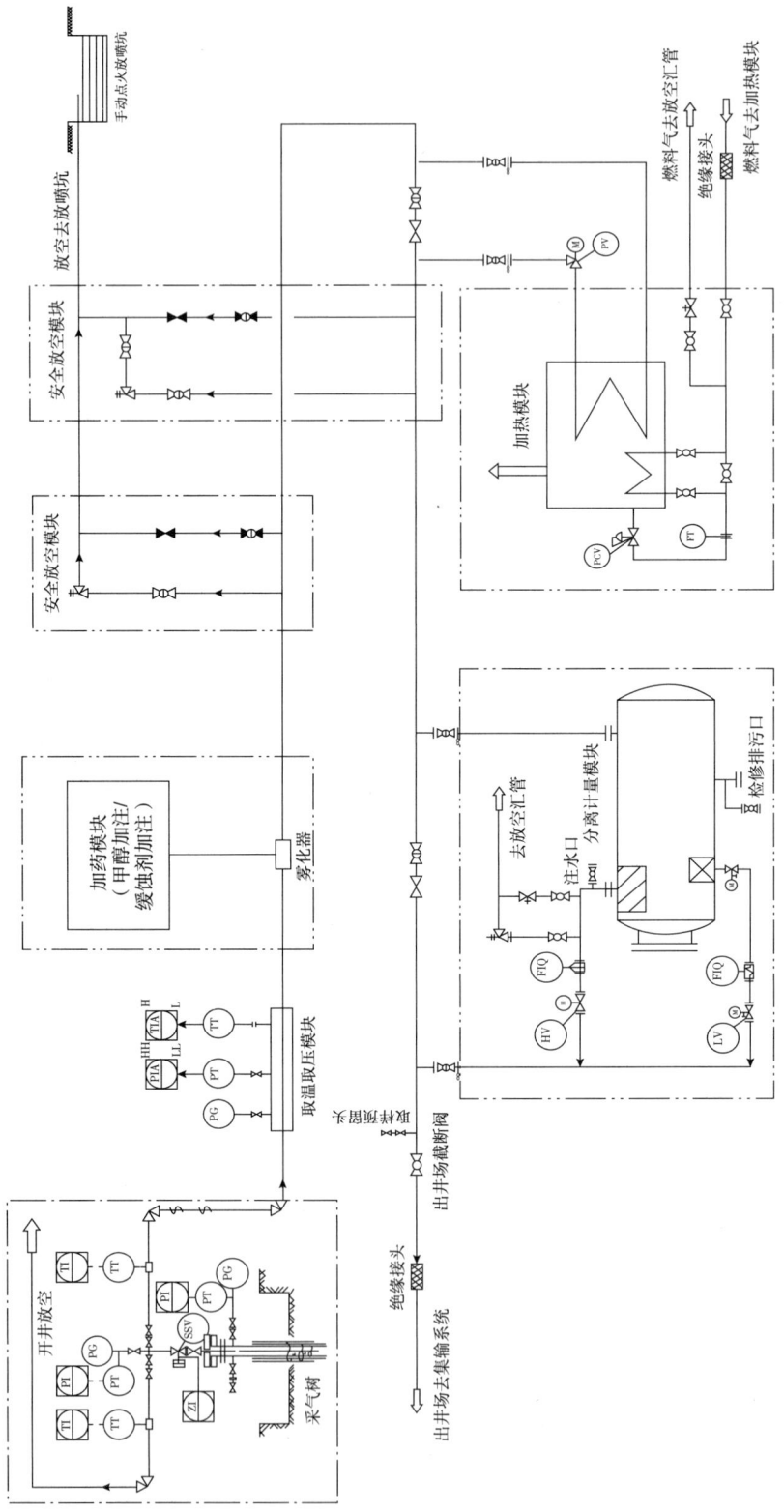

图 4-22 加热节流分离计量型单井站工艺原理流程图

**7. 配套缓蚀剂或防冻剂注入流程**

因开井初期会出现井筒温度场较低,温度场尚未建立,导致井流物出井温度较低的情况,因此在开井初期常采用以下两种措施:一是井口放喷逐步建立井筒温度场后再进行正常生产,二是增设加药模块临时加注防冻剂,同时该加药模块在运行平稳后改注缓蚀剂,以减少管道腐蚀。

## 第五节 标准化集气站工艺

### 一、集气站标准化工艺模块

集气站具有收集、分离、计量和调压等功能,根据集输系统布局、压力级制不同,集气站功能也各有不同。

**1. 进站阀组模块**

集气站一般是辐射式系统布局工艺的节点,管辖周边一定范围内的单井,接收单井采气管线来气。

(1)作用:接收采气支线来气。

(2)工艺配置:①根据规范设置安全阀等安全设施;②设置切断等倒流程的阀门等;③根据计量工艺需求,可接入计量和生产两个汇管。

其压力等级与上游采气支线同级。根据目前发展趋势,可进行橇装化设计。

**2. 分离模块**

(1)作用:从采气管线输送来的天然气中分离脱除液体(水、凝液)、固体(泥沙、岩石颗粒等)。一般多与辐射布局相结合。常用工艺有重力分离、高效旋流分离等。

(2)工艺配置:在以下情况下设置分离工艺脱出液相及固体杂质。

①集气站所辖单井中部分单井液量高,将影响后续技术管道输送效率和其他工艺设备正常工作的;

②后续干线采用分输工艺的技术系统;

③配合计量工艺进行分离以获取气井气、油、水产量动态数据;

④集气站兼具调压、增压天然气处理功能时。

**3. 计量模块**

(1)作用:为了掌握各气井生产动态,需对各气井生产的天然气、水及天然气凝液进行计量。

(2)工艺配置:集气站计量多为轮换的气液分离计量方式,可设置分离计量模块。

**4. 加热模块**

(1)作用:因集输半径较长,根据热力学计算,需在集气站设置加热模块接续加热,以确保介质温度满足防止水合物形成需求。

(2)工艺配置:根据所需负荷大小、燃气等辅助条件,设置燃气或电加热装置。

**5. 调压模块**

(1)作用:采气与集气两级压力级制工艺中,为与集气系统压力匹配,设置调压装置。

(2)工艺配置:根据热力学核算在确保不形成水合物前提下,设置加热节流橇等装置。

根据不同需求，对不同功能模块进行组合可形成以下多种标准化集气站工艺流程。

## 二、标准化集气站工艺流程

### 1. 加热、计量、混输型集气站

1）流程

井油气经 8 井式（根据需求选择）进站阀组切换，进入计量分离器计量后，油气与不计量的油气汇合进入加热炉加热至 50℃，再通过清管设施进入集气干线接入下游集气站或处理站。工艺原理流程如图 4-23 所示。同时配套：（1）放空流程：单井进站放空、设备安全阀放空及集气干线线进出站放空均接至火炬系统；（2）燃料气流程：燃料气气源引自燃气干线，计量后接入加热炉内；（3）计量流程：采用计量分离器对单井轮换计量；（4）清管流程：在集气站发球，下游收球，完成全线通球作业。

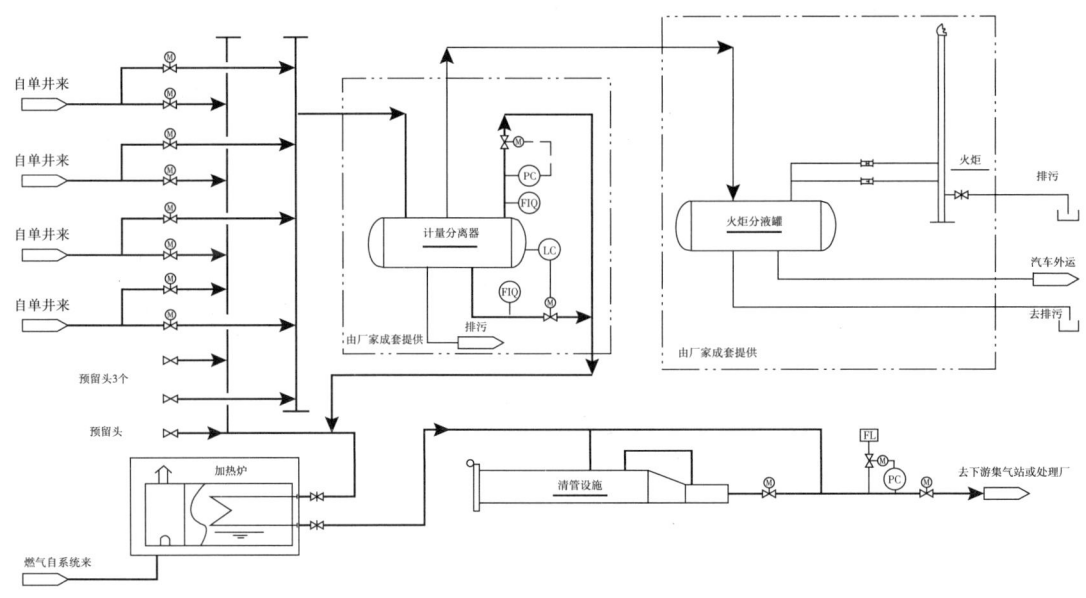

图 4-23  计量后混输工艺流程图

2）选用推荐

对于高压气田总体方案设计时，优先采用气液混输工艺，选择不分离型集气站，节省投资。

### 2. 加热、计量、分输型集气站

1）流程

工艺原理流程如图 4-24 所示。

各井油气经 8 井式（根据需求选择）进站阀组切换，进入计量分离器计量、分离，生产汇管的气液进入加热炉加热至 50℃，进入生产分离器分离。分离后的油气分别与计量分离器的油气各自汇合后，再通过清管设施进入集气干线接入下游集气站或处理站。同时配套：（1）放空流程：单井进站放空、设备安全阀放空及集气干线线进出站放空均接至火炬系统；（2）燃料气流程：燃料气气源引自燃气干线，计量后接入加热炉内；（3）计量流程：采用计量分离器对单井轮换计量；（4）清管流程：气液分别在集气站发球，下游收球，完成全线通球作业。

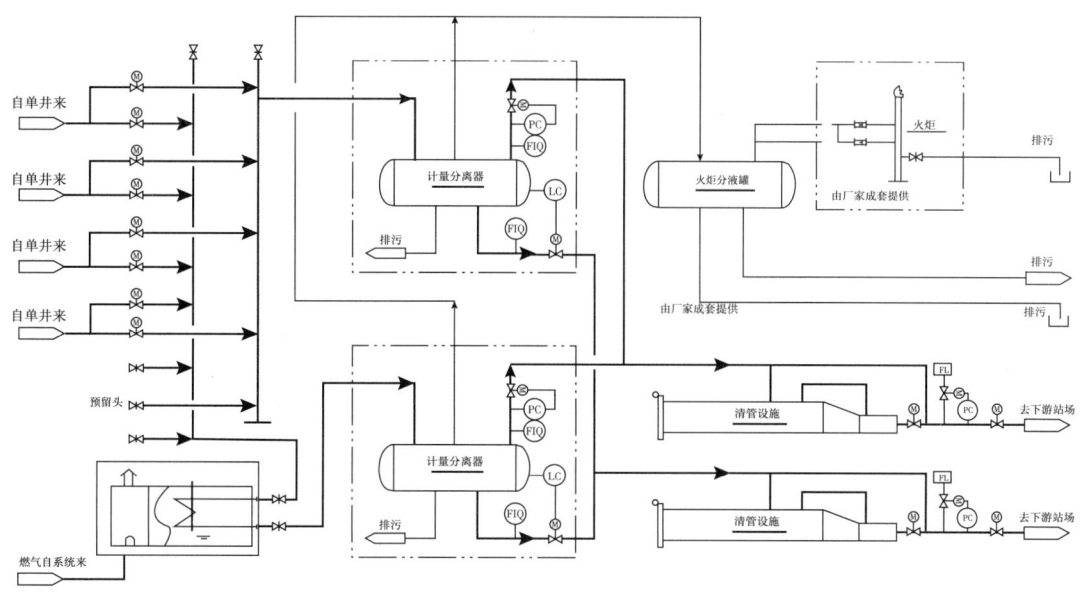

图 4-24　计量后分输工艺流程图

2）选用推荐

对于老设施改造，原输送管线管径相对较小不满足混输需求或液处理流程距离集气站较近，而气处理设施距离较远时，采用气液分输工艺。

**3. 不加热、计量、混输型集气站**

1）流程

工艺原理流程如图 4-25 所示。

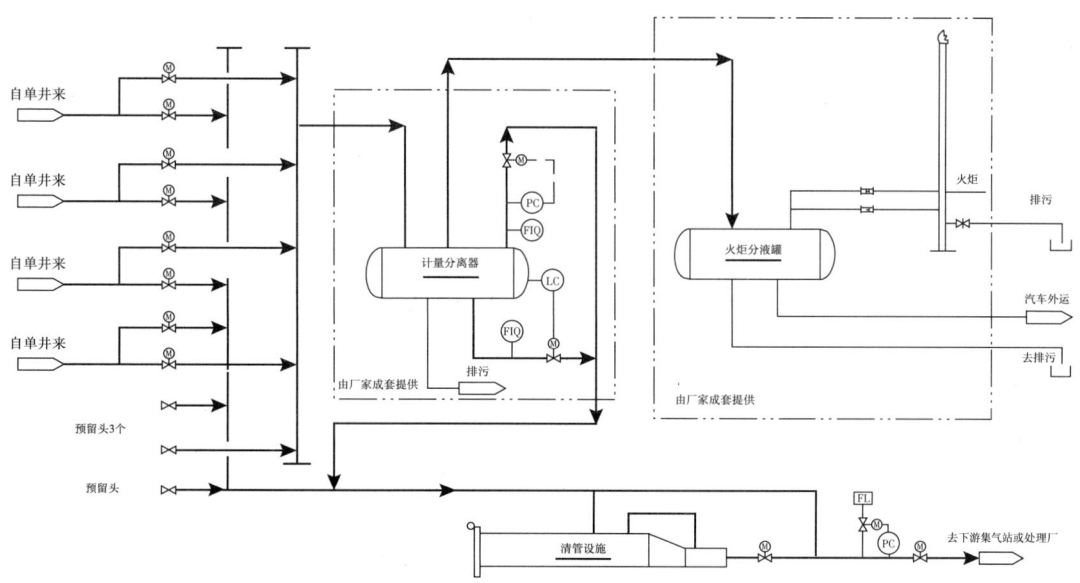

图 4-25　不加热计量后混输工艺流程图

各井油气经 8 井式（根据需求选择）进站阀组切换，进入计量分离器计量后，油气分别与不计量的油气汇合后，再通过清管设施进入集气干线接入下游集气站或处理站。同时配套：（1）放空流程：单井进站放空、设备安全阀放空及集气干线线进出站放空均接至火炬系统；（2）燃料气流程：燃料气气源引自燃气干线，计量后接入加热炉内；（3）计量流程：采用计量分离器对单井轮换计量；（4）清管流程：在集气站发球，下游收球，完成全线通球作业。

2）选用推荐

单井来油温度较高，可以利用自身温度集输至处理站，沿线不用加热。

# 第五章　天然气处理标准化工艺

天然气是一种方便、洁净、高效的优质燃料，是一种重要的化工原料，随着时代的发展，天然气应用越来越广泛，在人们的生活中发挥着极为重要的作用。

2017 年，美国和日本天然气消费量在一次能源消费量的占比分别为 28.45%、22.06%，而中国占比则仅为 6.60%，未来具备较大提升空间。2017 年发改委印发《加快推进天然气利用的意见》。其中提出，逐步将天然气培育成为我国现代清洁能源体系的主体能源之一，到 2020 年，天然气在一次能源消费结构中的占比力争达到 10% 左右，地下储气库形成有效工作气量 $148×10^8m^3$。到 2030 年，力争将天然气在一次能源消费中的占比提高到 15% 左右，地下储气库形成有效工作气量 $350×10^8m^3$ 以上。

2020 年中国天然气表观消费量达 $3289×10^8m^3$，同比增长 7.6%，国内天然气产量为 $1888×10^8m^3$，同比增长 9.8%，满足了 58% 的表观需求，稍高于 2019 年同期的 57.28%，净进口量 $1299.7×10^8m^3$，同比增加了 4.3%。

天然气主要成分为烷烃，其中甲烷占大多数，另有少量的乙烷、丙烷和丁烷等，此外一般有硫化氢、二氧化碳、氮、水汽和少量一氧化碳及微量的稀有气体，如氦和氩等。经过处理的净化天然气是一种洁净环保的优质能源，几乎不含硫、粉尘和其他有害物质，燃烧时产生二氧化碳少于其他化石燃料，造成温室效应较低，因而能较好地改善环境质量。

天然气净化处理指脱除天然气中的有害组分，使之达到标准规定。一般气质标准主要是按适应管输工艺、防止腐蚀及符合民用安全、健康来制订的。其主要指标为总硫、$H_2S$、$CO_2$ 等的含量，水露点，烃露点等。主要处理工艺包括脱除酸性气体（也称脱硫脱碳，即脱除天然气中的酸性组分如 $H_2S$，$CO_2$ 和有机硫化物等）、脱水、脱凝液（含凝液回收）和脱除固体颗粒等杂质，以及硫黄回收和尾气处理等过程，同时包括从天然气中回收某些组分，并使之成为商品的一些工艺过程，例如天然气凝液回收、天然气液化等过程。本章将从脱硫脱碳、脱水脱烃、凝液回收、硫黄回收、脱固体杂质等 5 个方面对天然气处理进行阐述。

## 第一节　天然气处理概述

### 一、天然气处理指标要求

大多数天然气的主要成分是烃类，此外还含有少量非烃类。天然气中的烃类基本上是烷烃，通常以甲烷为主，还有乙烷、丙烷、丁烷、戊烷及少量的己烷以上烃类（$C_{6+}$）。在 $C_{6+}$ 中有时还含有极少量的环烷烃（如甲基环戊烷、环己烷）及芳香烃（如苯、甲苯）。天然气中的非烃类气体，一般为少量的氮气、氢气、氧气、二氧化碳、硫化氢、水蒸气及微量的惰性气体如氦、氩等。天然气的组成并非固定不变，不仅不同地区油气藏中采出的天然气组成差别很大，甚至同一油气藏的不同生产井采出的天然气组成也会有区别。

为使从油气井采出的天然气符合商品质量指标或管道输送要求，需要经过一系列工艺过程对天然气进行处理，这个工艺过程称为天然气处理，处理后天然气称为商品天然气。

商品天然气的质量要求不是按其组成，而是根据经济效益、安全卫生和环境保护等三方面的因素综合考虑制定的。不同国家，甚至同一国家不同地区、不同用途的商品天然气质量要求均不相同，因此，不可能以一个标准来统一。此外，由于商品天然气多通过管道输往用户，又因用户不同，对气体的质量要求也不同。通常，商品天然气的质量指标主要有以下几项。

### 1. 热值（发热量）

热值是表示燃气（即气体燃料）质量的重要指标之一，可分为高热值（高位发热量）与低热值（低位发热量），单位为 $kJ/m^3$ 或 $kJ/kg$，亦可为 $MJ/m^3$ 或 $MJ/kg$。不同种类的燃料气，其热值差别很大。

在具有多种气源的城镇中，由燃气热值和相对密度所确定的沃泊指数，对于燃气经营管理部门及用户都有十分重要的意义。

### 2. 烃露点

此项要求是用来防止在输气或配气管道中有液烃析出。析出的液烃聚集在管道低洼处，会减少管道流通截面。只要管道中不析出游离液烃，或游离液烃不滞留在管道中，烃露点要求就不十分重要。烃露点一般根据各国具体情况而定，有些国家规定了在一定压力下允许的天然气最高烃露点。

### 3. 水露点

此项要求是用来防止在输气或配气管道中有液态水（游离水）析出。液态水的存在会加速天然气中酸性组分（$H_2S$，$CO_2$）对钢材的腐蚀，还会形成固态天然气水合物，堵塞管道和设备。此外，液态水聚集在管道低洼处，也会减少管道的流通截面。冬季水会结冰，也会堵塞管道和设备。

水露点一般也是根据各国具体情况而定。我国对商品天然气要求为在天然气交接点的压力和温度条件下，天然气中应不存在液态水和液态烃，也有一些国家是规定天然气中的水含量。

### 4. 硫含量

此项要求主要是用来控制天然气中硫化物的腐蚀性和对大气的污染，常用 $H_2S$ 含量和总硫含量表示。

天然气中硫化物分为无机硫和有机硫。无机硫指硫化氢（$H_2S$），有机硫指二硫化碳（$CS_2$）、硫化羰（COS）、硫醇（$CH_3SH$、$C_2H_5SH$）、噻吩（$C_4H_4S$）、硫醚（$CH_3SCH_3$）等。天然气中的大部分硫化物为无机硫。

硫化氢及其燃烧产物二氧化硫，都具有强烈的刺鼻气味，对眼黏膜和呼吸道有损坏作用。空气中的硫化氢浓度大于 0.06%（体积分数）（约 $910mg/m^3$）时，人呼吸半小时就会致命。当空气中含有 0.05%（体积分数）$SO_2$ 时，人呼吸短时间生命就有危险。硫化氢又是一种活性腐蚀剂。在高压、高温及有液态水存在时，腐蚀作用会更加剧烈。硫化氢燃烧后生成二氧化硫和三氧化硫，也会对燃具或燃烧设备造成腐蚀。因此，一般要求天然气中的硫化氢含量不高于 $6\sim20mg/m^3$。除此之外，对天然气中的总硫含量也有一定要求，一般要求小于 $100mg/m^3$ 或更低。

### 5. 二氧化碳含量

二氧化碳也是天然气中的酸性组分，在有液态水存在时，对管道和设备也有腐蚀性。尤其当硫化氢、二氧化碳与水同时存在时，对钢材的腐蚀更加严重。此外，二氧化碳还是天然气中的不可燃组分。因此，一些国家规定了天然气中二氧化碳的含量不高于2%~3%（体积分数）。

### 6. 机械杂质（固体颗粒）

在我国，国家标准《天然气》（GB 17820—2018）中虽未规定商品天然气中机械杂质的具体指标，但明确指出"天然气中固体颗粒含量应不影响天然气的输送和利用"，这与国际标准化组织天然气技术委员会（ISO/TC 193）1998年发布的《天然气质量指标》（ISO 13686）是一致的。应该说明的是，固体颗粒指标不仅应规定其含量，也应说明其粒径。故我国的企业标准《天然气长输管道气质要求》（Q/SY 30—2002）对固体颗粒的粒径明确规定应小于5μm。

### 7. 其他

关于氧含量，从我国西南油气田公司天然气研究院十多年来对国内各油气田所产天然气的分析数据看，从未发现过井口天然气中含有氧。但四川、大庆等地区的用户均曾发现商品天然气中含有氧（在短期内），有时其含量还超过2%（体积分数）。这部分氧的来源尚不清楚，估计是集输、处理等过程中混入天然气中的。由于氧会与天然气形成爆炸性气体混合物，而且在输配系统中氧也可能氧化某些加臭剂（如硫醇）而形成腐蚀性更强的产物，故无论从安全或防腐的角度，应对此问题引起足够重视，及时开展调查研究。此外，北美国家的商品天然气质量要求中还规定了最高输气温度和最高输气压力等指标。

实际上，商品天然气的质量指标应从提高经济效益出发，在满足国家关于安全卫生和环境保护等标准的前提下，由供需双方按照需要和可能，在签订供气合同或协议时具体协商确定。

如果只是为了符合管道输送要求，则经过处理后的天然气称为管输天然气，简称管输气。根据《天然气》（GB 17820—2018）有关要求，天然气按高位发热量、总硫、硫化氢和二氧化碳含量分为一类和二类，对管输天然气的质量要求见表5-1。

表5-1 天然气质量要求

| 项目 | 一类 | 二类 |
| --- | --- | --- |
| 高位发热量[①,②]/（MJ/m$^3$） | ≥34.0 | ≥31.4 |
| 总硫（以硫计）[①]/（mg/m$^3$） | ≤20 | ≤100 |
| 硫化氢[①]/（mg/m$^3$） | ≤6 | ≤20 |
| 二氧化碳摩尔分数/% | ≤3.0 | ≤4.0 |

①本标准中使用的标准参比条件101.325kPa，20℃。
②高位发热量以干基计。

①在天然气交接点的压力和温度条件下，天然气中应不存在液态水和液态烃。
②天然气中固体颗粒应不影响天然气的输送和利用。
③进入长输管道的天然气应符合一类气的质量要求。

## 二、天然气处理工艺概述

天然气处理是从分离器分出的天然气在进入输配管道或用户之前必不可少的工艺过程，因而是天然气工业中一个非常主要的组成部分。以往，人们根据工艺过程的目的不同，又将其区分为天然气处理与加工两部分。天然气处理指为使天然气符合商品质量指标或管道输送要求而采用的一些工艺过程，例如脱除酸性气体（也称脱硫脱碳，即脱除天然气中的酸性组分如 $H_2S$，$CO_2$ 和有机硫化物等）、脱水、脱凝液（含凝液回收）和脱除固体颗粒等杂质，以及热值调整、硫黄回收和尾气处理等过程，在我国，还习惯上把天然气脱酸性气体、脱水、硫黄回收和尾气处理等统称为天然气净化。天然气加工指从天然气中回收某些组分，并使之成为商品的一些工艺过程，例如天然气凝液回收、天然气液化及提氦等过程。因此，两者的区别在于其目的不同。例如，同样是脱除凝液（含凝液回收）过程，根据其目的既可能划归天然气处理范畴，也可能划归天然气加工范畴[14]。

随着天然气工业的迅速发展，上述一些工艺过程其处理或加工目的兼而有之，因而就无法区分属于哪种范畴而且也没有必要。因此，目前国内除了一些以天然气脱酸性气体、脱水、硫黄回收和尾气处理为主体的工厂仍沿称天然气净化厂外，其他一些包括脱凝液、脱水等在内的工厂都称为天然气处理厂（站）。

图 5-1 为油气田对天然气进行处理的示意框图。按照以往划分，图中的脱酸性气体、硫黄回收和尾气处理过程均属于天然气处理范畴。至于脱水、脱凝液（含天然气凝液回收）过程，如果其目的是为了控制天然气的水、烃露点（即露点控制），使其满足商品天然气的质量指标或管道输送要求，则属于天然气处理范畴；如果其目的是为了回收凝液并直接或进一步分离成为商品，则应属于天然气加工范畴。但是，当前我国有些以高压凝析气和湿天然气为原料气的天然气处理厂（站）中采用脱凝液过程的目的，既是为了控制天然气的烃露点，也是为了回收凝液并进一步分离为商品，故目前都将其统称为天然气处理过程。

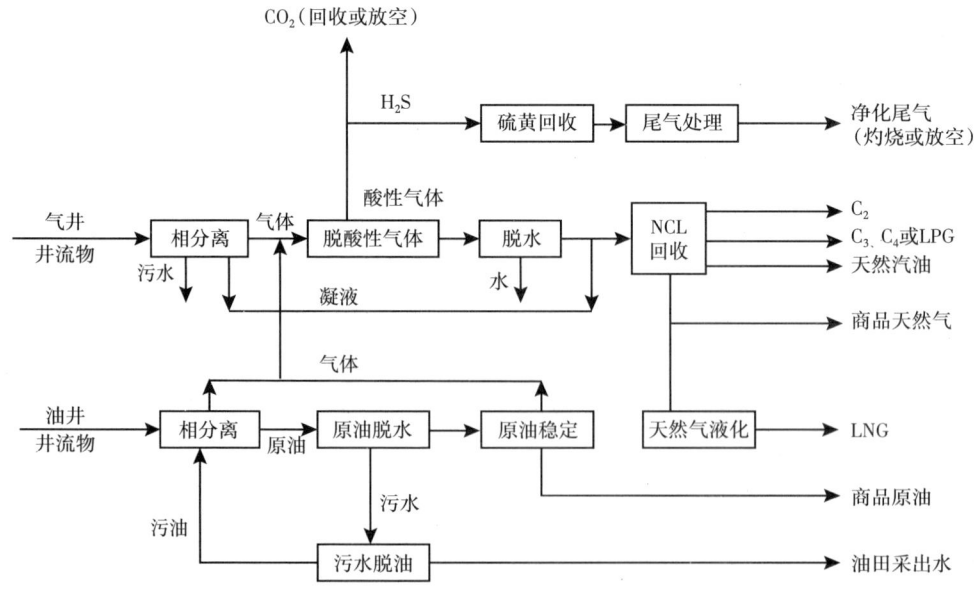

图 5-1　天然气处理流程示意图

必须说明的是，并非所有油气井来的天然气都经过图 5-1 中的各个工艺过程。例如，如果天然气中酸性组分含量很少，已经符合商品天然气质量指标对其的要求，就可不必脱酸性气体而直接脱水和脱凝液等；如果天然气中含乙烷和更重烃类组分很少，就可直接经预处理后生产液化天然气等。

天然气处理产品除净化天然气外，主要还有液化天然气、天然气凝液、液化石油气、天然汽油等。

### 1. 液化天然气

液化天然气（Liquefied natural gas，LNG）是由天然气液化制取的，以甲烷为主的液烃混合物。其摩尔组成为：$C_1$ 80%~95%，$C_2$ 3%~10%，$C_3$ 0~5%，$C_4$ 0~3%，$C_{5+}$ 微量。一般是在常压下将天然气冷冻到约 -162℃，使其变为液体。

由于液化天然气的体积为其气体（20℃，101.325kPa）体积的 1/625，故有利于输送和储存。随着液化天然气运输船及储罐制造技术的进步，将天然气液化几乎是目前跨越海洋运输天然气的主要方法。LNG 不仅可作为石油产品的清洁替代燃料，也可用来生产甲醇、氨及其他化工产品。此外，在一些国家和地区 LNG 还用于民用燃气调峰。LNG 再汽化时的蒸发潜热（-161.5℃ 时约为 5111kJ/kg）还可供制冷、冷藏等行业用。

### 2. 天然气凝液

天然气凝液（Natural gas liquids，NGLs 或 NGL）也称为天然气液或天然气液体，我国习惯称为轻烃，指从天然气中回收到的液烃混合物，包括乙烷、丙烷、丁烷及戊烷以上烃类等，有时广义地说，从气井井场及天然气处理厂得到的凝析油均属天然气凝液。天然气凝液可直接作为产品，也可进一步分离出乙烷、丙烷、丁烷或丙、丁烷混合物和天然汽油等。天然气凝液及由其得到的乙烷、丙烷、丁烷等烃类是制取乙烯的主要原料。此外，丙烷、丁烷或丙、丁烷混合物不仅是热值很高（83.7~125.6MJ/m$^3$）、输送及储存方便、硫含量低的民用燃料，还是汽车的清洁替代燃料，其质量指标见《车用液化石油气》（GB 19159—2012）的有关规定。

### 3. 液化石油气

液化石油气（Liquefied Petroleum Gas，LPG）也称为液化气，指主要由丙烷和丁烷组成并在常温下处于液态的石油产品。按其来源分为炼厂液化石油气和油气田液化石油气两种。炼厂液化石油气是由炼油厂的二次加工过程所得，主要由丙烷、丙烯、丁烷和丁烯等组成。油气田液化石油气则是由天然气处理过程所得到的，通常又可分为商品丙烷、商品丁烷和商品丙、丁烷混合物等。商品丙烷主要由丙烷和少量丁烷及微量乙烷组成，适用于要求高挥发性产品的场合。商品丁烷主要由丁烷和少量丙烷及微量戊烷组成，适用于要求低挥发性产品的场合。商品丙、丁烷主要由丙烷、丁烷和少量乙烷、戊烷组成，适用于要求中挥发性产品的场合。油气田液化石油气不含烯烃。我国油气田液化石油气质量指标见表 5-2。

### 4. 稳定轻烃

稳定轻烃也称为天然汽油、气体汽油或凝析汽油，指天然气凝液经过稳定后得到的，以戊烷及更重烃类为主的液态石油产品。我国将天然汽油按其蒸气压分为两种牌号，其代号为 1 号和 2 号。1 号产品可作为石油化工原料；2 号产品除作为石油化工原料外，也可用作车用汽油调和原料。它们的质量指标见表 5-3。

表 5-2 液化石油气的技术要求和试验方法

| 项目 | 质量指标 | | | 试验方法 |
|---|---|---|---|---|
| | 商品丙烷 | 商品丙丁烷混合物 | 商品丁烷 | |
| 密度（15℃）/（kg/m$^3$） | 报告 | | | SH/T 0221[①] |
| 蒸气压（37.8℃）/kPa | ≤1430 | ≤1380 | ≤485 | GB/T 12576 |
| $C_3$ 烃类组分（体积分数）/% | ≥95 | — | — | |
| $C_4$ 及 $C_4$ 以上烃类组分（体积分数）/% | ≤2.5 | — | — | |
| （$C_3+C_4$）烃类组分（体积分数）/% | — | ≥95 | ≥95 | |
| $C_5$ 及 $C_5$ 以上烃类组分（体积分数）/% | — | ≤3.0 | ≤2.0 | |
| 残留物 | | | | SY/T 7509 |
| 蒸发残留物/（mL/100mL） | ≤0.05 | | | |
| 油渍观察 | 通过[③] | | | |
| 铜片腐蚀（40℃，1h）/级 | ≤1 | | | SH/T 0232 |
| 总硫含量/（mg/m$^3$） | ≤343 | | | SH/T 0222 |
| 乙酸铅法 | 无 | | | SH/T 0125 |
| 层析法/（mg/m$^3$） | ≤10 | | | SH/T 0231 |
| 游离水 | 无 | | | 目测[④] |

① 密度也可用 GB/T 12576 方法计算，有争议时以 SH/T 0221 为仲裁方法。
② 液化石油气中不允许人为加入除加臭剂以外的非烃类化合物。
③ 按 SY/T 7509 方法所述，每次以 0.1mL 的增量将 0.3mL 溶剂残留物混合液滴到滤纸上，2min 后在日光下观察，无持久不退的油环为通过。
④ 有争议时，采用 SH/T 0221 的仪器及试验条件目测是否存在游离水。

表 5-3 稳定轻烃质量指标

| 项目 | 质量指标 | | 试验方法 |
|---|---|---|---|
| | 1号 | 2号 | |
| 饱和蒸气压/kPa | 74~200 | 夏[①] <74 | GB/T 8017 |
| | | 冬[②] <88 | |
| 馏程 | | | |
| 10% 蒸发温度/℃ | — | ≥35 | |
| 90% 蒸发温度/℃ | ≤135 | ≤150 | GB/T 6536 |
| 终馏点/℃ | ≤190 | ≤190 | |
| 60℃ 蒸发率（体积分数）/% | 实测 | — | |

续表

| 项目 | 质量指标 | | 试验方法 |
|---|---|---|---|
| | 1 号 | 2 号 | |
| 硫含量③/% | ≤ 0.05 | ≤ 0.10 | SH/T 0689 |
| 机械杂质及水分 | 无 | 无 | 目测④ |
| 铜片腐蚀 / 级 | ≤ 1 | ≤ 1 | GB/T 5096 |
| 赛波特颜色号 | ≥ +25 | — | GB/T 3555 |

①夏季从 5 月 1 日至 10 月 31 日。
②冬季从 11 月 1 日至 4 月 30 日。
③硫含量允许采用 GB/T 17040 和 SH/T 0253 进行测定，但仲裁试验应采用 SH/T 0689。
④将试样注入 100 mL 的玻璃量筒中观察，应当透明，没有悬浮与沉降的机械杂质及水分。

**5. 压缩天然气**

压缩天然气（Compressed Natural Gas，CNG）是经过压缩的高压商品天然气，其主要成分是甲烷。由于它不仅抗爆性能（甲烷的研究法辛烷值约为 108）和燃烧性能好，燃烧产物中的温室气体及其他有害物质含量很少，而且生产成本较低，因而是一种很有发展前途的汽车清洁替代燃料。目前，大多灌装在 20~30MPa 的气瓶中供汽车使用，称为汽车用压缩天然气（Compressed natural gas for vehicles）。

## 三、天然气处理工艺发展现状

中国的天然气处理大致可分为 3 个发展阶段：起步阶段（20 世纪 50—60 年代）；巩固，提高及进一步扩大规模阶段（20 世纪 70 年代）；净化处理能力成倍扩大，工艺技术水平进一步提高阶段（20 世纪 80 年代）[15]。

（1）20 世纪 50 年代初至 60 年代中后期——起步阶段。

在这一阶段天然气产量不足 $10\times10^8\text{m}^3/\text{a}$，且多为就近利用制炭黑。有脱硫净化的要求，主因是天然气中所含 $H_2S$ 会造成设备腐蚀，并由此影响炭黑质量。为保证天然气净化长期稳定运行，成功地应用了碱液法脱硫。此法虽然在再生时有 $H_2S$ 排出，但工艺过程简单，天然气处理量不大，工厂远离居民点，在当时条件下虽不理想却现实可行。一时迅速推广，投产装置的总处理能力达到 $30\times10^4\text{m}^3/\text{d}$ 以上。

在 20 世纪 60 年代，四川天然气资源的开发规模不断扩大，含硫更高、气量更大的气田相继发现，天然气通过管线向城市供气也已提到议事日程，在这一发展的形势下，碱液法脱硫已不能满足需要，于是促进了胺法的试验研究。1966 年在东溪气田首次用 MEA 脱硫和克劳斯法回收硫（虽然很原始）；1968 年在威远气田建成单套处理能力为 $70\times10^4\text{m}^3/\text{d}$ 的 MEA 装置两套，采用分流法克劳斯法工艺回收硫等工业试验成果迅即转化成生产力。

（2）20 世纪 70 年代——天然气净化工艺技术巩固、提高和规模进一步扩大发展阶段。

在这一阶段天然气产量有所提高，已达 $30\times10^8\text{m}^3/\text{a}$ 左右，在工艺技术上主要完成了以下几点。

①围绕工艺装置上发现的问题，系统地开展配套技术的试验研究。如原料气的分离处

理、溶液的过滤、消泡、复活、硫黄回收工艺及催化剂制作和长期稳定运行问题；尾气处理方面还开发了尾气制焦亚硫酸钠及液相催化转化法的工业试验，并应用于生产以减轻污染，还开发了新工艺，如以砜胺法代替 MEA 法，铁碱法、蒽醌法、EDTA 络合铁法的研究，三甘醇脱水的工业试验装置等。

②完成了川东天然气净化总厂的引进工作——6.4MPa，$400×10^4m^3/d$ Sulfinol 法，原料气分离、脱硫、脱水、硫黄回收、尾气处理、循环水处理、污水处理等。配套完整，自控水平高，能耗较低。引进技术的消化吸收，对提高我国天然气净化工艺技术水平促进很大。

（3）开发推广新技术、全面改善技术经济指标阶段。

20 世纪 80 年代以来我国的天然气净化处理能力成倍扩大，工艺技术水平进一步提高。开发成功国际上先进、具有明显节能效果的 MDEA 选择性吸收脱硫工艺，并直接应用于规模为 $400×10^4m^3/d$ 新建的四川渠县净化分厂，一次考核成功；四川中坝净化厂引进的亚露点克劳斯法（MCRC）硫回收装置顺利投产；随后又引进了 ClinSulf-SDP 和 Super Claus 尾气处理装置。这些成就均标志着我国的天然气净化工艺技术已进入了开发和推广新工艺技术、全面改善技术经济指标的新阶段。

应当指出，在 20 世纪 90 年代前，天然气净化工艺发展的主要推动力是改善经济性及实践提出的新课题，此后，环保要求也成为技术发展的重要推动力。进入 21 世纪的第二个 10 年后，国家加大环境保护力度，随着《陆上石油天然气开采工业大气污染物排放标准》（GB 39728—2020）自 2021 年 1 月 1 日起实施，现有企业自 2023 年 1 月 1 日起，其大气污染物排放控制按照本标准的规定执行，不再执行《大气污染物综合排放标准》（GB 16297—1996）。《陆上石油天然气开采工业大气污染物排放标准》（GB 39728—2020）实施后，对于天然气处理厂二氧化硫排放要求更加严格。

## 四、塔里木油田天然气处理概述

塔里木油田位于新疆维吾尔自治区境内的塔克拉玛干大沙漠中，石油和天然气储量丰富，油田幅员辽阔，作业区域遍及塔里木盆地周边南疆五地州二十多个县市，最远的作业区距离总部 1400 余千米。

2020 年底，塔里木油田油气产量当量达到 $3080×10^4t$，标志着我国在祖国西部边陲建成一个年产 $3000×10^4t$ 级的大油气田，成为仅次于长庆油田、大庆油田的我国第三大油气田。

塔里木油田天然气主要包括气田的采出气和油田伴生气，气田主要分为干气气田（克拉、克深）、非酸性凝析气田（大北、迪那、英买力、牙哈、柯克亚）、酸性凝析气田［塔中、桑吉、和田河、阿克（含 $CO_2$）］三类。

和田河气田、阿克气田和柯克亚气田生产的天然气主要用于南疆各地州市用气，其余主力油气田天然气均管输至轮南集气总站，西气东输首站为塔里木油田天然气外输的唯一出口。总体来说，塔里木油气田分布特点是：占地辽阔，油气田众多并且分散，出口唯一。

塔里木气区的几个重点气田都有一个共同的特点，即压力高，产量大，装置处理能力大。克拉 2 气田和克深气田井口压力可达 50MPa 以上，部分单井产量达到 $100×10^4m^3/d$ 以上；克拉、克深、迪那、大北气田配套的天然气处理厂日处理能力均在 $1500×10^4m^3$ 以上。塔里木油田的天然气不仅产量大压力高，且具有较大的凝液回收价值。

为了满足天然气外输烃水露点要求，同时回收更多的液化气、轻油等高附加值原料，塔里木油田的天然气处理厂脱水脱烃处理一般采用 J-T 阀或外加丙烷制冷工艺，配以注乙二醇防冻工艺流程。采用 J-T 阀或外加丙烷制冷工艺进行脱水脱烃，工艺流程简单，装置能耗低，维检修便捷，投资低，但其轻烃回收深度仅为满足外输气烃露点要求，轻烃回收率低，还有大量轻烃资源未回收利用，而这些轻烃资源具有较高附加值。塔里木油田为了提高经济效益，满足市场需求，将部分较富的天然气中 $C_{3+}$ 组分进行回收，目前已建设了一座大型天然气轻烃深度回收工厂，用于回收天然气中的 LPG 和稳定轻烃产品。该工厂建设在轮南集气总站和西气东输首站西南侧，原料气从轮南集气总站进气管线站前阀室引入轻烃回收厂，回收后外输气增压后返回轮南集气总站取气点阀室的截断阀下游，液化气（LPG）产品在厂内储存后通过管道输送至牙哈装车站，稳定轻烃产品在厂内储存后装车外输。工厂于 2017 年 8 月投产。轮南轻烃厂原料气回收 LPG 和稳定轻烃产品后，仍含有大量的乙烷，为了进一步提高上下游整体经济效益，塔里木油田拟在现有轮南轻烃厂基础上扩建为乙烷回收工厂，生产乙烷产品。天然气乙烷回收工程实施后，各油气田处理厂在进行天然气处理时只要满足外输气烃露点要求即可，深度脱烃集中在轮南轻烃厂完成。

塔里木部分油气田为酸性油气田，采出的天然气里含硫化氢，为满足商品气气质要求，在天然气处理厂内需要对天然气进行脱硫处理。塔里木油田天然气脱硫装置主要采用的是应用最为广泛、技术最为成熟的 MDEA 溶液脱硫工艺。该工艺天然气脱损率低，能耗低；同时 MDEA 溶液蒸气压低，溶剂蒸发损失小且热稳定性好，其热降解和化学降解小，可长期稳定操作，从而降低了装置运行费用。

塔里木油田在硫黄回收工艺方面，根据处理装置不同的工况，分别选用了 CPS 硫黄回收工艺和 OR-GREEN 工艺。CPS 硫黄回收工艺是中国石油工程建设有限公司西南分公司专利技术，此工艺是低温克劳斯工艺的综合改进；OR-GREEN 工艺是基于 Lo-Cat 工艺原理的改良工艺。两种工艺均具有较高的硫回收率。现有硫黄回收装置后均未设置尾气处理装置，尾气经焚烧炉灼烧后尾气中残余的硫变为毒性较小的 $SO_2$ 排放大气，但随着《陆上石油天然气开采工业大气污染物排放标准》（GB 39728—2020）的实施，对天然气净化厂的尾气提出了更高更严的要求，塔里木油田已开始开展尾气处理相关工艺的研究工作。

## 第二节　天然气脱硫脱碳

气体脱硫是一种很古老的工艺，19 世纪末英国已开始用干式氧化铁法从气流中脱除含硫化合物，但它成为一个独立的工业分支则是在 20 世纪 30 年代后期醇胺类溶剂应用于气体脱硫以后[1]。

### 一、天然气脱硫脱碳方法与选择

#### 1. 脱硫脱碳方法

天然气脱硫脱碳方法很多，这些方法一般可分为化学溶剂法、物理溶剂法、化学—物理溶剂法、直接转化法和其他类型方法等。

1）化学溶剂法

化学溶剂法系采用碱性溶液与天然气中的酸性组分（主要是 $H_2S$、$CO_2$）反应生成某种化合物，故也称化学吸收法。吸收了酸性组分的碱性溶液（通常称为富液）在再生时又可使该化合物将酸性组分分解与释放出来。这类方法中最具代表性的是采用有机胺的醇胺（烷醇胺）法及有时也采用的无机碱法，例如活化热碳酸钾法。

当前醇胺法净化（脱硫脱碳）工艺不仅广泛应用于天然气和炼厂气的净化，在合成氨工业及通过合成气制备下游产品的工业也经常使用。虽然其他的脱硫脱碳工艺，如物理溶剂吸收法、氧化还原法、改良热钾碱法等在特定的工况条件下也常被采用，但对天然气和炼厂气净化而言，醇胺法迄今仍处于主导地位。特别对于需要通过后续的克劳斯装置大量回收硫黄的天然气净化装置，醇胺法可以认为是最有效的工艺。属于醇胺法的有一乙醇胺（MEA）法、二乙醇胺（DEA）法、二甘醇胺（DGA）法、二异丙醇胺（DIPA）法、甲基二乙醇胺（MDEA）法，以及空间位组胺、混合醇胺、配方醇胺溶液（配方溶液）法等。

醇胺法和砜胺法的典型工艺流程及设备基本相同。醇胺法脱硫脱碳的典型工艺流程如图5-2所示。由图可知，该流程由吸收、闪蒸、换热和再生（汽提）四部分组成。其中，吸收部分是将原料气中的酸性组分脱除至规定指标或要求；闪蒸部分是将富液（即吸收了酸性组分后的溶液）在吸收酸性组分的同时还吸收的一部分烃类通过降压闪蒸除去；换热是回收离开再生塔的热贫液热量；再生是将富液中吸收的酸性组分解吸出来成为贫液循环使用。

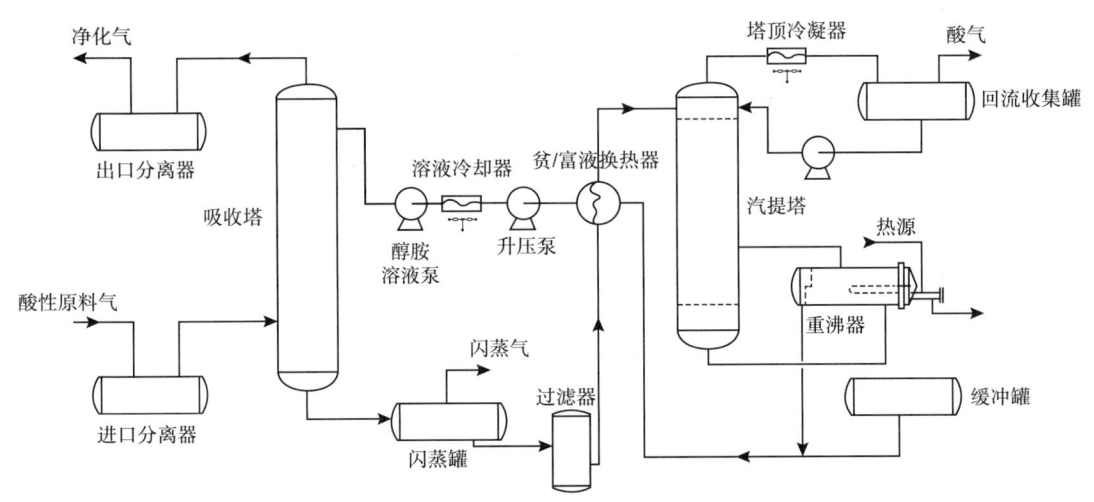

图 5-2　醇胺法和砜胺法典型工艺流程图

2）物理溶剂法

此法利用某些溶剂对气体中 $H_2S$、$CO_2$ 等与烃类的溶解度差别很大而将酸性组分脱除，故也称物理吸收法。物理溶剂法一般在高压和较低温度下进行，适用于酸性组分分压高（大于345kPa）的天然气脱硫脱碳。此外，此法还具有可大量脱除酸性组分，溶剂不易变质，比热容小，腐蚀性小及可脱除有机硫（COS、$CS_2$ 和 RSH）等优点。由于物理溶剂对天然气中的重烃有较大的溶解度，故不宜用于重烃含量高的天然气，且多数方法因受再生程度的限制，净化度（即原料气中酸性组分的脱除程度）不如化学溶剂法。当净化度要求很高时，需采用气提法等再生方法。

目前，常用的物理溶剂法有多乙二醇二甲醚法（Selexol法）、碳酸丙烯酯法（Fluor

Solvent 法）、冷甲醇法（Rectisol 法）等。

物理吸收法的溶剂通常靠多级闪蒸进行再生，不需蒸汽和其他热源，还可同时使气体脱水。

3）化学—物理溶剂法

这类方法采用的溶液是醇胺、物理溶剂和水的混合物，兼有化学溶剂法和物理溶剂法的特点，故又称混合溶液法或联合吸收法。目前，典型的化学—物理吸收法为砜胺法（Sulfinol）法，包括 DIPA—环丁砜法（Sulfinol-D 法，砜胺Ⅱ法）、MDEA 环丁砜法（Sulfinol-M 法，砜胺Ⅱ法）。此外，还有 Amisol、Selefining 等。

4）直接转化法

这类方法以氧化—还原反应为基础，故又称氧化—还原法或湿式氧化法。它借助于溶液中的氧载体将碱性溶液吸收的 $H_2S$ 氧化为元素硫，然后采用空气使溶液再生，从而使脱硫和硫回收合为一体。此法目前虽在天然气工业中应用不多，但在焦炉气、水煤气、合成气等气体脱硫及尾气处理方面却广为应用。由于溶剂的硫容量（即单位质量或体积溶剂能够吸收的硫的质量）较低，故适用于原料气压力较低及处理量不大的场合。属于此法的主要有钒法（ADA-$NaVO_3$ 法、栲胶—$NaVO_3$ 法等））、铁法（Lo-Cat 法、Sulferox 法、EDTA 络合铁法、FD 及铁碱法等），以及 PDS 等方法。

上述诸法因都采用液体脱硫脱碳，故又统称为湿法。

5）其他类型方法

除上述方法外，目前还可采用分子筛法、膜分离法、低温分离法及生物化学法等脱除 $H_2S$ 和有机硫。此外，非再生的固体（例如海绵铁）和液体及浆液脱硫剂则适用于 $H_2S$ 含量低的天然气脱硫。其中，可以再生的分子筛法等又称为间歇法。

近年来，生物脱硫法已有大量报道，该法具有成本低、安全、脱硫效率高等特点。使用生化方法处理气体中的 $H_2S$，国内的研究开发工作也颇活跃，此中最令人感兴趣的是将含有 C 元素、H 元素、O 元素和 S 元素的胺法酸气（$H_2S$，$CO_2$）转化为碳水化合物与元素硫，而类似于绿色植物的光合作用，使物尽其用而无废物，曾发现嗜硫代硫酸盐绿硫细菌属具有此种功能，但要取得可以工业化的成果，还有相当长的距离。开发生化方法的核心是菌种选择及反应器的设计。

对于规模较小的含硫天然气，炼油厂含硫尾气，当其脱硫酸气采用常规 Claus 法回收硫黄不经济时可考虑生物脱硫法，其优点是：（1）工艺流程简单，设备和控制点少，投资低；（2）采用自然再生的生物催化剂；（3）操作人员少，后期操作费和维修费低；（4）外排量少，更环保；（5）占地面积少。

目前处理含 $H_2S$ 气体已经工业化的生物脱硫法有 Shell-Paques/Thiopaq 和 Bio-SR 法两种，它们均利用了细菌间接氧化作用脱硫，只是处理溶液的脱硫、再生方式和细菌生存条件有所不同。Shell-Paques/Thionaq 法采用碱性溶液吸收剂，在吸收塔内通过酸碱中和反应脱硫，脱硫溶液的再生则是在生物反应器的碱性环境中细菌作用下进行氧化生成元素硫，同时完成了硫黄的分离。Bio-SR 法则采用 $Fe_2(SO_3)_3$ 溶液在吸收塔中通过铁离子的氧化还原来脱硫，并同时生成硫黄；脱硫溶液分离硫黄后进入生物反应器的酸性环境中在细菌作用下氧化再生。这两种方法都实现了工业应用，目前以采用 Shell-Paques/Thiopaq 法的工业装置较多，已成功用于含硫天然气脱硫。Shell-Paques/Thiopaq 法是一个不可逆反应，$H_2S$ 脱除率极高并且没有 $SO_2$ 排放，同时其生物反应器在常温、常压下运行，安全环保。

**2. 脱硫脱碳方法的选择**

在选择脱硫脱碳方法时，图 5-3[16] 作为一般性指导是有用的。由于需要考虑的因素很多，不能只按图 5-3 的条件去选择某种脱硫脱碳方法，也许经济因素和局部情况会支配某一方法的选择。

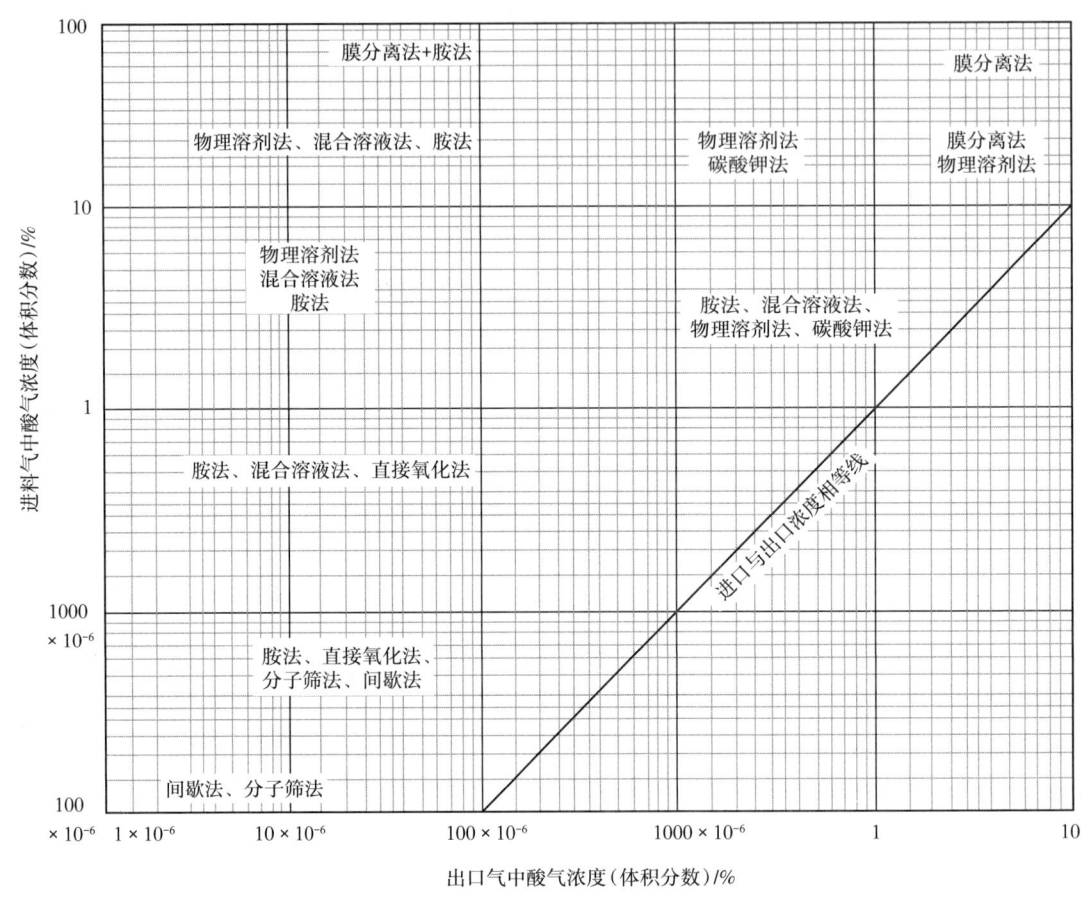

图 5-3 天然气脱硫脱碳方法选择指导

1）需要考虑的因素

脱硫脱碳方法的选择会影响整个处理厂的设计，包括酸气排放、硫黄回收、脱水、NGL 回收、分馏和产品处理方法的选择等。在选择脱硫脱碳方法时应考虑的主要因素有：

原料气中酸气组分的类型和含量；

净化气的质量要求；

酸气要求；

酸气的温度、压力和净化气的输送温度、压力；

原料气处理量和原料气中的烃类含量；

脱除酸气所要求的选择性；

液体产品（例如 NGL）质量要求；

投资、操作、技术专利费用；

有害副产物的处理等。

（1）原料气中酸性组分的类型和含量。

对原料气组成进行准确分析的重要性无论怎样强调都不过分。脱硫脱碳方法的选择和经济性取决于对气体中所有组分的准确认识。

大多数天然气中的酸性组分是 $H_2S$、$CO_2$，但有时也可能含有 COS、$CS_2$ 和 RSH（即使含量很低）等。只要气体中含有其中任何一种组分，不仅会排除选择某些脱硫脱碳方法，而且对下游气体处理装置的工艺设计也具有显著影响。

例如，在下游的 NGL 回收过程中，气体中的 COS、$CS_2$ 和 RSH 及其他硫化物主要将会进入 NGL。如果在回收 NGL 之前不从天然气中脱除这些组分，就要对 NGL 进行处理，以符合产品质量指标。

（2）酸气组成。

作为硫黄回收装置的原料气——酸气，其组成是必须考虑的一个因素。如果酸气中的 $CO_2$ 浓度大于 80% 时，就应考虑采用选择性脱 $H_2S$ 方法的可能性，包括采用多级脱硫过程。

水含量和烃类含量高时，将对硫黄回收装置的设计与操作带来很多问题。因此，必须考虑这些组分对气体处理方法的影响。

（3）原料气组成和操作条件。

原料气中酸气分压高（345kPa）时提高了选择物理溶剂法的可能性，而重烃的大量存在却降低了选择物理溶剂法的可能性。酸气分压低和净化度要求高时，通常需要采用醇胺法脱硫脱碳。

（4）pH 值的控制。

控制电解质水溶液的 pH 值对大多数脱硫脱碳方法都是非常重要的。需要指出的是，当 pH 值等于 7 时所有弱酸或弱碱溶液都可能不是中性的。使其中和所需的 pH 值将随酸的性质而变化，但通常会小于或大于 7。

2）选择原则

根据国内外工业实践，以下原则可供选择各种醇胺法和砜胺法脱硫脱碳时参考。

（1）一般情况。

对于处理量比较大的脱硫脱碳装置首先应考虑采用醇胺法的可能性。

①原料气中碳硫比高（$CO_2/H_2S$ 物质的量比大于 6）时，为获得适用于常规克劳斯硫黄回收装置的酸气（酸气中 $H_2S$ 浓度低于 15% 时无法进入该装置）而需要选择性脱 $H_2S$，以及其他可以选择性脱 $H_2S$ 的场合，应选用选择性 MDEA 法。

②原料气中碳硫比高且在脱除 $H_2S$ 的同时还需脱除相当量的 $CO_2$ 时，可选用 MDEA 和其他醇胺（例如 DEA）组成的混合醇胺法或合适的配方溶液法。

③原料气中 $H_2S$ 含量低、$CO_2$ 含量高且需深度脱除 $CO_2$ 时，可选用合适的 MDEA 配方溶液法（包括活化 MDEA 法）。

④原料气压力低，净化气的 $H_2S$ 质量指标严格且需同时脱除 $CO_2$ 时，可选用 MEA 法、DEA 法、DGA 法或混合醇胺法。如果净化气的 $H_2S$ 和 $CO_2$ 质量指标都很严格，则可采用

MEA 法、DEA 法或 DGA 法。

⑤在高寒或沙漠缺水地区，可选用 DGA 法。

（2）需要脱除有机硫化物。

当需要脱除原料气中的有机硫化物时一般应采用砜胺法。

①原料气中含有 $H_2S$ 和一定量的有机硫需要脱除，且需同时脱除 $CO_2$ 时，应选用 Sulfinol-D 法（砜胺Ⅱ法）。

②原料气中含有 $H_2S$、有机硫和 $CO_2$，需要选择性地脱除 $H_2S$ 和有机硫时应选用 Sulfinol-M 法（砜胺Ⅲ法）。

③$H_2S$ 分压高的原料气采用砜胺法处理时，其能耗远低于醇胺法。

④原料气如经砜胺法处理后其有机硫含量仍不能达到质量指标时，可继之以分子筛法脱有机硫。

（3）$H_2S$ 含量低的原料气。

当原料气中 $H_2S$ 含量低、按原料气处理量计的潜硫量不高、碳硫比高且不需脱除 $CO_2$ 时，可考虑采用以下方法。

①潜硫量在 2~10t/d，可考虑选用直接转化法，例如 ADA-$NaVO_3$ 法、络合铁法和 PDS 法等。

②潜硫量在小于 2t/d（最多不超过 0.5t/d）时，可选用非再生类方法，例如固体氧化铁法、氧化铁浆液法等。

（4）高压、高酸气含量的原料气可能需要在醇胺法和砜胺法之外选用其他方法或者采用几种方法的组合。

①主要脱除 $CO_2$ 时，可考虑选用膜分离法、物理溶剂法或活化 MDEA 法。

②需要同时大量脱除 $H_2S$ 和 $CO_2$ 时，可先选用选择性醇胺法获得富含 $H_2S$ 的酸气去克劳斯装置，再选用混合醇胺法或常规醇胺法以达到净化气质量指标或要求。

③需要大量脱除原料气中的 $CO_2$ 且同时有少量 $H_2S$ 也需脱除时，可先选膜分离法，再选用醇胺法以达到处理要求。

以上只是选择天然气脱硫脱碳方法的一般原则，在实践中还应根据具体情况对几种方案进行技术经济比较后确定某种方案。

## 二、塔里木油田站场脱硫脱碳工艺技术

塔里木油田处理厂应用的天然气脱硫脱碳工艺均为 MDEA 法，各含硫处理厂的脱硫脱碳装置规模见表 5-4。

表 5-4 塔里木油田脱硫脱碳工艺概况表

| 序号 | 气田名称 | 站场名称 | 建设规模/（$10^4m^3/d$） | 脱硫脱碳处理工艺 |
|---|---|---|---|---|
| 1 | 塔中气田 | 塔二联 | 300 | MDEA 脱硫 |
| | | 塔三联 | 500 | MDEA 脱硫 |
| 2 | 和田河气田 | 天然气处理厂 | 500 | MDEA 脱硫 |
| 3 | 桑南气田 | 桑南油气处理站 | 150 | MDEA 脱硫 |

续表

| 序号 | 气田名称 | 站场名称 | 建设规模/($10^4m^3/d$) | 脱硫脱碳处理工艺 |
|---|---|---|---|---|
| 4 | 哈拉哈塘 | 哈六联 | 45 | MDEA脱硫 |
| 5 | 哈拉哈塘 | 哈一联 | 100 | MDEA脱硫 |
| 6 | 阿克气田 | 天然气处理厂 | 300 | MDEA脱碳 |

**1. 塔里木油田的脱硫脱碳工艺**

塔里木油田处理厂脱硫工艺基本相似，下面以塔二联脱硫装置为例介绍处理厂的脱硫工艺。

塔二联脱硫装置的建设规模为$300×10^4m^3/d$，原料气进站压力为7.0MPa，装置年运行时间为8000h。原料气物性见表5-5。

表5-5 塔二联原料气组成　　　　　　单位：%（干基，摩尔分数）

| 组分 | $N_2$ | $CO_2$ | $H_2S$ | $H_2O$ | $C_1$ | $C_2$ | $C_3$ | $C_4$ | $C_5$ | $C_6$ | $C_7$ | $C_8$ | $C_{9+}$ |
|---|---|---|---|---|---|---|---|---|---|---|---|---|---|
| 组成 | 2.42 | 4.91 | 0.84 | 0.08 | 89.37 | 1.33 | 0.42 | 0.31 | 0.16 | 0.08 | 0.04 | 0.02 | 0.02 |

1）主要工艺方法

塔二联脱硫装置采用MDEA溶液脱硫工艺，该工艺方法具有以下特点：当原料气中$H_2S$和$CO_2$共存时，由于MDEA对$H_2S$的吸收具有较高的选择性，因而在脱除$H_2S$的同时仅部分脱除$CO_2$，不仅天然气脱除率低，而且还降低了装置溶液循环量，使装置能耗大大降低；同时，由于MDEA溶液蒸气压低，溶剂蒸发损失小且热稳定性好，其热降解和化学降解小，可长期稳定操作，从而降低了装置运行费用；此外，由于MDEA溶液腐蚀甚微，有利于装置长期安全运行。

装置设原料气过滤、分离设施，能有效地除去原料气中夹带的液烃、游离水，对$5\mu m$以上的固体微粒和液滴脱除率为99%，以保证脱硫单元的平稳操作。除此之外，为了清洁溶液，还设置了溶液过滤器和溶液净化系统，以除去溶液中固体杂质及降解产物。同时，溶液配制罐和储罐用氮气保护，以防止溶液接触空气氧化变质，从而降低了溶液起泡倾向及因溶液起泡而造成的溶液携带损失，使装置长期平稳生产。为阻止溶液系统起泡，本装置还设置了阻泡剂加入设施。

针对工厂所在地冬季气温较低，且沙漠地区水源缺乏的实际情况，本装置对贫液及酸气冷却均采用空冷方式。

吸收塔设置了两个贫液进料口（16层、18层），可根据进料气气质条件变化灵活操作。

2）主要工艺流程

脱硫装置由原料气脱硫吸收、MDEA富液闪蒸、MDEA溶液再生、溶液过滤、净化和保护、溶液配制和加入、阻泡剂加入、撇油、污水排放等部分组成。

（1）原料天然气脱硫吸收部分。

原料气在27.7℃，7.0MPa条件下进入脱硫装置，经过原料气旋流分离器及过滤分离器。分离出的液体去凝析油稳定装置。过滤分离后的含硫天然气进入 MDEA 吸收塔下部。在塔内，含硫天然气自下而上与浓度为 45%（质量分数）的 MDEA 贫液逆流接触，脱除 $H_2S$ 和部分 $CO_2$。在吸收塔第 16 层、18 层塔盘分别设置贫胺液入口，可根据含硫天然气中 $H_2S$ 和 $CO_2$ 含量变化情况调节塔的操作，以确保净化气的质量指标。出塔湿净化气经湿净化气分离器分液后，在约 42℃，6.85MPa 条件下送往脱水脱烃装置。流程示意如图 5-4 所示。

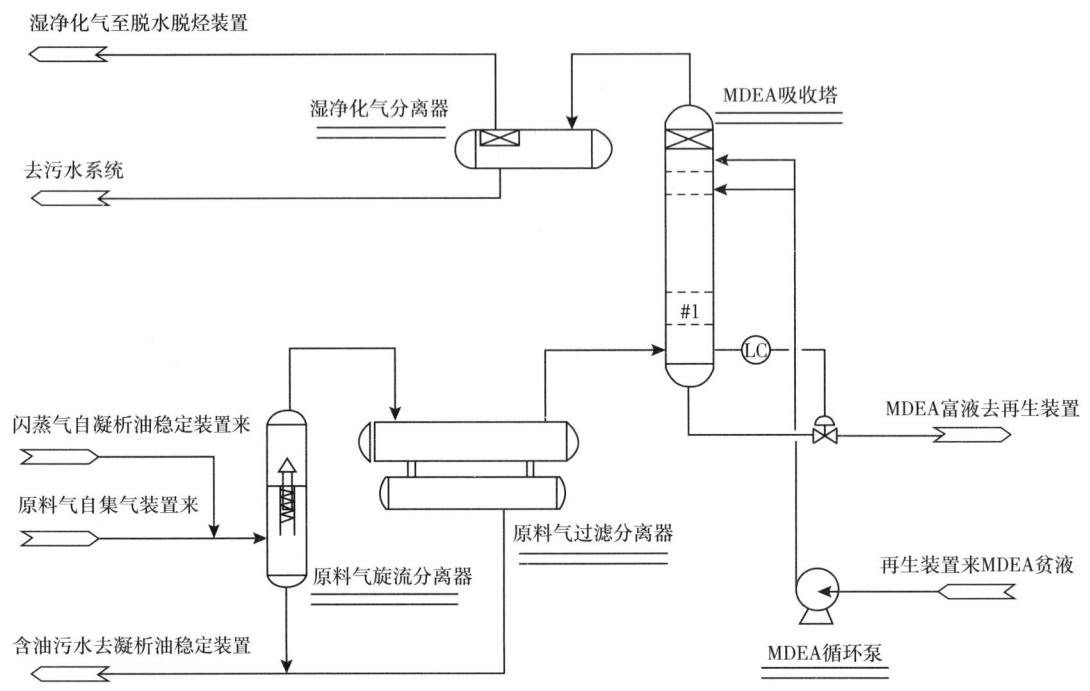

图 5-4　塔二联脱硫装置吸收流程示意图

（2）富液闪蒸部分。

MDEA 富液经液位控制阀后，进入压力为 0.7MPa 的 MDEA 闪蒸塔，闪蒸出烃类气体，闪蒸气在洗涤段由下而上流动与自上而下的 MDEA 贫液逆流接触，脱除闪蒸气中的 $H_2S$。闪蒸气作燃料气使用。

（3）溶液再生部分。

从 MDEA 闪蒸塔底部出来的 MDEA 富液换热后，温度升至 96.5℃ 进入 MDEA 再生塔上部，与塔内自下而上的蒸汽逆流接触进行再生，解吸出 $H_2S$ 和 $CO_2$ 气体。MDEA 热贫液在约 126.5℃ 温度下自 MDEA 再生塔底部引出，换热后温度降至 84.2℃，然后经贫液空冷器冷却至 40℃。冷却后的 MDEA 贫液经过滤后，小部分贫液直接进入 MDEA 闪蒸塔，其余的贫液进入 MDEA 吸收塔，完成整个溶液系统的循环。MDEA 再生塔顶部 102℃ 酸性气体经酸气空冷器、酸气分离器后，在 0.08MPa 压力下送至下游。流程示意如图 5-5 所示。

MDEA 贫液经过滤后部分进入胺净化系统的固体悬浮物去除单元（SSX），以去除贫胺液中的悬浮物，净化后的 MDEA 贫液依次再进入热稳盐去除系统（HSSX）的阳、阴树脂罐，以去除热稳定盐，同时将与热稳定盐结合的束缚胺转化为可用胺，恢复胺的效率。

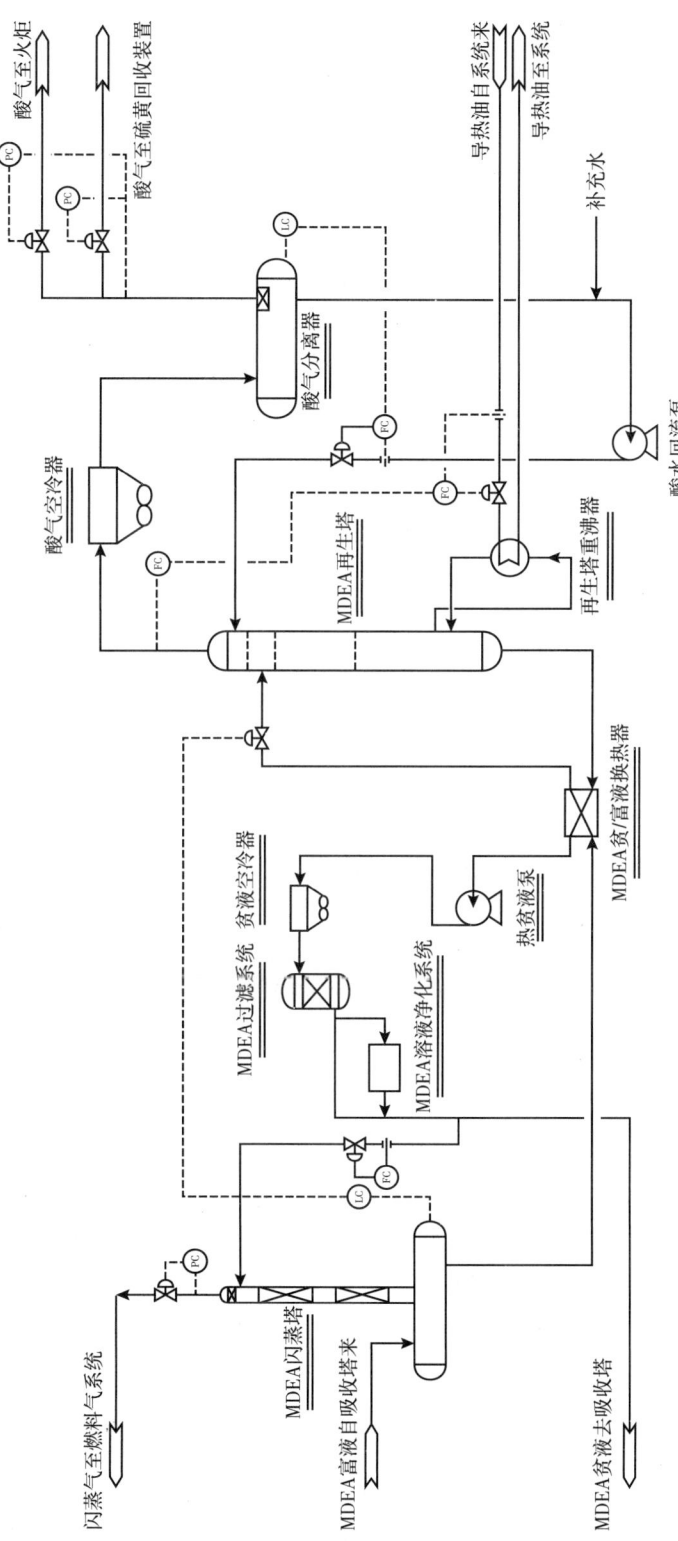

图 5-5 塔二联脱硫装置MDEA富液闪蒸及再生流程示意图

（4）装置的水平衡部分。

由于出装置的湿净化气、闪蒸气和酸气温度均高于进装置的原料气温度，湿净化气和酸气中所含饱和水量高于原料气所含的水量，即湿净化气、闪蒸气和酸气带走的水量大于原料气带入的水量，因此，装置水量不平衡，在正常生产过程中需向再生系统不断补充水，以维持MDEA溶液浓度，本装置补充水为软化水，直接打入再生塔顶部。

（5）阻泡剂加入部分。

在生产时当MDEA溶液系统有严重起泡倾向或起泡时，可将阻泡剂直接倒入阻泡剂放大管，然后自贫胺液循环泵出口引一股MDEA溶液将其抽入系统。

其余处理厂的脱硫装置处理量和原料气中$H_2S$和$CO_2$含量各不相同，但主要脱硫流程与塔二联基本一致，仅在MDEA富液闪蒸部分有差别，在燃料气充足的站场，富液闪蒸罐上不设闪蒸塔，富液闪蒸出的天然气可进入凝析油稳定装置闪蒸气压缩机增压后，返回脱硫装置进口，与原料气一起进行脱硫。哈六联因原料气中$CO_2$的含量较高，在脱除$H_2S$的同时还进行了$CO_2$的脱除，工艺流程与其余站场一致，通过增加吸收塔塔板数以增加了$CO_2$的吸收率，该脱硫装置吸收塔塔板数为24块，其余不需要专门考虑$CO_2$脱除的吸收塔塔板数在16~20块。

**2. 脱硫脱碳工艺在塔里木油田的应用效果**

塔里木油田各处理站处理后的天然气最终都进入轮南首站通过西气东输管道外输，《天然气》（CB 17820—2018）规范于2019年6月1日起施行，对天然气指标要求更加严苛，规范中要求进入长输管道的天然气应符合一类气的质量要求，天然气中硫化氢含量由原来20mg/m³修改为6mg/m³，总硫含量由原来200mg/m³修改为20mg/m³，二氧化碳含量要求不变，仍为3%。

塔里木油田现有脱硫脱碳装置均采用醇胺法脱硫工艺，醇胺溶液均选用MDEA。

醇胺法是目前最常用的天然气脱硫脱碳方法。据统计，20世纪90年代美国采用化学溶剂法的脱硫脱碳装置处理量约占总处理量的72%，其中又绝大多数是采用醇胺法，醇胺法净化后天然气中$H_2S$浓度可低达5.7mg/m³。醇胺法适用于天然气中酸性组分分压低和要求净化气中酸性组分含量低的场合。

根据收集到的资料显示，我国天然气净化厂50余套大型脱硫脱碳装置中，使用MDEA法的总装置数占比约92%，其装置处理能力占总处理能（10426×10⁴m³/d）的96.10%。可见，由于我国天然气工业充分发挥了后发优势，MDEA的节能与低腐蚀优势得到充分发扬，MDEA在脱硫脱碳领域已居于绝对统治的地位。我国今后新建净化厂，如无特殊状况，MDEA仍是首选工艺。

由于醇胺法使用的是醇胺水溶液，溶液中含水可使被吸收的重烃降低至最低程度，故非常适用于重烃含量高的天然气脱硫脱碳。醇胺法的缺点是有些醇胺与COS和$CS_2$的反应是不可逆的，会造成溶剂的化学降解损失，故不宜用于COS和$CS_2$含量高的天然气脱硫脱碳。

塔里木油田含硫伴生气和含硫天然气中主要酸性组分为$H_2S$和$CO_2$，硫化羰（COS）、硫醇（RSH）和二硫化物（RSSR'）等有机硫含量低，处理厂规模较大，潜硫量较高，非常适合醇胺法脱硫脱碳工艺的工况，因此选用醇胺法脱硫脱碳，既可保证净化气中$H_2S$和$CO_2$浓度符合天然气指标，又可避免大量重烃被溶液带走，造成重烃损失。醇胺法脱硫脱碳工艺，技术成熟，气量适应范围广，在塔里木油田已使用多年，脱硫效果优良，运营经验丰富，装置故障率低，该工艺对塔里木油田酸性天然气适应性良好。

当原料气中有机硫含量较高，需要进行脱除方能满足天然气气质要求时，采用MDEA脱硫脱碳工艺无法满足要求。砜胺法是目前脱除有机硫的主流工艺，该工艺虽然蒸汽和溶剂消耗高于MDEA脱硫脱碳工艺，但其具备酸气负荷高、有机硫脱除效率高、再生能耗低、溶剂性质稳定、$CO_2$的共吸率可在相当大的范围内调控及节能效果明显等优点，因而是目前国内外脱除天然气中有机硫的首选工艺。砜胺法（Sulfinol法）属于化学—物理溶剂法，溶液由环丁砜（物理溶剂）、醇胺（DIPA或MDEA等化学溶剂）和水复配而成，兼有物理溶剂法和化学溶剂法二者的特点。其操作条件和脱硫脱碳效果大致上与相应的醇胺法相当。砜胺法的工艺流程和设备与醇胺法基本相同。塔里木油田目前未见原料气中有机硫含量较高的报道，因此砜胺法在塔里木油田尚无应用。

在潜硫量较低时，醇胺法脱硫脱碳工艺因会产生相对较高昂的运行费用，不适宜在潜硫量较低时应用。干法脱硫工艺，其工艺流程简单，工程投资小，且脱硫后不需要进行硫黄回收和尾气处理，不需额外消耗电、燃料气、除盐水等，该方法可使净化气中$H_2S$浓度低于$6mg/m^3$，同时该法受硫化氢含量和天然气量波动影响较小，适应性强，但该法因脱硫剂需经常更换，天然气中潜硫量较高时其脱硫剂更换成本较高，经济性变差。通常油田天然气处理站场天然气处理量大，潜硫量较高，使用干法脱硫其经济性显著低于醇胺法脱硫，因此干法脱硫在天然气处理站不具备广泛的适用性，仅在潜硫量小的工况下推荐采用该法进行天然气脱硫。塔里木油田哈一联曾使用过干法脱硫工艺对酸性伴生气进行脱硫，设计处理规模为$40\times10^4m^3/d$，$H_2S$含量平均为$2664mg/m^3$，由于天然气气量增长较快，导致脱硫剂更换频率高，运行费用较高，后期改造为MDEA脱硫工艺，设计处理规模为$100\times10^4m^3/d$。

## 三、标准化脱硫脱碳工艺推荐

塔里木油田天然气处理站场天然气一般处理量大，潜硫量较高（>2t/d），有机硫含量低，此时推荐采用醇胺法（溶液选用MDEA）脱硫脱碳工艺。当潜硫量低于2t/d时，采用醇胺法脱硫工艺一次工程投资高，流程复杂，运行费用高，推荐采用工程投资小，流程简单的干法脱硫工艺。

### 1.MDEA脱硫脱碳工艺（潜硫量>2t/d）

MDEA脱硫脱碳装置由原料气脱硫吸收、MDEA富液闪蒸、MDEA溶液再生、溶液过滤、净化和保护、溶液配制和加入、阻泡剂加入、撇油、污水排放等部分组成。

1）原料天然气脱硫吸收部分

原料气进入脱硫装置，经过原料气旋流分离器及过滤分离器，脱除气体中可能携带的小固体颗粒和液滴。分离出的液体去凝析油稳定装置三相分离器。经过滤分离后的含硫天然气进入MDEA吸收塔下部。在塔内，含硫天然气自下而上与MDEA贫液逆流接触，气体中几乎全部$H_2S$和部分$CO_2$被胺液吸收脱除，贫液从吸收塔上部进入。出塔湿净化气经湿净化气分离器分液后，送往脱水脱烃装置。

在塔里木油田开发过程中，酸性原料气的流量变化较大，从塔二联、塔三联及和田河处理厂可看出，目前装置负荷率都不高。在原料气流量降低较多的情况下，若MDEA贫液仍从原进料位置进入吸收塔，$CO_2$ 的共吸收率会升高，从而导致在 MDEA 富液再生阶段能耗的增加，同时 $CO_2$ 的共吸收率的升高也会导致进入克劳斯装置的酸气质量降低。从原理上讲，改变贫液入塔位置可相应的调节气液传质的理论塔板数，较少的理论塔板数则可降低 $CO_2$ 的共吸收率。鉴于气田开发过程中，天然气产量下降是一个必经的过程，因此，可采用吸收塔多点进料流程，当原料气流量降低时，通过调整进料位置来降低理论塔板数，从而避免 $CO_2$ 吸收率过高，达到节能的目的，同时还可改善进入克劳斯装置的酸气质量。

2）富液闪蒸部分

从 MDEA 吸收塔底部出来的 MDEA 富液经液位控制阀后，进入 MDEA 闪蒸塔下部罐内，闪蒸出部分溶解在溶液中的烃类气体，闪蒸气在洗涤段由下而上流动与自上而下的 MDEA 贫液逆流接触，脱除闪蒸气中的 $H_2S$。闪蒸气进入燃料气系统作燃料气使用，溶液中溶解的凝析油在闪蒸罐内分离出溶液系统。

3）溶液再生部分

从 MDEA 闪蒸塔底部出来的 MDEA 富液进入 MDEA 贫 / 富液换热器与 MDEA 再生塔底出来的 MDEA 贫液换热，升温后进入 MDEA 再生塔上部，与塔内自下而上的蒸汽逆流接触进行再生，解吸出 $H_2S$ 和 $CO_2$ 气体。再生热量由塔底重沸器提供。MDEA 热贫液在约 126.5℃ 温度下自 MDEA 再生塔底部引出至 MDEA 贫富液换热器与 MDEA 富液换热，然后经热贫液泵升压后送至贫液空冷器冷却至 40℃。冷却后的 MDEA 贫液经过滤、净化后，小部分贫液直接进入 MDEA 闪蒸塔；大部分的贫液由 MDEA 循环泵送入 MDEA 吸收塔，完成整个溶液系统的循环。

由 MDEA 再生塔顶部出来的酸性气体经酸气空冷器冷至 40℃ 后，再进入酸气分离器，分离出酸性冷凝水后的酸气送至硫黄回收装置。分离出的酸性冷凝水由酸水回流泵送至 MDEA 再生塔顶部作回流。

4）装置的水平衡部分

由于出装置的湿净化气、闪蒸气和酸气温度均高于进装置的原料气温度，湿净化气和酸气中所含饱和水量高于原料气所含的水量，即湿净化气、闪蒸气和酸气带走的水量大于原料气带入的水量，因此，装置水量不平衡，在正常生产过程中需向再生系统不断补充水，以维持 MDEA 溶液浓度，本装置补充水为软化水，直接打入再生塔顶部。

5）溶液过滤和保护部分[2]

发泡是胺法装置不时发生而令人困扰的工艺故障，它可能导致净化气不合格、装置处理量降低及胺液大量损失等问题。虽然表面的物理化学理论是研究胺液发泡问题的理论基础，但迄今还难以使用胺液的物理化学性质将其发泡能力量化，检查和解决胺液的发泡还是建立在经验的基础上。预防发泡措施的核心是保持溶液清洁：原料气应有效分离所夹带的液、固杂质；溶液应良好过滤（必要时用活性炭过滤）；保证吸收塔内不产生烃类的冷凝；补充水应是蒸汽凝结水等。

实现溶液的良好过滤可预防发泡，同时还可以减轻装置的腐蚀。因此，溶液过滤虽是一个辅助设施，但对于维持溶液清洁从而实现装置的无故障长周期平稳运行具有重要意义。溶液过滤首先是机械过滤以除去固体杂质，然后继以活性炭吸附以除去溶液中的均相杂质，如降解产物、有机酸、表面活性剂及溶解的烃类等。

本标准化工艺溶液过滤装置推荐采用 MDEA 预过滤器 +MDEA 活性炭过滤器。预过滤器采用机械过滤，以除去其中直径大于 5μm 的固体微粒，使系统溶液中的固体颗粒浓度低于 0.01%；由于活性炭存在粉化的可能性，为避免活性炭粉末进入溶液系统还应在活性炭过滤器后再设置一个过滤器。

关于过滤器放置的位置有不同的认识，有人认为应置于富液管线上，可以更好地除去溶液中的硫化铁，而贫液中则有不少铁离子无法除去；但是也有人认为处于富液环境下过滤系统的腐蚀是个问题而赞成置于贫液管线上；更有大型装置对贫液及富液均予过滤。事实上，过滤器的放置位置远不及使其正常发挥作用那么重要，塔里木油田已有的脱硫装置大部分过滤器设置在贫液管线上，出于腐蚀问题考虑，本标准化工艺将过滤器设置在贫液管线上。

经 MDEA 贫液空冷器冷却后的 MDEA 贫液进入 MDEA 过滤器除去溶液中的机械杂质，过滤后的溶液部分至溶液净化系统除去溶液中产生的热稳态盐等杂质。

6）胺净化系统

MDEA 贫液经过滤后部分进入胺净化系统的固体悬浮物去除单元（SSX），以去除贫胺液中的悬浮物。经过固体悬浮物处理后的净化胺依次再进入热稳盐去除系统（HSSX）的阳、阴树脂罐，以去除热稳定盐，同时将与热稳定盐结合的束缚胺转化为可用胺，恢复胺的效率。

胺净化系统采用成套全自动化操作系统，包括去除悬浮固体的 SSX 净化工艺和去除有害阴、阳离子及贫胺液中酸气的 HSSX 净化工艺。每个工艺都可以通过在线自动再生来恢复净化能力。

MDEA 溶液配制罐，MDEA 储罐均采用氮气密封，以免溶液发生氧化变质。

7）溶液配制和加入部分

本装置首次开工时，配制新鲜 MDEA 溶液所需的除氧水由处理厂除氧水系统提供，自系统来的除氧水进入 MDEA 溶液配制罐，再按 MDEA 浓度为 45%（质量分数）配入新鲜 MDEA 溶剂，并用 MDEA 补充泵送入 MDEA 储罐储存备用。

8）阻泡剂加入部分

在生产时当 MDEA 溶液系统有严重起泡倾向或起泡时，可将阻泡剂直接倒入阻泡剂放大管，然后自贫胺液循环泵出口引一股 MDEA 溶液将其抽入系统。如果阻泡剂黏度较大时，可用凝结水或 MDEA 溶液适量稀释。阻泡剂可分一次或多次注入，可视溶液系统发泡情况及系统容量确定加入阻泡剂加入量，阻泡剂加入量一般以系统中的阻泡剂浓度（$5mg/m^3$）为宜。

标准化脱硫脱碳工艺（醇胺法）流程示意如图 5-6 所示。

另外值得注意的是，MDEA 再生流程还有一种胺液分流流程。在原料天然气酸气分压相当高的情况下，可将再生塔出来的半贫液抽出一部分或大部分送至吸收塔中部入塔，而经过重沸器进一步汽提了的贫液则送至吸收塔顶入塔以保证净化气的质量。这种流程可显著降低重沸器的蒸汽消耗，然而此种流程由于贫液和半贫液各自需要一套换热冷却设备和溶液循环泵，装置流程变得复杂，同时增加了动设备，其投资也相应增加，在实际应用中应根据具体工况进行对比后以确定 MDEA 再生流程是否采用胺液分流流程。

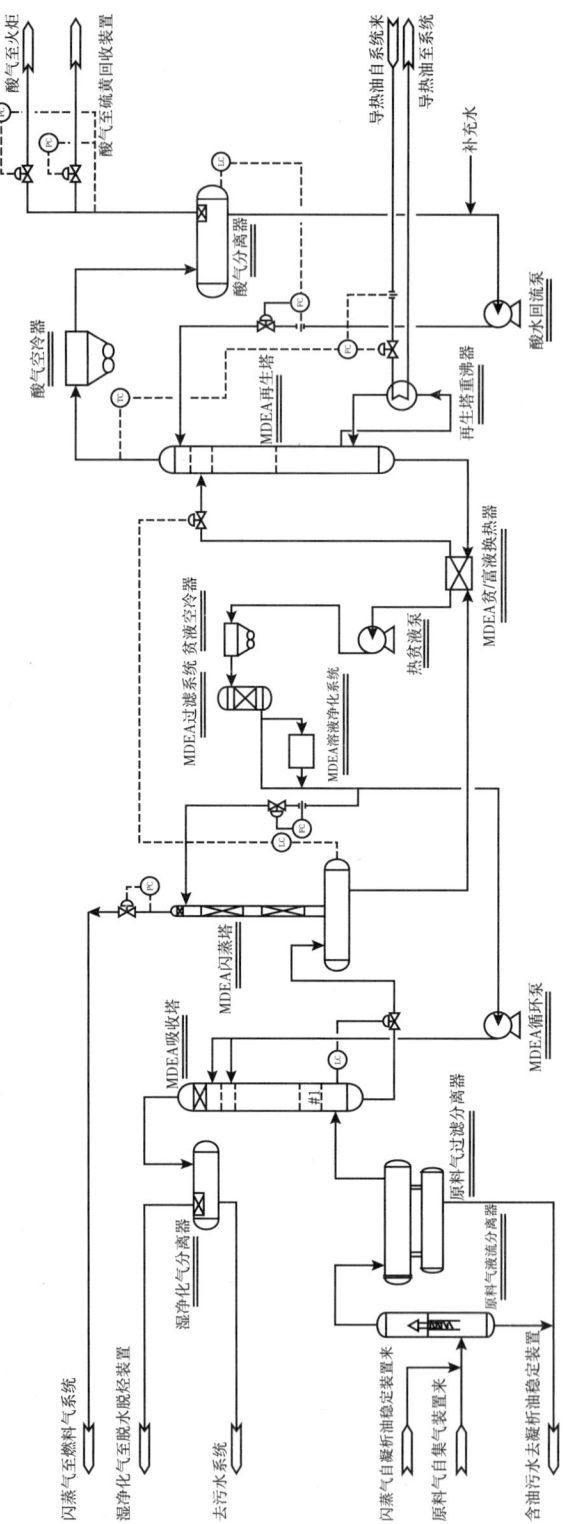

图 5-6 标准化脱硫脱碳工艺（醇胺法）流程示意图

## 2. 干法脱硫工艺（潜硫量≤ 2t/d）

干法脱硫装置设置 4 组 8 台脱硫塔并联运行，组内双塔可串可并。脱硫剂采用羟基氧化铁。含硫原料气从脱硫塔顶部均匀分布进入脱硫塔，经脱硫剂床层进行化学反应，脱硫后天然气（硫化氢含量不超过 6mg/m³）从塔底引出，进入脱水脱烃系统。流程示意如图 5-7 所示。

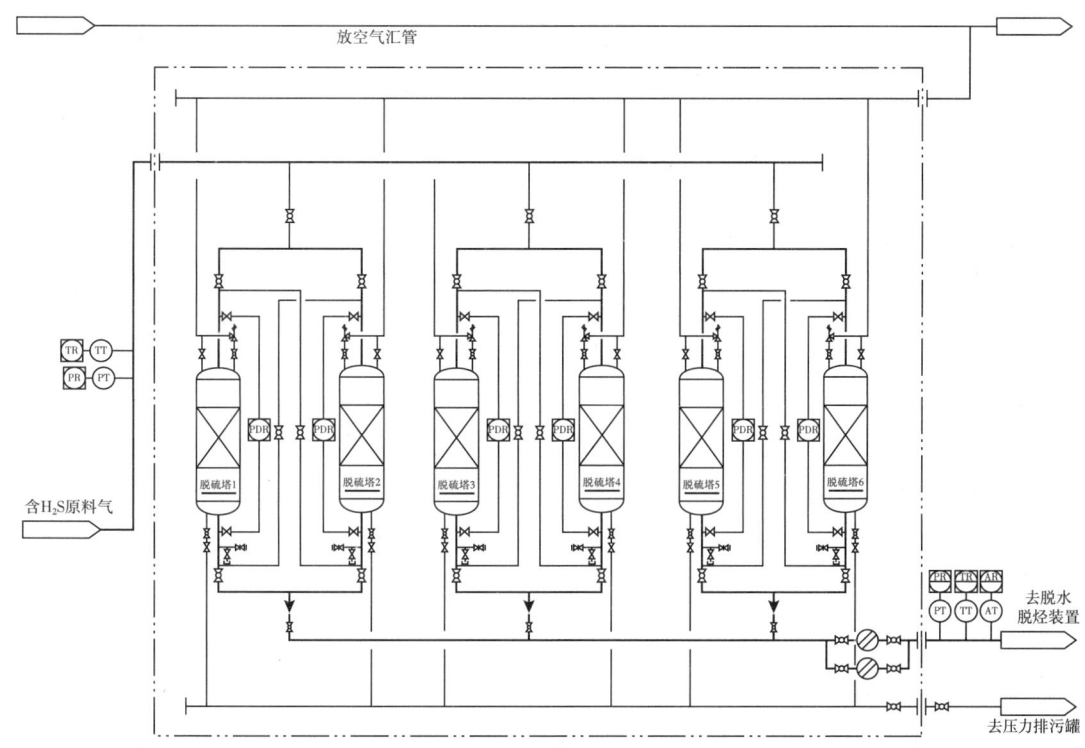

图 5-7　标准化脱硫脱碳工艺（干法）流程示意图

## 第三节　天然气脱水脱烃

### 一、天然气脱水脱烃方法与选择

天然气脱水指从天然气中脱除饱和水蒸气或从天然气凝液（NGL）中脱除溶解水的过程。脱水的目的是：

（1）防止在处理和储运过程中出现水合物和液态水；
（2）符合天然气产品的水含量（或水露点）质量指标；
（3）防止腐蚀。

因此，在天然气露点控制（或脱水脱烃）、天然气凝液回收、液化天然气及压缩天然气生产等过程中均需进行脱水。

天然气及其凝液的脱水方法有吸收法、吸附法、低温法、膜分离法、气体汽提法和蒸馏法等。天然气脱水常用的方法是低温法、吸收法和吸附法。

### 1. 低温法脱水脱烃[2]

低温法是将天然气冷却至烃露点以下某一低温，得到一部分富含较重烃类的液烃（即天然气凝液或凝析油），并在此低温下使其与气体分离，故其也称冷凝分离法。按提供冷量的制冷系统不同，低温法可分为膨胀制冷（节流制冷和透平膨胀机制冷）、冷剂制冷和联合制冷法三种。

除回收天然气凝液时采用低温法外，目前低温法也多用于含有重烃的天然气同时脱烃（即脱液烃或脱凝液）脱水，使其水、烃露点符合商品天然气质量指标或管道输送的要求，即通常所谓的天然气露点控制。

为防止天然气在冷却过程中由于析出冷凝水而形成水合物，一种方法是在冷却前采用吸附法脱水，另一种方法是加入水合物抑制剂，乙二醇是处理厂最常用的水合物抑制剂。前者用于冷却温度较低的天然气凝液回收过程；后者用于冷却温度不是很低的天然气脱水脱烃过程，即天然气在冷却过程中析出的冷凝水和抑制剂水溶液混合后随液烃一起在低温分离器中脱除（即脱水脱烃），因而同时控制了气体的水、烃露点。

自 20 世纪中期以来，国内外有很多天然气在井口、集气站或处理厂中采用低温法控制天然气的露点。

1）膨胀制冷法

此法是利用焦耳—汤姆逊效应（即节流效应）将高压气体膨胀制冷获得低温，使气体中部分水蒸气和较重烃类冷凝析出，从而控制了其水、烃露点。这种方法也称为低温分离法，大多用于高压凝析气井井口有多余压力可供利用的场合。

由凝析气井来的井流物先进入游离水分离器脱除游离水，分离出的原料气经气/气换热器用来自低温分离器的冷干气预冷后进入低温分离器。由于原料气在气/气换热器中将会冷却至水合物形成温度以下，所以在进入换热器前要注入贫甘醇（即未经气流中冷凝水稀释因而浓度较高的甘醇水溶液）。流程示意如图 5-8 所示。

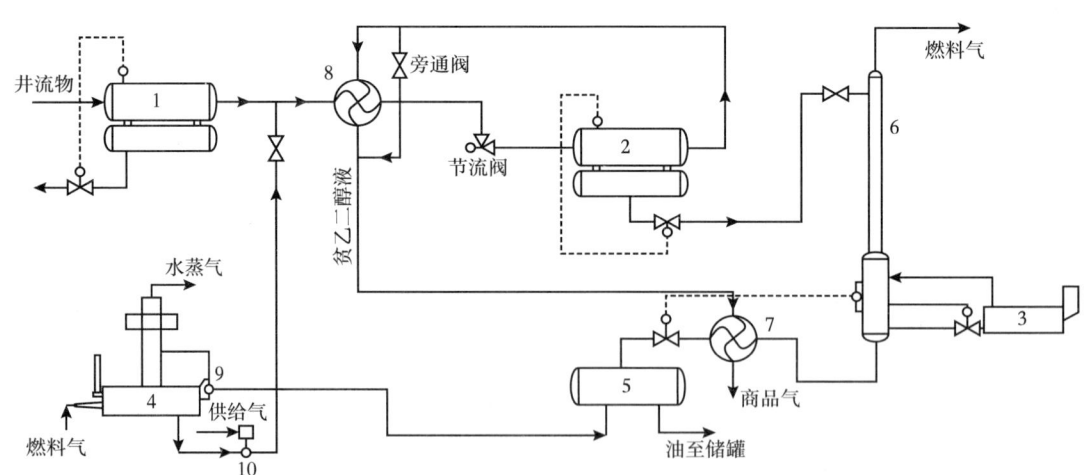

图 5-8　膨胀制冷法脱水脱烃工艺流程示意图

1—游离水分离器；2—低温分离器；3—重沸器；4—乙二醇再生器；5—醇烃分离器；
6—稳定塔；7—油冷却器；8—换热器；9—调节器；10—乙二醇泵

原料气预冷后再经节流阀产生焦耳—汤姆逊效应，温度进一步降低至管道输送时可能出现的最低温度或更低，并且在冷却过程中不断析出冷凝水和液烃。在低温分离器中，冷干气（即水、烃露点符合管道输送要求的气体）与富甘醇（与气流中冷凝水混合后浓度被稀释了的甘醇水溶液）、液烃分离后，再经气/气换热器与原料气换热。复热后的干气作为商品气外输。

由低温分离器分出的富甘醇和液烃送至稳定塔中进行稳定。由稳定塔顶部脱出的气体供站场内部作燃料使用，稳定后的液体经冷却器冷却后去醇烃分离器。分离出的稳定凝析油去储罐。富甘醇去再生塔，再生后的贫甘醇用泵增压后循环使用。

目前，我国除凝析气外，一些含有少量重烃的高压湿天然气进入集气站或处理厂的压力高于干气外输压力时，也采用低温分离法脱油脱水。

2）冷剂制冷法

我国有些油田将低压伴生气增压后采用低温法冷却至适当温度，从中回收一部分液烃，再将低温下分出的干气（即露点符合管道输送要求的天然气）回收冷量后进入输气管道。由于原料气无压差可供利用，故而采用冷剂制冷。此时，大多采用加入乙二醇或二甘醇抑制水合物的形成，在低温下同时脱水脱烃。

低温分离器的分离温度需要在运行中根据干气的实际露点进行调整，以保证在干气露点符合要求的前提下尽量降低获得更低温度所需的能耗。

**2. 吸收法脱水**

吸收法脱水是根据吸收原理，采用一种亲水液体与天然气逆流接触，从而将气体中的水蒸气进行吸收而达到脱除目的。用来脱水的亲水液体称为脱水吸收剂或液体干燥剂，也简称干燥剂。

脱水前天然气的水露点（以下简称露点）与脱水后干气的露点之差称为露点降。人们常用露点降表示天然气的脱水深度。

脱水吸收剂应该对天然气中的水蒸气有很强的亲和能力，热稳定性好，不发生化学反应，容易再生，蒸气压低，黏度小，对天然气和液烃的溶解度低，起泡和乳化倾向小，对设备无腐蚀，同时还应价格低廉，容易得到。常用的脱水吸收剂是甘醇类化合物，尤其是三甘醇因其露点降大，成本低和运行可靠，在甘醇类化合物中经济性最好，因而广为采用。

甘醇法脱水与吸附法脱水相比，其优点是：

（1）投资较低；

（2）系统压降较小；

（3）连续运行；

（4）脱水时补充甘醇比较容易；

（5）甘醇富液再生时，脱除 1kg 水分所需的热量较少。

与吸附法脱水相比，其缺点是：

（1）天然气露点要求低于 -32℃ 时，需要采用汽提法再生；

（2）甘醇受污染和分解后有腐蚀性。

一般说来，除在下述情况之一时采用吸附法外，采用三甘醇脱水将是最普遍而且可能是最好的选择：

（1）脱水目的是为了符合管输要求，但又不宜采用甘醇脱水的场合（例如，酸性天然气脱水）；

（2）高压（超临界状态）$CO_2$ 脱水，因为此时 $CO_2$ 在三甘醇溶液中溶解度很大；

（3）冷却温度低于 −34℃ 的气体脱水，例如天然气凝液回收和天然气液化等过程；

（4）同时脱油脱水以符合水、烃露点要求。

当要求天然气露点降在 30~70℃ 时，通常应采用甘醇脱水。甘醇法脱水主要用于使天然气露点符合管道输送要求的场合，一般建在集中处理厂（湿气来自周围气井和集气站）、输气首站或天然气脱硫脱碳装置的下游。流程示意如图 5-9 所示。

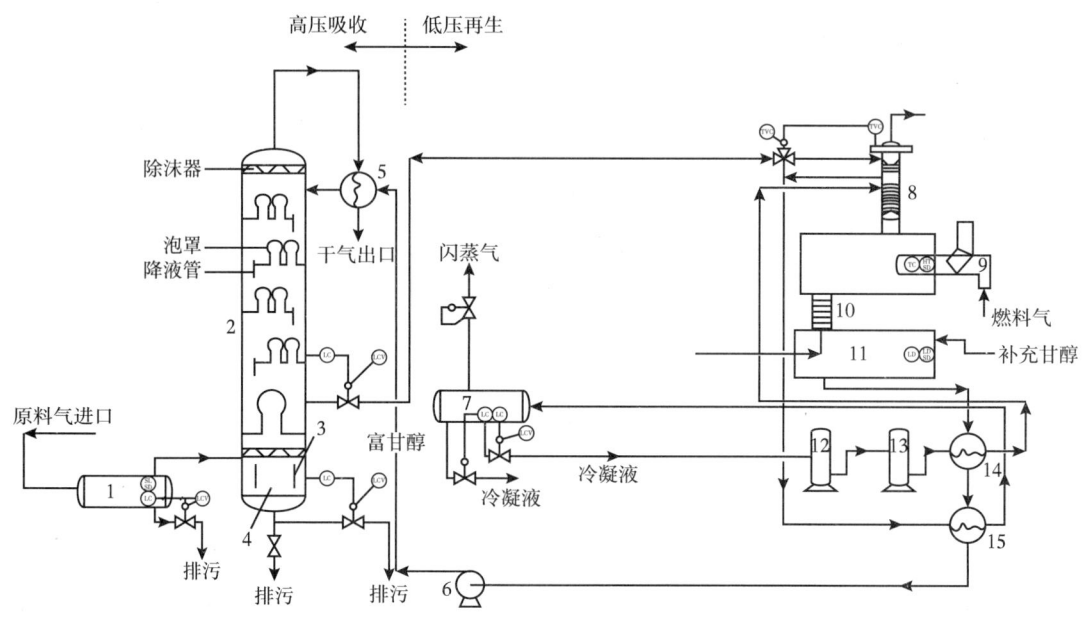

图 5-9　三甘醇脱水工艺流程图

1—原料气分离器；2—吸收塔；3—挡板；4—洗涤器；5—气体/甘醇换热器；6—甘醇泵；7—闪蒸罐；8—再生塔；9—火管；10—汽提段；11—缓冲罐；12—固体过滤器；13—活动炭过滤器；14—贫/富甘醇换热器；15—贫/富甘醇换热器

### 3. 吸附法脱水

吸附指气体或液体与多孔的固体颗粒表面接触，气体或液体分子与固体表面分子之间相互作用而停留在固体表面上，使气体或液体分子在固体表面上浓度增大的现象。被吸附的气体或液体称为吸附质，吸附气体或液体的固体称为吸附剂。当吸附质是水蒸气或水时，此固体吸附剂又称为固体干燥剂，也简称干燥剂。

根据气体或液体与固体表面之间的作用不同，可将吸附分为物理吸附和化学吸附两类。

物理吸附是由流体中吸附质分子与吸附剂表面之间的范德华力引起的，吸附过程类似气体液化和蒸汽冷凝的物理过程。其特征是吸附质与吸附剂不发生化学反应，吸附速度很快，瞬间即可达到相平衡。物理吸附放出的热量较少，通常与液体汽化热和蒸汽冷凝热相当。气体在吸附剂表面可形成单层或多层分子吸附，当体系压力降低或温度升高时，被吸附的气体可很容易地从固体表面脱附，而不改变气体原来的性状，故吸附和脱附是可逆过程。工业上利用这种可逆性，通过改变操作条件使吸附质脱附，达到使吸附剂再生并回收或分离吸附质的目的。

吸附法脱水就是采用吸附剂脱除气体混合物中水蒸气或液体中溶解水的工艺过程。流程示意如图 5-10 所示。

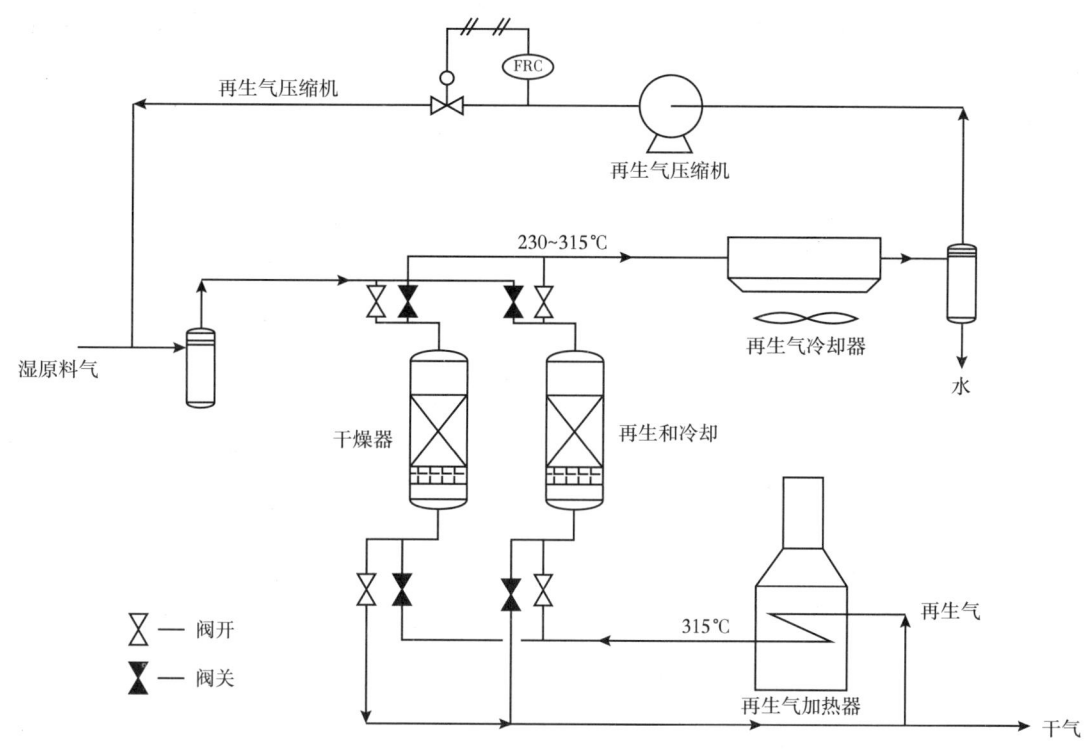

图 5-10　吸附法脱水两塔工艺流程图

通过使吸附剂升温达到再生的方法称为变温吸附（TSA）。通常，采用某加热后的气体通过吸附剂使其升温再生，再生完毕后再用冷气体使吸附剂冷却降温，然后开始下一个循环。由于加热、冷却时间较长，故 TSA 多用于处理气体混合物中吸附质含量较少或气体流量很小的场合。通过使体系压力降低使吸附剂再生的方法称为变压吸附（PSA）。由于循环快速完成，通常只需几分钟甚至几秒钟，因此处理量很高。天然气吸附法脱水通常采用变温吸附进行再生。

化学吸附是流体中吸附质分子与吸附剂表面的分子起化学反应，生成表面络合物的结果。这种吸附所需的活化能大，故吸附热也大，接近化学反应热，比物理吸附大得多。化学吸附具有选择性，而且吸附速度较慢，需要较长时间才能达到平衡。化学吸附是单分子吸附，而且多是不可逆的，或需要很高温度才能脱附，脱附出来的吸附质分子又往往已发生化学变化，不复具有原来的性状。

固体吸附剂的吸附容量（当吸附质是水蒸气时，又称为湿容量）与被吸附气体（即吸附质）的特性和分压、固体吸附剂的特性、比表面积、空隙率及吸附温度等有关，故吸附容量（通常用 kg 吸附质 /100kg 吸附剂表示）可因吸附质和吸附剂体系不同而有很大差别。

所以，尽管某种吸附剂可以吸附多种不同气体，但不同吸附剂对不同气体的吸附容量往往有很大差别，亦即具有选择性吸附作用。因此，可利用吸附过程这种特点，选择合适的吸附剂，使气体混合物中吸附容量较大的一种或几种组分被选择性地吸附到吸附剂表面上，从而达到与气体混合物中其他组分分离的目的。

在天然气凝液回收、天然气液化装置和汽车用压缩天然气（CNG）加气站中，为保证低温或高压系统的气体有较低的水露点，大多采用吸附法脱水。此外，在天然气脱硫过程中有时也采用吸附法脱硫。这些吸附法脱水、脱硫均为物理吸附。

吸附法脱水装置的投资和操作费用比甘醇脱水装置要高，故其仅用于以下场合：

（1）高含硫天然气；
（2）要求的水露点很低；
（3）同时控制水、烃露点；
（4）天然气中含氧。

如果低温法中的温度很低，就应选用吸附法脱水而不采用注甲醇的方法。

常用的天然气干燥剂有活性氧化铝、硅胶和分子筛三类。

### 4.3 S 制冷工艺

超音速分离器（Super Sonic Separator，简称3S）是基于天然气旋流在超音速喷管内绝热膨胀降温的设备，是由俄罗斯 ENGO Research Center 的专家基于航天技术的空气动力学成果而研发的一项天然气处理加工新技术。3S 是一种可有效分离天然气中的水分（气相水）和液烃（NGL）组分的新型高效设备。虽然早在1996年便开始超音速分离技术的研究和测试工作，2006年投入商业应用，但是目前，该技术尚未在石油天然气行业广泛应用。

3S 装置与传统的油气田脱水、脱烃设备相比，具有工艺设备简单、高效、节能、环保、运转安全性和可靠性高、经济效益显著等诸多优点。

1）3S 装置工作原理

3S 由旋流器、超音速喷管、工作段、气液混合物汲取器、扩散器和导向叶片组成，其结构示意如图5-11所示。

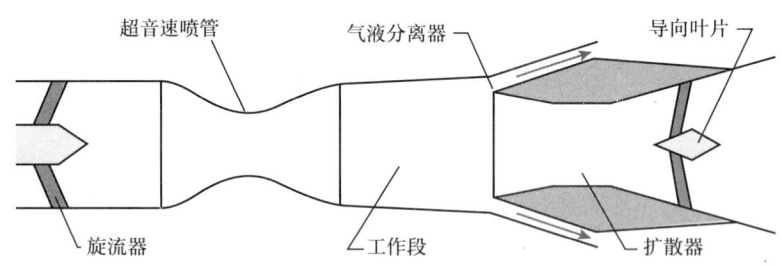

图 5-11  3S 装置内部结构示意图

经预冷注醇或脱水后的天然气首先进入旋流器旋转，产生加速度为 $10^6 m/s^2$ 的旋流。该旋流在超音速喷管入口表面的切线方向产生一个或多个气体射流（这种有选择性地喷射可以对3S进行优化设计），并在喷管内降压、降温和增速。由于天然气温度降低，其中的水蒸气和NGL组分凝结成液滴，在旋转产生的切向速度和离心力的作用下被"甩"到管壁上，从而实现气液分离。分离的液体通过专门设计的工作段出口排出，气体则经扩散器后流出。物流流动状态如图5-12所示。由于天然气在喷管后半部由扩散器对其减速、增压、升温，使天然气经3S喷管损失的压力能大部分得以恢复，从而大大减少了天然气的压力损失。

同时，天然气在超音速分离系统中，停留时间极短，只有几毫秒，相对于水合物结晶较低的形成速度（秒级）来说，水、天然气在超音速分离器中的停留时间极短，因此只要保证进入3S的天然气无冻堵现象，天然气在3S内部不会形成水合物。

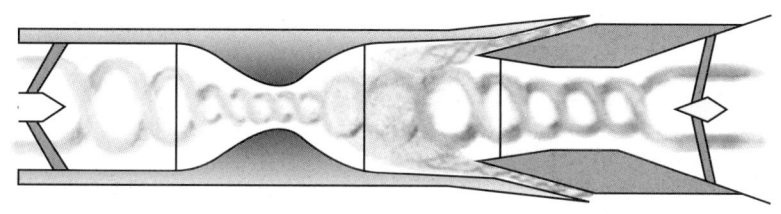

图5-12　3S内部流体运动示意图

超音速分离装置集膨胀机、分离器、压缩机的功能于一体，将待处理的气体在达到超音速时急速冷却，完成脱水、脱烃后再将其压力恢复，整个过程不需要外力的作用，完全利用了天然气自身压力做功。

2）3S工艺优势

3S工艺与传统的通过天然气自身压力膨胀制冷的脱水、脱烃方法相比，具有以下优势。

（1）效率高。

超音速分离器外形好似管段加T形接头，体积小，制冷速度快，温降大，分离时间短，单只处理气量大，充分显示了功能强、效率高。

虽然3S分离天然气中的水分和NGL组分也是通过降低天然气自身的压力，从而降低天然气的温度来实现的，但是由于天然气在扩散器内的压力回升，使3S设备的进出口压差大大小于超音速喷管的压差。因此，3S与传统的J-T阀和膨胀机制冷分离设备相比，在相同压差情况下，3S可使天然气产生更大的温降，温降大，天然气获得的水露点和烃露点就低，或者说达到相同天然气水露点和烃露点情况下，所需要的压力降就最小。

（2）一次性分液。

分离的液体通过专门设计的工作段出口排出，干气体则经扩散器后流出，实现一次性将液体分离排出。

（3）不生成水合物。

由于天然气气流在超音速分离器内的流动速度达550m/s，停留时间很短，所以不会产生冻堵的现象。

（4）简化工艺。

超音速分离器集制冷、气液分离、一次性产生干气等功能于一体，应用于气体处理工艺流程，可以减少设备、实现真正意义的短流程。

（5）低能耗。

由于天然气在喷管后半部是扩散器的减速、增压、升温作用，使天然气经喷管损失的压力能大部分得以恢复，从而大大减少了天然气的压力损失。与外加冷源制冷相比，节省大量能耗。

（6）长期可靠。

设备本身无转动部件，无公用工程损耗，操作简单，运行成本低，长期可靠，维护工作量较小。

（7）绿色环保。

运行过程中无噪声、无排放、无污染，对环境无影响，可实行全绿色工艺。

## 二、塔里木油田天然气脱水脱烃工艺技术

### 1. 塔里木油田伴生气的脱水脱烃工艺

塔里木油田伴生气的脱水脱烃工艺主要包括分子筛干燥+丙烷制冷、分子筛干燥+丙烷预冷+J-T制冷、加注乙二醇+丙烷制冷共3种。各油田伴生气脱水脱烃处理工艺见表5-6。

表5-6 塔里木油田伴生气脱水脱烃工艺概况表

| 序号 | 油田名称 | 站场名称 | 建设规模/($10^4m^3/d$) | 脱水脱烃处理工艺 | 液烃处理 | 备注 |
|---|---|---|---|---|---|---|
| 1 | 轮南 | 天然气站 | 40 | 分子筛干燥+丙烷预冷 | 分馏生产液化气、轻烃 | |
| 2 | 东河 | 天然气站 | 22.5 | 分子筛干燥+丙烷制冷 | 闪蒸后液烃装车外运 | |
| 3 | 哈得 | 哈四联 | 10 | 加注乙二醇+丙烷制冷 | 闪蒸后液烃去原油外输 | |
| 4 | 哈拉哈塘 | 哈六联 | 45 | 加注乙二醇+丙烷制冷 | 脱乙烷塔后液烃去原油外输 | 伴生气含硫 |
| 5 | 塔中4油田 | 塔一联 | 120 | 分子筛干燥+丙烷制冷 | 脱乙烷塔后液烃去原油外输 | |

由于伴生气压力较低，各处理站场在脱水脱烃前先经过压缩机增压，其中哈拉哈塘油田伴生气含硫化氢，增压后去MEDA脱硫装置脱硫，再进行脱水脱烃处理。

英买力潜山油田和英买2油田的伴生气量较少，伴生气交由第三方天然气回收站处理，建设规模分别为$2.5×10^4m^3/d$和$2×10^4m^3/d$，生产CNG和液烃。

1）分子筛干燥+丙烷制冷脱水脱烃工艺

以东河天然气站脱水脱烃装置为例介绍分子筛干燥+丙烷制冷脱水脱烃工艺。

东河天然气站设计处理量为$22.5×10^4m^3/d$，承担着油区内伴生气的处理任务。东河天然气站功能齐全、简单实用，主要由高压集气、低压集气增压、天然气脱烃、轻烃储运、低压凝液增压、自动化仪表等辅助系统组成。主要设备有2台分子筛干燥橇、3台天然气压缩机组、1台丙烷机组、三股流换热器、多台分离器、电气设备等。

（1）脱水脱烃装置主流程。

增压后的伴生气及生产分离器来的高压天然气[8.97MPa（表）、53℃、$22.28×10^4m^3/d$]

先进入高效分离器中除去其中携带的微小液滴,进分子筛脱水橇进行脱水,脱水后的天然气去脱烃部分的换热器。由分子筛干燥橇来的脱水后的天然气[8.87MPa(表)]进入三股流换热器进行预冷,温度由53℃预冷至0℃。预冷后的天然气去丙烷制冷系统,温度则降至-22.18℃。然后,该天然气的气液混合物进低温分离器进行气液分离。从低温分离器中分离出来的天然气经三股流换热器回收冷量后,温度复热至37.9℃,通过天然气管道输往英轮管道。从低温分离器中分离出来的低温液烃则也在三股流换热器回收冷量、减压至1.0MPa(表)后去轻烃闪蒸分离罐储存、外运。流程示意如图5-13所示。

(2)脱水脱烃装置丙烷制冷流程。

丙烷制冷流程主要包括丙烷压缩机入口分离器、丙烷压缩机、丙烷蒸发器、丙烷压缩机后空冷器、丙烷储罐和丙烷注入泵等。丙烷制冷系统的主要功能为天然气提供冷量,以达到降低天然气温度的目的。天然气从三股流换热器预冷出来后的温度为-5℃,进丙烷蒸发器进行冷却,冷却到-25℃后去低温分离器进行气液分离。

丙烷经压缩机压缩至1.607MPa,70.5℃,经出口空冷器冷却至50℃成为液态丙烷。液态丙烷依次进入丙烷虹吸桶、贮液器,然后进入经济器,通过引出一小股丙烷进行节流制冷,将液体丙烷冷却至3.6℃,节流换热汽化的小股丙烷在0.325MPa下返回丙烷压缩机的中间段。经济器过冷后的液体丙烷,经节流阀节流至0.102MPa、-25℃,进入满液式蒸发器再至气液分离器,汽化为气态丙烷,并将管程天然气冷却至-20℃。气态丙烷进入压缩机入口气液分离器,分离出游离液滴后在0.102MPa、-23℃下进入丙烷压缩机,完成丙烷制冷系统的循环。

流程示意如图5-13所示。

2)加注乙二醇+丙烷制冷脱水脱烃工艺

以哈六联脱水脱烃装置为例介绍加注乙二醇+丙烷制冷脱水脱烃工艺。

哈6联合站主要工艺包括对区块产液集中进行油气分离、原油脱水、脱硫、天然气脱水、脱硫、增压及外输、硫黄回收、污水处理及回注、净化油外输。

天然气处理装置由湿净化气冷却与低温分离、丙烷制冷和乙二醇再生三部分组成。

(1)湿净化气冷却与低温分离部分。

脱硫后的湿净化气(3.85MPa,53℃)进入一级贫富气换热器与出二级贫富气换热干气进行换热,换热后温度降为30℃,进入一级分离器分离,气相加入质量分数为70%的乙二醇防冻剂,经二级贫富气换热器与出二级分离器干气换热至16℃,最后进入丙烷蒸发器冷却至-20℃,进入二级分离器进行天然气、轻烃、乙二醇水溶液三相分离。脱水脱烃后干气自二级分离器顶部出来,经二级换热器、一级换热器换热后,去增压单元。二级分离器分出的液烃进入脱乙烷塔顶部,轻组分自塔顶馏出,塔底重沸器温度为102℃。塔顶气相去轻烃/干气换热器,与塔底轻烃换热至82℃去燃料气系统,塔底轻烃被冷却至66℃,经轻烃泵增压至6.0MPa打入原油外输管道中。流程示意如图5-14所示。

(2)乙二醇再生部分。

二级分离器分离出的富乙二醇水溶液,去乙二醇再生塔顶部冷凝器与塔顶气进行换热,换热至19℃后进入贫富乙二醇换热器,被塔底贫乙二醇加热至102℃,去乙二醇闪蒸罐闪蒸出溶解烃类,闪蒸压力为0.3MPa,闪蒸气相回低压气压缩机入口,乙二醇富液经过乙二醇预过滤器,除去溶液中的机械杂质,过滤后的溶液进入乙二醇活性炭过滤器,除去

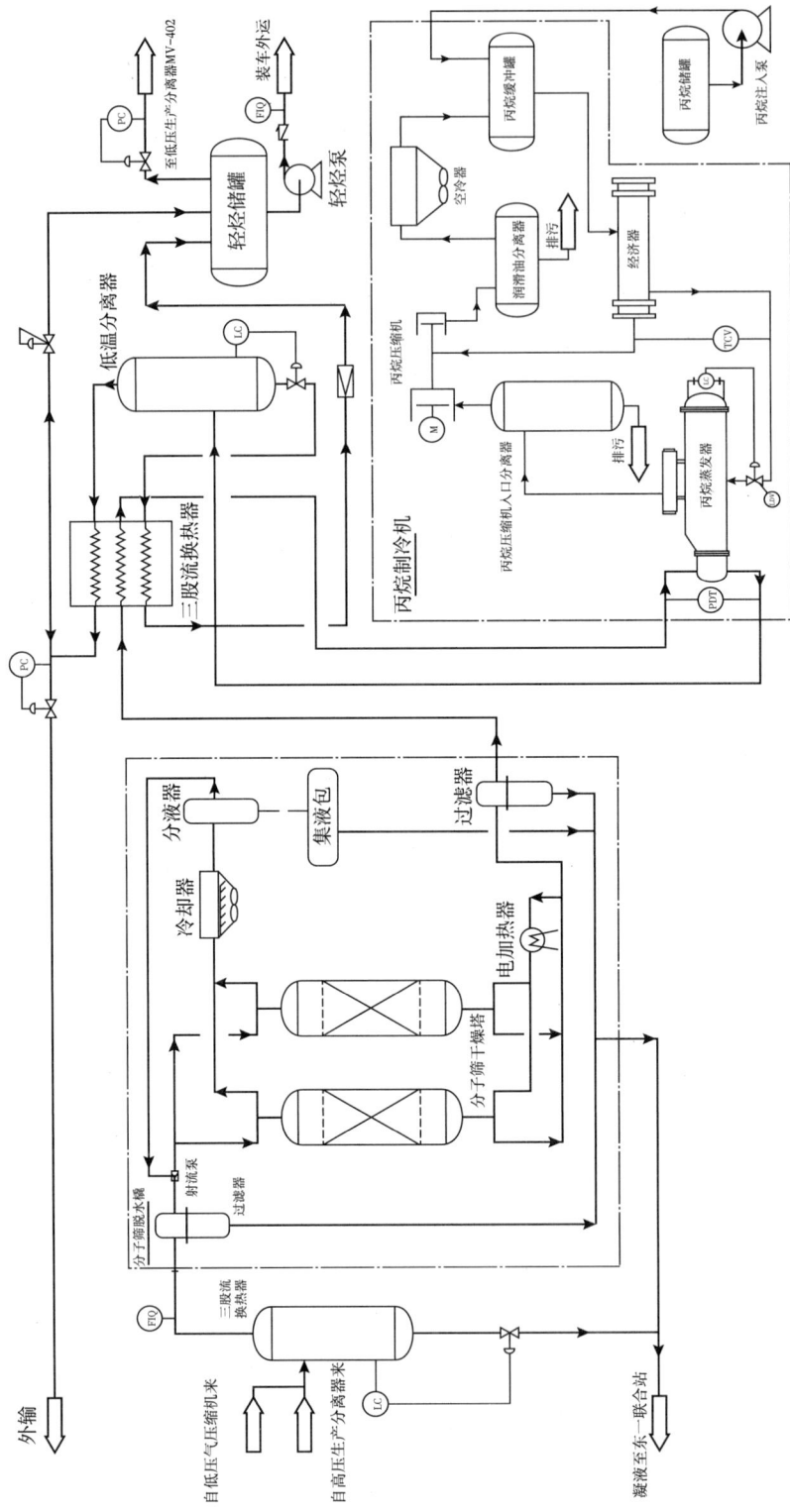

图 5-13 东河天然气脱水脱烃装置流程示意图

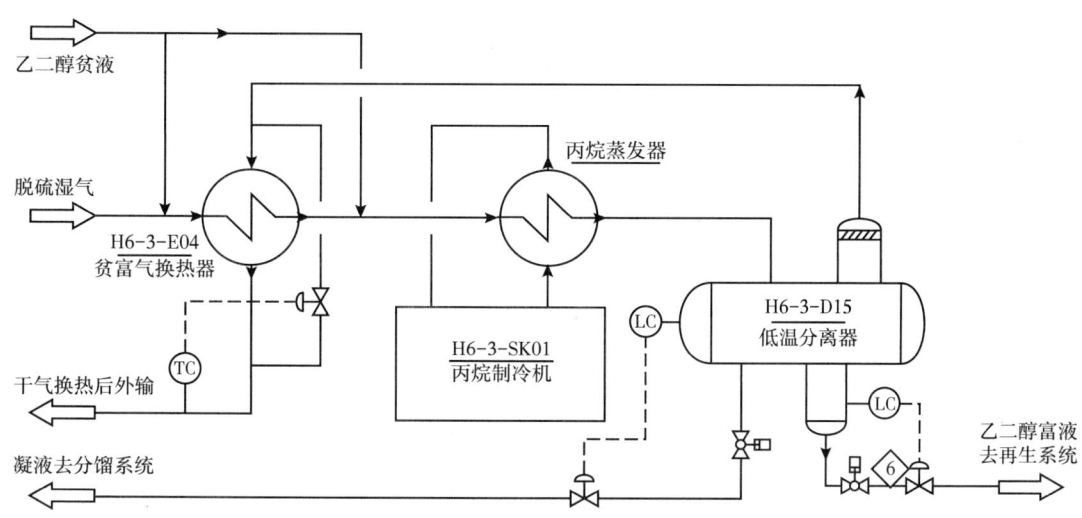

图 5-14 哈六联脱水脱烃装置主流程示意图

溶液中的降解产物,最后进入乙二醇后过滤器,除去微小的活性炭粉末和固体杂质,过滤后的乙二醇进入再生塔进行再生。富乙二醇进入再生塔填料段,塔底重沸器加热热源为导热油加热,塔底温度129℃,使富乙二醇中大部分水分汽化,并携带部分乙二醇上升至填料段。塔顶气相经顶部冷凝器与低温乙二醇富液换热,冷却至102℃。流程示意如图5-15所示。

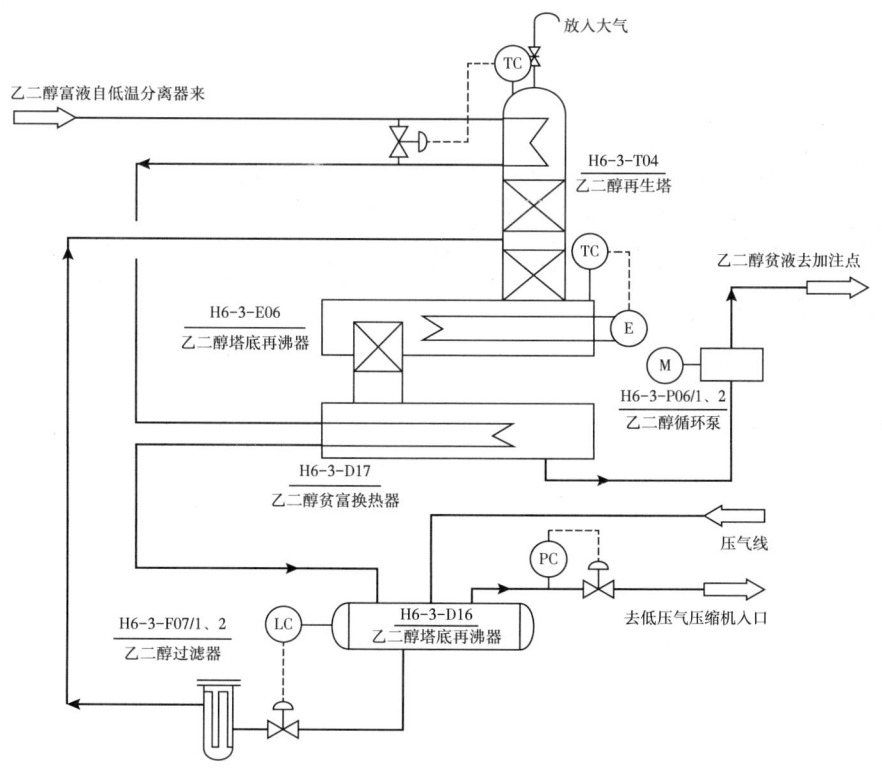

图 5-15 哈六联乙二醇再生流程示意图

（3）丙烷制冷部分。

丙烷制冷流程与东河天然气站丙烷制冷流程一致，在此不再赘述。

**2. 塔里木油田天然气的脱水脱烃工艺**

气田天然气处理的脱水脱烃工艺主要包括分子筛干燥+J-T制冷、分子筛干燥+丙烷制冷、分子筛脱水+丙烷预冷+J-T制冷、分子筛脱水+膨胀机制冷、加注乙二醇+丙烷制冷、加注乙二醇+J-T制冷和加注乙二醇+氨制冷共7种，天然气处理的脱水工艺还有三甘醇脱水工艺，各气田天然气脱水脱烃处理工艺见表5-7。

表5-7 塔里木油田天然气脱水脱烃工艺概况表

| 序号 | 气田名称 | 站场名称 | 建设规模/ ($10^4$m³/d) | 脱水脱烃处理工艺 | 液烃处理 | 备注 |
|---|---|---|---|---|---|---|
| 1 | 阿克莫木气田 | 集气脱水站 | 40 | 加注乙二醇+J-T制冷 | 闪蒸后液烃去污油罐拉运 | |
| | | 天然气处理站 | 90 | 加注乙二醇+J-T制冷 | 闪蒸后液烃去凝析油储罐拉运 | |
| 2 | 和田河气田 | 天然气处理厂 | 500 | 加注乙二醇+J-T制冷 | 闪蒸后去凝析油稳定装置 | 含硫 |
| 3 | 柯克亚气田 | 循环注气站 | 66 | 分子筛干燥+气波机制冷 | 去分馏系统生产液化气和轻烃 | |
| | | 油气处理站 | 130+70 | 加注乙二醇+氨制冷 | 去循环注气站分馏系统 | |
| 4 | 塔中气田 | 塔二联 | 300 | 加注乙二醇+丙烷制冷 | 去凝析油处理装置 | 含硫 |
| | | 塔三联 | 500 | 加注乙二醇+丙烷制冷 | 去凝析油处理装置 | 含硫 |
| 5 | 牙哈气田 | 牙哈集中处理站 | 480 | 加注乙二醇+J-T制冷 | 去分馏系统生产液化气和轻烃 | |
| 6 | 英买力气田 | 天然气处理站 | 720 | 分子筛干燥+J-T制冷 | 去分馏系统生产液化气和轻烃 | |
| 7 | 桑南气田 | 桑南油气处理站 | 150 | 加注乙二醇+丙烷制冷 | 闪蒸后液烃去油处理单元 | 含硫 |
| 8 | 迪那2气田 | 天然气处理厂 | 1600 | 加注乙二醇+J-T制冷 | 去分馏系统生产液化气和轻烃 | |
| 9 | 克拉2气田 | 中央处理厂 | 3000 | 加注乙二醇+J-T制冷 | 闪蒸后去凝析油稳定装置 | |
| | | 第二处理厂 | 2000 | 三甘醇脱水 | — | |
| 10 | 克深气田 | 天然气处理厂 | 1800 | 加注乙二醇+J-T制冷 | 闪蒸后去凝析油稳定装置 | |
| 11 | 大北气田 | 天然气处理厂 | 1500 | 加注乙二醇+J-T制冷 | 闪蒸后去凝析油稳定装置 | |
| 12 | — | 塔里木轻烃深度回收处理厂 | 3000 | 分子筛脱水+膨胀机制冷 | 去分馏系统生产液化气和轻烃 | |

天然气脱水的方法有冷凝分离法、固体干燥剂吸收法和溶剂吸收法，分子筛干燥脱水是采用固体干燥剂吸收法，三甘醇脱水是采用溶剂吸收法。天然气脱烃的方法有冷凝分离法、吸附法和油吸收法，这三种方法与脱水的三种方法原理相同，但是烃的种类繁多，吸附法适用于含烃较少的天然气，且能耗和成本较高；油吸收法采用的吸收油相对分子量越小轻烃回收率越高，但是吸收油的蒸发损失就越大，同时高压时天然气在吸收油的溶解度高，不适于该方法；冷凝分离法既可以脱水还可以脱烃，因此天然气处理普遍采用该方法，尤其适用于高压气田，有足够的压力能实现制冷需求。在制冷过程中，随着温度的降低饱和含水的天然气会形成水合物，为抑制水合物形成采用加入水合物抑制剂的方法或分子筛干燥脱水的方法，乙二醇溶液是最为常用的水合物抑制剂，能够实现再生循环使用。

脱水脱烃主要相关装置如下。

（1）乙二醇再生装置。

注入乙二醇贫液浓度为80%~85%，三相分离器分离出的乙二醇富液浓度为65%~75%，需要进乙二醇再生装置进行提浓，再生装置的核心设备为乙二醇（MEG）再生塔。

MEG 富液进入 MEG 富液三相分离器，从 MEG 富液三相分离器出来的富液调压至 0.4MPa 依次进入 MEG 富液机械过滤器和 MEG 富液活性炭过滤器，以除去富液中可能存在的杂质及降解产物。过滤后的富液经 MEG 贫富液换热器换热至 70℃ 从中部进入 MEG 再生塔。MEG 再生塔塔顶气相（107℃，0.03MPa）全部冷凝至 40℃ 部分回流，塔底重沸器出来的贫液（约 136℃）进入 MEG 贫富液换热器换热到 126.5℃ 后经 MEG 贫液泵输送至贫液空冷器或换热器，冷却至 40℃，再进入 MEG 贫液机械过滤器，过滤出杂质后进入 MEG 贫液缓冲罐。缓冲罐内的贫液再经 MEG 贫液注入泵注入脱水脱烃装置。

再生塔顶回流罐排出的不凝气主要为水蒸气、$CO_2$ 及微量 MEG 和烃类，直接排放对环境有污染。因此，在装置内设置灼烧炉，或者不凝气放空至低压放空火炬，不凝气体经灼烧后排入大气。

（2）分子筛干燥装置。

处理厂分子筛干燥装置一般采用两塔、三塔或四塔流程，分别进行吸附、加热再生、冷却。

①吸附流程。

原料气经旋风分离器和过滤分离器除去气体中夹带的少量固体颗粒及液态介质后，自上而下进入分子筛脱水塔吸附脱水。脱水后的干气经分子筛粉尘过滤器滤除分子筛粉尘后进入下游装置。

②再生流程。

再生气取自原料气或脱水干气，并采用与原料气吸附脱水相反的介质流动方向，自下而上通过刚完成吸附过程的分子筛脱水塔。再生气经再生气换热器与富再生气换热后进入再生气加热器，用热媒导热油加热至约 290℃ 后进入分子筛脱水塔，以再生分子筛床层。分子筛吸附的水被高温再生气加热脱附，与再生气一起进入再生气换热器与贫再生气换热后，进入再生气冷却器。冷却后的富再生气经再生气空冷器冷却后进入再生气分离器，经再生气分离器分离出液态水后，经再生气压缩机增压后返回至装置入口管线上。

③冷却流程。

脱水塔再生完成后，再生气加热器停止加热。未经加热的同一股气流作为冷却气自下而上通过刚完成再生过程的分子筛脱水塔，以冷却该塔。冷却床层出口温度为 50℃ 时视为冷吹完成。冷吹气依次进入再生气换热器、再生气冷却器、再生气分离器，经再生气压缩机增压后返回至装置入口管线上。

分子筛再生气用脱水干气比原料气再生效果优，可以有效降低脱水干气的水露点，但是造成再生气的循环，能耗增加。英买力处理厂和塔一联的分子筛再生气采用原料气，脱水干气的水露点只达到 -40℃；吉拉克天然气处理站和塔里木轻烃深度回收处理厂的分子筛再生气采用脱水干气，脱水干气的水露点可以达到 -100℃ 和 -70℃。

（3）膨胀制冷装置。

膨胀制冷法也称自制冷法，此法不另设置独立的制冷系统，原料气降温所需要冷量由气体经过串接在本系统中的各种膨胀制冷设备或机械来提供，常用膨胀设备有 J-T 阀、透平膨胀机及热分离机，气波机就是热分离器的一种。

在气藏压力很高（一般在 10MPa 或更高），特别是其压力随开采过程逐渐递减时，应首先考虑采用J-T阀制冷，节流后能够满足制冷需求和外输压力要求。气田天然气处理要求：在交接压力下天然气烃水露点低于环境温度5℃，该处理需求较低，制冷温差小（-15~-20℃）。牙哈气田、英买力气田、迪那2气田、克拉2气田、克深气田和大北气田的进站压力均在10.5~12MPa，外输压力为6.5~7.5MPa；阿克莫木气田的进站压力为10MPa，和田河气田的进站压力为8.6MPa，外输压力为4.0~5.5MPa，有足够的节流压差满足低制冷需求，因此采用该方法较为合适。

塔里木轻烃深度回收处理厂主要回收液化气和轻烃，制冷温度较低，达到-70℃，采用制冷效果更优的透平膨胀机制冷。

柯克亚循环注气站采用气波机制冷，该方法处理能力一般小于$10^4 m^3/d$（按进气状态计），制冷效果一般，同时维护工作量较J-T阀高，因此应用较少。

（4）冷剂制冷装置。

目前制冷冷剂主要有氨气、丙烷或乙烷，也可以是丙烷、乙烷混合冷剂，丙烷、乙烷混合冷剂的制冷温度较低，氨气属于轻度危害毒物，丙烷作为冷剂，无毒，有利于安全生产，也能够满足气田天然气处理的制冷需求。

丙烷制冷系统流程：液体丙烷在丙烷蒸发器中吸收了热量后变为丙烷蒸气，同时使进料原料气温度降低10℃左右。丙烷气体分离出夹带的液体后进入丙烷压缩机，经压缩后丙烷气体压力从0.01MPa升至1.14MPa，温度从-27℃升至55℃。压缩后丙烷气体经空冷器后全部冷却冷凝为液体。丙烷液体进入丙烷储罐，再经节流阀降压至0.3MPa后进入经济器分离为气液两相，气体返回压缩机的补充气入口，液体则进一步节流降压至0.01MPa后进入蒸发器，在蒸发器中吸收被冷介质的热量，蒸发为丙烷蒸气，从而完成整个制冷过程的循环。

塔里木气田天然气处理以加注乙二醇+J-T阀制冷工艺、加注乙二醇+丙烷制冷工艺和分子筛干燥+J-T阀制冷3种工艺为主，另有一套三甘醇脱水装置，下面分别介绍克深处理厂、塔二联、英买力处理厂和克拉2天然气处理厂脱水脱烃工艺。

1）加注乙二醇+J-T阀制冷脱水脱烃工艺

克深天然气处理厂设脱水脱烃装置共3套，单套处理能力为$1000×10^4 m^3/d$。处理厂脱水脱烃采用加注乙二醇+J-T制冷工艺，集气单元分离器来天然气先经空冷器冷却至40℃，进入原料气一级预冷器，通过与低温分离器来的干天然气换热冷却，冷却后天然气进原料气分离器分离，进入原料气二级预冷器，加注乙二醇贫液，通过与低温分离器来的干天然气换热冷却至-10℃。预冷后天然气经J-T阀节流膨胀制冷，压力降至约8.0MPa，温度降至约-24℃，进入低温分离器进行分离，以分出液态含醇液和液烃。产品气进入原料气一级、二级预冷器进行换热，换热后的干气经脱固体杂质装置后外输。低温分离器分出的液态含醇液换热后经醇烃液三相分离器分离，分出的乙二醇富液去乙二醇再生装置，液烃去天然气凝液回收系统。

克深天然气处理厂投产初期，低温分离器一度出现结蜡堵塞情况，对气田平稳生产和装置安全运行产生较大影响。自2015年10月开展加注凝析油试验以来，装置保持平稳运行，未出现J-T阀卡阻、低温分离器工作异常等现象。处理厂第一、二套脱水脱烃装置通过脱蜡剂注入橇向空冷器前管线及原料气后冷器注油；第三套脱水脱烃装置通过脱蜡剂注入橇向空冷器前管线、原料气前冷器管板处注油，并在原料气后冷器管板处预留注油口。流程示意如图5-16所示。

# 第五章 天然气处理标准化工艺

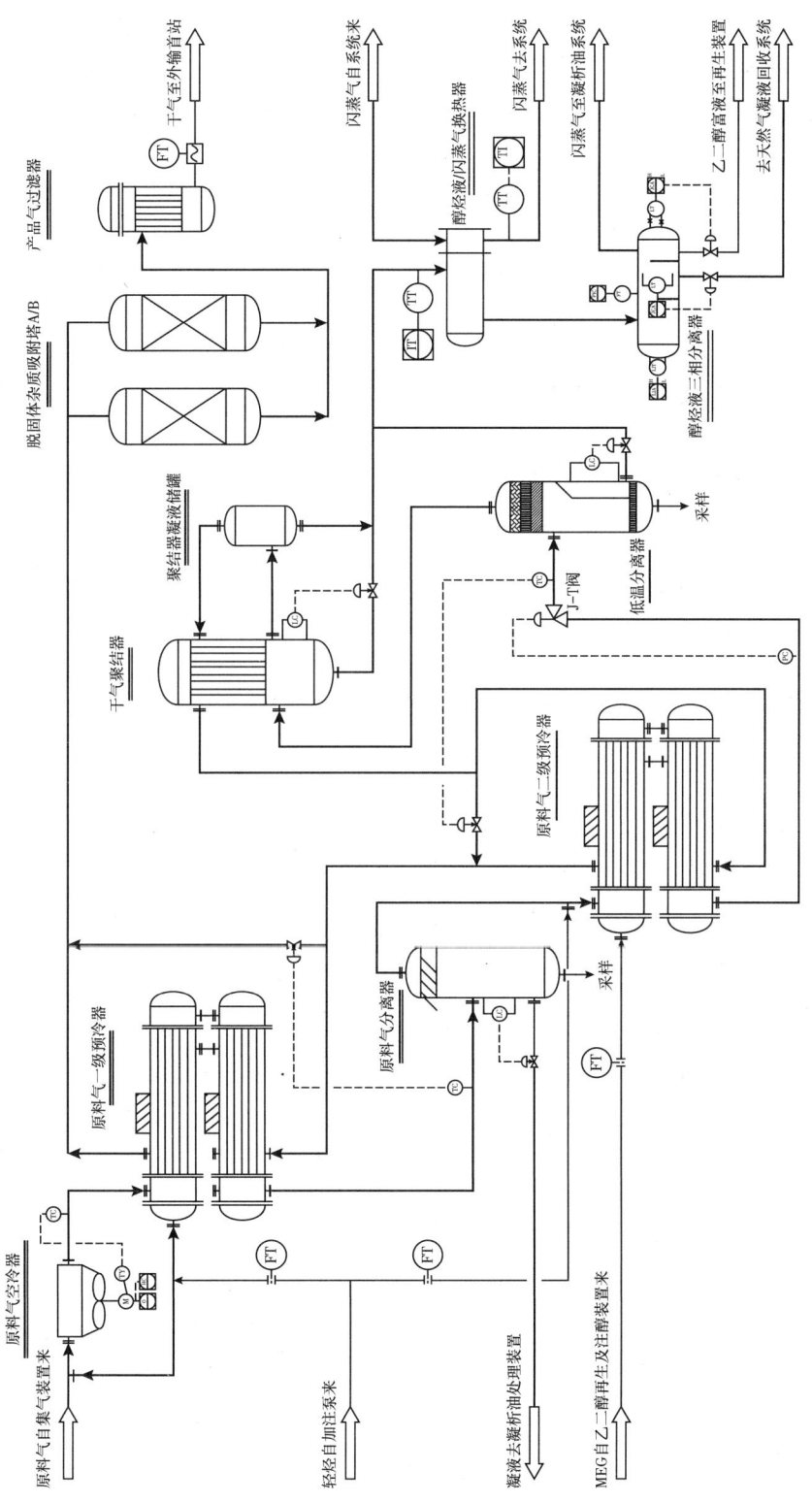

图 5-16 克拉天然气脱水脱烃装置流程示意图

塔里木油田采用加注乙二醇+J-T阀制冷脱水脱烃工艺的处理厂较多，克拉处理厂、大北处理厂、牙哈处理厂、迪那处理厂、和田河处理厂、阿克处理厂等均采用该工艺，工艺主流程大同小异，主要差别在于加注乙二醇前的预冷级数不同，有的无预冷，有的采用一级预冷，有的采用二级预冷。另外在醇烃液三相分离器的设置上也有不同，有的装置直接将低温分离器设计为三相分离器，省略了醇烃液三相分离器；有的装置直接将低温分离器设计为两相分离器，设置醇烃液三相分离器用以对乙二醇富液和液烃进行分离。

2）加注乙二醇+丙烷制冷脱水脱烃工艺

塔二联脱水脱烃装置处理来自脱硫装置后的湿净化天然气，设计规模为 $300×10^4m^3/d$。脱水脱烃采用加注乙二醇+丙烷制冷工艺。

自脱硫装置来的湿净化天然气（约41.5℃，6.75MPa），与来自注醇泵的乙二醇贫液通过乙二醇雾化器充分混合接触后，与自干气聚结器来的冷干气在湿净化气预冷器中进行逆流换热，湿净化天然气被冷却至约-12℃，再经丙烷制冷系统冷却至约-22℃后进入低温分离器进行醇烃液分离。分离出的冷干气自低温分离器进入干气聚结器，进一步分离出夹带的少量的醇烃液后，进入湿净化气预冷器与湿净化天然气逆流换热，换热后的干气（约33.5℃，6.62MPa）至净化气外输装置。

从低温分离器底部分离出来的醇烃混合液，降压至约1.0MPa后与从MEG重沸器底部来的MEG贫液在MEG贫液—醇烃液换热器中进行换热，换热后的醇烃混合液进入醇烃液加热器，以热载体（导热油）加热至约50℃，进入三相分离器进行分离。三相分离器顶部出来的闪蒸气进入燃料气系统；底部分离出的重相液去乙二醇再生系统进行再生；底部分离出的轻液相（凝析油）经系统输送至凝析油处理装置。

塔三联采用了与塔二联基本相同的脱水脱烃流程，仅在天然气预冷段有所不同，塔三联脱硫原料气采用了两级预冷流程。

3）分子筛干燥+J-T阀制冷脱水脱烃工艺

英买力油气处理厂天然气处理装置共2套，单套处理规模 $350×10^4m^3/d$。脱水脱烃工艺采用分子筛干燥+J-T制冷。

自段塞流捕集器来的天然气（10.7MPa，30~40℃）经流量比例调节并计量后，分别进入 $1^\#$ 和 $2^\#$ 天然气处理装置的入口分离器、粉尘过滤器，分离出游离液滴、灰尘，再经过聚结过滤器，通过聚结分离除去油、水细雾，然后天然气去分子筛脱水塔。凝液和游离水进入凝析油稳定装置的三级闪蒸罐。

分子筛脱水塔内装填4A型分子筛，使原料气含水降到10ppm以下。脱水采用四塔流程，两塔并行吸附，一塔再生和一塔冷却，吸附周期为8h，再生时间为4h，冷却时间为4h，其余时间为床层升压、降压、等待时间。脱水后的气体首先进入粉尘过滤器脱除夹带的粉尘，然后去冷冻分离单元。

分子筛脱水塔的再生气（或冷却气）取自原料气。冷却气首先进入刚刚从加热阶段切换过来的分子筛脱水塔，对分子筛进行冷却，冷却气将分子筛的热量移走，再进入再生气换热器，再生气的热量由导热油系统提供，导热油进加热器温度为300~320℃，出加热器温度为280~290℃。将再生气加热至290℃左右，去分子筛脱除干燥剂吸附的水分，然后经再生气空冷器冷却至55℃，去再生气分水罐分离出冷凝下来的水，冷却后的再生气返回至分子筛原料气入口管线。

分子筛脱水塔脱水、再生操作过程的切换通过DCS对开关阀进行时间控制来完成，两塔处于并行吸附状态，一塔处于加热过程，一塔处于冷却过程，四个塔交替循环使用满足连续干燥的目的。

脱水后的原料气，压力为10.2MPa，温度为40℃，进入贫富气换热器与低温分离器，分离出来的干气和脱乙烷塔顶气换热被冷却至-15℃，贫富换热器为三股流绕管式换热器。原料气预冷温度可通过调节换热器的旁路干气调节阀来控制。经过预冷后的原料气，再经过节流阀膨胀至7MPa，进入低温分离器进行气液分离，分离后的干气经贫富气换热器复热至30℃，一部分进入燃料气系统，其余外输；分离出来的液体进入脱乙烷塔顶，作为脱乙烷塔进料。

流程示意如图5-17所示。

4）三甘醇脱水工艺（TEG）

克拉2气田第二天然气处理厂共设4套TEG脱水装置，不设置脱烃流程，单套装置的处理量为$500×10^4 m^3/d$，最大处理能力为$550×10^4 m^3/d$。本装置采用99.7%（质量分数）三甘醇（TEG）作脱水剂，脱除湿原料气中的绝大部分饱和水，经TEG吸收塔脱水后的干天然气作为商品气外输。吸水后的TEG采用常压火管加热再生法再生，贫液经换热、加压后返回TEG吸收塔循环使用。

来自集气装置的9.5MPa湿天然气先经原料气过滤器分离出游离水和凝液后，自吸收塔下部进入吸收塔，与塔上部进入的TEG贫液在塔内逆流接触，天然气中的饱和水被TEG吸收而脱除。TEG富液从吸收塔下部集液箱排出，经液位控制阀至重沸器富液精馏柱顶部盘管换热后进入TEG闪蒸罐，闪蒸出少量的烃类及水等，闪蒸后的TEG富液经液位控制阀进入TEG机械过滤器和活性炭过滤器，以除去其中的杂质及降解产物，此后富液进入三甘醇缓冲罐内换热盘管与热TEG贫液换热，富液被加热后进入三甘醇重沸器上的富液精馏柱。TEG溶液在三甘醇重沸器中被提浓再生。再生后的TEG贫液在三甘醇缓冲罐内与富液换热后经TEG水冷却器冷却，降温后进入TEG循环泵升压进入TEG吸收塔上部，完成TEG的吸收、再生循环过程。再生塔重沸器采用火管加热。为确保贫甘醇浓度，在贫液精馏柱上设有汽提气注入设施。

**3. 脱水脱烃工艺在塔里木油田的应用效果**

天然气处理站脱水脱烃的主要目的是使净化天然气符合《天然气》（CB17820—2018）规范的质量指标，即保证在天然气交接点的压力和温度条件下，天然气中应不存在液态水和液态烃。通常做法是控制烃水露点在-5℃以下，同时脱水深度还与后续脱烃工艺有关，若采用深冷脱烃，则应加大脱水深度以保证在后续脱烃流程中不出现水合物。

塔里木油田已在轮南建设了一座大型天然气轻烃深度回收工厂，用于回收各油气田天然气中的LPG和稳定轻烃产品。目前塔里木油田公司拟在现有轮南轻烃厂的基础上扩建乙烷回收工厂，生产乙烷产品。天然气乙烷回收工程实施后，各油气田处理厂在进行天然气处理时只要满足外输气烃露点要求即可，深度脱烃在轮南轻烃厂完成，对采用J-T阀脱水脱烃的天然气处理厂，能有效延缓气田外输增压的时间；对采用外制冷脱水脱烃的天然气处理厂，能有效降低工厂运行能耗。

塔里木油田脱水常用的方法是低温分离法，部分处理厂使用分子筛吸附法脱水，克拉第二天然气处理厂采用了三甘醇吸收法脱水。以上三种方法均能够满足管输气的水露点

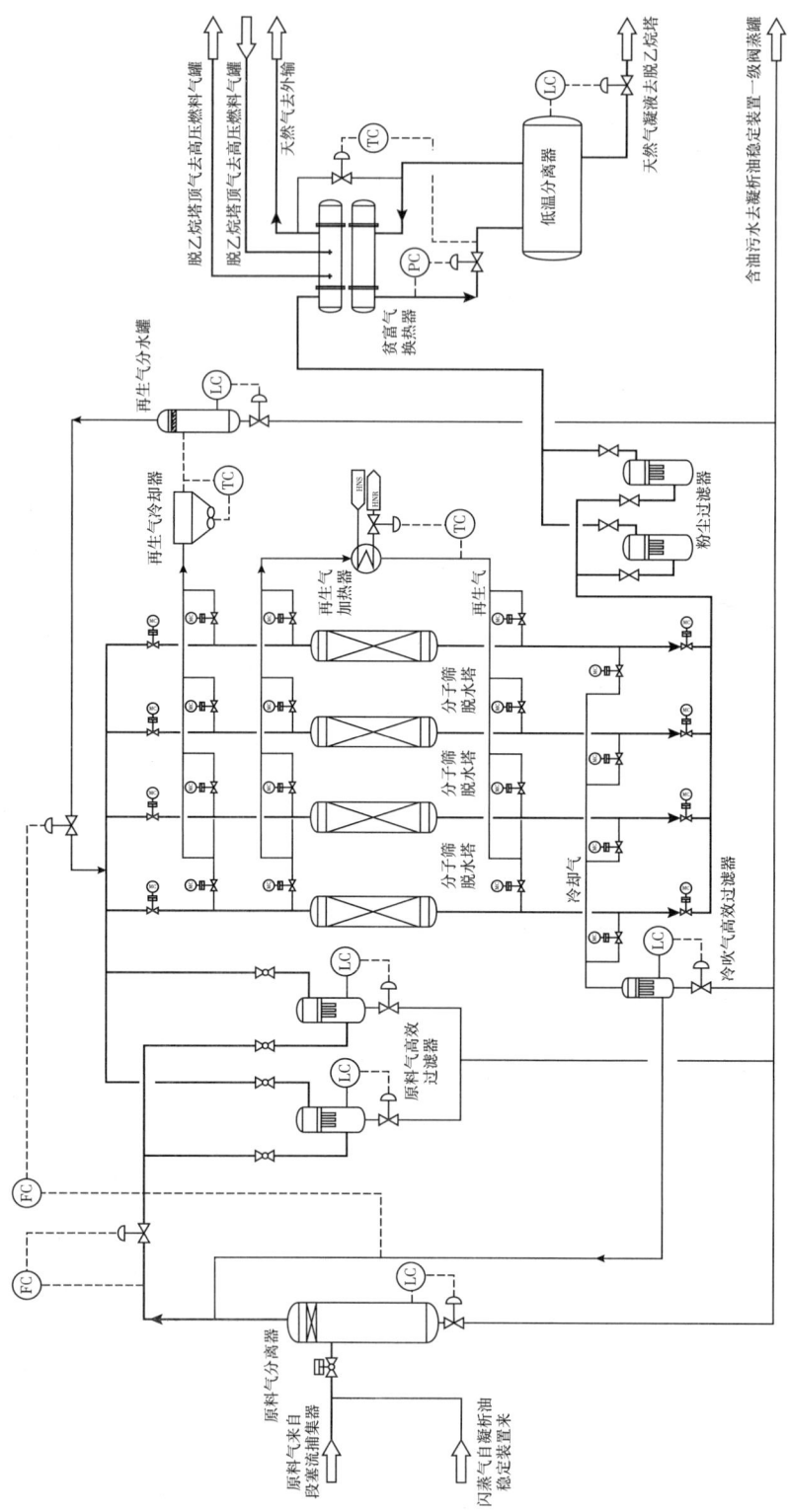

图 5-17 英买力天然气脱水脱烃装置流程示意图

≤-5℃的要求。塔里木油田脱烃均采用低温分离法，该方法能够满足管输气的烃露点≤-5℃的要求。

当天然气处理装置仅需要进行脱水处理时，通常除在下述情况之一时采用吸附法外，采用三甘醇脱水将是最普遍而且可能是最好的选择：

（1）脱水目的是为了符合管输要求，但又不宜采用甘醇脱水的场合（例如，酸性天然气脱水）；

（2）高压（超临界状态）$CO_2$脱水（因为此时$CO_2$在三甘醇溶液中溶解度很大）；

（3）冷却温度低于-34℃的气体脱水，例如天然气凝液回收和天然气液化等过程；

（4）同时脱油脱水以符合水、烃露点要求。

由于塔里木油田天然气主要为凝析气和伴生气，纯干气藏很少，因此天然气管输均需要进行脱水脱烃，因此三甘醇脱水工艺在塔里木油田应用较少，不具备普遍适用性。

与吸收法相比，吸附法脱水适用于要求干气露点较低的场合，尤其是分子筛，常用于采用深冷分离的天然气凝液（NGL）回收、天然气液化和汽车用压缩天然气的生产（CN加气站）等过程中。分子筛脱水深度深，水露点可控制在-185~-70℃，塔里木轻烃回收厂即采用该法进行深度脱水。塔里木油田天然气处理站净化气仅需满足管输气要求即可，具备轻烃回收价值的天然气可在轻烃回收厂进行回收，因此脱水深度不需要太深，分子筛脱水因其再生过程需要热量较大，运行成本高于低温分离法，因此该方法在早期建设的塔里木天然气处理站场应用较多，自2008年后建设的天然气处理站场鲜有采用该法进行脱水。

根据前文中的介绍，当脱水目的是为了符合管输要求，且需要同时脱水脱烃以符合水、烃露点要求时首选低温分离法（浅冷分离），该方法可以同时脱水脱烃，且具备工艺成熟、能耗低、流程简单等诸多优点，非常适合塔里木油田的工况，也是在塔里木应用最广的脱水脱烃工艺。

采用低温分离法脱水脱烃时，首先应选择合适的水合物抑制剂，以防止低温工况时天然气形成水合物造成冻堵，常见的热力学抑制剂有甲醇、乙二醇、二甘醇等有机化合物抑制剂。天然气在降温过程中将会析出冷凝水。在气流中注入可与冷凝水混合互溶的甲醇或甘醇后，则可降低水合物的形成温度。甲醇和甘醇都可从水溶液相（通常称为含醇污水）中回收、再生和循环使用，其在使用和再生中损耗掉的那部分则应定期或连续予以补充。在温度高于-40℃并连续注入的情况下，采用甘醇（一般为其水溶液）比采用甲醇更为经济，因为回收甲醇需要采用蒸馏的方法，能耗较高。由于乙二醇成本低、黏度小且在液烃中的溶解度低，因而是最常用的甘醇类抑制剂。塔里木油田常用的水合物抑制剂为甲醇和乙二醇，甲醇用于解冻和单井加注，天然气处理站水合物抑制剂则全部采用乙二醇。

按照提供冷量的制冷方法不同，冷凝分离法又可分为冷剂制冷法、膨胀制冷法和联合制冷法三种。其中联合制冷法和膨胀制冷法中的透平膨胀机制冷主要应用于深冷分离。塔里木油田天然气处理站采用浅冷分离，主要采用膨胀制冷法中的J-T阀制冷和冷剂制冷法以获得低温。

压力高的气藏气（一般在10MPa或更高），优先考虑采用节流阀制冷，节流后的压力应满足外输气要求，该工艺技术成熟，流程简单，充分利用井口压力能，不需额外消耗其他能量。塔里木油田大部分凝析气藏具备进站压力高的特点，如大北处理厂、克深处理厂、克拉中央处理厂、迪那处理厂、英买力处理厂、牙哈处理厂、和田河处理厂、阿克处理厂均采用 J-T 阀制冷工艺。

当无足够压差利用时，可采用冷剂制冷。常用的冷剂为丙烷（适用于制冷温度 ≥ -40℃ 的工况）和氨（适用于制冷温度 ≥ -30℃ 的工况），两种冷剂的制冷温度均可满足天然气浅冷分离的要求。

氨是一种传统冷剂，其优点是 ODP（消耗臭氧层潜值）及 GWP（全球变暖潜值）均为零，蒸发相变熔较大（故单位体积制冷量较大，能耗较低，设备尺寸小），价格低廉，传热性能好，易检漏，含水量余地大（故可防止冰堵）；缺点是有强烈的刺激臭味，对人体有较大毒性，是目前广泛采用的一种冷剂。丙烷的优点是 ODP 为零，GWP 也较小，蒸发温度较低，对人体毒性也小，当工艺介质（例如天然气）与其火灾危险性等级相同时，和制冷压缩机组可与工艺设备紧凑布置，当工艺介质与其处于相同火灾危险等级时可优先考虑。由此可知，氨与丙烷均为对大气中臭氧层无破坏作用且无温室效应的冷剂，应用时各有利弊，故应结合具体情况综合比较后确定选用何种冷剂。

塔里木油田常用冷剂为丙烷。伴生气处理装置因其分离压力较低，无充足的压力能可利用，采用丙烷外冷工艺获得低温，如塔一联、轮南 $40 \times 10^4 m^3$ 天然气处理装置、东河天然气站、哈四联、哈六联等；同时部分凝析气田因压力能不足，也采用丙烷外冷工艺获得低温，如塔二联、塔三联、桑南天然气站。

综上所述，乙二醇防冻 +J-T 阀节流制冷的低温分离工艺适用于高压凝析气田，乙二醇防冻 + 丙烷外冷的低温分离工艺适用于伴生气处理装置和中低压凝析气田。以上两种工艺在塔里木油田应用广泛，有很高的适应性。

## 三、标准化脱水脱烃工艺推荐

标准化脱水脱烃工艺推荐采用低温分离法，乙二醇防冻 +J-T 阀节流制冷的低温分离工艺适用于有压力能可供使用的高压凝析气田，乙二醇防冻 + 丙烷外冷的低温分离工艺适用于伴生气处理装置和中低压凝析气田。

### 1. 乙二醇防冻 +J-T 阀节流制冷脱水脱烃工艺

本工艺适用于有充足压力能可利用的高压凝析气田，若分离出的天然气凝液需生产液化气和轻烃，则建议采用二级原料气预冷并在一级预冷后设分离器。考虑到部分气田有蜡堵风险和含固体杂质的工况，类似工况可通过脱蜡剂注入橇向空冷器前管线、原料气前冷器管板处注油，并在原料气后冷器管板处预留注油口；在干气换热器后设脱固体杂质吸附塔。

*1）脱水脱烃*

塔里木油田各大气田大多采用低温法脱水脱烃，早期建设的处理厂脱水脱烃流程较简单，生产分离器分离后的天然气注入乙二醇，经过预冷器预冷，再经过 J-T 阀等焓膨胀降温，然后经低温分离器分离后生成干气。牙哈、克拉、塔二联天然气处理均采用该工艺进行脱水脱烃，英买力天然气处理厂采用该法进行脱烃（分子筛脱水）。迪那处理厂建厂时也采用该工艺进行脱水脱烃，设计的进厂天然气温度为 45℃，但实际进厂温度达到 60℃ 以上，导致进入脱水脱烃装置的原料气中含水量高，设计的乙二醇注入量不能满足

$400×10^4m^3/d$ 的要求，最大只能满足 $230×10^4m^3/d$ 的要求。虽然迪那气田油气处理厂在段塞流捕集后设置了空冷器，但空冷后的水分未能分出，不能减少乙二醇加注量，最后通过在空冷器和原料气预冷器之间增加一台分水器，分离出经空冷后的凝析水，从而解决了处理量的问题，流程示意如图 5-18 所示。根据软件模拟，在处理量为 $400×10^4m^3/d$，空冷后的温度为 45℃，制冷温度为 -27℃ 时，迪那处理厂增加分水器流程后，乙二醇的加注量可以减少 40% 左右。迪那改造后的流程仍不能保证较重的组分进入低温分离系统，可能会造成轻烃终馏点超标问题。

2010 年后建设的天然气处理厂针对迪那天然气流程进行了改进，空冷器后设置二级原料气预冷，在一级原料气预冷器和二级原料气预冷器之间设置原料气分离器，在二级预冷器进行乙二醇贫液加注，控制原料气经一级预冷器后温度 22℃（高于水合物形成温度 3℃）。该工艺的改进使得经冷却后的原料气在较低的温度下分离出水及烃，减少了气相中的烃、水含量，从而降低乙二醇加注量、减少乙二醇损耗，并可以保证在后续天然气凝液回收工艺中生产的轻烃终馏点满足规范要求。本标准工艺脱水脱烃工艺推荐采用该流程，流程示意如图 5-19 所示。

集气单元分离器来天然气注入轻烃后先经空冷器冷却至 40~45℃，进入原料气一级预冷器，通过与低温分离器来的干天然气换热冷却至 23℃ 左右，冷却后天然气进原料气分离器分离，加注乙二醇贫液后进入原料气二级预冷器，在二级预冷器内通过与低温分离器来的干天然气换热冷却，天然气再经 J-T 阀压力降至约 7.0MPa（该压力的设定应能保证干气可不用增压直接外输），温度降至约 -15℃，进入低温分离器进行三相分离，以分出液态含醇液和液烃。产品气进入原料气一级、二级预冷器进行换热，换热后的干气从塔顶进入脱固体杂质吸附塔，通过装填吸附剂的床层后从底部引出至粉尘过滤器，其中的固体杂质与吸附材料产生化学反应被吸附。低温分离器分出的醇烃液在醇烃液/闪蒸气换热器与闪蒸气换热升温后进入醇烃液三相分离器，分离的气相去燃料气系统，烃相去凝析油稳定装置或天然气凝液回收装置。

本标准工艺中脱蜡剂加注、原料气空冷器、原料气分离器、原料气二级预冷器、脱固体杂质吸附塔可根据实际需要选择设置。

2）乙二醇再生

自醇烃液三相分离器来的乙二醇富液进入乙二醇富液闪蒸罐，气相进入放空系统，液相经乙二醇富液过滤系统过滤，再经乙二醇贫富液换热器加热后，靠自压进入乙二醇再生塔。乙二醇再生塔为填料塔，常压下操作。乙二醇再生塔塔顶出来的气相经再生塔顶空冷器冷却后进入再生塔顶回流罐分离，气相至乙二醇焚烧炉，液相通过塔顶回流泵增压后进入再生塔。乙二醇再生塔出来的乙二醇贫液经乙二醇贫液泵加压，再经乙二醇贫富液换热器冷却进入乙二醇贫液缓冲罐，最后经乙二醇加注泵加压输至各加注点。乙二醇再生塔底重沸器热量由导热油系统提供。流程示意如图 5-20 所示。

**2. 乙二醇防冻 + 丙烷外冷脱水脱烃工艺**

本工艺适用于无充足压力能可利用的中低压凝析气田和伴生气处理，工艺流程仅在 J-T 阀处有不同，原料气从二级预冷器出来后进入丙烷压缩制冷系统，温度降至约 -15℃ 后进入低温分离器，其余流程与乙二醇防冻 +J-T 阀节流制冷脱水脱烃工艺完全一致。流程示意如图 5-21 所示。

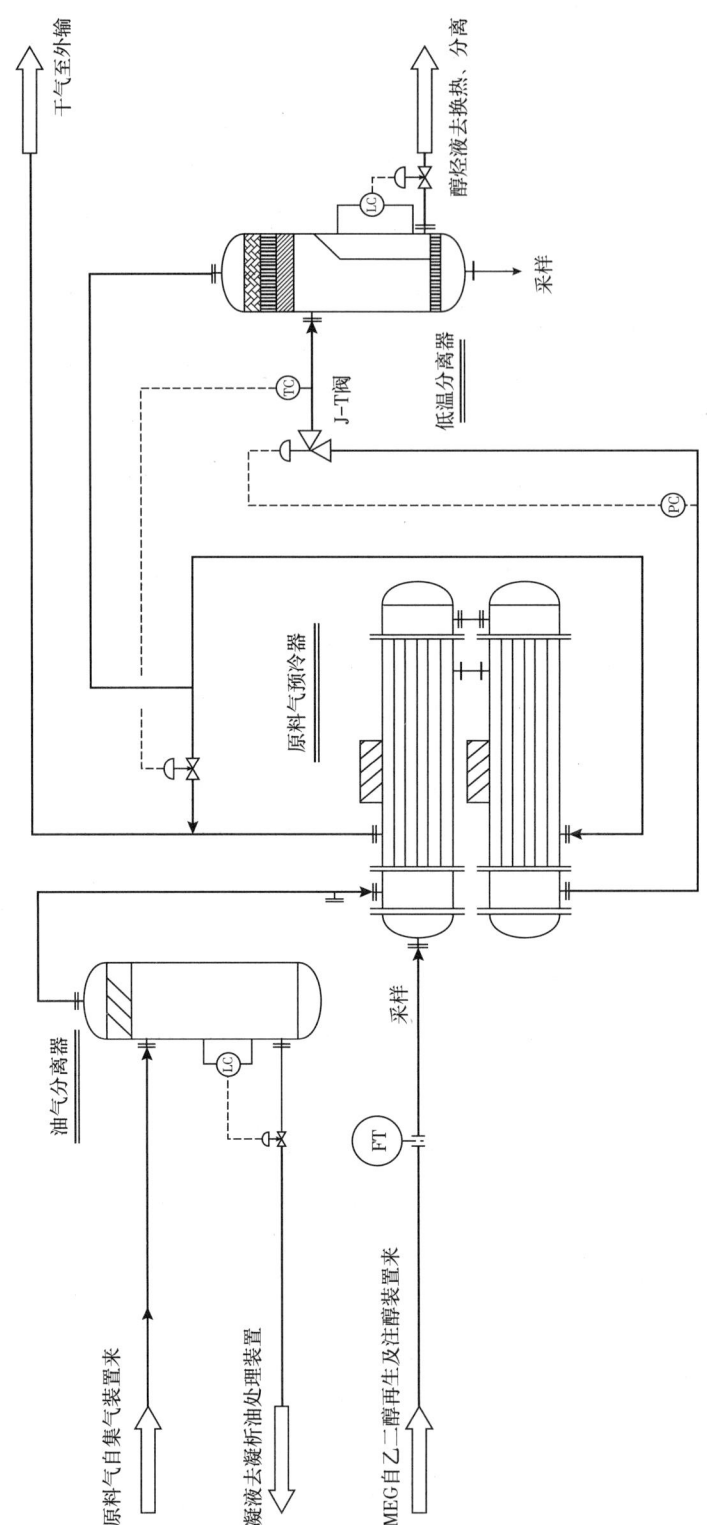

图 5-18 迪那气田脱水脱烃工艺流程示意图

# 第五章 天然气处理标准化工艺

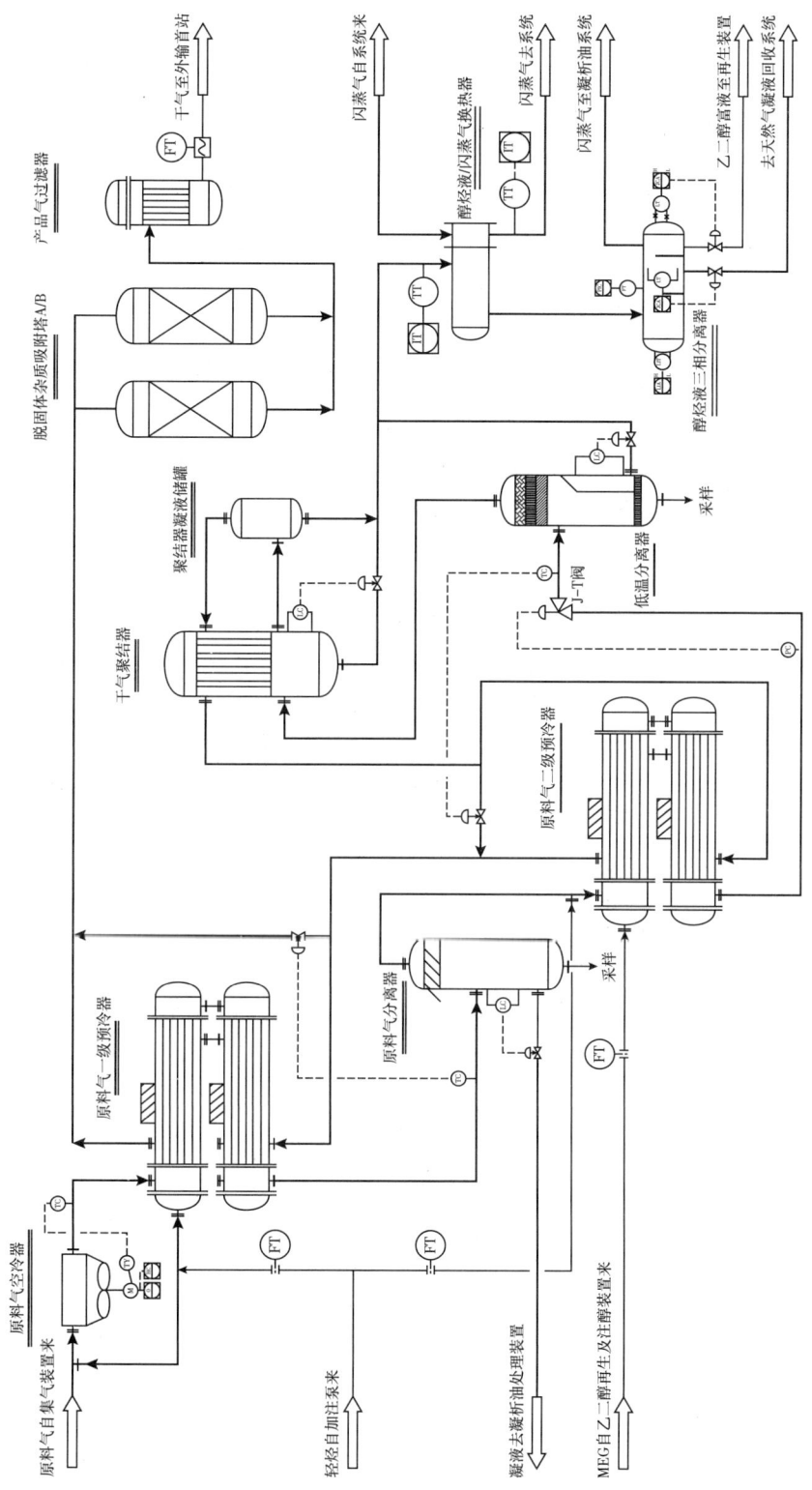

图 5-19 标准化脱水脱烃工艺流程（J-T阀节流制冷）示意图

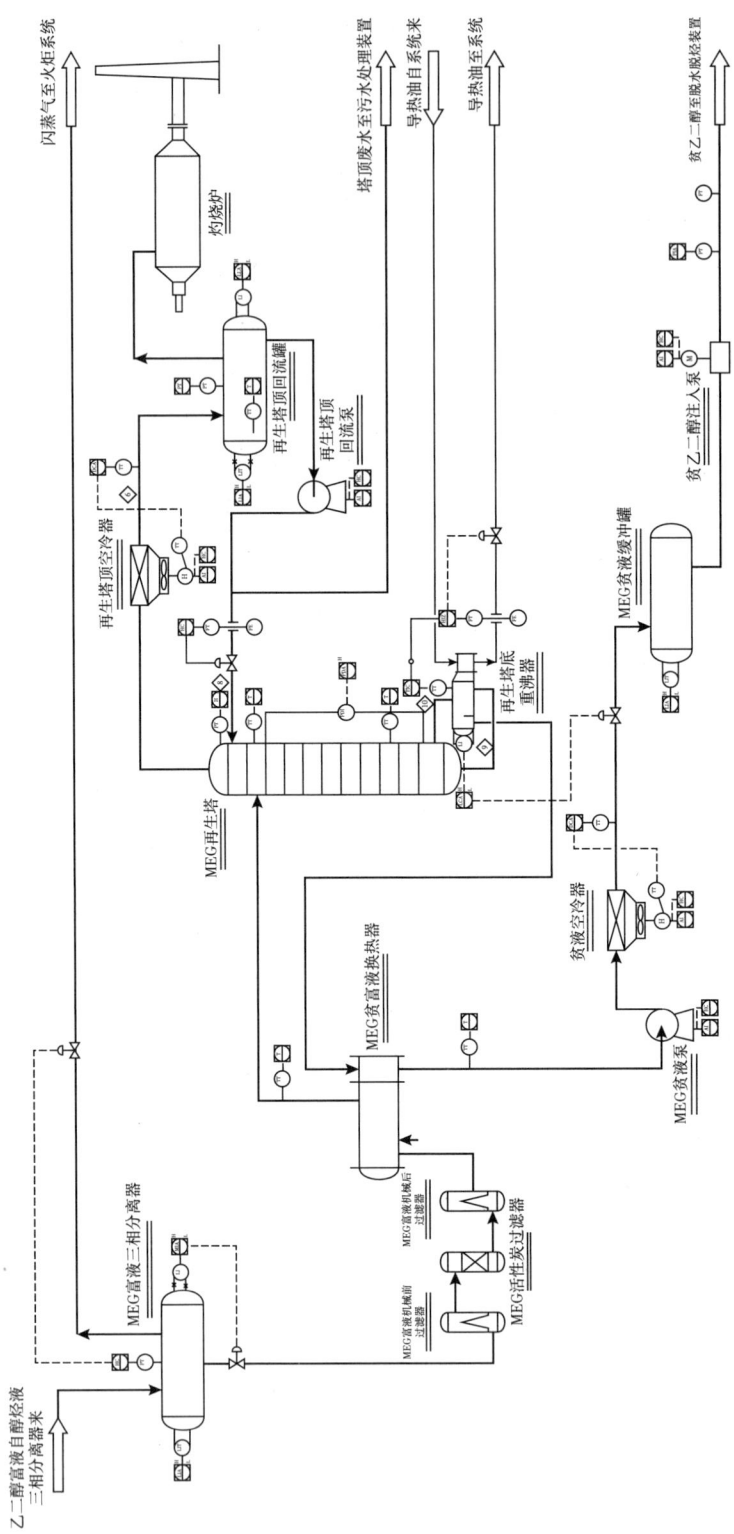

图 5-20 标准化乙二醇再生工艺流程示意图

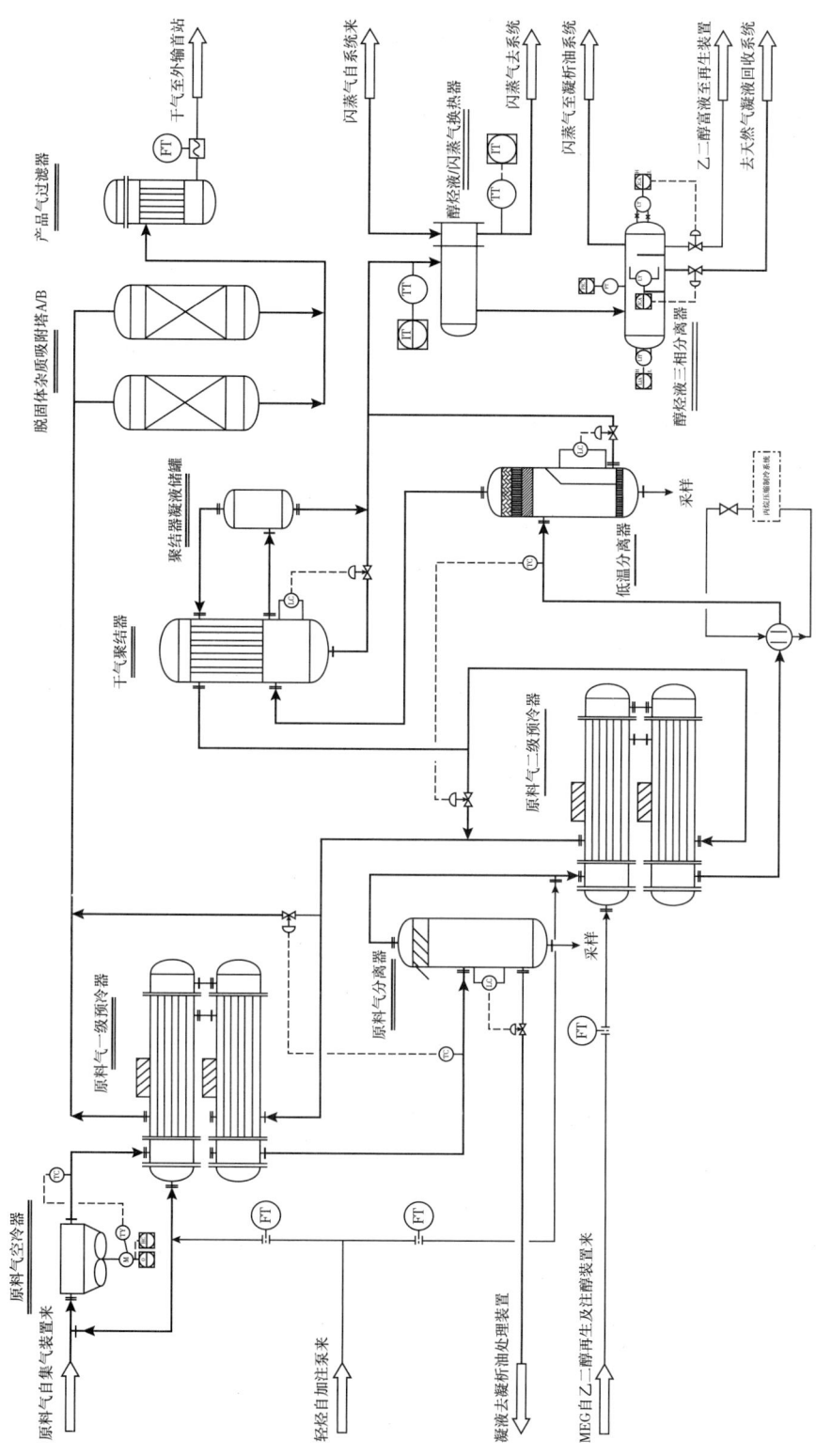

图 5-21 标准化脱水脱烃工艺流程（丙烷外冷）示意图

## 第四节 天然气凝液回收

### 一、天然气凝液回收工艺概述

天然气（尤其是凝析气及伴生气）中除含有甲烷外，还含有一定量的乙烷、丙烷、丁烷、戊烷及更重烃类。为了符合商品天然气质量指标或管输气对烃露点的质量要求，或为了获得宝贵的液体燃料和化工原料，需将天然气中的烃类按照一定要求分离与回收。

目前，天然气中的乙烷、丙烷、丁烷、戊烷及更重烃类除乙烷有时是以气体形式回收外，其他都是以液体形式回收的。由天然气中回收到的液烃混合物称为天然气凝液（NGL），简称液烃或凝液，我国习惯上称其为轻烃，但这是一个很不确切的术语。天然气凝液的组成根据天然气的组成、天然气凝液回收目的及方法不同而异。从天然气中回收凝液的工艺过程称为天然气凝液回收（NGL回收），我国习惯上称之为轻烃回收。回收的天然气凝液或直接作为商品，或根据有关产品质量指标进一步分离为乙烷、液化石油气（LPG，可以是丙烷、丁烷或丙烷、丁烷混合物）及天然汽油（$C_{5+}$）等产品。因此，天然气凝液回收一般也包括了天然气分离过程。

**1. 天然气凝液回收方法与选择**

虽然天然气凝液回收是一个十分重要的工艺过程，但并不是在任何情况下回收天然气凝液都是经济合理的。它取决于天然气的类型和数量、天然气凝液回收目的、方法及产品价格等，特别是取决于那些可以回收的烃类组分是作为液体产品还是作为商品气中组分时的经济效益比较。

1）天然气类型对天然气凝液回收的影响

我国习惯上将天然气分为气藏气、凝析气及伴生气三类。天然气类型不同，其组成也有很大差别。因此，天然气类型主要决定了天然气中可以回收的烃类组成及数量。

气藏气主要是由甲烷组成，乙烷及更重烃类含量很少。因此，只是将气体中乙烷及更重烃类回收作为产品高于其在商品气中的经济效益时，一般才考虑进行天然气凝液回收。我国川渝、长庆和青海气区有的天然气属于含乙烷及更重烃类很少的干天然气（即贫气）。但是塔里木、长庆气区有的天然气则属于含少量$C_{5+}$重烃的湿天然气，为了使进入输气管道的气体烃露点符合要求，必须采用低温分离法将少量$C_{5+}$重烃脱除，即所谓脱烃。此时，其目的主要是控制天然气的烃露点。

伴生气中通常含有较多乙烷及更重烃类，为了获得液烃产品，同时也为了符合商品气或管输气对烃露点的要求，必须进行天然气凝液回收。尤其是从未稳定原油储罐回收到的烃蒸气与其混合后，其丙烷、丁烷含量更多，回收价值更高。

凝析气中一般含有较多的戊烷以上烃类，当其压力降低至相包络区露点线以下时，就会出现反凝析现象。因此，除需回收因反凝析而在井场和处理厂获得的凝析油外，由于气体中仍含有不少可以冷凝回收的烃类，无论分离出凝析油后的气体是否要经压缩回注地层，通常都应回收天然气凝液，从而额外获得一定数量的液烃。我国塔里木气区拥有较多的凝析气田，是国内生产天然气凝液的主要地区之一。

2）天然气凝液回收的目的

从天然气中回收液烃的目的是使商品气符合质量指标；满足管输气质量要求；最大限度地回收天然气凝液。

（1）使商品气符合质量指标。

为了符合商品天然气质量指标，需将从井口采出和从矿场分离器分出的天然气进行处理。

①脱水，以满足商品气的水露点指标。当天然气需经压缩方可达到管输压力时，通常先将压缩后的气体冷却并分出游离水后，再用甘醇脱水法等脱除其余水分。这样，可以降低甘醇脱水的负荷及成本。

②如果天然气含有 $H_2S$、$CO_2$ 时，则需脱除这些酸性组分。

③当商品气有烃露点指标时，还需脱凝液（即脱烃）或回收 NGL。此时，如果天然气中可以冷凝回收的烃类很少，则只需适度回收 NGL 以控制其烃露点即可；如果天然气中氮气等不可燃组分含量较多，则应保留一定量的乙烷及较重烃类（必要时还需脱氮）以符合商品气的热值指标；如果可以冷凝回收的烃类成为液体产品比其作为商品气中的组分具有更好经济效益时，则应在符合商品气最低热值的前提下，最大限度地回收 NGL。因此，NGL 的回收程度不仅取决于天然气组成，还取决于商品气热值、烃露点指标等因素。

（2）满足管输气质量要求。

对于海上或内陆边远地区生产的天然气来讲，为了满足管输气质量要求，有时需就地预处理，然后再经过管道输送至天然气处理厂进一步处理。如果天然气在管输中析出凝液，将会带来以下问题：

①当压降相同时，两相流动所需管线直径比单相流动要大；

②当两相流流体到达目的地时，必须设置液塞捕集器以保护下游设备。

为了防止管输中析出液烃，可考虑采取以下方法：

①只适度回收 NGL，使天然气烃露点满足管输要求，以保证天然气在输送时为单相流动即可，此法通常称为露点控制；

②将天然气压缩至临界冷凝压力以上冷却后再用管道输送，从而防止在管输中形成两相流，即所谓密相输送，此法所需管线直径较小，但管壁较厚，而且压缩能耗很高。

③采用两相流动输送天然气。

以上三种方法中，前两种方法投资及运行费用都较高，故应对其进行综合比较后从中选择最为经济合理的一种方法。

（3）最大限度回收天然气凝液。

在下述情况下需要最大限度地回收 NGL。

①从伴生气回收到的液烃返回原油中时价值更高，即回收液烃的主要目的是为了尽可能地增加原油产量。

②从 NGL 回收过程中得到的液烃产品比其作为商品气中的组分时价值更高，因而具有良好的经济效益。

当从天然气中最大限度地回收 NGL，即残余气（即回收 NGL 后的干气）中只有甲烷时，通常也可符合商品气的热值指标。但是，很多天然气中都含有氮气及二氧化碳等不可燃组分，故还需在残余气中保留一定量的乙烷，必要时甚至需要脱除天然气中的氮气。

由此可知，由于回收凝液的目的不同，对凝液的收率要求也有区别，获得的凝液组成也各不一样。目前，我国习惯上又根据是否回收乙烷而将 NGL 回收装置分为两类：一类以回收乙烷及更重烃类为目的；另一类以回收丙烷及更重烃类为目的。

3) 天然气凝液回收方法

NGL 回收可在油气田矿场进行，也可在天然气处理厂、气体回注厂中进行。回收方法基本上可分为吸附法、油吸收法及冷凝分离法三种。

(1) 吸附法。

吸附法系利用固体吸附剂（例如活性炭）对各种烃类的吸附容量不同，从而使天然气中一些组分得以分离的方法。在北美，有时用这种方法从湿天然气中回收较重烃类，且多用于处理量较小及较重烃类含量少的天然气，也可用来同时从天然气中脱水和回收丙、丁烷等烃类（吸附剂多为分子筛），使天然气水、烃露点都符合管输要求。

吸附法的优点是装置比较简单，不需特殊材料和设备，投资较少；缺点是需要几个吸附塔切换操作，产品局限性大，能耗与成本高，燃料气量约为所处理天然气量的 5%，因而目前很少应用。

(2) 油吸收法。

油吸收法系利用不同烃类在吸收油中溶解度不同，从而将天然气中各个组分得以分离。吸收油一般为石脑油、煤油、柴油或装置自己得到的稳定天然汽油（稳定凝析油）。吸收油相对分子质量越小，NGL 收率越高，但吸收油蒸发损失越大。因此，当要求乙烷收率较高时，一般才采用相对分子质量较小的吸收油。

(3) 冷凝分离法。

冷凝分离法是利用在一定压力下天然气中各组分的沸点不同，将天然气冷却至露点温度以下某一值，使其部分冷凝与气液分离，从而得到富含较重烃类的天然气凝液。这部分天然气凝液一般又采用精馏的方法进一步分离成所需要的液烃产品。通常，这种冷凝分离过程又是在几个不同温度等级下完成的。

由于天然气的压力、组成及所要求的 NGL 回收率或液烃收率不同，故 NGL 回收过程中的冷凝温度也有所不同。根据其最低冷凝分离温度，通常又将冷凝分离法分为浅冷分离与深冷分离两种。前者最低冷凝分离温度一般在 −35~−20℃，后者一般均低于 −45℃，最低在 −100℃ 以下。

深冷分离（cryogenic separation 或 deepcut）有时也称为低温分离。但是，天然气处理工艺中提到的低温分离（low temperature separation）就其冷凝分离温度来讲，并不都是属于深冷分离范畴。例如，前面天然气脱水中所述的低温分离法即为一例。此外，天然气处理工艺中习惯上区分浅冷及深冷分离的温度范围与低温工程中区分普冷、中冷和深冷的温度范围也是有所区别的。

冷凝分离法的特点是需要向气体提供温度等级合适的足够冷量使其降温至所需值。按照提供冷量的制冷方法不同，冷凝分离法又可分为冷剂制冷法、膨胀制冷法和联合制冷法三种。

① 冷剂制冷法。

冷剂制冷法也称外加冷源法（外冷法）、机械制冷法或压缩制冷法等。它是由独立设置的冷剂制冷系统向天然气提供冷量，其制冷能力与天然气无直接关系。根据天然气的压力、组成及 NGL 回收率要求，冷剂（制冷剂、制冷工质）可以是氨、丙烷或乙烷，也可以是丙烷、乙烷等混合物（混合冷剂）。制冷循环可以是单级或多级串联，也可以是阶式制冷（覆叠式制冷）循环。天然气处理工艺中几种常用冷剂的编号、安全性分类及主要物理性质见表5-8。

表5-8 几种常用冷剂的编号、安全性分类及物理性质

| 冷剂 | 冷剂编号 | 安全性分类 | 常压沸点/°C | 凝点/°C | 蒸发相变焓/(kJ/kg) | 临界温度/°C | 临界压力/MPa（绝） | 空气中爆炸极限/%（体积分数） | |
|---|---|---|---|---|---|---|---|---|---|
| | | | | | | | | 上限 | 下限 |
| 氨 | 717 | B2 | -33 | -77.7 | 1369 | 132.4 | 11.28 | 15.50 | 27.00 |
| 丙烷 | 290 | A3 | -42 | -187.7 | 427 | 96.7 | 4.25 | 2.10 | 9.50 |
| 丙烯 | 1270 | A3 | -48 | -185.0 | 439 | 91.7 | 4.60 | 2.00 | 11.10 |
| 乙烷 | 170 | A3 | -89 | -183.2 | 491 | 32.1 | 4.88 | 3.22 | 12.45 |
| 乙烯 | 1150 | A3 | -104 | -169.5 | 484 | 9.2 | 5.04 | 3.05 | 28.60 |
| 甲烷 | 50 | A3 | -161 | -182.5 | 511 | -82.5 | 4.58 | 5.00 | 15.00 |

注：冷剂安全性分类包括两个字母。大写英文字母表示毒性危害分类：A表示高毒性；B表示低毒性。阿拉伯字母表示燃烧性危害分类：1表示不可燃及无火焰蔓延；2表示有燃烧性；3表示有爆炸性。

a. 适用范围。

以控制外输气露点为主，同时回收一部分凝液的装置（例如低温法脱油脱水装置）。外输气实际烃露点应低于最低环境温度。

原料气中$C_3$以上烃类较多，但其压力与外输气压力之间没有足够压差可供利用，或为回收凝液必须将原料气适当增压，增压后的压力与外输气压力之间没有压差可供利用，而且采用冷剂又可经济地达到所要求的凝液收率。

b. 冷剂制冷温度。

冷剂制冷温度主要与其性质和蒸发压力有关。如原料气的冷凝分离温度已经确定，可先根据表5-8中冷剂的常压沸点（正常沸点）、冷剂蒸发器类型及冷端温差初选一两种冷剂，再对其他因素（例如冷剂性质、安全环保、制冷负荷、装置投资、设备布置及运行成本等）进行综合比较后最终确定所需冷剂。初选时需要考虑的因素如下：

氨适用于原料气冷凝分离温度高于-30~-25°C时的工况；

丙烷适用于原料气冷凝分离温度高于-40~-35°C时的工况；

以乙烷、丙烷为主的混合冷剂适用于原料气冷凝分离温度低于-40~-35°C时的工况；

能使用凝液作冷剂的场合应尽量使用凝液。

c. 工艺参数。

冷剂制冷工艺参数可根据下述情况确定：

冷剂蒸发温度应根据工艺要求和所选用的蒸发器类型确定；

板翅式蒸发器的冷端温差一般取3~5°C，管壳式蒸发器的冷端温差一般取5~7°C；

蒸发器中原料气与冷剂蒸气的平均温差一般在10°C以下，不宜大于15°C。如果偏大，应采用分级压缩、分级制冷提供不同温度等级（温位）的冷量。丙烷冷剂可分为2~3级。

确定制冷负荷时应考虑散热损失等因素，可取5%~10%的裕量。

②膨胀制冷法。

膨胀制冷法也称自制冷法（自冷法）。此法不另设独立的制冷系统，原料气降温所

需冷量由气体直接经过串接在本系统中的各种膨胀制冷设备或机械来提供。因此，制冷能力取决于气体压力、组成、膨胀比及膨胀设备的热力学效率等。常用的膨胀设备有节流阀（焦耳—汤姆逊阀）、透平膨胀机及热分离机等。

a. 节流阀制冷。

在下述情况下可考虑采用节流阀制冷。

压力很高的气藏气（一般在 10MPa 或更高），特别是其压力随开采过程逐渐递减时，应首先考虑采用节流阀制冷。节流后的压力应满足外输气要求，不再另设增压压缩机。如果气体压力已递减到不足以获得所要求的低温时，可采用冷剂预冷。

原料气压力较高，或适宜的冷凝分离压力高于外输气压力，仅靠节流阀制冷也可获得所需的低温，或气量较小不适合采用透平膨胀机制冷时，可采用节流阀制冷。如果气体中含有较多重烃，仅靠节流阀制冷不能满足冷量要求时，可采用冷剂预冷。

原料气与外输气之间有压差可供利用，但因原料气较贫故回收凝液的价值不大时，可采用节流阀制冷，仅控制其水、烃露点以满足外输气要求。如节流后温度不够低，可采用冷剂预冷。

b. 透平膨胀机制冷。

当节流阀制冷不能达到所要求的凝液收率时，如果具备以下一个或多个条件时可考虑采用透平膨胀机制冷。

原料气压力高于外输气压力，有足够无偿压差可供利用；

原料气为单相气体；

要求有较高的乙烷收率；

要求装置布置紧凑；

要求公用工程费用低；

要求适应较宽范围的压力及产品变化；

要求投资少。

透平膨胀机的膨胀比（进入和离开透平膨胀机的流体绝压之比）一般为 2~4，不宜大于 7。如果膨胀比大于 7，可考虑采用两级膨胀，但需进行技术经济分析及比较。

③联合制冷法。

联合制冷法又称冷剂与膨胀联合制冷法。顾名思义，此法是冷剂制冷法及膨胀制冷法二者的组合，即冷量来自两部分：高温位（-45℃ 以上）的冷量由冷剂制冷法提供；低温位（-45℃ 以下）的冷量由膨胀制冷法提供。二者提供的冷量温位及数量应经过综合比较后确定。

当 NGL 回收装置以回收 $C_{2+}$ 烃类为目的，或者原料气中 $C_{3+}$ 组分含量较多，或者原料气压力低于适宜的冷凝分类压力时，为了充分回收 NGL 而设置原料气压缩机时，应考虑采用有冷剂预冷的联合制冷法。

此外，当原料气先用压缩机增压然后采用联合制冷法时，其冷凝分离过程通常是在不同压力与温位下分几次进行的，即所谓多级冷凝分离。多级冷凝分离的级数也应经过技术经济比较后确定。

**2. 天然气凝液回收工艺**

NGL 回收过程目前普遍采用冷凝分离法，故此处只介绍采用冷凝分离法的 NGL 回收工艺。

通常，NGL回收工艺主要由原料气预处理、压缩、冷凝分离、凝液分馏产品储存、干气再压缩及制冷等系统全部或一部分组成。

1）原料气预处理

原料气预处理的目的是脱除其携带的油、游离水和泥砂等杂质，以及脱除原料气中的水蒸气、酸性组分和汞等。

当采用浅冷分离工艺时，只要原料气中$CO_2$含量不影响冷凝分离过程及商品天然气的质量指标，就不必脱除原料气中的$CO_2$。当采用深冷分离工艺时，由于$CO_2$会在低温下形成固体，堵塞管线和设备，故应将其脱除至允许范围之内。

脱水设施应设置在气体可能形成水合物的部位之前。流程中如果有原料气压缩机时，可根据具体情况经过比较后，将脱水设施设置在压缩机的级间或末级之后。当需要脱除原料气中酸性组分时，一般是先脱酸性组分再脱水。

2）原料气压缩

对于高压原料气（例如高压凝析气），进入装置后即可进行预处理和冷凝分离。但当原料气为低压伴生气时，因其压力通常仅为0.1~0.3MPa，为了提高气体的冷凝率（即天然气凝液的数量与天然气总量之比，一般以摩尔分数表示），以及干气要求在较高压力下外输时，通常都要将原料气增压至适宜的冷凝压力后再冷凝分离。当采用膨胀机制冷时，为了达到所要求的冷冻温度，膨胀机进、出口压力必须有一定的膨胀比，因而也应保证膨胀机进口气流的压力。

原料气增压后的压力，应根据原料气组成、NGL回收率或液烃收率（回收的NGL中某烃类或某产品与原料气中该烃类或该产品烃类组分数量之比，通常以摩尔分数表示），结合适宜的冷凝分离压力、干气压力及能耗等，进行综合比较后确定。

原料气压缩一般都与冷却脱水结合一起进行，即压缩后的原料气冷却至常温后将会析出一部分游离水与液烃，分离出游离水与液烃后的气体再进一步脱水与冷冻，从而减少脱水与制冷系统的负荷。

3）冷凝分离

NGL是在原料气冷凝分离过程中获得的，故确定经济合理的冷凝分离工艺及条件至关重要。

（1）多级冷凝与分离。

预处理和增压（高压原料气则无须增压）后的原料气，在某一压力下经过一系列的冷却与冷冻设备，不断降温与部分冷凝，并在气液分离器中进行气、液分离。当原料气采用压缩机增压，或采用透平膨胀机制冷时，这种冷凝分离过程通常是在不同压力及温度下分几次完成的。由各级分离器分出的凝液一般按照其组成、温度、压力和流量等，分别送至凝液分馏系统的不同部位进行分离，也可直接作为产品出售。

（2）适宜的冷凝分离压力与温度。

NGL冷凝率或某种烃类（通常是$C_2$或$C_3$）收率是衡量NGL回收装置的一个十分重要的指标。总的来说，原料气中含有可以冷凝的烃类量越多，NGL冷凝率或某种烃类产品的收率就越高，经济效益就越好。但是，原料气越富时在给定NGL冷凝率或产品收率时所需的制冷负荷及换热器面积也越大，投资费用也就更高。反之，原料气越贫时，为达到较高的收率则需要更低的冷凝温度。

因此，首先应通过投资、运行费用、产品价格（包括干气在内）等进行技术经济比较后确定所要求的 NGL 冷凝率或产品收率，然后再根据 NGL 冷凝率或产品收率，选择合适的工艺流程，确定适宜的原料气增压后压力和冷冻后温度。如果只采用膨胀机制冷法无法达到所需的适宜冷凝温度时，则应采用冷剂预冷。对于高压原料气，还要注意此压力、温度应远离（通常是压力宜低于）临界点值，以免气、液相密度相近，分离困难，导致膨胀机中气流带液过多，或者在压力、温度略有变化时，分离效果就会有很大差异，致使实际运行很难控制。

（3）低温换热设备。

冷凝分离系统中一般都有很多换热设备，其类型有管壳式、螺旋板式、绕管式及板翅式换热器等，后两者适用于低温下运行。板翅式换热器可作为气/气、气/液或液/液换热器，也可用作冷凝器或蒸发器。而且，在同一换热器内可允许有 2~9 股物流之间换热。采用板翅式换热器作为蒸发器时的冷端温差一般宜在 3~5℃；而管壳式换热器则宜在 5~7℃。

4）凝液分馏

由冷凝分离系统获得的凝液，有些装置直接作为产品出售，有些则送至凝液分馏系统进一步分成乙烷、丙烷、丁烷（或丙、丁烷混合物）、天然汽油等产品。凝液分馏系统的作用就是按照上述各种产品的质量要求，利用精馏方法对凝液进行分离。因此，分馏系统的主要设备就是分馏塔，以及相应的冷凝器、重沸器、换热器和其他设施等。

由于凝液分馏系统实质上就是对 NGL 进行分离的过程，故合理组织分离流程，对于节约投资、降低能耗和提高经济效益都是十分重要的。通常，NGL 回收装置的凝液分馏系统大多采用按烃类相对分子质量从小到大逐塔分离的顺序流程，依次分出乙烷、丙烷、丁烷（或丙、丁烷混合物）、天然汽油等。对于回收 $C_{2+}$ 的装置，则应先从凝液中脱出甲烷，然后再从剩余的凝液中按照需要进行分离；对于回收 $C_{3+}$ 的装置，则应先从凝液中脱除甲烷和乙烷，然后再从剩余的凝液中按照需要进行分离。流程示意如图 5-22 所示。

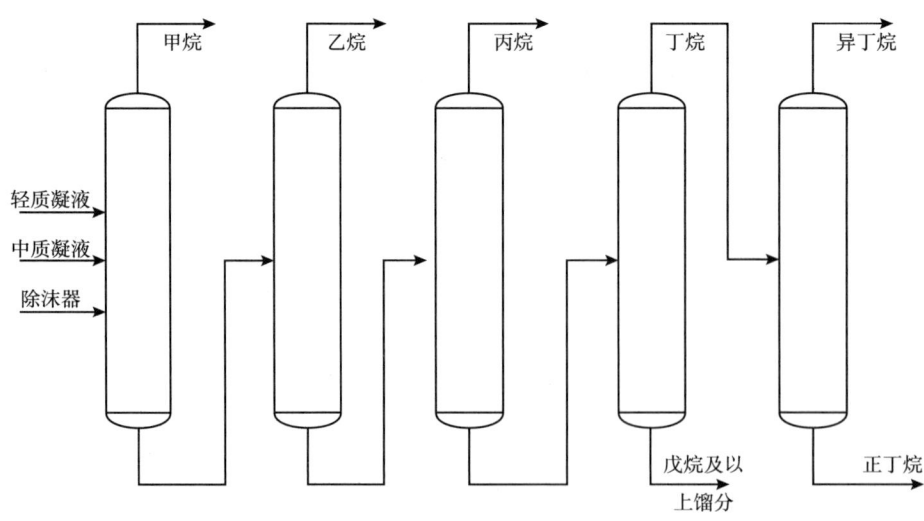

图 5-22　凝液分馏的顺序流程

5）干气再压缩

当采用透平膨胀机制冷时，由膨胀机出口气液分离器分出来的干气或由脱甲烷塔（或脱乙烷塔）塔顶馏出的干气压力一般可满足管输要求。但是，有时即使经过膨胀机带动的压缩机增压后，其压力仍不能满足外输要求时，则还要设置压缩机将干气增压至所需值。干气压缩机的选择原则与原料气压缩机相同。

6）制冷

制冷系统的作用是向需要冷冻降温的原料气及一些分馏塔塔顶冷凝气提供冷量。当装置采用冷剂制冷时，由单独的制冷系统提供冷量。当采用膨胀制冷时，所需冷量是由工艺气体直接经过过程中各种膨胀设备来提供。此时，制冷系统与冷凝分离系统在工艺过程中结合为一体。

## 二、塔里木油田天然气凝液回收工艺技术

### 1. 塔里木油田天然气凝液回收工艺

塔里木油田大多数天然气处理站低温分离出的天然气凝液去到凝析油系统外输，部分站场天然气凝液进入分馏系统生产液化气和轻烃。生产液化气和轻烃的站场见表5-9。

表5-9 塔里木油田天然气凝液回收工艺概况表

| 序号 | 气田名称 | 站场名称 | 液烃处理规模/（t/d） | 液烃处理 |
|---|---|---|---|---|
| 1 | 牙哈气田 | 牙哈集中处理站 | 130 | 去分馏系统生产液化气和轻烃 |
| 2 | 英买力气田 | 天然气处理站 | 490 | 去分馏系统生产液化气和轻烃 |
| 3 | 迪那2气田 | 天然气处理厂 | 1186 | 去分馏系统生产液化气和轻烃 |
| 4 | 柯克亚气田 | 循环注气站 |  | 去分馏系统生产液化气和轻烃 |
|  |  | 油气处理站 |  | 去循环注气站分馏系统 |

塔里木油田处理厂天然气凝液回收工艺基本相似，均采用的是冷凝分离法，下面以迪那处理厂天然气凝液回收装置为例进行介绍。

迪那处理厂天然气凝液回收装置处理来自脱水脱烃装置的醇烃液及集气首站分离器、凝析油稳定塔来的多股闪蒸气。轻烃回收装置进料总量为1186t/d，为保证全厂的正常生产，共设有2套规模相同的轻烃回收装置，单套装置负荷按总负荷的50%设计，即单套轻烃回收装置设计规模为593t/d。

自脱水脱烃装置来的低温醇烃液（-20℃，7.1MPa）进入醇烃液/闪蒸气一级换热器与集气装置、闪蒸气增压装置、醇烃液三相分离器三股2.5MPa闪蒸气换热，再进入醇烃液/闪蒸气二级换热器与闪蒸气增压装置来7.1MPa闪蒸气换热后，进入醇烃液三相分离器。换热后的7.1MPa闪蒸气到脱水脱烃装置低温分离器，换热后的2.5MPa闪蒸气进入三相分离器。出三相分离器的闪蒸气与脱乙烷塔顶气混合后到闪蒸气增压装置，醇烃液三相分离器和三相分离器分离出的液烃混合后进入脱乙烷塔，分离出的富乙二醇去乙二醇再生及

注醇装置再生。

从脱乙烷塔塔底出来的脱乙烷油（约 100℃，2.15MPa）经脱乙烷油预热器加热到 130℃后进入脱丁烷塔精馏。

脱丁烷塔为精馏塔，塔顶设回流。从塔顶出来的液化气经脱丁烷塔顶空冷器冷却到 40℃后自流进入脱丁烷塔回流罐。为保证装置高温季节运行时液化气能冷却到 40℃，在脱丁烷塔顶空冷器后设置了脱丁烷塔顶后冷器，使用循环水冷却液化气。脱丁烷塔回流泵从脱丁烷塔回流罐抽取液化气，一部分作为脱丁烷塔塔顶回流，另一部分经计量后作为产品外输或去罐区储存。

从脱丁烷塔塔底出来的轻油（约 216℃，1.4MPa）进入 E-27104 与脱乙烷油换热到 101℃后，正常情况下进入轻油空冷器冷却到 40℃后，靠自身压力进入轻油罐区储存或直接经外输首站计量后外输。当轻油的产品质量达不到二号轻烃标准时，轻油将进入轻烃稳定塔稳定。轻烃稳定塔为精馏塔，主要用来脱出轻油中的戊烷，进一步降低轻油的饱和蒸气压，其操作原理与脱丁烷塔相似。塔顶戊烷进入凝析油稳定装置凝析油产品缓冲罐外输。装置生产的轻烃饱和蒸气压合格，轻烃稳定塔自处理厂投运以来未使用过。

当轻烃回收装置运行不平稳，或装置故障时，生产出的不合格轻油、液化气或进料液烃则进入罐区的事故油罐储存。

**2. 天然气凝液回收工艺在塔里木油田的应用效果**

如前所述，天然气（尤其是凝析气及伴生气）中除含有甲烷外，还含有一定量的乙烷、丙烷、丁烷、戊烷及更重烃类。为了符合商品天然气质量指标或管输气对烃水露点的质量要求，或为了获得宝贵的液体燃料和化工原料，需将天然气中的烃类按照一定要求分离与回收。

塔里木油田天然气处理站净化气仅需满足管输气要求即可，具备轻烃回收价值的天然气可在轻烃回收厂集中进行回收，因此脱水脱烃均采用的是浅冷低温分离工艺，保证外输天然气烃水露点合格，部分站场低温分离出的天然气凝液均进入了凝析油稳定系统，最终与凝析油一起输送，仅牙哈处理厂、迪那处理厂、英买力处理厂和柯克亚循环注气站设置了天然气凝液回收装置。究其原因，一是由于低温分离出的轻烃产量较低，不具备回收的经济价值，如大北处理厂、克深处理厂、克拉中央处理厂等；二是部分处理厂低温分离出的轻烃进入油系统后，可以随油输送至轮南 $400\times10^4$t 原油稳定装置，该装置内设有分馏系统，可回收原油稳定塔塔顶气中的丙烷、丁烷和戊烷。

迪那天然气处理厂和牙哈天然气处理站、英买力天然气处理厂和柯克亚循环注气站均于 2011 年之前建成投产，产品指标按照《液化石油气》（GB 11174—1997）和《稳定轻烃》（GB 9053—1998）进行设计。《液化石油气》（GB 11174—1997）和《稳定轻烃》（GB 9053—1998）这两个标准分别在 2012 年升版为 GB 11174—2011 和 2014 年升版为 GB 9053—2013，其中对产品质量关键评定标准做了较大改动。以上 4 个处理厂依据原标准生产的产品无法满足新规范要求。

迪那天然气处理厂和牙哈天然气处理站、英买力天然气处理厂和柯克亚循环注气站液化气主要问题为不满足新标准中 $C_3+C_4$ 不小于 95% 的规定，乙烷含量超过新标准限值较多，根据软件计算，提高脱乙烷塔底温度可使液化气产品满足新规范要求，以牙哈为例，当塔底温度达到118℃时，液化气产品满足产品质量要求，但此温度高于设备的设计温度，需更换脱乙烷塔及塔底重沸器，其余3座站场情况同牙哈类似。为此牙哈天然气处理站已经进行了改造，更换脱乙烷塔及塔底重沸器，更换后生产的产品可满足新规范液化气产品要求。

稳定轻烃主要问题为终馏点大于190℃，超过《稳定轻烃》（GB 9053—2013）中稳定轻烃终馏点应≤190℃的要求，根据分析，出现终馏点超标的原因为轻烃中$C_{11+}$重烃含量超标，因此若要轻烃满足终馏点≤190℃的要求，应严格控制天然气凝液回收系统进料中的$C_{11+}$重烃含量。根据当前迪那天然气处理工艺过程，确定$C_{11+}$重烃的来源，进而确定含量超标原因。以迪那为例，目前迪那天然气处理工艺流程如图5-23所示。

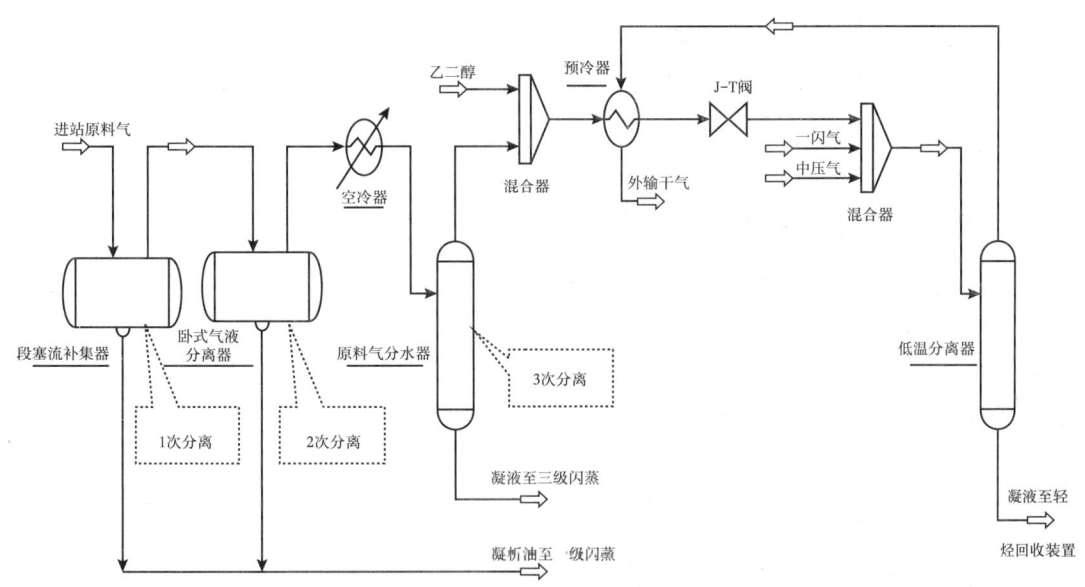

图5-23 迪那天然气处理工艺流程图

由图5-23可知，有3股天然气进入轻烃回收装置，分别为原料气、一闪气和中压气。根据模拟计算及取样分析结果，原料气及一闪气中含$C_{11+}$重烃，即轻烃中的$C_{11+}$重烃来源于原料气和一闪气。其中，原料气在进入J-T阀节流之前，经过3次气液分离，原料气中含$C_{11+}$重烃逐级减少，经计算，天然气中$C_{11+}$重烃经第1、2次分离后，$C_{11+}$重烃含量（摩尔分数）为0.0029%（126kg/h）；第三次分离后，$C_{11+}$重烃含量（摩尔分数）为0.0023%（101.66kg/h）。一闪气中$C_{11+}$重烃含量（摩尔分数）为0.0009%（0.054kg/h），比原料气中少。2股气中的重烃全部进入后续轻烃回收装置。根据模拟计算，自分水器出来的天然气为1628×10⁴m³/d，$C_{11+}$重烃含量（摩尔分数）为0.0023%，总质量为2454.96kg/d，凝析油一级闪蒸气为2.2×10⁴m³/d，$C_{11+}$重烃含量（摩尔分数）为0.0009%，总质量为1.38kg/d。此时轻烃中重烃含量为2454.67kg/d（模拟计算值），终馏点模拟计算值为208.8℃（实测值195℃，本文中按模拟计算值考虑）。因此，迪那轻烃中$C_{11+}$重烃绝大部分来源于原料气，贡献率为99.98%。若一闪气不计，轻烃终馏点模拟计算值为208.7℃，调整原料气

181

中 $C_{11+}$ 重烃含量（摩尔分数）为 0.008% 时，轻烃终馏点为 189.3℃。表明一闪气中重烃对轻烃终馏点影响不大，原料气中重烃对轻烃终馏点起决定性作用。原料气中 $C_{11+}$ 重烃液化率随温度降低而升高，根据模拟计算当原料气温度不高于 23℃ 时，迪那进站混合物中 $C_{11+}$ 重烃液化率约为 62%，此时可将该部分液化的 $C_{11+}$ 重烃分出，终馏点即可满足轻烃质量指标。具体改造方法为在原料气分水器后增设一级原料气预冷器，原料气与低温干气进行换热，温度降至 23℃，增设分离器 1 台，分离出的凝液进入凝析油系统，不参与凝液分馏，分离的气相进入现有已建的预冷器，通过上述改造即可使轻烃终馏点达标，英买力处理厂与迪那处理厂类似，但其冷量不足，需加设丙烷外冷方可将原料气降至所需温度进行分离。

天然气凝液回收的工艺方法主要包括吸附法、油吸收法和冷凝分离法。吸附法和油吸收法目前已较少应用。冷凝分离法是目前的主流工艺，塔里木油田的轻烃回收装置采用的均是该工艺。根据以上分析，升高脱乙烷塔塔底温度和增加脱水脱烃装置进料预冷流程后，冷凝分离法生产出的液化气和稳定轻烃可满足现行《液化石油气》（GB 11174—2011）和《稳定轻烃》（GB 9053—2013）的质量要求，该工艺在塔里木油田应用广泛，有很高的适应性。

### 三、标准化天然气凝液回收工艺推荐

塔里木油田天然气处理站是否设置天然气凝液回收装置应在经济对比后进行选择，处理站天然气脱水脱烃均采用浅冷低温分离工艺，具备轻烃回收价值的外输干气在塔里木轻烃回收厂进行回收。

冷凝分离法是目前的主流工艺，塔里木油田的天然气凝液回收装置采用的均是该工艺，生产的液化气和稳定轻烃可满足现行《液化石油气》（GB 11174—2011）和《稳定轻烃》（GB 9053—2013）的质量要求，且该工艺在塔里木油田应用广泛，有很高的适应性，因此标准化工艺推荐冷凝分离法。天然气处理站天然气凝液回收装置原料为低温分离器分出的液烃，产品为液化石油气和轻烃。工艺流程如下。

自脱水脱烃装置醇烃液三相分离器来液烃从塔顶进入脱乙烷塔，脱乙烷塔塔底出来的脱乙烷油经脱乙烷油预热器加热后进入脱丁烷塔精馏。脱丁烷塔为精馏塔，塔顶设回流。从塔顶出来的液化气经脱丁烷塔顶空冷器冷却到 40℃ 后自流进入脱丁烷塔回流罐。为保证装置高温季节运行时液化气能冷却到 40℃，在空冷器后设置了脱丁烷塔顶后冷器，使用循环水冷却液化气。脱丁烷塔回流泵从脱丁烷塔回流罐抽取液化气，一部分作为脱丁烷塔塔顶回流，另一部分经计量后作为产品外输或去罐区储存。

从脱丁烷塔塔底出来的轻油进入脱乙烷油预热器与脱乙烷油换热后，正常情况下进入轻油空冷器冷却到 40℃，靠自身压力进入轻油罐区储存或直接经外输首站计量后外输。当轻油的产品质量达不到轻烃标准时，轻油将进入轻烃稳定塔稳定。轻烃稳定塔为精馏塔，主要用来脱出轻油中的戊烷，进一步降低轻油的饱和蒸气压，其操作原理与脱丁烷塔相似。塔顶戊烷进入凝析油稳定装置凝析油产品缓冲罐外输。

当天然气凝液回收装置运行不平稳，或装置故障时，生产出的不合格轻油、液化气或进料液烃则进入罐区的事故油罐储存。

天然气凝液回收工艺流程示意如图 5-24 所示。

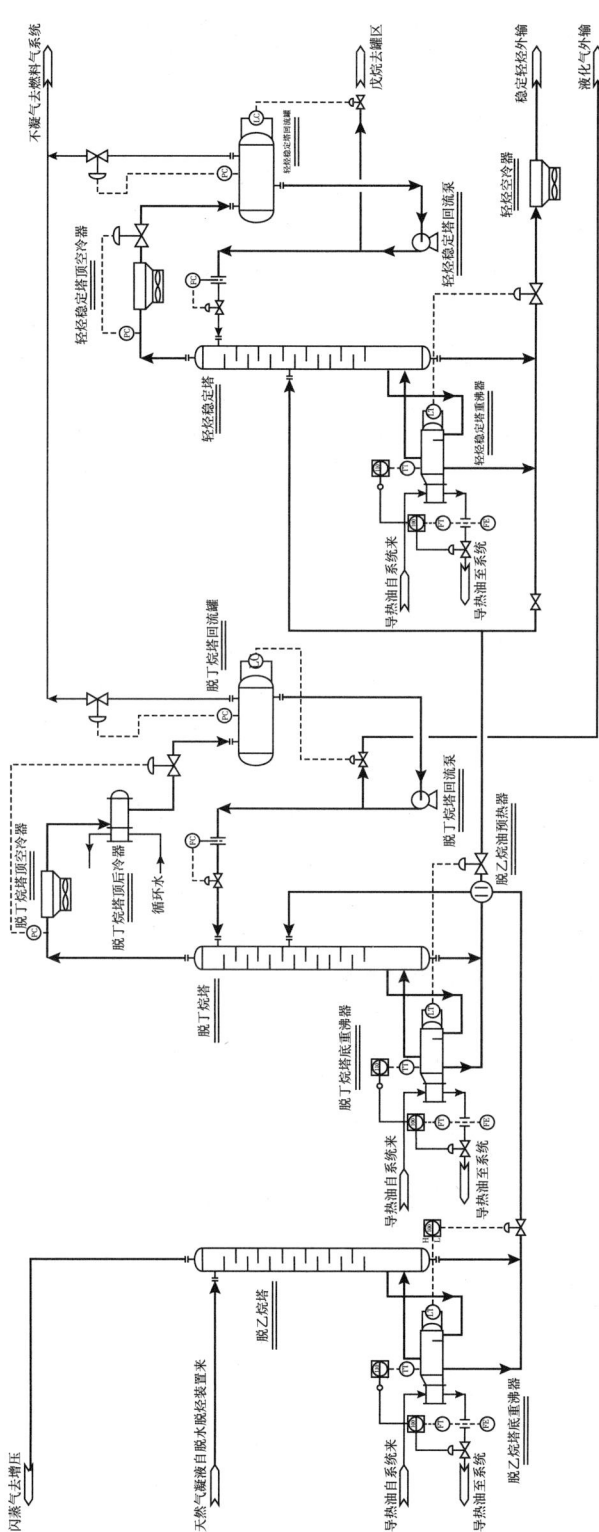

图5-24 标准化天然气凝液回收工艺流程示意图

## 第五节 硫黄回收及尾气处理

### 一、硫黄回收及尾气处理方法

天然气中含有 $H_2S$ 时不仅会污染环境,而且对天然气生产和利用都有不利影响,故须脱除其中的 $H_2S$。从天然气中脱除的 $H_2S$ 也可作为生产硫黄的重要原料。例如,来自醇胺法等脱硫脱碳装置的酸气中含有相当数量的 $H_2S$,可用来生产优质硫黄。这样,既可使宝贵的硫资源得到综合利用,又可防止环境污染。

直到 20 世纪 70 年代初,对于是否需要进行硫黄回收(制硫)的问题只限于经济上的考虑。如果在经济上可行,即可建设硫黄回收装置;如果在经济上不可行,就把酸气焚烧后放空。但是,随着世界各国对保护环境要求的日益严格,当前把天然气中脱除下来的 $H_2S$ 转化成硫黄,不只是从经济上考虑,更重要的是出于环境保护的需要。

从天然气中 $H_2S$ 生产硫黄的方法很多。其中,有些方法是以醇胺法等脱硫脱碳装置得到的酸气生产硫黄,但不能用来从酸性天然气中脱硫,例如目前广泛应用的克劳斯(Claus)法即如此。有些方法则是以脱除天然气中的 $H_2S$ 为主要目的,生产的硫黄只不过是该法的结果产品,例如用于天然气脱硫的直接转化法(如 Lo-Cat 法)等即如此。

当采用克劳斯法从酸气中回收硫黄时,由于克劳斯反应是可逆反应,受到热力学和动力学的限制,以及存在有其他硫损失等原因,常规克劳斯法的硫收率一般只能达到 92%~95%,即使将催化转化段由两级增加至三级甚至四级,也难以超过 97%。尾气中残余的硫通常经焚烧后以毒性较小的 $SO_2$ 形态排放大气。当排放气体不能满足当地排放指标时,则需配备尾气处理装置处理然后经焚烧后使排放气体中的 $SO_2$ 量或浓度符合指标。

应该指出的是,由于尾气处理装置所回收的硫黄仅占酸气中硫总量的百分之几,故从经济上难获效益,但却具有非常显著的环境效益和社会效益。

**1. 尾气 $SO_2$ 排放标准及工业硫黄质量指标**

如上所述,采用硫黄回收及尾气处理的目的是防止污染环境,并对宝贵的硫资源回收利用。因此,首先了解硫黄回收尾气 $SO_2$ 排放标准及工业硫黄质量指标是十分必要的。

1)硫黄回收装置尾气 $SO_2$ 排放标准

$SO_2$ 排放浓度控制(即最高允许排放浓度)见表 5-10。

表 5-10 《大气污染物综合排放标准》中对硫黄生产装置 $SO_2$ 排放限值

| 污染物 | 最高允许排放浓度 / ($mg/m^3$) | 现有污染源最高允许排放速率 / (kg/h) | | | | 最高允许排放浓度 / ($mg/m^3$) | 新污染源最高允许排放速率 / (kg/h) | | |
| --- | --- | --- | --- | --- | --- | --- | --- | --- | --- |
| | | 排气筒 /m | 一级 | 二级 | 三级 | | 排气筒 /m | 二级 | 三级 |
| 二氧化硫 | 1200 | 15 | 1.6 | 3 | 4.1 | 960 | 15 | 2.6 | 3.5 |
| | | 20 | 2.6 | 5.1 | 7.7 | | 20 | 4.3 | 6.6 |
| | | 30 | 8.8 | 17 | 26 | | 30 | 15 | 22 |

续表

| 污染物 | 最高允许排放浓度 / (mg/m³) | 现有污染源最高允许排放速率 / (kg/h) | | | | 最高允许排放浓度 / (mg/m³) | 新污染源最高允许排放速率 / (kg/h) | | |
|---|---|---|---|---|---|---|---|---|---|
| | | 排气筒 /m | 一级 | 二级 | 三级 | | 排气筒 /m | 二级 | 三级 |
| 二氧化硫 | 700 | 40 | 15 | 30 | 45 | 550 | 40 | 25 | 38 |
| | | 50 | 2 | 45 | 69 | | 50 | 39 | 58 |
| | | 60 | 33 | 64 | 98 | | 60 | 55 | 83 |
| | | 70 | 47 | 91 | 140 | | 70 | 77 | 120 |
| | | 80 | 63 | 120 | 190 | | 80 | 110 | 160 |
| | | 90 | 82 | 160 | 240 | | 90 | 130 | 200 |
| | | 100 | 100 | 200 | 310 | | 100 | 170 | 270 |

《陆上石油天然气开采工业大气污染物排放标准》（GB 39728—2020）自 2021 年 1 月 1 日起实施，现有企业自 2023 年 1 月 1 日起，其大气污染物排放控制按照本标准的规定执行，不再执行《大气污染物综合排放标准》（GB 16297—1996）。《陆上石油天然气开采工业大气污染物排放标准》（GB3 9728—2020）实施后，对于二氧化硫排放要求更加严苛，对天然气净化厂的 $SO_2$ 排放控制以 200t/d 的硫黄处理规模为界进行区分，规定了不同的 $SO_2$ 排放质量浓度限值，见表 5-11。

表 5-11 天然气净化厂硫黄回收装置大气污染物排放限值（GB 39728—2020）

| 天然气净化厂硫黄回收装置总规模 / (t/d) | 二氧化硫排放浓度限值 / (mg/m³) | 污染物排放监控位置 |
|---|---|---|
| ≥ 200 | 400 | 硫黄回收装置尾气排气筒 |
| < 200 | 800 | |

目前，天然气净化厂的 $SO_2$ 排放控制主要是通过调整生产工艺措施提高硫回收率来实现的，这也是国内外天然气净化行业的普遍做法。$SO_2$ 排放质量浓度取决于硫回收率及酸气中 $H_2S$ 含量，由于各厂采用的硫黄回收工艺不同，$SO_2$ 排放质量浓度呈现很大的差异性，从几百毫克每立方米到几万毫克每立方米都有，不同硫回收率下的 $SO_2$ 理论排放质量浓度见表 5-12。

表 5-12 硫回收率及酸气中 $H_2S$ 含量与排放尾气中 $SO_2$ 质量浓度的理论关系

| 总硫回收率 / % | 酸气中 $H_2S$ 体积分数 /% | 排放尾气中 $SO_2$ 质量浓度 / (mg/m³) |
|---|---|---|
| 99.20 | 30 | 2920 |
| | 90 | 5086 |
| 99.80 | 30 | 730 |
| | 34.6 | 798 |
| | 50 | 981 |

续表

| 总硫回收率 /% | 酸气中 $H_2S$ 体积分数 /% | 排放尾气中 $SO_2$ 质量浓度 / ($mg/m^3$) |
|---|---|---|
| 99.88 | 26 | 399 |
|  | 50 | 589 |
|  | 90 | 764 |
| 99.90 | 34.5 | 398 |
|  | 50 | 491 |
|  | 70 | 575 |
|  | 90 | 636 |
| 99.92 | 35 | 322 |
|  | 50 | 393 |
| 99.93 | 60 | 376 |
| 99.94 | 90 | 382 |

从表 5-12 可以看出，若要满足 800mg/m³ 的 $SO_2$ 质量浓度排放标准，按 99.8% 的硫回收率来计算，最高处理酸气中 $H_2S$ 体积分数不能超过 34.6%，若保证在装置处理酸气含量范围内均能满足此标准，需将硫回收率提升至 99.88%。若要满足 400mg/m³ 的 $SO_2$ 质量浓度排放标准，按 99.88% 的硫回收率计算，处理酸气中 $H_2S$ 体积分数最高不能超过 26%，若保证在装置处理酸气含量范围内均能满足《陆上石油天然气开采工业大气污染物排放标准》（GB 39728—2020）有关要求，需将硫回收率提升至 99.94%。GB 39728—2020 中的排放浓度限值标准通过对规模进行区分，充分考虑了天然气作为清洁能源的特殊属性。

GB 39728—2020 实施后，不论硫黄回收装置规模大小，都必须配套建设投资和操作费用较高的尾气处理装置方可符合规范要求。

2）硫的物理性质与质量指标

由醇胺法和砜胺法等脱硫脱碳装置富液再生得到的含 $H_2S$ 酸气，大多去克劳斯法装置回收硫黄。如酸气中 $H_2S$ 浓度较低且潜硫量不大时，也可采用直接转化法在液相中将 $H_2S$ 氧化为元素硫。目前，世界上通过克劳斯法从天然气中回收的硫黄约占硫黄总产量的 1/3 以上，如加上炼油厂从克劳斯法装置回收的硫黄，则接近总产量的 2/3。

（1）硫的主要物理性质。

在克劳斯法硫黄回收装置（以下简称克劳斯装置）中，由于工艺需要，过程气（即装置中除进出物料外，内部任一处的工艺气体）的温度变化较大，故生成的元素硫的相态、分子形态和其他一些性质也在变化。

元素硫在不同温度下有多种同素异形体，并因温度变化而有相变。通常条件下，硫是黄色固体，有两种由八原子环（$S_8$ 环）组成的结晶形式（斜方晶硫和单斜晶硫，二者排列形式和间距不同）与一种无定性形式（无定性硫）。由常温直到 95.6℃ 是处于稳定形式的斜方晶硫，又称正交晶硫或 α 硫；升温到 95.6℃ 则转变为单斜晶硫，又称 β 硫。由

95.6℃直到熔点为止，单斜晶硫是固硫的稳定形式。无定性硫是将液硫加热到接近沸点时倾入冷水迅速冷却得到的固硫，由于具有弹性，故又称之为弹性硫，但这不是所希望的产品。不溶硫指不溶于$CS_2$的硫黄，也称聚合硫、白硫或ω硫，主要用作橡胶制品，特别是子午胎的硫化剂。硫黄的物理性质见表5-13。

表5-13 硫黄的物理性质

| 项目 | 数值 | 项目 | 数值 |
| --- | --- | --- | --- |
| 原子体积/（mL/mol） | | 折射率（$n_D^{20}$） | |
| 正交晶 | 15 | 正交晶 | 1.957 |
| 单斜晶 | 16.4 | 单斜晶 | 2.038 |
| 沸点（101.3 kPa）/℃ | 444.6 | 临界温度/℃ | 1040 |
| 相对密度（$d^{20}_{40}$） | | 临界压力/MPa | 11.754 |
| 正交晶 | 2.07 | 临界密度/（g/cm³） | 0.403 |
| 单斜晶 | 1.96 | 临界体积/（mL/g） | 2.48 |
| 着火温度/℃ | 248~261 | | |

固硫在熔点时熔化变成黄褐色易流动的液体，其分子也是由$S_8$环构成。当液硫继续加热到大约160℃时，$S_8$环开始断裂，变成链状的$S_8$分子，颜色变成暗红棕色。随着温度不断升高，生成的原子链相互连接成长链，液硫颜色更加发暗。但是，从187℃到沸点444.6℃为止，这些长链又断裂变短。这些变化表现为液硫在黏度上的特有变化，即从熔点起液硫的黏度随温度升高而降低，大约在157℃时黏度降低到最低值，以后由于短链连接成长链，黏度又开始增加，到187℃时达到最高值。之后，由于硫原子链断裂越来越多，故黏度又很快降低，一直到沸点为止。继续加热至沸点时，液硫变为硫蒸气。硫蒸气中有许多由不同数量硫原子构成的硫分子平衡存在，如$S_2$、$S_3$、$S_4$、$S_5$、$S_6$、$S_7$和$S_8$，但主要是$S_2$、$S_6$和$S_8$。随着温度升高，硫蒸气分子中的原子数逐渐减少，800~1400℃硫蒸气中基本上是$S_2$，大于1700℃时主要是硫原子。在克劳斯反应炉（燃烧炉）的高温条件下主要为$S_2$，在催化转化段则生成$S_8$及少量$S_6$。

（2）工业硫黄质量指标。

工业硫黄产品呈黄色或淡黄色，无肉眼可见杂质，有块状、粉状、粒状、片状等固体工业硫黄，也有直接以液体形态出售的液体工业硫黄。国家标准《工业硫黄 第1部分：固体产品》（GB 2449.1—2014）和《工业硫黄 第2部分：液体产品》（GB 2449.2—2015）中关于工业硫黄的质量指标见表5-14和表5-15。

表5-14 固体工业硫黄的质量指标

| 项目 | 技术指标 | | |
| --- | --- | --- | --- |
| | 优等品 | 一等品 | 合格品 |
| 硫（S）（以干基计）/%（质量分数） | ≥99.95 | ≥99.50 | ≥99.00 |
| 水分/%（质量分数） | ≤2.0 | ≤2.0 | ≤2.0 |

续表

| 项目 | 技术指标 | | |
|---|---|---|---|
| | 优等品 | 一等品 | 合格品 |
| 灰分（以干基计）/%（质量分数） | ≤0.03 | ≤0.10 | ≤0.20 |
| 酸度（以$H_2SO_4$计）（以干基计）/%（质量分数） | ≤0.003 | ≤0.005 | ≤0.02 |
| 有机物（以C计）（以干基计）/%（质量分数） | ≤0.03 | ≤0.30 | ≤0.80 |
| 砷（As）（以干基计）/%（质量分数） | ≤0.0001 | ≤0.01 | ≤0.05 |
| 铁（Fe）（以干基计）/%（质量分数） | ≤0.003 | ≤0.005 | — |
| 筛余物[①]/%（质量分数） 粒径＞150μm | 0 | 0 | ≤3.0 |
| 筛余物[①]/%（质量分数） 粒径为75~150μm | ≤0.5 | ≤1.0 | ≤4.0 |

①筛余物指标仅用于干粉状硫黄。

表5-15 液体工业硫黄的质量指标

| 项目 | 技术指标 | | |
|---|---|---|---|
| | 优等品 | 一等品 | 合格品 |
| 外观 | 常温下呈黄色或淡黄色，无肉眼可见杂质 | | |
| 硫（S）（以干基计）/%（质量分数） | ≥99.95 | ≥99.50 | ≥99.20 |
| 水分/%（质量分数） | ≤0.10 | ≤0.20 | ≤0.50 |
| 灰分（以干基计）/%（质量分数） | ≤0.02 | ≤0.05 | ≤0.20 |
| 酸度（以$H_2SO_4$计）（以干基计）/%（质量分数） | ≤0.003 | ≤0.005 | ≤0.01 |
| 有机物（以C计）（以干基计）/%（质量分数） | ≤0.03 | ≤0.10 | ≤0.30 |
| 砷（As）（以干基计）/%（质量分数） | ≤0.0001 | ≤0.001 | ≤0.01 |
| 铁（Fe）（以干基计）/%（质量分数） | ≤0.003 | ≤0.005 | ≤0.02 |
| 硫化氢和多硫化氢（以$H_2S$计）/%（质量分数） | ≤0.0015 | ≤0.0015 | ≤0.0015 |

注：以上项目除水分、硫化氢和多硫化氢，均以干基计。

### 2. 克劳斯法硫黄回收原理与工艺

目前，从含$H_2S$的酸气回收硫黄时主要是采用氧化催化制硫法，通常称为克劳斯法。经过近一个世纪的发展，克劳斯法已经历了由最初的直接氧化，之后将热反应与催化反应分开，使用合成催化剂及在低于硫露点下继续反应等四个阶段，并日趋成熟[17]。

通常，克劳斯装置包括热反应、余热回收、硫冷凝、再热和催化反应等部分。由这些部分可以组成各种不同的硫黄回收工艺，用于处理不同$H_2S$含量的原料气。目前，常用的克劳斯法有直流法、分流法、硫循环法及直接氧化法等，其原理流程如图5-25所示。不同工艺流程的主要区别在于保持热平衡的方法不同。在这些工艺方法的基础上，又根据预热、补充燃料气等方法不同，衍生出各种不同的变体工艺，其适用范围见表 5-16。其中，直流法和分流法是主要的工艺方法。

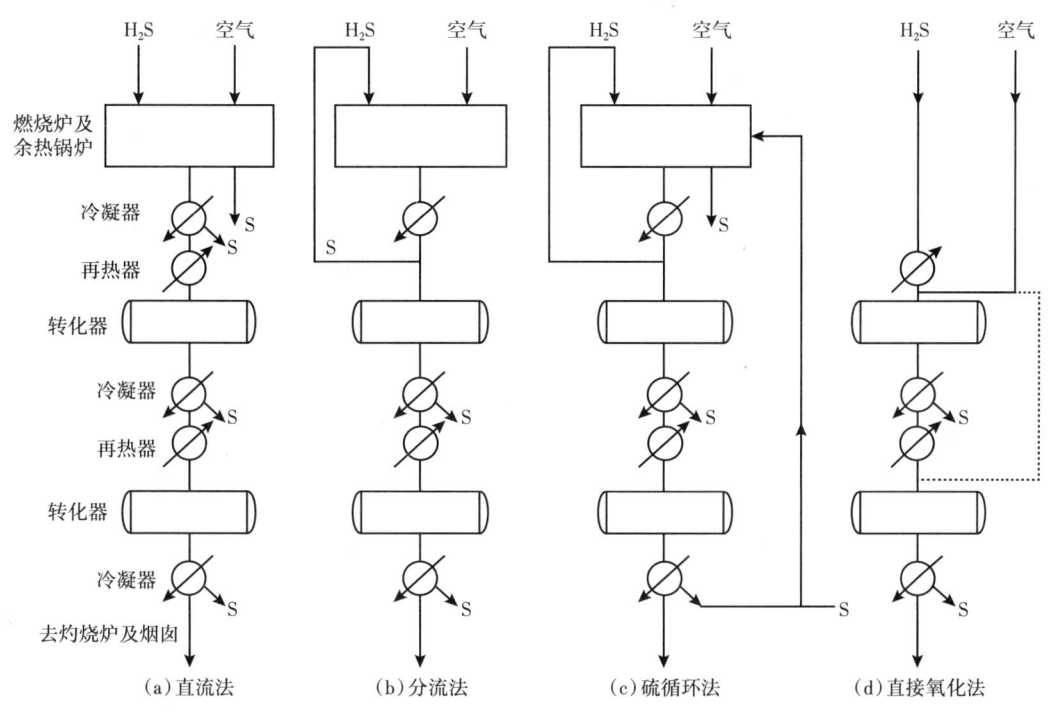

图 5-25 克劳斯法主要工艺原理流程图

表 5-16 各种克劳斯法工艺流程安排

| 酸气中 $H_2S$ 浓度/%（体积分数） | 55~100 | 30~55 | 15~30 | 10~15 | 5~10 | < 5 |
|---|---|---|---|---|---|---|
| 推荐的工艺流程 | 直流法 | 预热酸气及空气的直流法，或非常规分流法 | 分流法 | 预热酸气及空气的分流法 | 掺入燃料气的分流法或硫循环法 | 直接氧化法 |

应该说明的是，表 5-16 中的划分范围并非是严格的，关键是反应炉内 $H_2S$ 燃烧所放出的热量必须保证炉内火焰处于稳定状态，否则将无法正常运行。

1）直流法

直流法也称直通法、单流法或部分燃烧法。此法特点是全部原料气都进入反应炉，而空气则按照化学计量配给，仅供原料气中 1/3 体积 $H_2S$ 及全部烃类、硫醇燃烧，从而使原料气中的 $H_2S$ 部分燃烧生成 $SO_2$，以保证生成的过程气中 $H_2S$ 与 $SO_2$ 的物质的量比为 2。反应炉内虽无催化剂，但 $H_2S$ 仍能有效地转化为元素硫，其转化率随反应炉的温度和压力不同而异。

实践表明，反应炉内 $H_2S$ 的转化率一般可达 60%~70%，这就大大减轻了催化反应段的反应负荷而有助于提高硫收率。因此，直流法是首先应该考虑的工艺流程，但前提是原料气中的 $H_2S$ 含量应大于 55%（也有文献认为应大于 50%）。其原因是应保证酸气与空气燃烧的反应热足以维持反应炉内温度不低于980℃（也有文献认为不低于927℃），通常认为此温度是反应炉内火焰处于稳定状态而能有效操作的下限。当然，如果预热酸气、空气或使用富氧空气，原料气中的$H_2S$含量也可低于50%。

图5-26为以部分酸气作燃料，采用在线燃烧式再热器进行再热的直流法三级硫黄回收装置的工艺流程图。反应炉中的温度可达1100~1600℃。由于温度高，副反应十分复杂，会生成少量的COS和$CS_2$等，故风气比（即空气量与酸气量之比）和操作条件是影响硫收率的关键。此处应该指出，由于有大量副反应特别是$H_2S$的裂解反应，故克劳斯法所需实际空气量通常均低于化学计量的空气量。

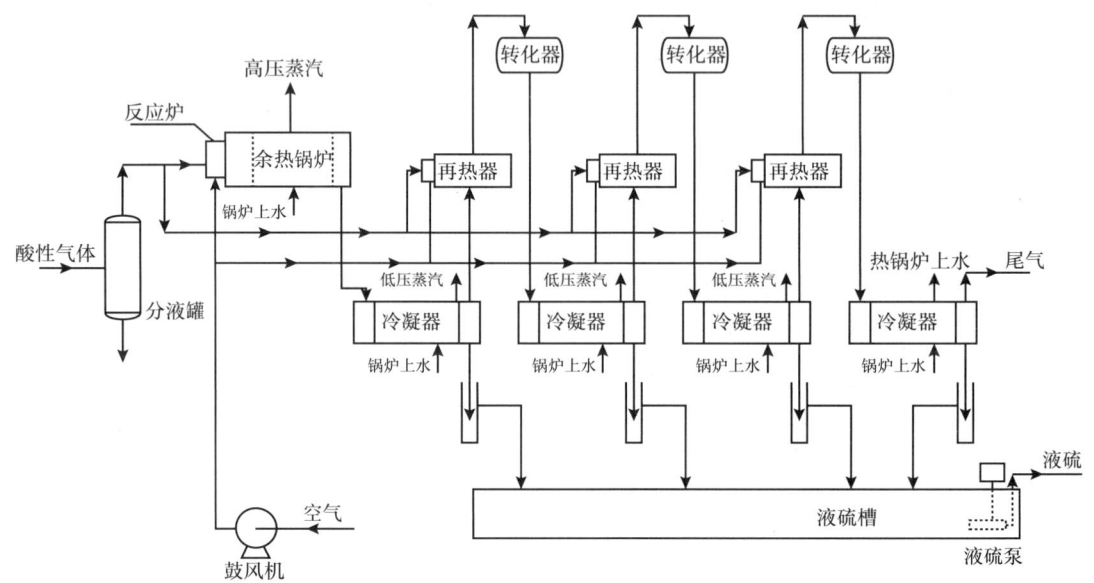

图5-26 直流法三级硫黄回收工艺流程图

从反应炉出来含有硫蒸气的高温燃烧产物进入余热锅炉回收热量。图5-26中有一部分原料气作为再热器的燃料，通过燃烧热将一级硫冷凝器出来的过程气再热，使其在进入一级转化器之前达到所需要的反应温度。

再热后的过程气经过一级转化器反应后进入二级硫冷凝器，经冷却、分离除去液硫。分出液硫后的过程气去二级再热器，再热至所需温度后进入二级转化器进一步反应。由二级转化器出来的过程气进入三级硫冷凝器并除去液硫。分出液硫后的过程气去三级再热器，再热后进入三级转化器，使$H_2S$和$SO_2$最大限度地转化为元素硫。由三级转化器出来的过程气进入四级硫冷凝器冷却，以除去最后生成的硫。脱除液硫后的尾气因仍含有$H_2S$、$SO_2$、COS、$CS_2$和硫蒸气等含硫化合物，或经焚烧后排放，或去尾气处理装置进一步处理后再焚烧排放。各级硫冷凝器分出的液硫流入液硫槽，经各种方法成形为固体后即为硫黄产品，也可直接以液硫状态作为产品外输。

应该指出的是，克劳斯法之所以需要设置两级或更多催化转化器的原因为：（1）由转化器出来的过程气温度应高于其硫露点温度，以防液硫凝结在催化剂上而使之失去活性；（2）较低的温度可获得较高的转化率。通常，在一级转化器中为使有机硫水解需要采用较高温度，二级及其以后的转化器则逐级采用更低的温度以获得更高的转化率。

图 5-27 中设置了三级催化转化器，有些装置为了获得更高的硫收率甚至设置了四级转化器，但第三级和第四级转化器的转化效果十分有限。

从硫黄回收效果来看，直流法的总硫收率是最高的。

2）分流法

当原料气中 $H_2S$ 含量在 15%~30% 时，采用直流法难以使反应炉内燃烧稳定，此时就应采用分流法。

常规分流法的主要特点是将原料气（酸气）分为两股，其中 1/3 原料气与按照化学计量配给的空气进入反应炉内，使原料气中 $H_2S$ 及全部烃类、硫醇燃烧，$H_2S$ 反应生成 $SO_2$，然后与旁通的 2/3 原料气混合进入催化转化段。因此，常规分流法中生成的元素硫完全是在催化反应段中获得的。

当原料气中 $H_2S$ 含量在 30%~55% 时，如采用直流法则反应炉内火焰难以稳定，而采用常规分流法将 1/3 的 $H_2S$ 燃烧生成 $SO_2$ 时，炉温又过高使炉壁耐火材料难以适应。此时，可以采用非常规分流法，即将进入反应炉的原料气量提高至 1/3 以上来控制炉温。以后的工艺流程则与直流法相同。

非常规分流法会在反应炉内生成一部分元素硫。这样，一方面可减轻催化转化器的反应负荷，另一方面也因硫蒸气进入转化器而对转化率带来不利影响，但其总硫收率高于常规分流法。此外，因进反应炉酸气带入的烃类增多，故供风量比常规分流法要多。

应该指出的是，由于分流法中有部分原料气不经过反应炉即进入催化反应段，当原料气中含有重烃尤其是芳香烃时，它们会在催化剂上裂解结焦，影响催化剂的活性和寿命，并使生成的硫黄颜色欠佳甚至变黑。

3）硫循环法

当原料气中 $H_2S$ 含量在 5%~10% 时可考虑采用此法。它是将一部分液硫产品喷入反应炉内燃烧生成 $SO_2$，以其产生的热量协助维持炉温。目前，由于已有多种处理低 $H_2S$ 含量酸气的方法，此法已很少采用。

4）直接氧化法

当原料气中 $H_2S$ 含量低于 5% 时可采用直接氧化法，这实际上是克劳斯法原型工艺的新发展。按照所用催化剂的催化反应方向不同可将直接氧化法分为两类。一类是将 $H_2S$ 选择性催化氧化为元素硫，在该反应条件下这实际上是一个不可逆反应，目前在克劳斯法尾气处理领域获得了很好应用。另一类是将 $H_2S$ 催化氧化为元素硫及 $SO_2$，故在其后继之以常规克劳斯催化反应段。

**3. 硫黄处理及储存**

克劳斯装置生产的硫黄可以以液硫（约 138℃）或固硫（室温）形式储存与装运。通常，可设置一个由不锈钢或耐酸水泥制成的储罐或储槽储存液硫。如果以液硫形式装运，可将液硫由液硫储罐直接泵送至槽车，或送至中间储槽。如果以固硫形式装运，则将液硫去硫黄成形或造粒设备冷却与固化。

1）液硫处理

在硫冷凝器中获得的液硫与过程气处于相平衡状态，由于过程气中含有 $H_2S$ 等组分，故液硫中也会含有这些组分。通常，液硫中 $H_2S$ 含量均大大超过许多国家规定的不高于

10g/t 的标准,如不进行脱除处理,在其输送、储存及成形过程中就会逸出而产生严重的污染与安全问题。

通常,脱气设备按脱气前液硫中的总 $H_2S$ 含量平均为 250~300g/t 作为设计基础。脱气设备应按脱气后液硫中总 $H_2S$ 含量为 10g/t 来设计。

目前工业上采用的液硫脱气工艺有循环喷洒法、汽提法和 D'GAASS 法等。循环喷洒法工艺流程示意如图 5-27 所示。

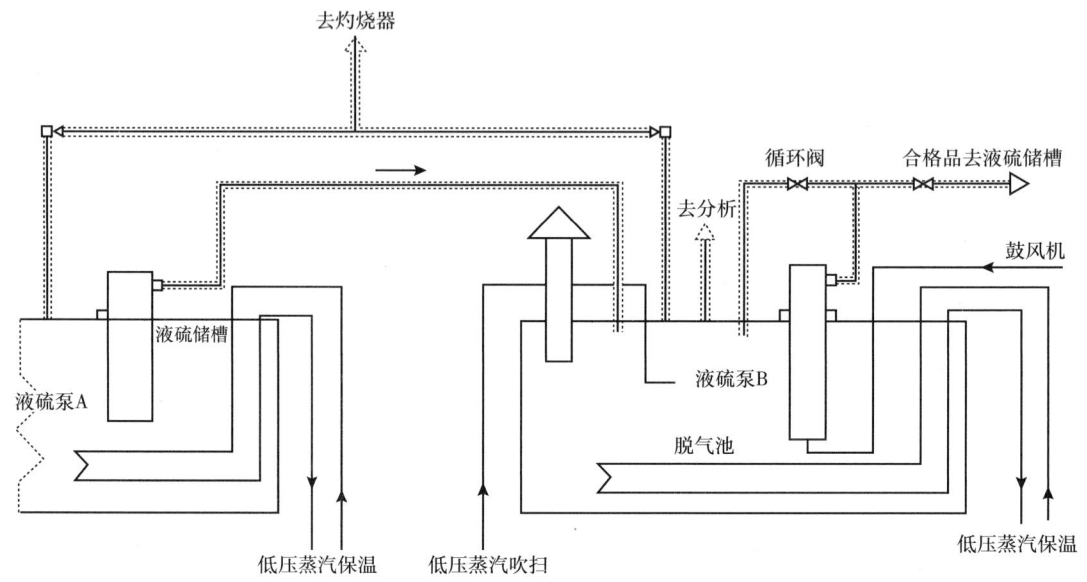

图 5-27　液硫循环喷洒法脱气原理图

2)硫黄成形

当前,国际贸易中所有海上船运的硫黄都是固体,尤以颗粒状更受欢迎。硫黄成形就是将克劳斯装置生产的液硫制成市场所需要的、符合安全和环保要求的固体硫黄产品。目前硫黄成形工艺有生产片状硫黄的转鼓结片法、带式结片法和生产颗粒状硫黄的水冷造粒法、冷造粒法、钢带造粒法和滚筒造粒法等。由于造粒法生产的产品颗粒规整、不易产生粉尘,因此应用日益广泛。滚筒造粒法工艺流程示意如图 5-28 所示。

**4. 克劳斯装置尾气处理工艺**

如前所述,为使硫黄回收尾气中的 $SO_2$ 达到排放标准,大多数克劳斯装置之后均需设置尾气处理装置。按照尾气处理的工艺原理不同,可将其分为低温克劳斯法、还原—吸收法和氧化—吸收法三类。

低温克劳斯法是在低于硫露点的温度下继续进行克劳斯反应,从而使包括克劳斯装置在内的总硫收率接近 99%。尾气中的 $SO_2$ 浓度为 1500~3000mL/m³。属于此类方法的有 Sulfreen 法、IFP 法(后改称 Clauspol 1500)等。

还原—吸收法是将克劳斯装置尾气中各种形态的硫转化为 $H_2S$,然后采用吸收的方法使其从尾气中除去。此法包括克劳斯装置在内的总硫收率接近 99.5%,甚至达到 99.8%,因而可满足目前最严格的尾气 $SO_2$ 排放标准。属于此类方法的有 SCOT 法和 Beavon 法(后发展成为 BSR 系列工艺)等。

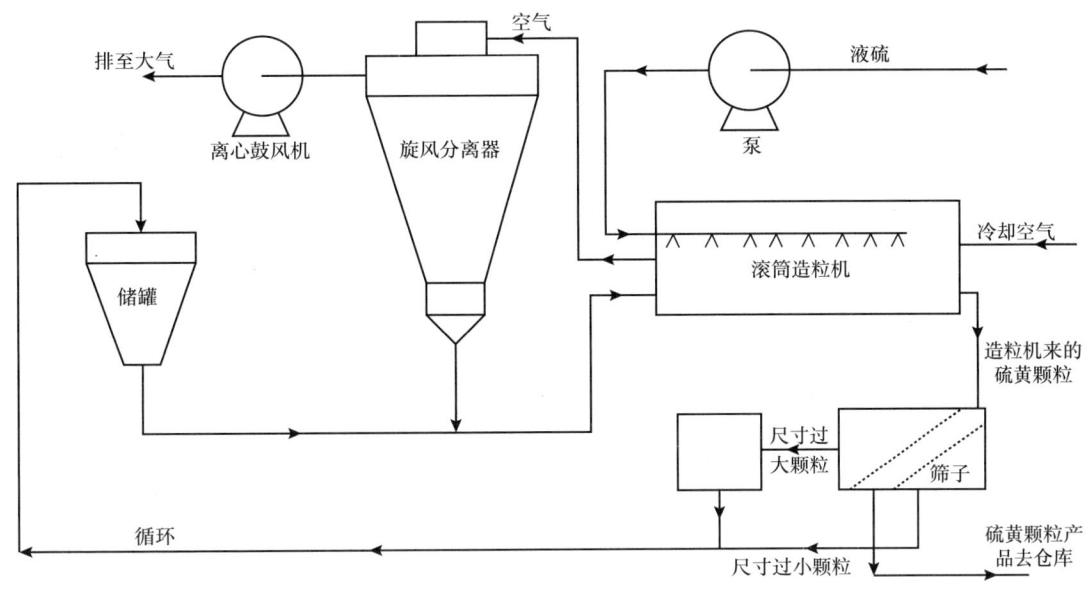

图 5-28 滚筒造粒法工艺流程示意图

氧化—吸收法是将尾气焚烧使各种形态的硫转化为 $SO_2$，然后再采用吸收的方法除去尾气中的 $SO_2$，原则上用于处理烟道气中 $SO_2$ 的方法均可采用，但此类方法在克劳斯装置尾气处理上应用较少。

应该指出的是，自 20 世纪 90 年代以来，随着环保要求日益严格，低温克劳斯法也采取"还原"或"氧化"等方法，以求获得更高的总硫收率。此外，还出现了将常规克劳斯法与低温克劳斯法组合为一体的方法。

**5. 直接转化法尾气处理工艺**

直接转化法采用含氧化剂的碱性溶液脱除气流中的 $H_2S$ 并将其氧化为单质硫，被还原的氧化剂则用空气再生，从而使脱硫和硫黄回收合为一体。由于这种方法采用氧化还原反应，故又称氧化—还原法或湿式氧化法。

直接转化法可分为以铁离子为氧载体的铁法、以钒离子为氧载体的钒法及其他方法。Lo-Cat 法属于直接转化法中的铁法。

与醇胺法相比，其特点为：

（1）醇胺法和砜胺法酸气需采用克劳斯装置回收硫黄，甚至需要尾气处理装置，而直接转化法本身即可将 $H_2S$ 转化为单质硫，故流程简单，投资低；

（2）主要脱除 $H_2S$，仅吸收少量的 $CO_2$；

（3）醇胺法再生时蒸汽耗量大，而直接转化法则因溶液硫容（单位质量或体积溶剂可吸收的硫的质量）低、循环量大，故其电耗高；

（4）基本没有气体污染问题，但因运行中产生少量硫代硫酸盐类等夹杂在硫黄浆液中，其中一部分经过滤脱水后随废液排出。

以下仅介绍铁法中最常用的 Lo-Cat 法。

Lo-Cat 法是一种可再生的脱硫工艺，采用铁离子络合物液体催化剂，在常温下将 $H_2S$

溶于水后，离解成 $HS^-$ 和 $H^+$。溶液中的催化剂 $Fe^{3+}$ 与 $HS^-$ 发生氧化—还原反应，直接转化为元素硫，而 $Fe^{3+}$ 则被还原为亚铁离子 $Fe^{2+}$。然后，用空气将 $Fe^{2+}$ 氧化为 $Fe^{3+}$，使催化剂恢复活性循环使用。

美国 ARI 公司开发的第一代 Lo-Cat 法可用来处理多种含 $H_2S$ 气体，适用于潜硫量在 0.2~20t/d 含硫气体的脱硫，硫回收率通常可达 99.9%，净化尾气中的 $H_2S$ 含量可低至 10mL/m³。反应器内溶液 pH 值在 8.0~8.5 时最佳，其总铁离子含量为 500μg/g。在反应器内得到的硫黄浆液浓度为 5%~15%，经过滤脱水后所产硫黄饼纯度根据过滤方式不同而异。

Lo-Cat 法有常规流程（双塔流程）和自循环流程（单塔流程）两种流程，用于不同性质的原料气。双塔流程用于易燃（例如含硫天然气等）或不能与空气混合的气体脱硫，一塔吸收，一塔再生；单塔流程常用于处理不易燃的，可以与空气混合的各种 $H_2S$ 低压废气（例如醇胺法酸气、克劳斯装置加氢尾气等不易燃气体），其吸收与再生在一个塔内同时进行，称之为"自动循环"的 Lo-Cat 法，工艺流程示意如图 5-29 所示。目前，第二代工艺 Lo-CatⅡ法主要采用单塔流程，最大规模装置的硫黄回收量已达 10t/d。

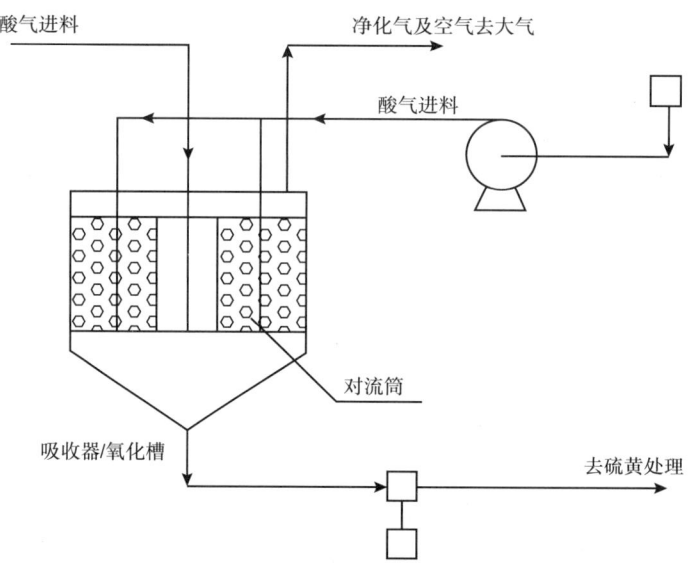

图 5-29 Lo-CatⅡ法单塔原理流程图

该法的技术特点是：

（1）原料适应强，在原料酸气量波动较大及 $H_2S$ 含量在 0~100% 范围内的工况下都能正常运行；

（2）净化率高。硫回收率一般可达 99.9%，最高可达 99.97%~99.99%；

（3）操作条件温和，为液相、常温、常压反应过程，工艺过程中所有反应都可在室温下进行并满足化学平衡条件，无燃烧反应过程；

（4）投资低，主要设备和自控仪表较少，故装置的投资较低，占地少。特别适合于酸气潜硫量小的条件下使用，代替克劳斯硫黄回收装置。此外，用于处理醇胺法脱硫装置的酸气时，不需另设尾气处理装置，从而节约了投资和操作费用。但是，此法最大的缺点是产品硫黄（一般硫含量为65%~70%，质量分数）达不到《工业硫黄第一部分：固体产品》（GB/T 2449.1—2014）质量要求。

## 二、塔里木油田硫黄回收及尾气处理工艺技术

### 1. 塔里木油田硫黄回收及尾气处理工艺

塔里木油田处理厂应用的天然气脱硫脱碳工艺为MDEA法脱硫，硫黄回收工艺主要有克劳斯硫黄回收工艺和Lo-Cat法硫黄回收工艺两种。塔里木油田硫黄回收工艺情况见表5-17。

表5-17　塔里木油田硫黄回收工艺概况表

| 序号 | 气田名称 | 站场名称 | 建设规模/($10^4 m^3/d$) | 脱硫脱碳处理工艺 | 硫黄回收及尾气处理工艺 | 硫黄回收设计规模/（t/d） |
|---|---|---|---|---|---|---|
| 1 | 塔中气田 | 塔二联 | 300 | MDEA脱硫 | CPS工艺 | 39.5 |
| | | 塔三联 | 500 | MDEA脱硫 | CPS工艺 | 105 |
| 2 | 和田河气田 | 天然气处理厂 | 500 | MDEA脱硫 | Lo-Cat法硫黄回收工艺 | 3.77 |
| 3 | 哈得油田 | 哈一联 | 100 | MDEA脱硫 | Lo-Cat法硫黄回收工艺 | 2 |
| 4 | 东河油田 | 哈六联 | 45 | MDEA脱硫 | Lo-Cat法硫黄回收工艺 | 8 |

1）克劳斯硫黄回收工艺

以塔二联硫黄回收装置为例介绍克劳斯硫黄回收工艺。

（1）硫黄回收。

塔二联设置1套硫黄回收装置，与300×$10^4 m^3$/d脱硫装置匹配，年开工时间8000h。

装置采用中国石油工程建设有限公司西南分公司专利技术CPS硫黄回收工艺。此工艺是近三十年来国内低温克劳斯工艺的综合改进，它由一床的常规克劳斯反应段加三个后续的低温克劳斯反应段组成。设计硫回收率为99.0%，硫黄产量约39.5t/d。设有1套尾气焚烧炉—烟囱排放系统，$SO_2$正常排放量约为33kg/h，通过80m高的烟囱排放，能符合国家对环保的要求。

从脱硫装置来的酸气经酸气分离器分离出酸水，再经酸气预热器加热后，进入主燃烧炉与主风机送来的经空气预热器加热后的空气按一定配比在炉内进行克劳斯反应，其反应温度为1039℃。酸水收集到酸水压送罐中，利用氮气压送到凝析油处理装置的酸水汽提塔。

自主燃烧炉出来的1039℃高温气流经余热锅炉后温度降至335℃，再经热段冷凝器冷却至170℃，其中大部分硫蒸气被冷凝并分离出来。自热段冷凝器出来的过程气与余热锅炉出来的小部分650℃过程气经高温掺和阀混合至273℃，进入克劳斯反应器，气流中的$H_2S$和$SO_2$在催化剂床层上反应生成元素硫。出克劳斯反应器的过程气温度升

至 344℃ 左右，进入克劳斯冷凝器冷却至 127℃，其中的绝大部分硫蒸气被冷凝并分离出来。下面为便于叙述，假设一级 CPS 反应器处于再生态，而二级 CPS 反应器、三级 CPS 反应器处于吸附态。自克劳斯硫黄冷凝器出来的过程气通过以克劳斯反应器出口过程气作为热源的过程气再热器加热至 280~300℃ 后，进入一级 CPS 反应器。在一级 CPS 反应器中，上一周期吸附在催化剂上的液硫逐渐气化，从而使催化剂得以除硫再生，当一级 CPS 反应器出口过程气温度升至规定的再生温度后，反应器中的催化剂再生／除硫完毕，此时，克劳斯硫黄冷凝器出口过程气则经三通调节阀切换直接进入一级 CPS 反应器，使之冷却。出一级 CPS 反应器的过程气进入一级 CPS 硫黄冷凝器冷却至 127℃，分出其中冷凝的液硫后不经再热直接进入二级 CPS 反应器，过程气在其中进行低温克劳斯反应。出二级 CPS 反应器的过程气进入二级 CPS 硫黄冷凝器冷却至 127℃，分出其中冷凝的液硫后进入三级 CPS 反应器，在其中进行低温克劳斯反应。出三级 CPS 反应器的过程气进入三级 CPS 硫黄冷凝器冷却至 127℃，分出其中冷凝的液硫后进入液硫捕集器，将其中携带的硫黄液滴及硫雾捕集下来后进入尾气焚烧炉。焚烧后的废气通过 80m 高的烟囱排放。

本装置低温克劳斯段的一级、二级、三级 CPS 反应器通过七个程序切换阀，定期自动切换操作，以保持其中一个反应器处于再生—预冷状态，另两个则处于吸附态。

余热锅炉产生约 3.3MPa（表）、241℃ 的饱和蒸汽，一部分供酸气预热器、空气预热器加热使用，剩余部分则作为蒸汽引射器的驱动蒸汽，将一级 CPS 硫黄冷凝器、二级 CPS 硫黄冷凝器、三级 CPS 硫黄冷凝器产生的约 0.1MPa（表）的低压饱和蒸汽，升压至 0.45MPa（表），和热段冷凝器产生的 0.45MPa（表）的饱和蒸汽混合，进入工厂低压蒸汽管网。

自热段冷凝冷却器、克劳斯冷凝器、一级 CPS 硫黄冷凝器、二级 CPS 硫黄冷凝器、三级 CPS 硫黄冷凝器、液硫捕集器分离出来的液硫分别经液硫封一到六级，自流入液硫池，脱除液硫中的 $H_2S$ 后，再通过液硫泵送至液硫成形装置成形。流程示意如图 5-30 所示。

（2）硫黄成形。

硫黄成形装置将来自硫黄回收装置的液硫成形后作为副产品销售，设计规模为处理液硫 39.5t/d。

装置设置 $10m^3/h$ 的卧式液硫泵 2 台（1 用 1 备）、单列处理能力 6t/h 的硫黄成形机 2 列（1 用 1 备，每天运行 10h）、皮带传送机 2 列、处理能力为约 300 袋/h 的半自动包装机 1 台、内燃机防爆叉车 4 台。设置容积为 $300m^3$ 的拱顶液硫储罐 1 座、面积为 $648m^2$ 的硫黄仓库 1 座。

装置设有循环水系统，为硫黄成形机提供冷却水。

液硫储罐能够储存硫黄回收装置 15 天生产的液硫，液硫储罐罐体及罐顶采用蒸汽盘管伴热、罐底采用蒸汽盘管加热，保温材料为高温型聚酚醛复合保温材料，保温厚度为 80mm。硫黄仓库为半敞开式，可储存 12 天的固体硫黄。

本装置产品为半球形固体硫黄，50kg/袋，纯度 ≥ 99.95%（质量分数），灰分 ≤ 0.03%（质量分数），产品的硫黄粒度好、机械强度高，满足《工业硫黄》（GB/T 2449）中优等品的质量指标要求。

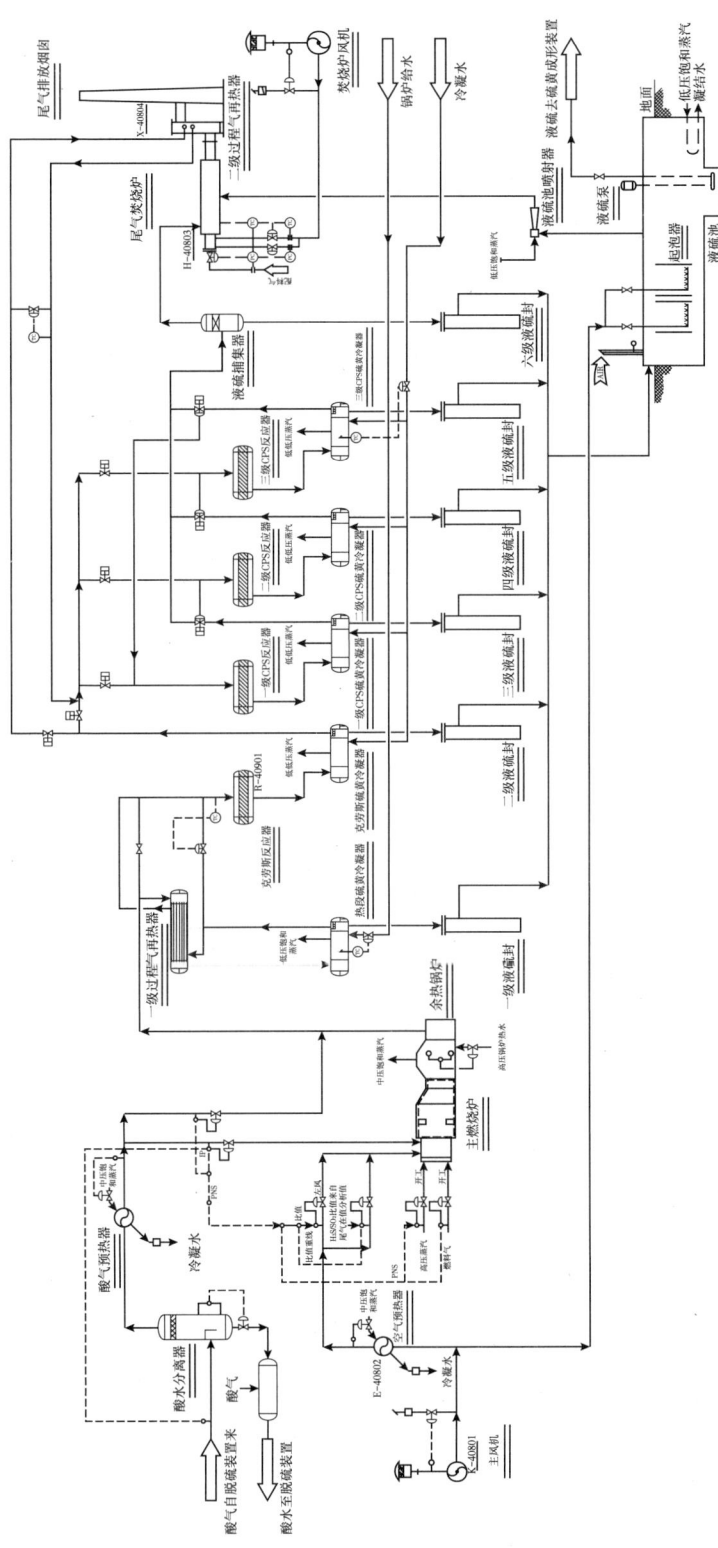

图 5-30 塔二联硫黄回收装置流程示意图

为保证成形机房内的安全与卫生，钢带成形机设有通风设施，并且在成形机房设置了一定数量的排气扇，半自动称重包装机设有除尘及通风设施。钢带上喷淋有脱膜剂，使半球形硫黄与钢带容易分离。

主要生产流程如下：

从硫黄回收装置来的液硫在135℃下进入本装置液硫储罐，罐内用蒸汽盘管加热以保持液硫温度在130℃左右。用液硫泵将液硫从液硫储罐输送到钢带成形机机头，再滴落到钢带上冷却固化成形，固体硫颗粒在钢带末端卸料并由皮带传送机传输到料斗，经半自动称重包装机自动称量、装袋、封口后用叉车将袋装硫黄送到硫黄库房储存。

2）OR-GREEN工艺

以和田河硫黄回收装置为例介绍OR-GREEN工艺。

和田河天然气处理站硫黄回收装置采用OR-GREEN工艺，该工艺原理为Lo-Cat工艺。

酸气管线接入OR-GREEN界区处安装有一对自动分流阀。正常操作情况下，通往火炬的紧急放空阀1关闭，酸气通过放空阀2进入酸气分离器。酸气进入OR-GREEN系统前，经过酸气分离器时，气体中的冷凝物和少量液体被去除。酸气必须通过安装在酸气分离器顶部的筛网状捕雾器，去除冷凝物中的液滴。酸气从酸气分离器排出后，然后进入吸收氧化塔。

酸液回流泵根据酸气分离器中的液位控制，将定期把含水和油的酸性冷凝物从酸气分离器中排出。

吸收氧化塔直径为6400mm，为锥底常压容器。吸收氧化塔内设1个吸收区、1个反应区、3个氧化区、1个脱气区，还有2个辅助区。首先，从酸气分离器排出的酸气在吸收区被配比溶液吸收；在反应区，$Fe^{3+}$将$S^{2-}$转化为硫单质，自身转化为$Fe^{2+}$；然后在3个氧化区，$Fe^{2+}$被$O_2$重新充分氧化为$Fe^{3+}$；最后进入脱气区，废弃的空气和处理过的气体从这里流向大气。其中，各个区由分离堰和挡板隔开，酸气喷头在吸收区将酸气喷出，空气喷头在3个氧化区将空气喷出，配比溶液依次从分离堰的上方溢过、从挡板下方流出，大部分硫黄沉淀到容器锥形部位。

当酸气流量小于269$m^3$/h时（即小于设计流量的50%），在吸收氧化塔入口处，位于隔离阀处的一个酸气喷头将被关闭。这样经过喷嘴分布器的气体流速将保持大于所需的最低流速。当酸气流量大于269$m^3$/h时，3个喷头应当同时开启。

来自鼓风机的空气进入吸收氧化塔后，通过3个喷头，被均匀分布到吸收氧化塔的3个氧化区。气泡在上升的过程中，与部分经消耗的催化剂配比溶液反应，再生铁离子催化剂。未参与反应的空气在脱气区上升到吸收氧化塔上部的蒸汽空间，与干气会合。这部分气体（称为排空气体）通过吸收氧化塔顶部放空。鼓风机除了用于铁离子溶液再生外，同时也为吸收氧化塔内的溶液循环提供动力。

固体硫黄形成于吸收塔内筒，并沉淀于容器的锥形部位，此时浓缩至质量分数为5%~15%的固体。为防止硫黄桥架或黏附在锥形容器壁上，四圈吹扫管线和一个吹扫口提供吹扫风，使硫黄悬浮于硫黄浆泵进料口处。空气吹扫通过定时器被激活。

硫黄浆泵把硫黄浆从吸收氧化塔锥形底部抽出，再循环输送至吸收氧化塔顶部。通过延伸至脱气区输出，使硫黄颗粒聚集，随后再次进入锥形底部。

配比溶液从锥形上方的吸收氧化塔底部的脱气区被抽出，输送至喷射泵。循环返回至吸收氧化塔顶部，通过四个喷嘴被均匀喷洒到配比溶液表面。喷洒可以破坏堆积在配比溶液表面的泡沫或漂浮硫。如果配比溶液温度过高，从喷射泵输出的配比溶液可以被转入空冷器，在输入喷嘴前，先进行冷却。

硫黄浆进入硫黄饼成形区域，在此硫黄浆被分布在滚动滤布上。真空泵通过真空抽动和过滤机马达驱使滤布滚动，同时空气将硫黄浆吹干，形成硫黄饼。过滤后的配比溶液由滤液分离器收集，并通过过滤泵打回吸收氧化塔内。为保持循环配比溶液中硫黄的质量分数为 0.1%~0.4%，带式过滤机不需要 24h 全天运作，尤其在硫黄负荷较低的情况下。去除过多的硫黄会导致生成硫黄颗粒太细，易漂浮，生成泡沫。含有 OR-GREEN 催化剂配比溶液的硫黄饼，在滚动的传送带上经过水洗，最后被输送到硫黄饼回收处。

OR-GREEN 硫黄回收工艺流程示意如图 5-31 所示。

**2. 硫黄回收工艺在塔里木油田的应用效果**

塔里木油田目前有硫黄回收装置 5 套，其中 2 套采用中国石油工程建设有限公司西南分公司专利技术 CPS 硫黄回收工艺，此工艺是低温克劳斯工艺的综合改进，由一床的常规克劳斯反应段加三个后续的低温克劳斯反应段组成，3 套采用 OR-GREEN 工艺，是基于 Lo-Cat 工艺原理的改良工艺。两种工艺均具有较高的硫回收率，CPS 硫黄回收工艺硫回收率在 99.2% 左右，OR-GREEN 工艺硫回收率可达 99.9% 左右。塔里木油田现有硫黄回收装置后均未设置尾气处理装置，尾气经焚烧炉灼烧后尾气中残余的硫变为毒性较小的 $SO_2$ 排放大气。

硫黄回收及尾气处理的主要目的是防止污染环境，并对硫资源回收利用。硫黄回收率越高，尾气中 $SO_2$ 含量就越低，塔二联、塔三联硫黄回收装置采用的 CPS 硫黄回收工艺，设计硫回收率大于 99.2%，2 套装置硫黄回收装置规模均小于 200t/d，目前实际运行的硫回收率已达到设计标准，但对尾气烟囱实时监测发现 $SO_2$ 浓度在 2800~7000mg/m³，已超过《陆上石油天然气开采工业大气污染物排放标准》（GB 39728—2020）中"$SO_2$ 允许排放浓度限值 ≤ 800mg/m³"的要求，需增加尾气处理装置对尾气进一步处理，使其达到环保标准。哈一联、哈六联和和田河采用 OR-GREEN 硫黄回收工艺，该方法硫回收率达到 99.9%，尾气主要成分为氮气和 $CO_2$，不含 $SO_2$，符合《大气污染物综合排放标准》（GB 16297—1996）中有关要求，尾气不需再另设尾气处理装置。

《工业硫黄 第一部分：固体产品》（GB/T 2449.1—2014）中要求硫黄产品合格品中硫含量应高于 99.0%，CPS 硫黄回收工艺产出的硫黄产品中硫含量高于 99.95%，属于优等品。OR-GREEN 工艺产出的硫黄产品中硫含量为 65%~70%，达不到规范的质量要求，需要进行硫黄精制后方能作为产品销售，目前在塔三联已建成 1 套硫黄精制装置，该装置用以接收处理哈一联、哈六联和和田河处理厂槽车拉运来的低纯度硫黄，装置采用熔硫釜法，利用硫黄熔点高、密度大的特点，利用热源将硫黄加热至熔融状态与液体杂质分离，既而得到纯度大于 99% 的工业硫黄。

CPS 硫黄回收工艺和 OR-GREEN 工艺各有优缺点，OR-GREEN 工艺相较于 CPS 硫黄回收工艺除硫回收率高、尾气达标外，还有以下优点：

（1）在潜硫量较小（一般认为潜硫量 ≤ 10t/d）时其能耗低于 CPS 硫黄回收工艺；

（2）装置操作弹性大，负荷在 0~100% 范围内装置均可以正常运行，而 CPS 硫黄回收工艺操作弹性为 50%~110%；

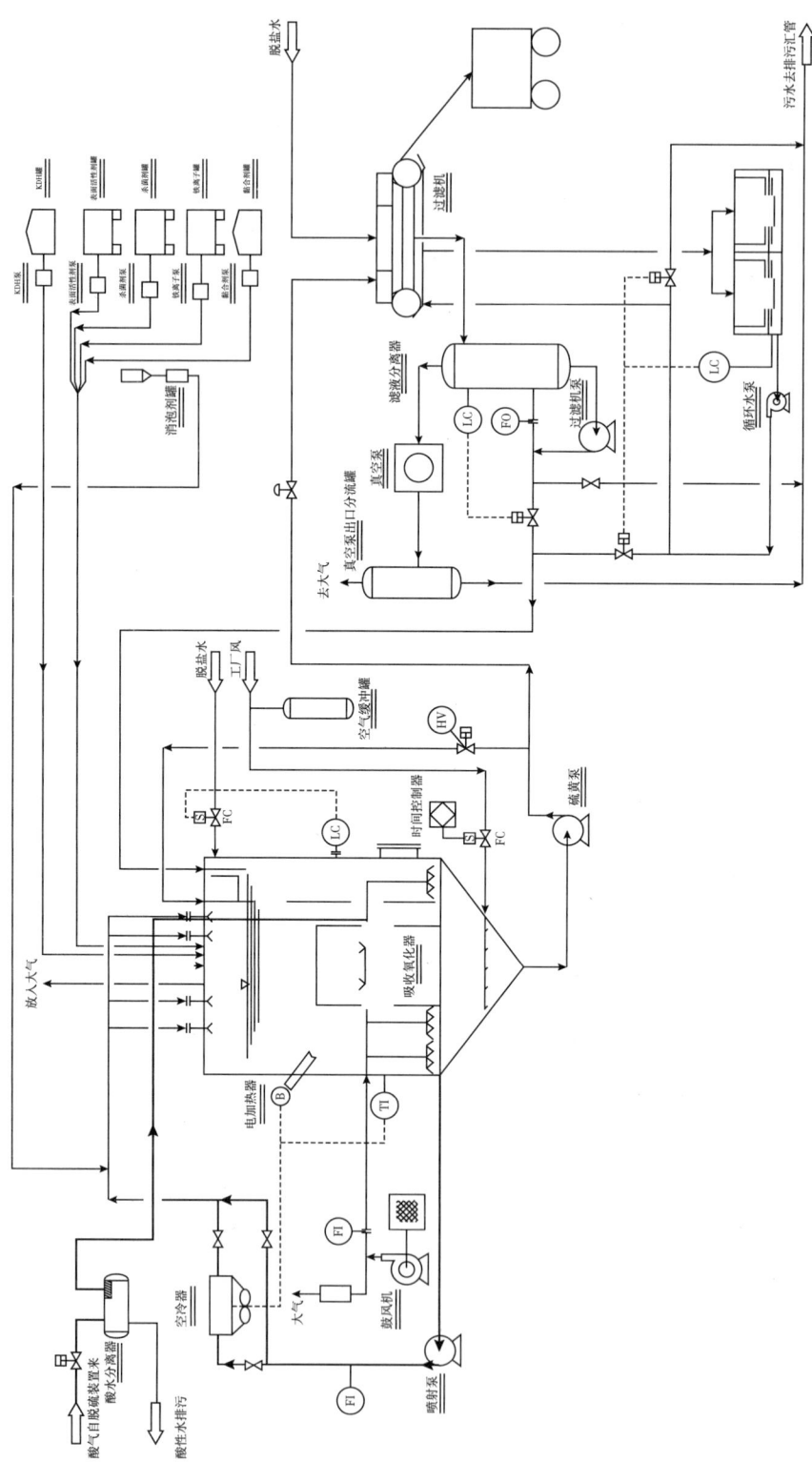

图5-31 和田河硫黄回收装置流程示意图

（3）操作条件温和，为液相、常温、常压反应过程，工艺过程中所有反应都可在室温下进行并满足化学平衡条件，无燃烧反应过程。

OR-GREEN 工艺最大缺点是产品硫黄（一般硫含量为 65%~70%，质量分数）达不到《工业硫黄第一部分：固体产品》（GB/T 2449.1—2014）质量要求，无法直接销售；其次，该工艺硫容量低，溶剂循环量大，当潜硫量高时采用该工艺能耗较高。

### 三、标准化硫黄回收工艺

CPS 硫黄回收工艺和 OR-GREEN 硫黄回收工艺在塔里木油田均有很好的应用，当天然气中潜硫量低于 10t/d 时推荐采用 OR-GREEN 硫黄回收工艺，潜硫量超过 10t/d 时推荐采用 CPS 硫黄回收工艺。

#### 1.CPS 硫黄回收工艺

CPS 硫黄回收工艺为中国石油工程建设有限公司西南分公司专利技术。此工艺是对低温克劳斯工艺的综合改进，由一床的常规克劳斯反应段加三个后续的低温克劳斯反应段组成。CPS 硫黄回收工艺在塔里木油田有成熟的应用经验，且脱硫效果较好。工艺流程同前文所述塔二联硫黄回收工艺，在此不再赘述。

工艺流程示意如图 5-32 所示。

硫黄成形装置将来自硫黄回收装置的液硫成型后作为产品销售。装置由液硫泵 2 台（1 用 1 备）、硫黄成形机 2 列（1 用 1 备）、皮带传送机 2 列、半自动包装机 1 台、内燃机防爆叉车 4 台。设置拱顶液硫储罐 1 座、硫黄仓库 1 座。另外，本装置还设有循环水系统，为硫黄成形机提供冷却水。

装置产品为半球形固体硫黄，50kg/袋，纯度 $\geqslant$ 99.95%（质），灰分 $\leqslant$ 0.03%（质），产品的硫黄粒度好、机械强度高，满足《工业硫黄》（GB/丁 2449—2006）中优等品的质量指标要求。

主要生产流程同前文所述塔二联硫黄成形工艺，在此不再赘述。

工艺流程示意如图 5-33 所示。

#### 2.OR-GREEN 硫黄回收工艺

OR-GREEN 工艺，是基于 Lo-Cat 工艺原理的改良工艺。

OR-GREEN 硫黄回收工艺采用单塔流程，溶液在吸收氧化塔内自循环。酸气进入该系统前，经过酸气分离器分离，气体中的冷凝物和少量液体被去除，避免大量的 MDEA 胺液进入吸收氧化塔。吸收氧化塔为锥底的常压容器，酸气通过多组喷头均匀分布到整个吸收区。从喷头喷出的酸气与向下流动的配比溶液反应，生成上浮的泡沫，吸收硫化氢气体，从而产生单质硫，同时铁离子从 $Fe^{3+}$ 变成 $Fe^{2+}$。尾气从内筒顶部的出口排出，上升到吸收氧化塔上部空间。部分反应后的催化剂配比溶液和硫黄由内筒底部排出，大部分硫黄沉淀到容器锥形部位。

主要生产流程同前文所述和田河硫黄回收装置，在此不再赘述。

需要注意的是，溶液通过喷射泵循环返回至吸收氧化塔顶部，并根据溶液的温度来选择加热或者冷却。将溶液温度始终控制在 55℃ 以下，比酸气温度至少高 2~3℃。

工艺流程示意如图 5-34 所示。

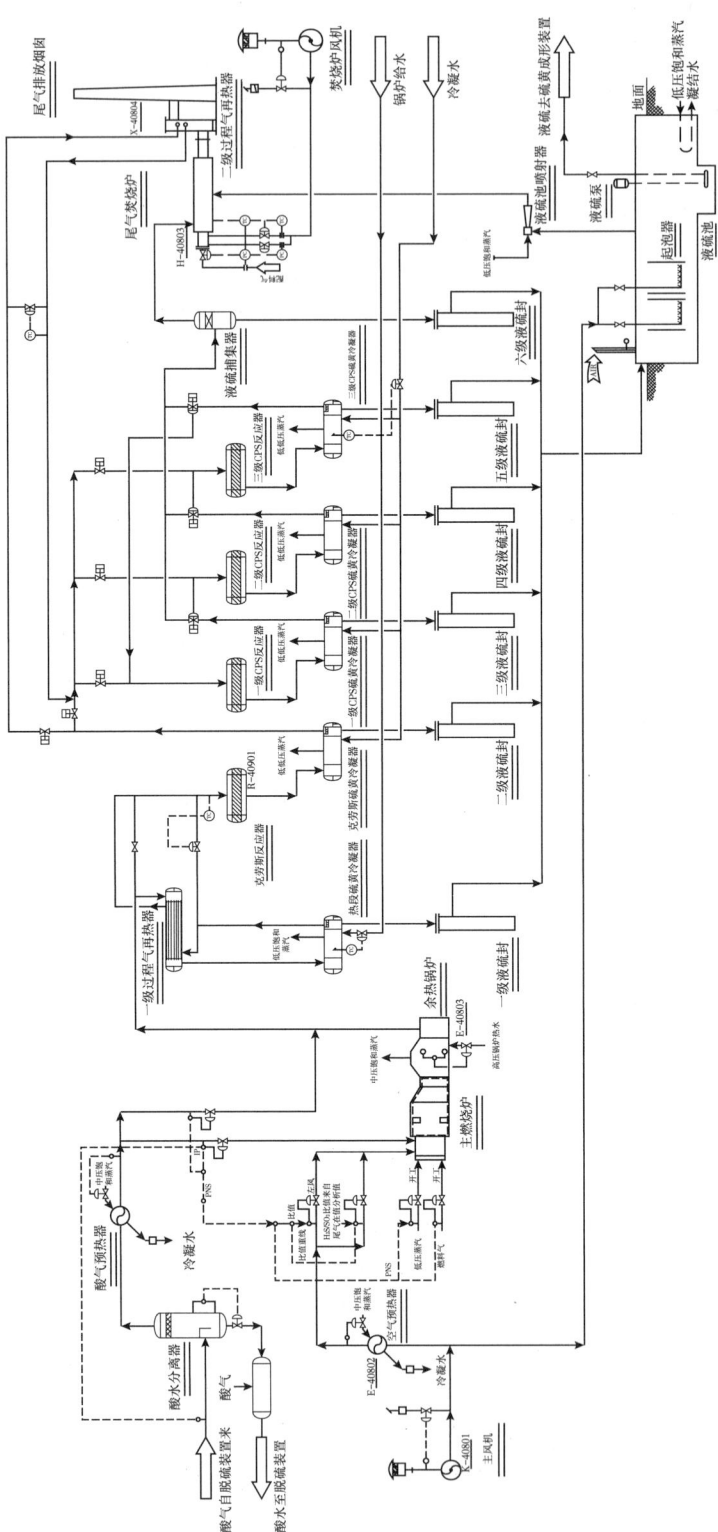

图 5-32 标准化硫黄回收工艺（CPS 法）流程示意图

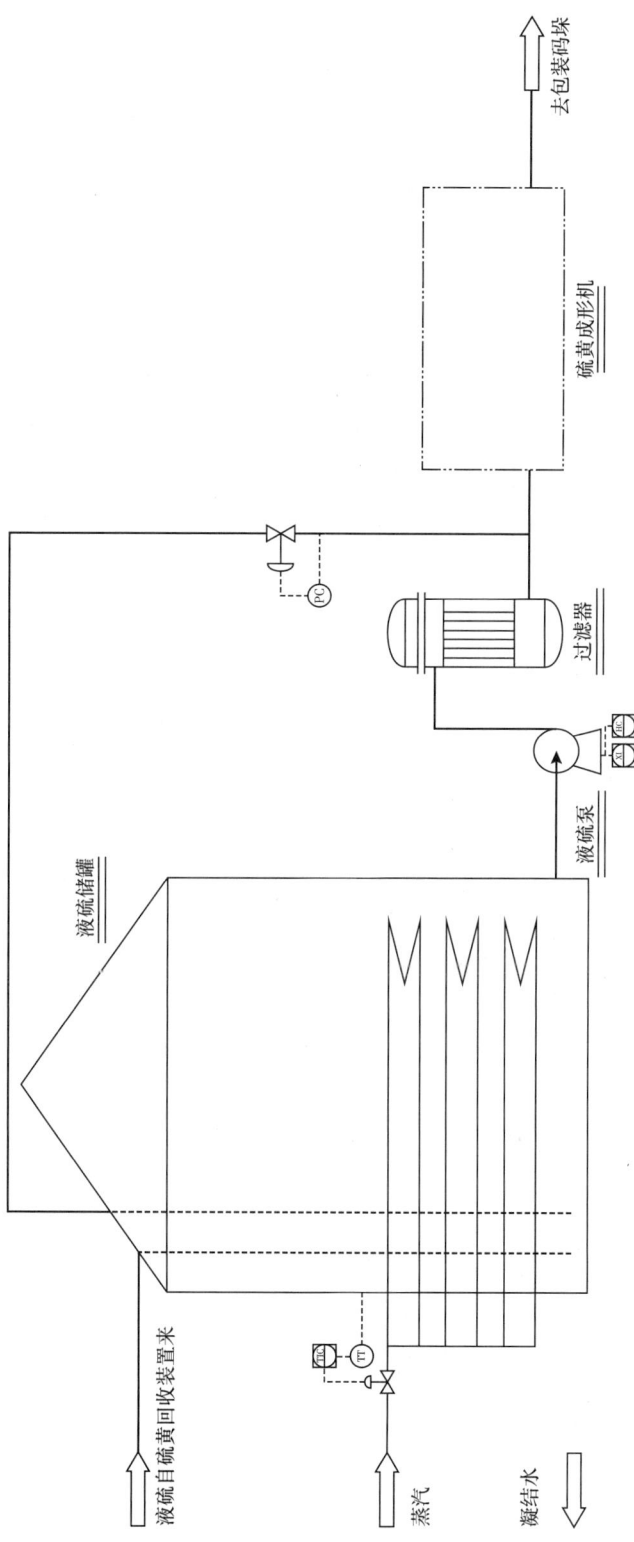

图5-33 标准化硫黄成型工艺流程示意图

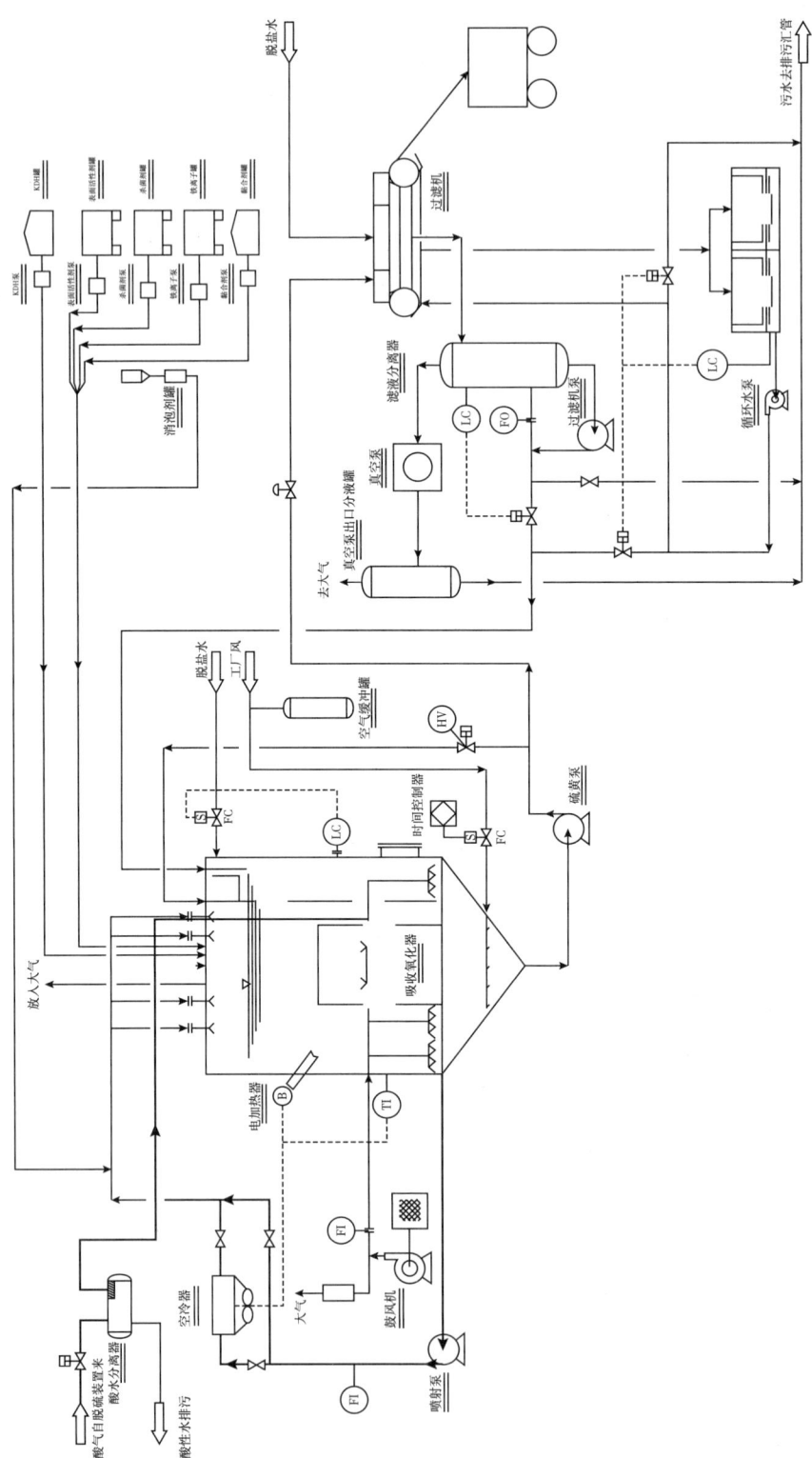

图5-34 标准化硫黄回收工艺(OR-GREEN工艺)流程示意图

## 四、标准化尾气处理工艺

塔里木油田无尾气处理工艺，尾气处理工艺还在探索研究中，鉴于国家对环保的要求日益严格，推荐尾气回收采用总硫回收率最高的还原—吸收法。

还原—吸收法的典型工艺为荷兰 Shell 公司开发并在 1973 年实现工业化的 SCOT（Shell Claus Offgas Trertment）法，是目前应用最多的尾气处理工艺之一。

### 1. 工艺流程

此法首先是将尾气中的各种形态的硫在加氢还原段转化为 $H_2S$，然后将加氢尾气中的 $H_2S$ 以不同方法转化，例如经选择性溶液吸收 $H_2S$ 后返回克劳斯装置、直接转化或直接氧化等。它们的总硫收率均可达 99.8% 以上，焚烧后尾气中的 $SO_2$ 低于 $300mL/m^3$。图 5-35 为还原—吸收法原理流程。

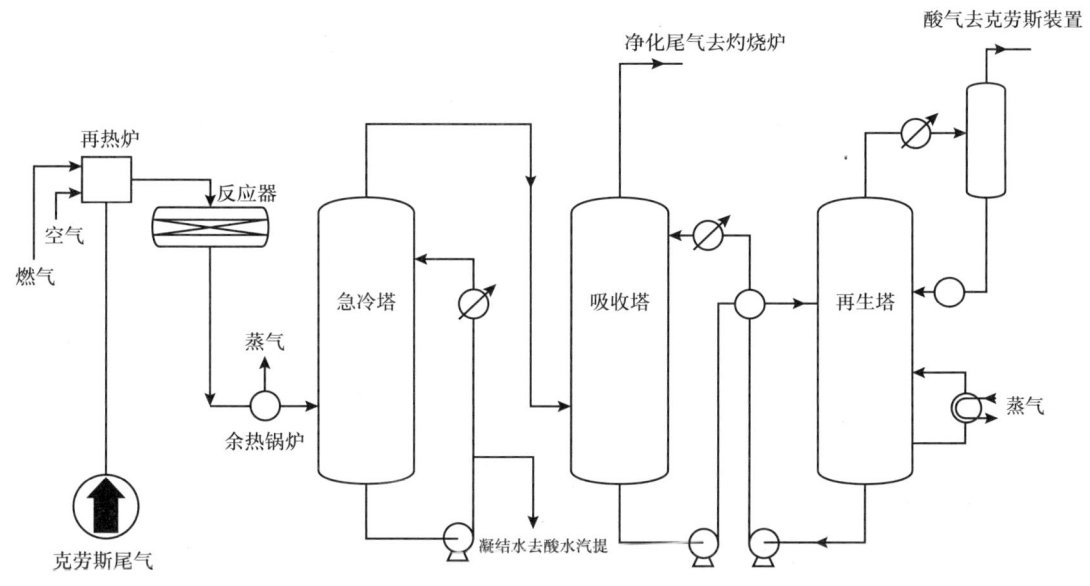

图 5-35 SCOT 法流程图

在实际应用中，SCOT 法逐步形成三种流程：

（1）图 5-36 所示的基本流程，包括还原段、急冷段和选择性吸收段三部分。我国重庆天然气净化总厂引进分厂即采用这种流程；

①加氢还原段。

在 SCOT 法还原反应中，尾气中所有硫化物基本上均能加氢还原或水解（尾气中通常含有 30% 的水）生成 $H_2S$。当还原气体中含有 CO 时，还会存在 CO 与 $SO_2$、$S_8$、$H_2S$ 和 $H_2O$ 的反应。总的来讲，CO 的存在对各种形态的硫转化为 $H_2S$ 是有利的，因为 CO 与 $H_2S$ 和 $H_2O$ 的反应可生成活性很高的氢气。但当 CO 含量较高时，则有可能与 $SO_2$、$S_8$ 反应生成 COS。

还原反应所需的氢气既可由外部提供，也可在本装置内设置一个在线不完全燃烧发生还原气的设施。还原段加氢反应器（转化器）通常采用以 $Al_2O_3$ 为载体的钴铝催化剂，床层设计温度应根据催化剂性能确定，一般为 300~340℃，最高不超过 400℃。

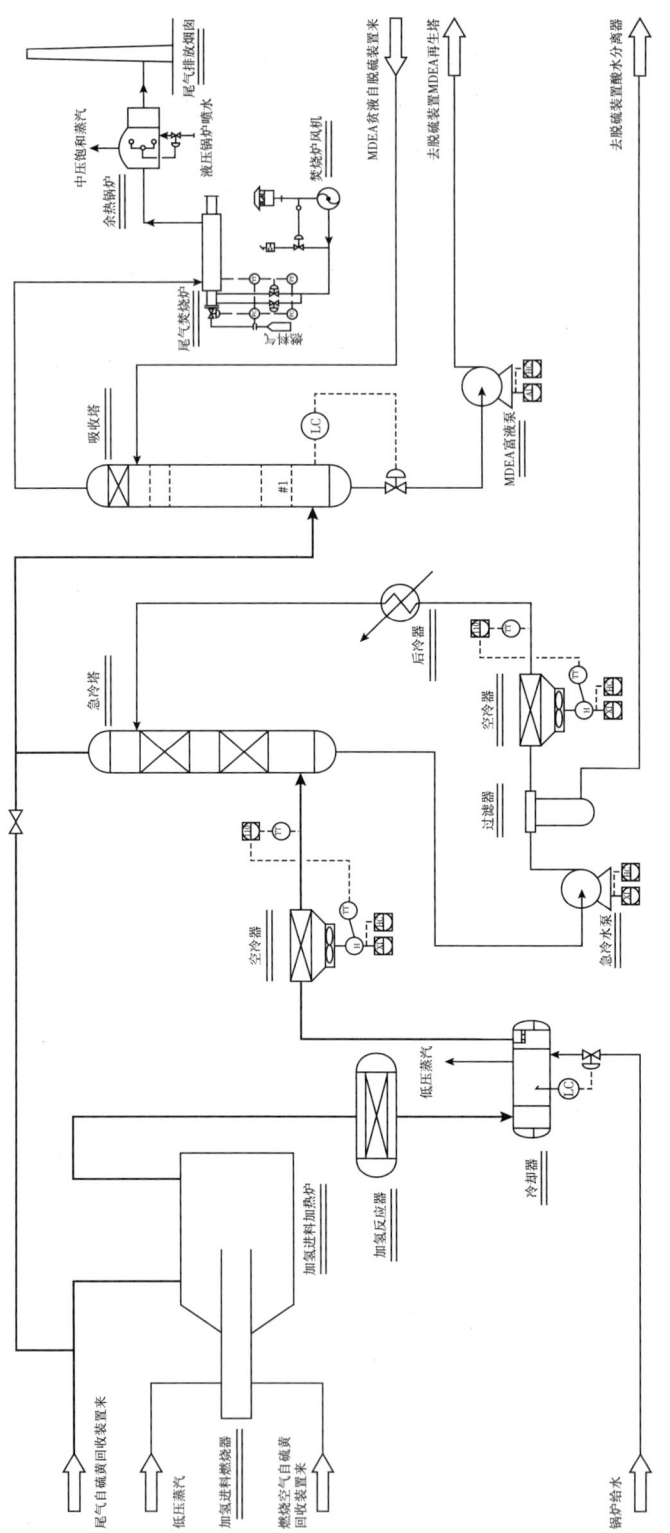

图5-36 标准化尾气处理工艺流程示意图

②急冷段。

离开加氢反应器的过程气经余热锅炉回收热量后去急冷塔，用循环水直接冷却至常温，同时也降低了其水含量，并可除去气体中的催化剂粉末及痕量 $SO_2$。由于气体中的 $H_2S$ 及 $CO_2$ 会溶解在水中，故如急冷塔采用碳钢时应加氨以控制其 pH 值在 6.5~7。产生的凝结水去酸水汽提系统。

③选择性吸收段。

经过急冷至常温的过程气去吸收塔，采用选择性脱硫溶液吸收加氢反应生成的 $H_2S$，然后将富液送至再生塔解吸，再生塔顶酸气去克劳斯装置。选择性吸收段早期所用溶剂是二异丙醇胺（DIPA），自 20 世纪 80 年代后已普遍改用甲基二乙醇胺（MDEA）。

（2）当选择性吸收 $H_2S$ 所用溶液与上游脱硫脱碳装置溶液相同时，可采用合并再生流程；

（3）当选择性吸收 $H_2S$ 所用溶液与上游脱硫脱碳装置溶液相同时，也可采用将吸收塔的富液作为半贫液送至上游脱硫脱碳装置吸收塔中部的串级流程。罗家寨高含硫天然气处理厂即采用这种工艺流程。与基本流程相比，串级流程和合并再生流程可以降低投资及能耗，但对装置设计及生产也提出了更高要求。塔里木油田脱硫装置均采用 MDEA 法脱硫，因此 SCOT 法可采用合并再生流程。

流程示意如图 5-36 所示。

**2. SCOT 法的新发展**

近年来 SCOT 法还有一些新的发展，例如低硫型的 LS-SCOT 法和超级型的 Super SCOT 法等。LS-SCOT 法特点是在选择性吸收溶液中加入一种添加剂，使净化尾气中 $H_2S$ 含量从 $300mL/m^3$ 降至 $10mL/m^3$，总硫含量不大于 $50mL/m^3$，此外也降低了再生能耗。Super SCOT 法特点是将选择性溶液分两段再生，再加上较低的贫液温度，也可使净化尾气中 $H_2S$ 含量降至 $10mL/m^3$，总硫含量不大于 $50mL/m^3$。

目前塔里木无尾气处理装置，没有可借鉴的应用经验。在选择尾气处理工艺时应根据实际工况和经济性进一步论证。

# 第六章 采出水处理标准化工艺

随着油田的不断开发，油井采出液的含水率不断上升，采出液含水率已达到80%~90%，有的油田甚至已达到90%以上。对采出水进行处理并有效回注成为解决油田采出水既经济又实用的途径。目前，油田采出水已成为油田主要的注水水源。随着油田外围低渗透油田的连续开发，为保证油田的高效注采开发，对油田注水水质的要求不断提高。因此，油田采出水处理技术及注水技术已成为我国石油生产中一项重要技术。

## 第一节 概 述

### 一、油田采出水

#### 1. 油田采出水的来源

油田开采过程中产生的含有原油的水，称为油田采出水，它是油田回用水的主要水源。油田采出水的主要来源包括采油污水、洗井污水、钻井污水和干线冲洗水等。

（1）采油污水：主要是从地层中随原油一起被开采出来，并在原油集输过程中与原油分离的地层水。这类水在油田采出水中占比较大，常呈偏碱性，矿化度较高，而且水温高，油质和有机物含量高，含有腐生菌和硫酸盐还原菌，并含有一定的破乳剂成分。

（2）洗井污水：为了提高注水量，有效地保护井下管柱，需定期对注水井进行洗井作业。注水井定期洗井所产生的污水，这类水中主要含有石油类、表面活性剂及酸碱等污染物。

（3）钻井污水及干线冲洗水：钻井过程中产生的污水或定期冲洗地面注水干线的污水，这类水中主要含有石油类、钻井液添加剂和岩屑等。

油田采出水经过了从原油处理到天然气初加工整个过程，因此，采出水中杂质种类及性质都和原油、天然气地质条件、注入水性质、原油集输条件等因素有关。另外，洗井污水、钻井污水、干线冲洗污水的回收，各类化学药剂的投加，使油田采出水的成分更加复杂。

#### 2. 油田采出水中杂质的组成

采出水主要是从地层中随原油一起被开采出来的，该采出水经过了从原油集输到初加工整个工程，因此采出水中杂质种类及性质和原油地质条件、注入水性质、原油集输条件等因素有关。采出水不仅被原油所污染，而且在高温、高压的油层中还溶解了地层水中各种盐类和气体，在采油过程中，从油层里携带许多悬浮固体，在采油、油气集输、原油脱水过程中还投加了各类化学药剂，同时还含有大量微生物。因此，采出水是含有多种杂质的工业废水。但从总体上讲，这种采出水是一种含有固体杂质、液体杂质、溶解气体和溶解盐类等较复杂的多相体系。采出水中固体杂质从颗粒大小和外观来看可按

表6-1进行分类。

表6-1 采出水中固体杂质分类

| 分散颗粒 | 溶解物（低分子、离子） | 胶体颗粒 | | 悬浮物 |
|---|---|---|---|---|
| 颗粒大小 | 0.1~1nm | 10~100nm | 1~10μm | 100μm~1mm |
| 外观 | 透明 | 光照下混浊 | 混浊 | 肉眼下可见 |

采出水中细小杂质，按油田采出水处理的观点，由以下5种物质组成。

1) 悬浮固体

颗粒直径范围取1~100μm，因为大于100μm的固体颗粒在处理过程中很容易被沉降下来。此部分杂质主要包括：

（1）泥砂：粒径为0.05~4μm的黏土、4~60μm的粉砂和大于60μm的细砂。
（2）各种腐蚀产物及垢：$Fe_2O_3$、$CaO$、$MgO$、$FeS$、$CaSO_4$、$CaCO_3$等。
（3）细菌：硫酸盐还原菌（SRB）5~10μm，腐生菌（TGB）10~30μm。
（4）有机物：胶质、沥青质类和石蜡等重质油类。

2) 胶体

颗粒为0.001~1μm，主要由泥砂、腐蚀结垢产物和微细有机物构成，物质组成与悬浮固体基本相似。

3) 分散油及浮油

采出水中一般含有500~1000mg/L的原油，偶尔出现瞬时2000~5000mg/L的峰值含油量，其中90%左右是粒径为10~100μm的分散油及大于100μm的浮油。浮油稍加静置即可浮升至水面，分散油有足够的静置时间，油珠亦可浮升至水面。

4) 乳化油

采出水中一般有10%左右粒径为0.001~10μm的乳化油。乳化油具有一定的稳定性，单纯用静置的方法很难使油水得到分离。

5) 溶解物质

在采出水中处于溶解状态的低分子及离子物质，主要包括：

（1）溶解在水中的无机盐类：基本上以阳离子和阴离子的形式存在，其粒径为0.001μm以下，主要包括$Ca^{2+}$、$Mg^{2+}$、$K^+$、$Na^+$、$Fe^{2+}$、$Cl^-$、$HCO_3^-$和$CO_3^{2-}$等。此外，还包括环烷酸类等有机溶解物质。
（2）溶解的气体：包括溶解氧、二氧化碳、硫化氢、烃类气体等，其粒径一般为$3\times10^{-4}$~$5\times10^{-4}$μm。

**3. 油田采出水的特点**

油田地质条件比较复杂，油层埋藏深度也不一样，岩层温度、压力也不一致，油层地下水流经地层矿床各异，与矿床接触时间也不相同，主要离子含量差异较大。所以各油田采出水的性质也不一样。或者同一油田开采层位的不同，采出水的性质差异也很大。一般具有矿化度高、水温高及含有$H_2S$、$CO_2$和$O_2$等有害气体和大量成垢离子等特点。

（1）矿化度高。

油田采出水一般矿化度都较高，例如大庆、辽河油田采出水矿化度在2500mg/L左右，胜利油田为 5000~7000mg/L，塔里木油田可高达 200000mg/L 以上。

（2）水温高。

一般采出水温度为 40~50℃，个别油田有所差异，胜利油田采出水一般在 45℃ 左右，稠油油田为 60~80℃，塔里木油田牙哈区块采出水温度高达 70℃。但近年来，随着不加热集输工艺的推广，进入采出水处理站的水温也在不断下降，如新疆克拉玛依的 81 站的污水水温为 25℃ 左右。

（3）含有大量的成垢的离子及悬浮固体。

采出水中含有 $HCO_3^-$、$SO_4^{2-}$、$CO_3^{2-}$ 和 $Ca^{2+}$、$Mg^{2+}$、$Fe^{2+}$、$Sr^{2+}$、$Ba^{2+}$ 等易结垢的离子，常见的垢为碳酸盐垢、硫酸盐垢。当水温、水压、pH 值发生变化，$CO_2$ 气体失去平衡时，很容易产生碳酸盐垢；当 $Sr^{2+}$、$Ba^{2+}$ 离子与 $SO_4^{2-}$ 离子相结合时，立即产生硫酸盐垢。

悬浮固体如泥砂，包括黏土、粉砂和细砂；各种腐蚀产物及垢；细菌包括硫酸盐还原菌（SRB）、腐生菌（TGB）、铁细菌及硫细菌等；有机物包括胶质沥青质类和石蜡等类。

（4）含有一定量的原油。

以乳化油、分散油等形式存在，以及一定量的胶体物质。

（5）含有 $H_2S$、$CO_2$ 和 $O_2$ 等有害气体。

采出水本身不含 $O_2$，但由于在含水原油集输、采出水处理过程中没有严格控制密封措施，易使空气中的氧气进入采出水中，$O_2$ 是强的阴极去极化剂，造成电化学腐蚀连续进行，促进腐蚀进程，$O_2$ 与 $H_2S$、$CO_2$ 的协合作用，使采出水腐蚀速度成倍增加。

$H_2S$ 腐蚀具有明显的点蚀性质，$H_2S$ 与水中溶解铁盐反应变成黑色的硫化亚铁，使水中悬浮物上升，并散发出臭味。采出水中含有超量的侵蚀性 $CO_2$ 时会产生腐蚀，如果游离 $CO_2$ 小于平衡 $CO_2$，水会产生结垢。

（6）残存一定数量的化学药剂。

### 4. 油田采出水的出路

油田采出水的最终出路有 3 种，即回收利用、达标自然排放和减排回注。根据采出水的组成和特点，无论选择哪种出路，都需要进行净化处理，以满足相应的指标要求。

回收利用主要包括注水开发油田的驱油注水和稠油开发的注汽锅炉给水。驱油注水指标以不堵塞地层、控制注水压力为核心，要求必须对水中的油、悬浮固体、悬浮固体颗粒粒径中值及细菌等指标进行控制。塔里木油田采出水回收利用主要是驱油注水。大量的采出水回注于油田驱油，大大缓解了油田供水水源的紧张局面，同时也避免或减少了因油田采出水排放造成的环境污染。稠油开发所产生的采出水，处理后回用于热采锅炉的给水，要满足热采锅炉给水的水质标准，以保障软化设施和锅炉正常、安全运行。

随着油田开发发展，尤其开发至中后期，综合含水率不断升高，注采逐渐不平衡，采出水量逐渐大于回注水量，在这种情况不断发展下必然有剩余采出水。剩余采出水达标外排是将来油田采出水处理的必经之路。达标自然排放是将多余采出水处理后达标排放，排放指标则主要是为了减少对水体的有机物污染，按照我国综合污水排放指标，除对石油类和悬浮固体等指标进行控制外，还要对化学需氧量（COD）等排放指标进行控制。

减排回注的控制指标主要是采出水中污油、悬浮固体、悬浮固体颗粒粒径中值，以避免污油、悬浮物等杂质堵塞地层，降低减排回注井的吸水能力，影响回注效果，与回用相比，减排回注注水的控制指标相对宽松。

## 二、气田采出水

### 1. 气田采出水的来源

气田开采天然气过程中产生的含有凝析油的水,称为气田采出水,它是油田回用水的主要水源。气田采出水主要随着天然气从气井采出,同时在天然气被采出后,由于压力和温度降低,在天然气中的饱和水汽随着温度和压力的变化而凝结为液体被游离出来。

### 2. 气田采出水的特点

(1)气田采出水的水型多为氯化钠水型,水中成分复杂、易结垢离子较多、腐蚀性强。

(2)气田采出水的矿化度高。塔里木气田和青海气田大部分区块的采出水矿化度大于80000mg/L。

(3)气田采出水中油的密度小,油水密度差大。气田采出水的油一般为轻质油,密度一般小于 $0.80×10^3kg/m^3$,与油田采出水相比,油的密度小,油水密度差更大,易于除油。

(4)气田采出水 $COD_{Cr}$ 含量比较高,远超国家二级排放标准。

(5)气田采出水的水量一般较少、采出水处理站规模较小。

### 3. 气田采出水的出路

目前,气田采出水的主要出路为处理后回注地层。

## 第二节 油气田采出水处理技术

### 一、采出水处理技术

#### 1. 物理化学处理技术

根据油田采出水污染物的特性和出路,通常采用不同的处理技术。但无论何种出路,污油和悬浮物都是主要的控制标准,物理化学处理技术是处理污油和悬浮物的主要手段。

在油田采出水处理技术中,常用的物理化学处理技术有:自然除油技术、斜板(管)分离技术、聚结除油(粗粒化)技术、气浮选技术、化学药剂混凝技术、水力旋流技术、常规过滤技术、膜分离过滤技术、活性炭吸附技术、回用于注汽锅炉的除硅技术、软化技术等。

1)自然除油技术

自然除油属于物理除油,是一种重力分离技术。重力分离法处理油田采出水,是根据油和水的密度不同,利用油和水的密度差使油珠上浮,达到油水分离的目的。油田采出水处理中常见除油罐和沉降罐均是利用介质的密度差进行重力分离的处理构筑物,属于同一种类型。

自然除油适用于油田采出水中含油量较高、油珠颗粒较大的浮油,对上浮能力弱的小颗粒浮油及分散油分离效果较差,对溶解油无效。

2)斜板(管)分离技术

斜板除油的理论基础是"浅池理论"。在油水分离设备中加设斜板(管),相当增加有效分离面积,缩小分离高度,并使小颗粒油珠快速聚集成上浮能力强的大颗粒油珠,从而可提高油珠颗粒的去除效率。由于斜板(管)的存在,增大了水流的湿周,缩小了水力半径,水流较平稳,更有利于油水分离的实现,提高上浮能力弱的小颗粒油珠的分离效率。

斜板除油装置基本上可以分为立式和平流两种，在油田采出水处理中最常用的是立式斜板除油罐。立式斜板除油罐的结构型式与普通立式除油罐基本相同，只是在前者的分离区一定部位加设了斜板组，用以提高除油罐的除油效率。

3）聚结除油（粗粒化）技术

所谓聚结除油指粗粒化，就是使油田采出水通过一个装有填充物（也叫粗粒化材料）的装置，在采出水流经填充物时，使油珠由小变大的过程。经过粗粒化后的采出水，其含油量及污油性质并不发生变化，只是更容易用重力分离法将油去除。粗粒化处理的对象主要是水中的分散油，粗粒化除油是粗粒化及相应的沉淀的总称。

关于粗粒化的机理总的来说有两种观点，即润湿聚结和碰撞聚结理论。润湿聚结理论建立在亲油性粗粒化材料的基础上，碰撞聚结理论建立在疏油材料的基础上。当然无论是亲油的还是疏油的材料，两种聚结都是同时存在的，只是前者以润湿聚结为主，也有碰撞聚结，原因是采出水流经粗粒化床时，油珠之间也有碰撞；后者以碰撞聚结为主，也有润湿聚结，原因是当疏油材料表面沉积油泥时，该材料便有亲油性，自然有润湿聚结现象。因此，无论是亲油材料或是疏油材料只要粒径合适，都有比较好的粗粒化效果。

粗粒化材料从形状来看分为粒状和纤维状两大类，从材质上分为天然矿石（如无烟煤、蛇纹石、石英砂等）和人造的（如聚丙烯塑料球和陶粒）两类。蛇纹石具有亲油疏水性，机械强度高，价格低，在油田采出水处理中应用比较广泛。

4）气浮选技术

气浮选技术是利用高度分散的微小气泡作为载体去黏附水中的悬浮物，使其密度小于水而上浮到水面以实现固液分离的工艺。实现气浮法分离的必要条件有两个：第一，足够水量的微细气泡，气泡理想尺寸为15~30μm，第二，欲分离物质呈悬浮状态或具有疏水性质，从而能附着于气泡上浮。

气浮过程大体由以下4个步骤来完成：第一，在采出水中投加气浮选剂或凝聚剂，使细小的悬浮物颗粒变成疏水颗粒或絮凝体；第二，尽可能多地产生微小气泡；第三，形成良好的气泡—油粒结合体或气泡—絮凝体颗粒结合体；第四，使结合体与水分离。由于气浮法的除油效率高、停留时间短，在各油田得到广泛应用。

根据制取微细气泡的方法不同，气浮法主要分为电解凝聚气浮法、机械碎细气浮法、射流气浮法和溶气气浮法。

5）化学药剂混凝技术

采出水中常含有大量的胶体、乳化状态的杂质，特别是胶体，具有较强的稳定性。化学药剂混凝技术是采用化学药剂对水中胶体、乳化状态的杂质进行脱稳或破乳的一种方法，化学药剂对水处理水质质量起着重要作用。采出水处理中常用的化学药剂有：混凝剂、助凝剂、反相破乳剂和pH值调节剂。

混凝沉降罐是化学药剂混凝技术在油田采出水处理中实际应用的集中体现，是将絮凝反应和悬浮物沉淀功能合为一体的构筑物，以去除悬浮物为主，同时具有去除部分乳化油和分散油的功能。

混凝沉降罐是在除油罐中心增设中心反应筒，使含有絮凝剂的采出水在中心反应筒内进行快速的絮凝反应。从中心反应筒出来的采出水在分离区进行分离，分离后的污泥沉淀到底部，通过排泥装置排出，分离出的油珠上浮到水面，通过收油装置回收，分离后的采出水在底部偏上的集水区通过集水管流出混凝沉降罐。

6）水力旋流技术

水力旋流技术是根据油水密度差的特性，利用旋流或涡流产生的离心力对油水进行分离。水力旋流分离器目前具有两种形式：静态旋流分离器和动态旋流分离器，在静态水力旋流分离器中，旋流是由进口的高流量和高压产生的，而在动态水力旋流分离器中，旋流是通过机械转动部件产生的。在达到相同的分离效果的条件下，水力旋流器的停留时间仅为几秒，而重力分离设备要几个小时。因此它的优势大大超过重力分离设备。

7）常规过滤技术

过滤指水体流过有一定厚度且多孔的粒状物质的过滤床，这些粒状滤床，通常是由石英砂、无烟煤、磁铁矿、石榴石、铝矾土等组成，并由垫层支撑。杂质被截留在这些介质的孔隙里和介质上，从而使水得到进一步净化。过滤不但能去除水中的悬浮物和胶体物质，而且还可以去除细菌、油类、铁和锰的氧化物、预处理中加入的化学药剂、重金属及很多其他物质。过滤机理可分为吸附、絮凝、沉淀和截留等几个方面。

由于任何颗粒滤料过滤器的进水水质都有一定的范围，因此在油田采出水处理中，颗粒滤料过滤器一般都是与重力油水分离设备（除油罐、沉降罐、气浮设备等）结合使用，以保证过滤器进水水质要求。如果前段除油效果不好，即使后段过滤系统很长，油也会逐渐吸附在各个过滤器中的滤料上，造成滤料板结、滤速降低、出水水质变坏等现象，加快了滤料的失效，使整个过滤系统失灵。尽管可采取加大反冲洗强度、延长反冲洗时间、增加反冲洗次数和投加化学清洗剂等技术措施，但还是不能从根本上解决反冲洗不彻底的问题。实际生产过程中，不得不经常更换滤料，给生产管理带来麻烦、增加了运行成本。反之，如果前段除油效果好，进入后段过滤系统的油和悬浮物较低，那么过滤系统就可发挥其优越的除油和除悬浮物的功能，确保出水水质达标。

常用的过滤器有核桃壳过滤器、石英砂过滤器、双滤料过滤器、多介质过滤器、流沙过滤器、改性纤维球过滤器等。

8）活性炭吸附技术

活性炭是用木炭、煤、果壳等含碳物质在高温缺氧条件下活化制成，它具有巨大的比表面积（500~1700m$^2$/g）。水处理过程中使用的活性炭有粉末炭（粒径为10~50μm）和粒状炭（粒径为0.4~2.4mm）两类。粉末炭吸附采用混悬接触吸附方式，而粒状炭吸附则采用过滤吸附方式。

活性炭吸附广泛用于给水处理和废水二级处理出水的深度处理。

活性炭具有以下优点：

（1）活性炭具有卓越的稳定性；

（2）活性炭能够去除难降解的COD（未被细菌分解的COD被活性炭吸附）；

（3）改善硝化作用，在单位处理系统中即可实现污水中高浓度氨氮的硝化；

（4）臭味和颜色的去除，活性炭是卓越的颜色和臭味的吸收器；

（5）促进有机物的去除，系统能够高度去除BOD、COD、苯酚等难降解的有机物；

（6）操作的灵活性，活性炭处理系统可以随污水水质的变化和排放水的要求来调整活性炭的适用量。

目前活性炭吸附技术已应用于油田采出水达标外排。辽河油田曙光污水外排厂采用活性炭吸附技术结合生化处理工艺,已实现稠油污水深度处理达标外排。

2017年曙光污水处理厂达标外排改扩建工程,设计处理规模为10000m³/d,出水满足《污水综合排放标准》(DB 21/1627—2008)50mg/L的要求,处理工艺采用"除油+两级浮选+悬浮污泥+两级活性污泥—粉末活性炭(AS-PACT)+砂滤"。

#### 2. 生化处理技术

生化处理技术在油田采出水处理方面的应用主要是用于采出水达标外排处理工艺中。油田采出水的生化处理技术主要有氧化塘技术、人工湿地技术、接触氧化技术及曝气生物滤池等。

生化处理技术结合活性炭吸附技术目前已应用于油田采出水达标外排处理工艺。辽河油田曙光污水外排厂采用生化处理工艺结合活性炭吸附技术,已实现稠油污水深度处理达标外排。

### 二、采出水处理工艺流程

#### 1. 油田采出水常规处理工艺

用于注水目的常规稀油采出水处理工艺,主要采用自然沉降、混凝沉降、气浮、聚结、水力旋流器等技术。过滤工艺主要采用核桃壳过滤、双滤料过滤、改性纤维球过滤、SSF、流沙过滤、膜过滤等技术。

由于采出水水质差异较大,处理流程种类较多,针对不同采出水水质特点、净化处理要求,按照主要处理工艺过程,大致可划分为重力式、压力式、气浮式、旋流式、悬浮污泥床过滤(SSF)等处理流程。

1)"自然沉降→混凝沉降→过滤"三段式处理工艺流程(重力式流程)

从20世纪60年代大庆油田建立第一座采出水处理站开始,采用二级沉降、过滤的三段重力式处理流程一直是各油田常规稀油采出水处理主要工艺流程。

(1)工艺流程。

典型的工艺流程如图6-1所示。

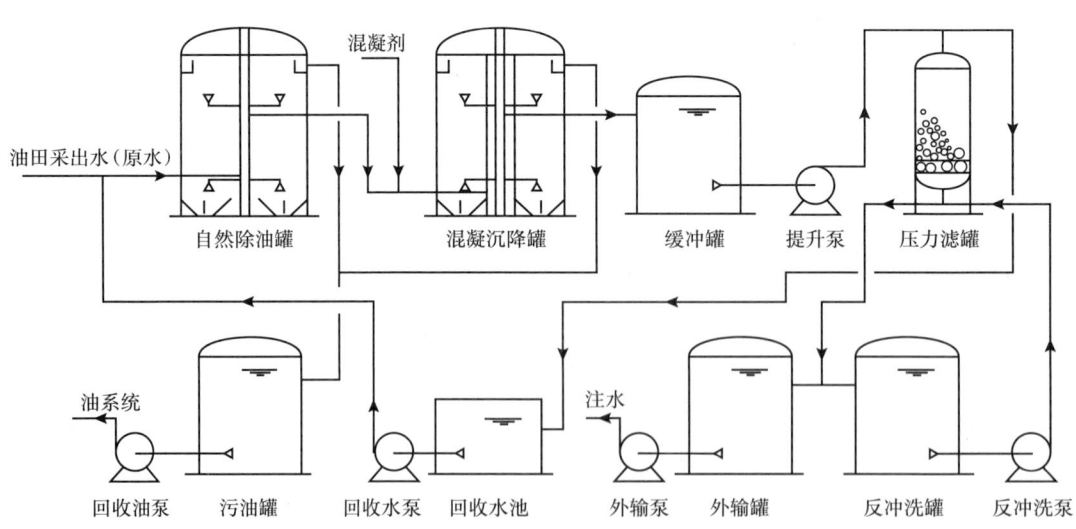

图6-1 采出水三段式重力沉降处理工艺流程图

（2）主要设计参数。

①设计沉降参数：有效停留时间为3~4h。

②混凝沉降参数：有效停留时间为2~3h。

③过滤器滤速$v$：核桃壳、改性纤维球（二级），$v \leqslant 16\text{m/h}$；石英砂，$v \leqslant 8\text{m/h}$；双滤料，$v \leqslant 10\text{m/h}$。

（3）适用条件。

适用于水质特性中污水黏度低，油水密度差大的条件，同时对处理量大、水量和水质变化范围较宽的处理站，有较大的适应能力。

2）"混凝沉降→过滤"二段式处理工艺流程（重力式流程）

随着原油脱水站所采用的破乳剂质量的提高，使脱水站采出水的含油量得以降低，来水含油量在正常情况下可以控制在300mg/L以下，因此在一些处理站采用二段式重力沉降处理工艺，即为混凝除油—过滤，简化了工艺流程。

（1）工艺流程。

典型的工艺流程如图6-2所示。

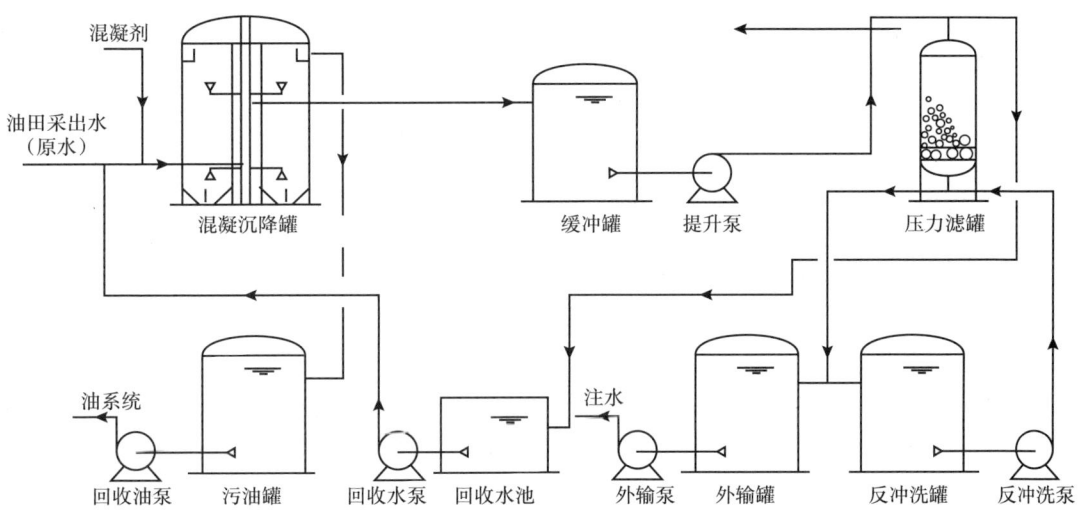

图6-2 采出水二段式重力沉降处理工艺流程图

（2）主要设计参数。

①混凝沉降参数：有效停留时间为3~4h。

②过滤器滤速$v$：核桃壳、改性纤维球（二级），$v \leqslant 16\text{m/h}$；石英砂，$v \leqslant 8\text{m/h}$；双滤料，$v \leqslant 10\text{m/h}$；

（3）适用条件。

适用于水质特性中污水黏度低，油水密度差大，来水含油较少，水量波动较小的条件。该流程缺点是对原水水质变化适应性较差。

3）"调节→气浮选机→过滤"工艺流程（气浮式流程）

20世纪80年代以后，各油田逐步引进和开发应用了不同类型的气浮设备，因其设备体积小、停留时间短、效率高、占地省、适用水质范围广而被广泛采用。近年来，气浮选除油已成为各油田除油的主要工艺之一。

（1）工艺流程。

典型的工艺流程如图 6-3 所示。

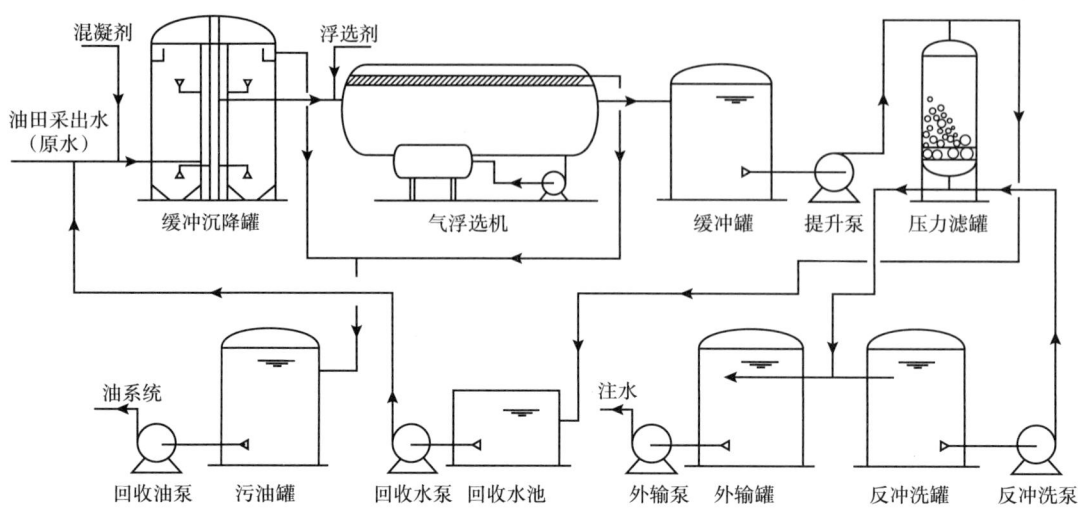

图 6-3　气浮式处理工艺流程图

（2）主要设计参数。

①浮选机参数：溶气压力为 0.6MPa；回流比为 15%~25%；溶气比例为 10%~15%；气浮池总水力停留时间为 8~15min。

②过滤器滤速 $v$：核桃壳、改性纤维球（二级），$v \leqslant 16$m/h；石英砂，$v \leqslant 8$m/h；双滤料，$v \leqslant 10$m/h。

（3）适用条件。

除常规稀油采出水外，适用于油水密度差小、油乳化较严重的水，特别对于稠油、超稠油、化学驱采出水更为适用；对于高矿化度采出水，溶气介质不应采用空气，宜采用氮气气源。

4）"调节→压力除油器→过滤"工艺流程（压力式流程）

由于重力式除油处理设施存在占地面积大，停留时间长、不易排泥等缺点，20 世纪 80 年代后期和 90 年代初，国内油田逐步开发和应用了压力除油罐，出现了压力式密闭除油流程。

（1）工艺流程。

典型的工艺流程如图 6-4 所示。

（2）主要设计参数。

①压力除油器参数：有效停留时间为 0.5~1.5h。

②过滤器滤速 $v$：核桃壳、改性纤维球（二级），$v \leqslant 16$m/h；石英砂，$v \leqslant 8$m/h；双滤料（一级），$v \leqslant 10$m/h；双滤料（二级），$v \leqslant 6$m/h。

（3）适用条件。

适用于水质特性中采出水黏度低、油水密度差大、来水含油较少、水量波动较小的中小型采出水处理站场。

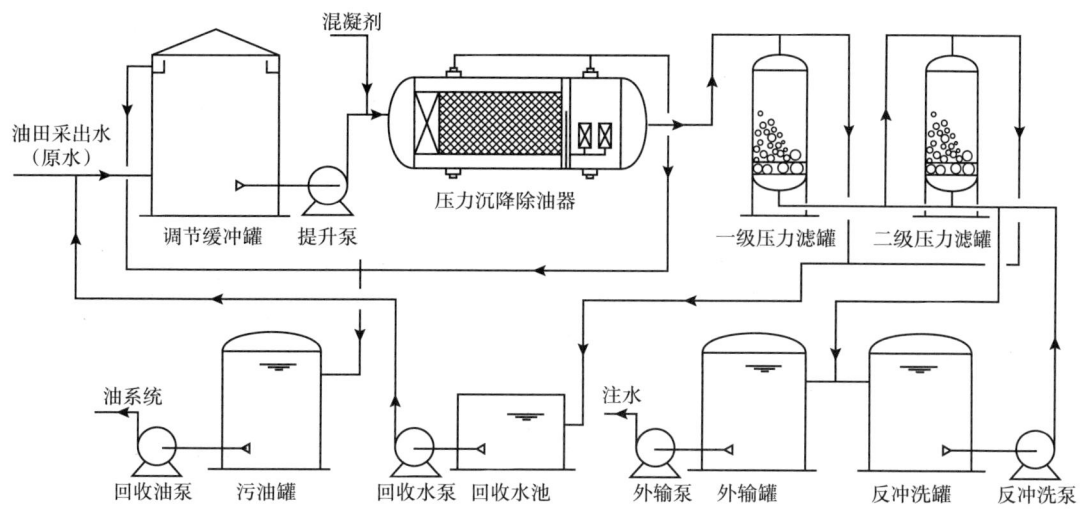

图 6-4　压力除油器处理工艺流程图

5）悬浮污泥过滤（SSF）工艺

悬浮污泥过滤法简称 SSF（Suspended Sludge Filtration），是一套物理化学法处理装置系统。SSF 采出水处理系统首先采用物理化学方法（投加净水剂）使采出水中部分溶解状态的污染物和胶体颗粒吸附出来，形成微小悬浮颗粒，从采出水中分离出来；然后采用助凝剂将采出水中各种胶粒和悬浮颗粒凝集成大块密实的絮体；再依次靠旋流和过滤水力学等流体力学原理，在 SSF 采出水净化装置内使絮体和水快速分离；采出水经过罐体内自我形成的致密悬浮泥层过滤之后，使出水水质达到处理要求。悬浮污泥层起到精细过滤的作用，当悬浮泥层达到一定量后，被快速引入污泥浓缩室沉降分离，当污泥浓缩室蓄满时可定期排出。

（1）工艺流程。

典型的工艺流程如图 6-5 所示。

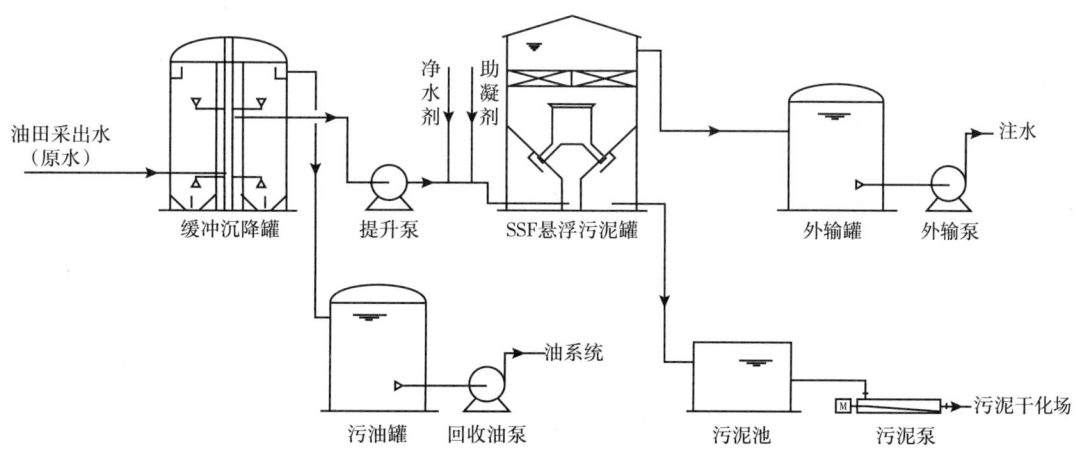

图 6-5　悬浮污泥过滤处理工艺流程图

（2）主要设计参数。

①缓冲沉降罐参数：有效停留时间为3~4h。

②悬浮污泥装置参数：有效停留时间为1h。

（3）适用条件。

悬浮污泥过滤工艺是依靠精密的污泥层进行过滤，水量、水质的冲击影响较大，对来水水质、水量的稳定性要求较高。投加药剂较多，产生污泥量多。因此，当来水水量、水质变化小、经药剂筛选所需药剂费用低时适用。

**2. 用于注汽锅炉的稠油采出水处理流程**

中国石油天然气股份有限公司的稠油采出水主要分布在辽河油田和新疆油田。用于注汽锅炉的稠油采出水处理，一般在常规处理流程的基础上，增加深度处理去除硬度工艺，即采用"常规处理+深度处理"的处理流程，去除污油、悬浮物及硬度，满足注汽锅炉的给水指标后回用于锅炉。

深度处理工艺包括"离子交换"和"MVC蒸发"等技术工艺。目前成熟的深度处理技术是"离子交换"工艺。

辽河油田稠油采出水深度处理回用于注汽锅炉标准工艺流程。

1）工艺流程

原油脱出水 → 调节水罐 → 提升泵 → 斜管除油罐 → 高效浮选机 → 过滤吸水池 → 过滤泵 → 核桃壳过滤器 → 多介质过滤器 → 两级大孔弱酸树脂软化 → 外输水罐 → 外输泵 → 站外外输水管网 → 化学除氧 → 注汽锅炉。

2）工艺特点

（1）采用调节、斜管除油、浮选、两级过滤、两级树脂软化处理工艺；

（2）浮选机采用高效溶气浮选机，气源为空气；

（3）两级过滤工艺，一级为核桃壳过滤，二级为多介质过滤；

（4）软化工艺采用固定床软化，再生为体内顺流再生；软化树脂采用国产大孔弱酸树脂；

（5）油泥脱水采用叠螺机脱水工艺。

**3. 油田采出水深度处理达标外排工艺**

油田采出水外排工程实例较少，稠油采出水外排基本没有。辽河油田曙光采油厂开采主要为稠油，曙光外排厂主要处理稠油污水，于2017年进行改扩建工程，设计处理规模为10000m³/d，出水满足《污水综合排放标准》（DB 21/1627—2008）50mg/L的要求，处理工艺采用"除油+两级浮选+悬浮污泥+两级活性污泥—粉末活性炭（AS-PACT）+砂滤"。2017年7月建成，并一次试运成功。2017年9月采出水达标外排，目前已经平稳运行4年。

1）稠油污水特点

（1）油水密度差小。

原油密度大（0.93~0.99g/cm³），油水密度差小，分离困难。

（2）黏滞性大。

采出水具有较大的黏滞性，沥青和胶质含量高（42%~48%），流动性差，携污能力强，分离困难。

(3)乳化严重。

原油中的胶质和沥青质是天然乳化剂,并在原油生产过程中经过多次离心剪切作用等,采出水乳化较严重,分离困难。

(4)温度较高。

污水温度在50~90℃,对生化系统具有不利影响。

(5)成分复杂多变。

稠油采出水水质较复杂,通过原水成分检测分析,污水中除烷烃类、醇类、酮类物质外,还含有40多种化学药剂成分。受上游生产影响,污水中所含污染成分具有随机性大特点。

(6)可生化性差。

通过原水除油后BOD、COD化验分析及COD构成分析,生化进水B/C一般在0.1~0.2左右,可生化性差,营养成分缺乏,不可生化成分部分来自化学药剂。

(7)易结垢。

原水属于重碳酸氢钠型,腐蚀性低,但易结垢(钙镁垢和硅垢),尤其对曝气系统(生化、浮选、臭氧)具有较大不利影响。

2)稠油污水达标外排处理流程

具体工艺路线如下:

来水 → 调节罐 → 除油罐 → 一级气浮 → 二级气浮 → 冷却水提升池 → 核桃壳过滤器 → 冷却降温 → 冷却集水池 → 一级分配混合池 → 一级生化反应池 → 一级聚合物搅拌池 → 一级沉淀池 → 一级提升池 → 二级混合池 → 二级生化反应池 → 二级沉淀池 → 过滤吸水池 → 石英砂过滤器 → 外排。

来水经调节罐、除油罐进入一级气浮、二级气浮装置,气浮装置出水重力流至冷却水吸水池,利用冷却水提升泵加压提升至核桃壳过滤器($\phi$3400,4台)进行除油、除悬浮物,核桃壳过滤器出水依次经过空冷器和冷却塔降温,其中当环境大气温度小于0℃时,空冷器直接把温度降至35℃,出水跨越冷却塔,当环境大气温度大于0℃时,需要空冷器、冷却塔两级冷却,夏季环境大气温度最高时,空冷器把污水温度降至50℃,冷却塔把污水温度降至35℃。

降温后污水进入冷却集水池,经生化进水泵提升进入一级分配混合池(1座,80m$^3$),污水、一级回流污泥、二级剩余污泥、反洗回收水、N、P、碱在一级分配混合池内均匀搅拌、充分混合,混合后污水利用出水堰平均分配至3组一级生化反应池中,在一级生化反应池内微生物不断降解有机物、去除COD,出水经脱气搅拌后重力流至一级聚合物搅拌池(1座,50m$^3$),加PAM絮凝后利用出水堰平均分配至2座一级沉淀池,在一级沉淀池内泥水分离,污泥由一级回流污泥泵提升至一级分配混合池,上清液溢流至一级提升池,经一级提升泵提升二级混合池,污水与投加的粉末活性炭、二级回流污泥搅拌混合后进入二级生化反应池,经活性炭吸附与微生物处理的协同作用后,出水溢流至二级聚合物搅拌池(1座,50m$^3$),加PAM絮凝后重力流至二级沉淀池(1座,$\phi$22m)进行泥水分离,污泥由二级回流污泥泵提升至二级混合池,上清液溢流至过滤吸水池(2座,250m$^3$)。

过滤吸水池的水进过滤泵提升至石英砂过滤器过滤,出水达到辽宁省外排标准后外排至站外排水渠。

3）工艺特点

（1）前段采用调节、斜管除油、浮选、过滤等常规处理工艺；

（2）浮选机出水经冷却至35℃左右，有利于后段生化处理细菌培养；

（3）活性炭与微生物协同作用，提高COD去除率。

## 三、采出水处理设备

国内油田采出水处理主要采用"除油+过滤"的工艺流程，因此采出水处理所选择的工艺设备主要是除油设备和过滤设备。

### 1. 除油设备

在采出水处理工艺中，由于原水水质不同，在分离除油段需根据具体情况选用不同的沉降分离、除油设备。重力沉降除油主要有自然除油罐和混凝沉降罐；压力沉降除油设备主要有粗粒化（聚结）除油设备、横向流聚结除油器、压力合一除油器、气浮选机和水力旋流除油器。

除油设备针对性较强，往往要根据原水水质和处理工艺流程，选用不同的除油设备。

1）自然除油罐

自然除油罐的原理是采出水在沉降区内，水中粒径较大的油粒在油水相对密度差的作用下首先上浮至油层，粒径较小的油粒随水向下流动。在此过程中，一部分小油粒由于自身在静水中上浮速度不同及水流速度的推动，不断碰撞聚结成大油粒而上浮，无上浮能力的部分小油粒随水进入集水系统，经出水管流出除油罐。自然除油罐的主要作用是除浮油及部分分散油，兼具有一定调储罐的功能。

自然除油罐的优点：具有较强的抗水量、水质的冲击能力，除去大部分的浮油及分散油，收集的油品性质好。

自然除油罐存在的主要问题：采出水在大罐内停留时间较长，占地面积大，设备效率较低；当来水中油珠颗粒较小，乳化油较多时，除油效率更低。早期的重力沉降除油罐未设置排泥设施，罐底积累了大量的含油污泥，需要定期对大罐进行清扫排污。在清罐时对采出水处理系统的水质影响较大，但近年来，通过加穿孔管或强排泥设备，基本上解决了排泥问题。

2）混凝沉降罐

混凝沉降罐也属于重力沉降除油设备，是用于采出水中油、水、泥分离构筑物，其除油原理和功能与自然除油罐基本相同，不同之处在于设备结构，混凝沉降罐内部设有中心反应筒，用来提供混凝剂与采出水反应时间；中心反应筒内偏心进水，采出水进入中心反应筒后，形成旋流上升的水流，使混凝剂与采出水充分反应。

对于油来说，主要用于去除乳化油和一部分较小颗粒的分散油。当采出水中油珠粒径大于10μm时，利用油水密度差，靠物理方法可将大部分油去除。但当粒径小于10μm时的油珠在水中所占比例较大时，必须辅以化学方法，加入混凝剂对水包油的乳状液进行破乳后，再经过混凝形成大颗粒的凝聚物，这时水中的油呈分散状态，很快上浮，缩短了油水分离过程。混凝沉降罐结构示意如图6-6所示。

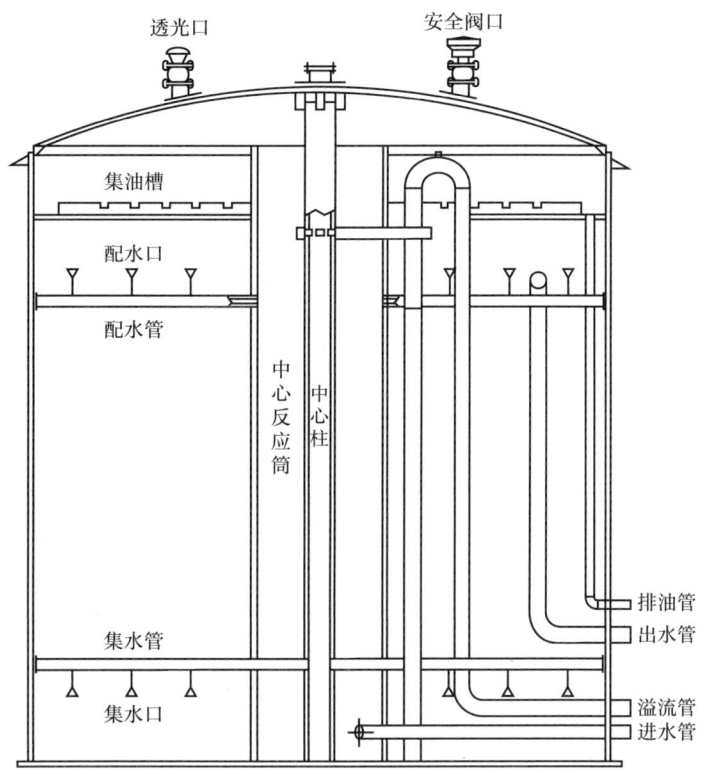

图 6-6 混凝沉降罐结构示意图

3)粗粒化(聚结)除油设备

粗粒化除油对象是采出水中粒径主要为 10~100μm 的分散油。采出水中浮油(油珠粒径不小于 100μm)在沉降罐中,几分钟便可浮到水面。油珠粒径在 0.001~10μm 的乳化油则必须用化学混凝法经破乳后被除去。而分散油虽然可靠自然沉降法除去,但沉降时间较长。粗粒化除油技术,可以使小油粒凝聚成大油珠,并能在 1~2h 内上升到水面被除去,从而达到提高除油效率、缩小除油罐体积的目的。粗粒化除油设备的粗粒化负荷一般为 15~35m³/(m²·h)。粗粒化除油器工艺原理如图 6-7 所示。

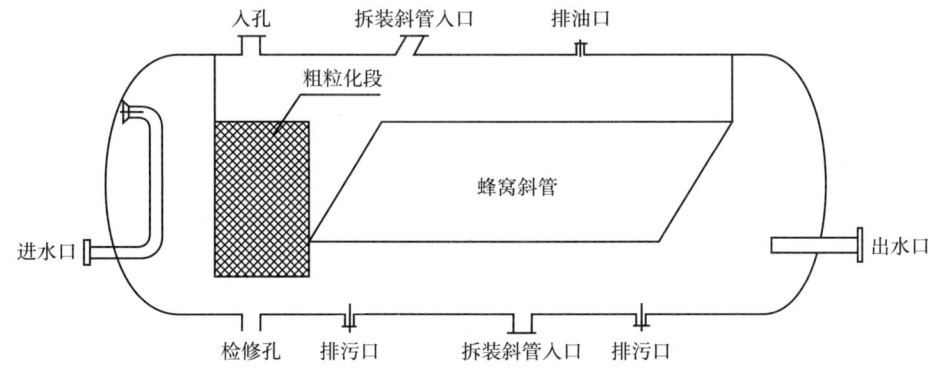

图 6-7 粗粒化除油器工艺原理示意图

粗粒化罐适用于水中泥沙、悬浮固体较少的采出水。当水中含有泥沙和悬浮固体较多时容易堵塞填料。

4）横向流聚结除油器

横向流采出水除油器是在斜板除油器的基础上发展起来的，其原理是粗粒化（聚结）和"浅池理论"，它由采出水的聚结区和分离区两部分组成。采出水首先经过交叉板型的聚结器，使小分散油珠聚成大油珠，小颗粒固体物质絮凝成大颗粒，然后聚结长大的油珠和固体物质通过具有独特通道的横向流分离板区，而从水中分离出来。

横向流聚结除油器结构如图 6-8 所示。

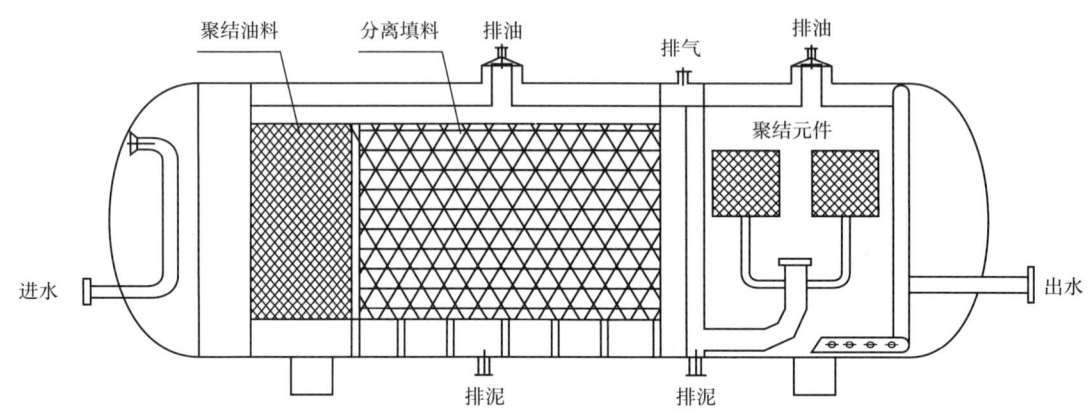

图 6-8　横向流聚结除油器结构示意图

横向流聚结除油器主要优点是容积小、停留时间短、除油效率高、自动除油、易排泥。主要缺点是由于采用聚结材料，在悬浮物含量高和存在泥沙的情况下易堵塞填料。

5）压力合一除油器

为了提高除油构筑物单位容积处理能力，实现密闭除油工艺，减少系统中进氧点，在斜板除油、粗粒化除油的技术基础上，又研制成功了压力合一除油装置。由于油田采出水性质的差异，合一装置功能有所不同，一般以混凝沉降、粗粒化及斜板除油三功能合一者居多。也有混凝沉降加斜管和粗粒化加斜管的二合一处理器。由于多功能合为一体，当流程中引入合一装置后，不仅占地面积减少，同时也缩短了工艺流程。由于受冲击负荷的能力比较差，在油田占地受限时可采用此设备。

6）气浮设备

气浮设备主要有叶轮式诱导气浮机、喷射气浮罐和溶气气浮装置等。通过采用不同的装置向采出水中溶入一定量的气体，产生细小的气泡，使水中颗粒为 0.25~25μm 的乳化油和分散油或水中的悬浮颗粒黏附在气泡上，随气泡一起上浮到水面上并加以回收。浮选机具有除油效率高、停留时间短、占地面积小等优点，特别适合处理稠油、化学驱采出水，除油效率高达 90% 以上。

（1）叶轮式诱导气浮机。

叶轮式诱导气浮机是由 4 级转动的叶轮组成的 4 个气浮室，采出水依次通过 4 个室完成气浮过程，外形为方形。

叶轮式诱导气浮比全流加压溶气气浮的溶气量大 50 倍，停留时间缩短 5 倍。但叶轮式气体浮选机国产化程度低，液位控制难度大，仪表需引进且运动部件多，又因外形为方形，易出现死水区。从采出水处理实践看，与溶气气浮相比，叶轮式气体浮选机由于产生的气泡不够细小且大小不均匀，处理效果不好，目前各油田已不再采用该类型设备。

（2）卧式喷射式气浮机。

喷射浮选采用采出水或净化水作为喷射流体，流体在喷射器的吸入室形成负压，吸入气体，携带的气体通过喷射器的混合段时被剪成微小气泡，气泡在气浮室上升过程中黏附油珠和固体颗粒，升至液面，有撇油器将其清除。

喷射式气浮装置原理如图 6-9 所示。

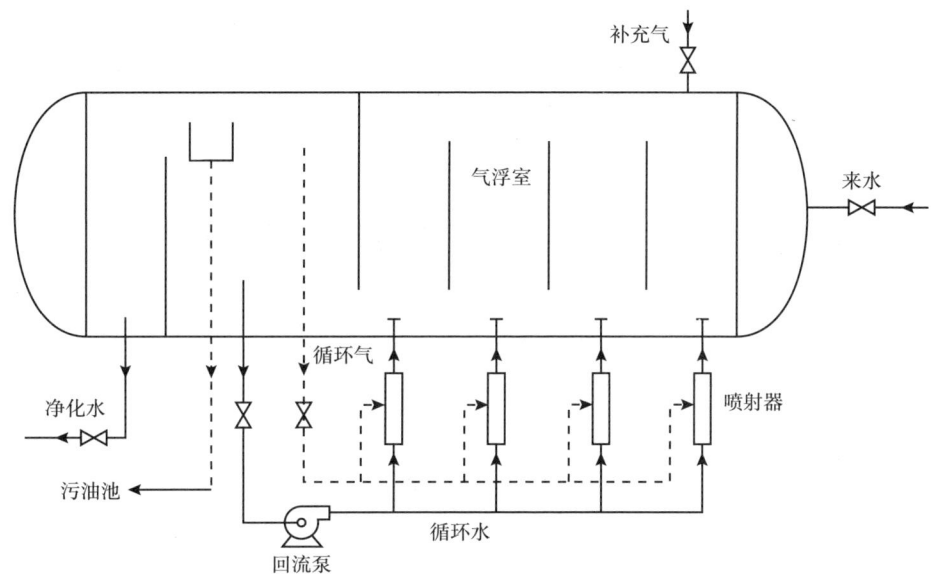

图 6-9　喷射式气浮装置原理图

喷射浮选采出水处理技术和其他采出水处理技术相比，具有停留时间短、耗能少、除油效率高的特点。从采出水处理实践看，与溶气气浮相比，由于国产喷射器产生的气泡大约为 80μm，不够细小和大小不均匀，处理效果比溶气气浮差。

（3）电解凝聚气浮设备。

电解凝聚气浮技术是在外电压的作用下，利用可溶性阳极电解废水。电解凝聚气浮法的气浮室装有一对电极，电流通过采出水时，在阳极形成氧气泡，在阴极形成氢气泡，气泡携带油珠和固体颗粒至水面，然后去除掉。采用电解凝聚气浮法处理油田采出水，要选用适合的电极材料，材料的物性和电性都要合适。

电解凝聚气浮采出水处理技术优点是气浮室中装有电极栅，可以提供良好的有效气浮表面积，因此来水与气体可以均匀混合，形成大量的气泡而紊流最小，气泡的形成与停留时间比较容易控制。但是电解凝聚气浮方法一直存在着耗能大、电极消耗快、成本较高等不足。大量研究表明，电流密度和电解时间是影响电解凝聚气浮效率的关键因素，同时它们又与电解凝聚气浮过程中消耗的能力密切相关。制约电解凝聚技术广泛应用的主要原因是其能耗较高，故对降低其能耗的研究一直在持续进行。

（4）溶气气浮设备。

溶气气浮基本原理：在加压条件下，使空气溶于水，形成空气过饱和的状态。然后减至常压，使空气析出，以微小气泡释放于水中，实现气浮，此法形成气泡小（20~100μm），处理效果好，应用广泛。

目前溶气气浮应用较多的是斜板溶气气浮（CDAF）设备。采出水通过加药反应器后，进入斜板溶气浮选机，与溶气水混合，絮体附着在小气泡上，通过设置在浮选机腔中的斜板与水分离后，上浮到浮选机的表面，被自动刮渣机刮走，浮选机底部的沉淀物由底部的排泥装置经排污阀排走。出水通过特殊设计的流道，溢流出浮选机。浮选机出水的一部分通过一个离心泵进行再循环。循环水切向射入倾斜布置的压力母管，与其中的压缩空气快速混合、溶解直至饱和。过剩的空气将通过释放阀自动排走，以维持母管内一定的溶气液位。在浮选机的底部装有先进的防堵释放器，溶气的压力水通过释放器，均匀地释放出气泡。

斜板溶气气浮（CDAF）设备工艺原理如图6-10所示。

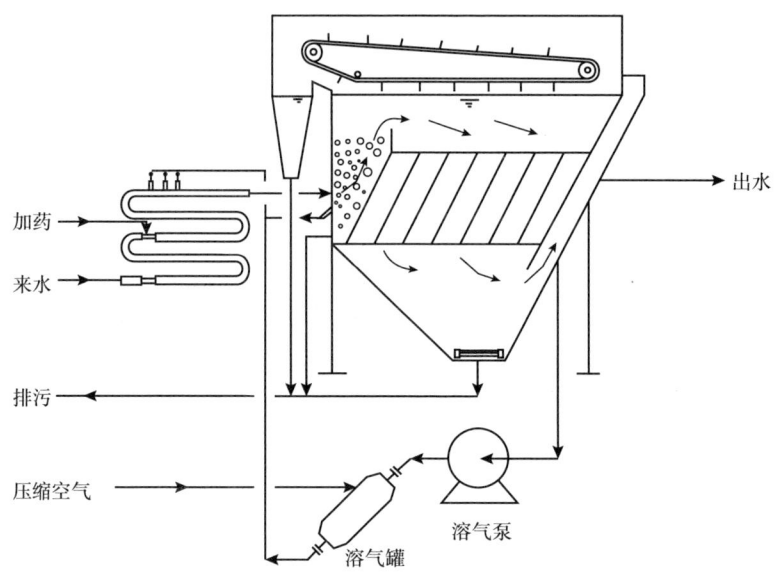

图6-10 斜板溶气气浮设备工艺原理图

斜板溶气气浮特点：

①独特的斜型结构设计，保证了浮选机内水流处于完全的层流状态，表面负荷小于2.5m/h，大大提高了分离效率；

②浮选机腔内设置的斜板，可以使絮体在斜板内部上浮的过程中发生二次絮凝反应，增大了颗粒的尺寸，提高分离效率；

③独特的斜管高压溶气技术，免去了大体积的容器罐，溶气压力可以达到0.6MPa，溶气量大，加强了气浮携污能力。

7)"沉降罐＋气浮"设备

随着油田开发的不断深入，以及聚合物的注入，采出水黏度越来越大，处理难度越来越大，常规的沉降处理工艺已经很难满足要求，在这种情况下，对已有的沉降罐进行改造，将气浮技术引入沉降罐中，成为很好的技改方案之一。

"沉降罐+气浮"设备是通过增设管式反应器、溶气泵，在罐内增加上下层布气穿孔管，使原有沉降罐增加了气浮选功能。对于由于黏度增大而难于沉淀的细小悬浮颗粒，难于上浮的细小油珠，具有很好的去除效果，解决了现有沉降罐处理效率低的问题。改造后，沉降罐含油去除率提高50%以上，悬浮固体去除率提高25%以上。

"沉降罐+气浮"设备结构示意图6-11所示。

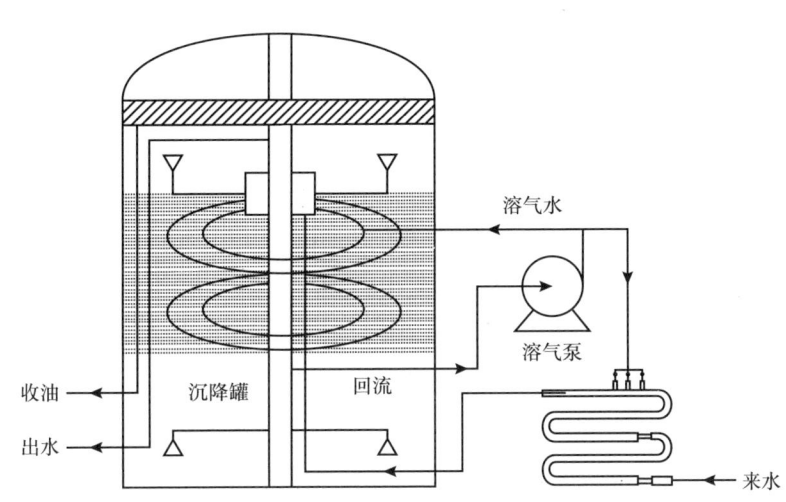

图6-11 "沉降罐+气浮"设备结构示意图

"沉降罐+气浮"设备优点是设备具有结构简单、耐冲击负荷、能够提高处理效果。实现了沉降与气浮技术的有机结合，对于那些由于水质发生变化而无法达到处理指标，且采用重力沉降采出水处理站进行改造完善特别适用。

缺点是管理要求较高，能耗较高；大罐本身的结构决定了产生的污油、污泥不易排出，影响出水的效果。

8）双旋流除油器

双旋流除油设备是集旋流除油、化学混凝除油及过滤一体的新型设备。其工作原理流程为：来水通过双旋流器，在离心力作用下，经过双向富集、收缩加速实现油上水下分布，集油从上汇集管中排出，集水进入下一个混凝沉降单元；在混凝沉降单元，安装了混药装置、反应装置、沉淀区、排污系统。水在此单元内完成沉降后进入过滤单元；在过滤单元内部布置环状横流滤床，选用亲水疏油耐磨介质形成一定厚度滤层，通过错流滤清，增强固液分离。双旋流除油设备结构原理如图6-12所示。

双旋流除油设备的进水压力小于0.4MPa，工作压降为0.1MPa；处理量为45~50m$^3$/h；在来水指标：含油<1000mg/L，悬浮物<500mg/L，油水密度差≥50kg/m$^3$的情况下，出水指标：含油：10~100mg/L，悬浮物：5~50mg/L。

双旋流除油设备的主要优点是集多功能于一体，占地面积小，停留时间较短，分离效率高。主要缺点是双旋流除油设备只适用于稀油且乳化油含量较少的油田采出水，由于增设了过滤介质，有可能造成滤料的堵塞且不易更换滤料。

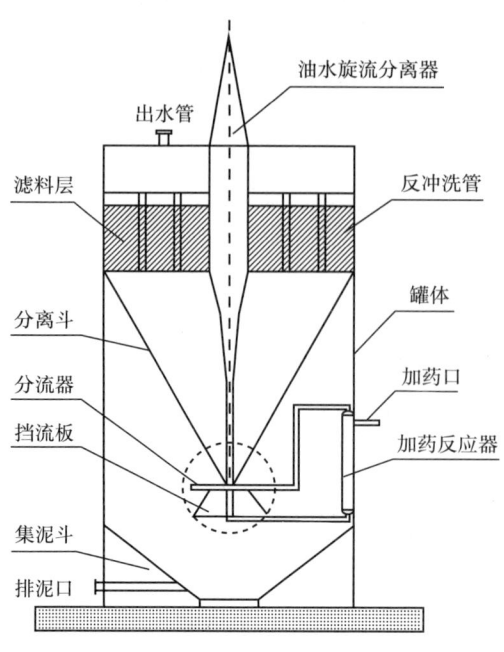

图 6-12 双旋流除油设备结构原理图

该技术适用于油水密度差较大且乳化油含量较少的采出水，不适用于稠油及含聚合物采出水的处理；适用于小规模的采出水处理。目前在长庆油田、冀东油田和大庆油田的部分站场进行小规模的工业化应用。

**2. 过滤设备**

在采出水处理工艺中，过滤技术是关键和难点，过滤效果的好坏，直接影响出水水质指标。过滤设备根据运行压力分为重力式过滤器和压力式过滤器；根据滤料种类的不同，又分为核桃壳过滤器、石英砂过滤器、多层滤料过滤器、纤维过滤器、硅藻土过滤器和膜过滤器等。油田常采用的过滤设备主要是压力式过滤器。

目前，油田常用的过滤设备多为定型产品，但过滤器的选型、滤速等参数的选取及反冲洗形式的选择，需要根据沉降罐出水水质情况综合确定。

1）核桃壳过滤器

核桃壳为亲水不亲油的过滤介质，具有重量轻（密度为 $1.266 \sim 1.4 \text{g/cm}^3$），且有足够的强度和韧性，吸附、截污能力强，且不粘块、反冲洗再生效果好和反冲洗量小 $[6 \sim 7 \text{L/(m}^2 \cdot \text{s)}]$ 等优点。滤床深通常为 1.0~1.6m，粒径为 1.0~2.0mm。核桃壳过滤器滤速较高（达 16m/h），除油效果相对较好，但其控制悬浮物能力较差。一般核桃壳过滤器作为一级过滤，用于大罐沉降后的继续除油和悬浮物。控制悬浮固体的二级过滤一般不采用核桃壳过滤器。

根据反冲洗形式，核桃壳过滤器又分为搅拌式、搓洗式及体外循环式。

（1）搅拌式核桃壳过滤器。

搅拌式核桃壳过滤器在滤罐顶部中心设置固定的搅拌器，转动的电动机与变速装置在罐外。通过带密封函的轴转动罐内的搅拌叶轮，叶轮设在滤料层与反洗水密闭的排出口之间。反冲洗时，开启搅拌器，并利用处理后采出水作为反冲洗水源，膨胀的滤料层经旋转搅动产生的切向运动，增大了滤料间的摩擦。同时，搅动的滤料与反冲洗水流冲起的滤料纵横碰撞，将截留在滤料上的污泥冲洗干净。搅拌式核桃壳过滤器结构如图 6-13 所示。

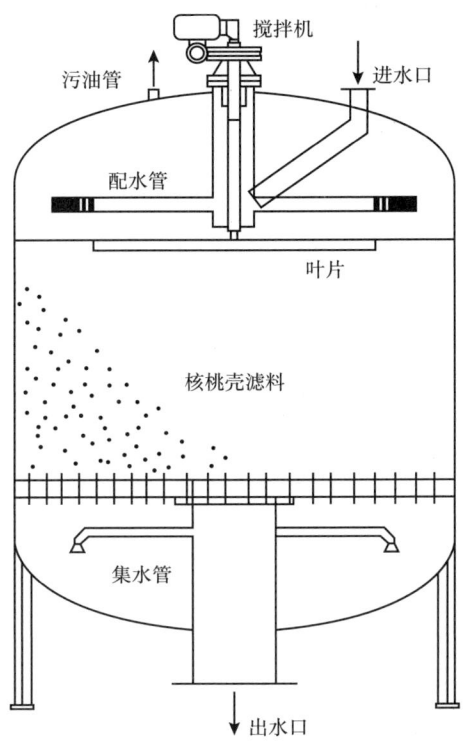

图 6-13 搅拌式核桃壳过滤器结构示意图

虽然机械搅拌式核桃壳过滤器具有结构简单，操作方便等诸多优点，但是从各厂家生产的机械搅拌式核桃壳过滤器在各油田的使用情况来看仍存在一些问题。一是卜筛网在运行中屡屡出现堵塞甚至冲翻的情况，特别是在进口含油量较高的情况下，更容易出现这种现象。二是由于介质采用边搅拌边冲洗，或者先搅拌后冲洗的方式，因此需要大量的干净水用来保证足够的冲洗时间和强度。同时，因介质反洗不够彻底，在介质使用一段时间后往往需要投加化学药剂以帮助清洗。

（2）搓洗式核桃壳过滤器。

搓洗式核桃壳过滤器设备结构如图 6-14 所示，其内填装核桃壳滤料，当工作 30h 左右，或过滤压差为 0.11MPa 时，该过滤器将会自动反冲洗，每次冲洗 10min，冲洗采用处理后的采出水。反冲洗时，将处理后的采出水从进入口倒为反冲洗入口，开启液流泵，将反冲膨胀滤料送入滤料洗涤器的环形空间。洗涤器里层是由筛管制作的排水管，外层是导流管，流体在环形空间的流速由 3.35m/s 迅速增加到 5.5m/s，流体经环形空间形成旋流，滤料之间、滤料与筛管导流管之间互相摩擦。清洗完毕的滤料随洗涤器导流环空间进入过滤器，污物随水流进入筛管排水管排出过滤器外，反冲洗大约需 10min，滤料在洗涤器内循环 10 次左右，当反洗水量达到滤罐容积的 2 倍时，滤料被冲洗干净，再用 1min 时间用水力把滤料复原，完成冲洗的全过程。

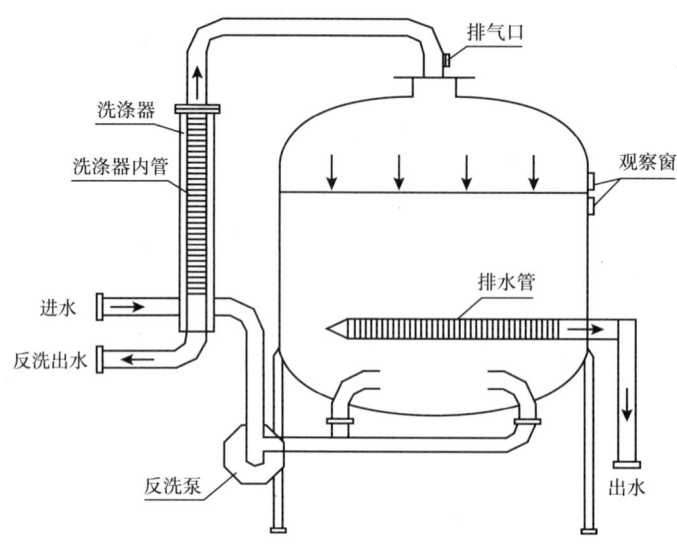

图 6-14　搓洗式核桃壳过滤器设备结构图

搓洗式核桃壳过滤器与机械搅拌核桃壳过滤器相比，具有反冲洗彻底、反冲洗水量少的优点。但其滤料损耗较大，国产的搓洗装置有待改进。

（3）体外循环（USF）核桃壳过滤器。

体外循环（USF）核桃壳过滤器是利用介质循环泵将膨胀过程中核桃壳吸入泵体，经泵出口送入滤罐底部，沿罐体切线送入。与此同时，反冲洗水沿罐底部另一侧切线送入，使核桃壳滤料在滤罐中旋转上升，反洗排水从滤罐顶盖排水管排出。与搓洗式过滤器相比，反冲洗时去掉了滤料在"银带"上的擦洗，而加强了反冲洗切线冲力，达到较好的反冲洗效果。体外循环（USF）核桃壳过滤器原理如图 6-15 所示。

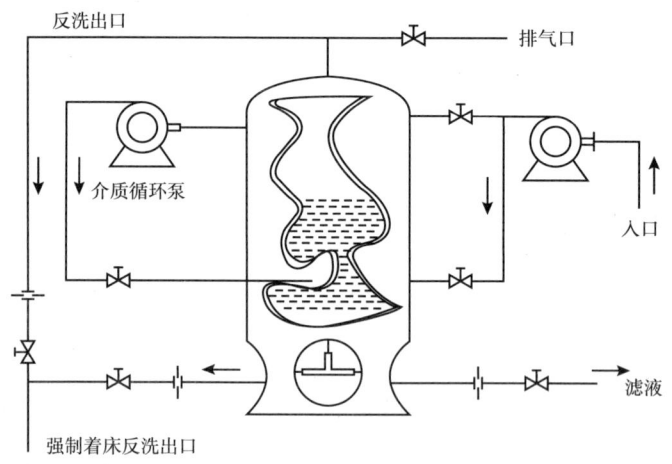

图 6-15　体外循环（USF）核桃壳过滤器原理图

2）石英砂过滤器

石英砂过滤器又称浅层介质过滤器，是利用石英砂作为过滤介质，在一定的压力下，把水通过一定厚度的石英砂滤床过滤，有效地截留除去水中的悬浮物。

石英砂滤料具有过滤阻力小、比表面积大、耐酸碱性强、抗污染性好等优点。石英砂过滤器设备结构简单、运行反洗比较方便，主要是通过调节4个阀门，使水的方向改变。运行时是上进下出，反洗时是下进上出，再通过排污阀将反洗的污水排出，然后通过正洗，直至出水清澈干净为止。石英砂过滤器截污层石英砂规格一般为0.5~1.0mm，滤料高度为700mm以上，下设2层承托层，其截污能力为0.5~1.0kg/m³。石英砂过滤器一级过滤滤速不大于8m/h。

3）多层滤料过滤器

双层滤料过滤器是壳体内装有两种相对密度、粒度不同的滤料。上层滤料密度较少，粒度较大；下层滤料密度较大，粒度较小。由于两种滤料的密度不同，反冲洗时在水中下沉的速度不同，密度较大的下沉快，密度小的下沉慢。因此，周期反冲洗后，仍能保持轻的滤料在上，重的滤料在下的分层，形成自上而下粒度由大到小，密度由轻到重的滤层，从而提高了滤层的截污能力。

多层滤料过滤器滤床组成：双层一般为无烟煤和石英砂或石英砂和磁铁矿；三层为无烟煤、石英砂和磁铁矿（石榴石）。

3种滤料的相对密度和粒径均不同。

相对密度：无烟煤为1.4~1.6g/cm³、石英砂为2.55~2.65g/cm³、磁铁矿为4.70g/cm³。

粒径：无烟煤为1.0~2.0mm、石英砂为0.5~0.8mm、磁铁矿为0.25~0.5mm。

多层滤料过滤器去除悬浮物效果较好，因此，可以串联在一级过滤罐后，作为深度处理设备。但来水中含油量不高时，作为一级过滤设备可除油和悬浮固体，比核桃壳过滤器更具有优势。

4）纤维球（束）及改性纤维球（束）过滤器

纤维球（束）过滤器是以耐磨、耐酸碱、无毒的涤纶纤维或其他纤维材料扎结的纤维球（束）为滤料，孔隙度大、柔软、可压缩。过滤时，由于水流压力的作用，使滤层孔隙度沿水流方向自上而下由大变小，形成了较理想的反粒度分布，从而增加了截污能力。

纤维球（束）过滤器，其滤料是亲油型的，只要水中有油，油就会被纤维吸附。滤料受污染变成油团，很难清洗，因此，这种滤料只能应用在清水过滤中。

为适应过滤油田采出水需要，对纤维球（束）进行了改性，所谓改性即是将纤维球（束）经过新的化学配方进行本质的改性处理，纤维滤料由亲油型变为亲水型。改性纤维球（束）过滤器具有以下特征。

（1）改性纤维丝径细，比表面积大，叠加后滤层孔隙小，对悬浮物的拦截作用比其他滤料较好。

（2）改性纤维比普通纤维重，过滤时能下沉至罐底，上松下紧滤层孔隙结构好。

（3）针对油田水量不均衡的特点，为防止滤层不能充分压实，在过滤罐上部安装了压紧装置；为使滤料反洗更彻底，还设有滤料搅拌机构。工作时，滤料压紧装置启动，压板下行至一定位置，将滤料压实，采出水由上而下经过滤层。反洗时，滤料压紧装置压板上行，启动反洗泵，利用反洗水压力将滤层冲开并启动搅拌机，对滤料进行搅拌清洗。

其主要性能指标为：滤速≤16m/h，水头损失为3~10m，截污量为6~20kg/m³，反冲洗采用水或气水反冲，水反冲洗强度为5~10L/(m²·s)，气反冲洗强度30~45L/(m²·s)。

从目前油田实际使用情况来看，改性纤维球过滤器对固体悬浮物的去除效果较好，但是在除油方面，即使是改性纤维球过滤器，对进装置的采出水中的含油量仍需严格控制。实际应用中将改性纤维球过滤器进水含油量控制在 30mg/L 以下为好。

对于稠油采出水、原油中沥青和胶质含量较高或含聚合物的采出水，纤维球过滤器滤料容易出现污染及板结。因此对于改性纤维球过滤器选择时应慎重。

5）烧结式滤料过滤器

烧结式滤芯是由粉末材料通过烧结形成的微孔滤元，其滤芯材料有陶瓷、玻璃纱、聚乙烯或聚氯乙烯等多种。

烧结陶瓷滤芯的微孔孔径一般小于 2.5μm，烧结陶瓷滤芯因截留悬浮物增多而出水量减少时可停止运行将滤芯卸出，用水砂纸磨已堵塞的表层并清洗干净仍可继续使用。

PE 型微孔滤芯是采用低压超高相对分子质量聚乙烯材料烧结制成的，PEC 型特种微孔滤芯是在 PE 型滤芯材质的基础上增加优质渗银活性炭后烧结制成的。

目前，烧结式滤芯过滤器大部分用于清水。油田采出水由于成分复杂，易堵塞滤芯，应用很少。

6）硅藻土过滤器

硅藻土过滤器是将粒径为 10~30μm 的硅藻精土预涂在滤布表面上作为滤层进行过滤。原水中的悬浮物、胶体颗粒、大分子有机物等被滤料截留，水流通过涂膜层的水头损失也同时提高，当水头损失达到某预定极限值时，停止过滤，进行脱膜，然后再重新开始新一轮运行周期。此过滤器与传统的精细过滤相比，由于过滤材质——硅藻土粒径小，使得出水的悬浮物含量和粒径都远远低于常规过滤。同陶瓷膜过滤相比，由于硅藻土过滤层可轻易脱落，滤膜可以反复预涂，克服了陶瓷膜易堵塞、难以反洗等技术难题。

硅藻土过滤器推荐滤速小于 3m/h，预涂膜量为 0.8kg/m$^2$，通常 24h 反冲洗涂膜一次（具体数值需根据来水含油与悬浮物多少确定）。硅藻土过滤器原理如图 6-16 所示。

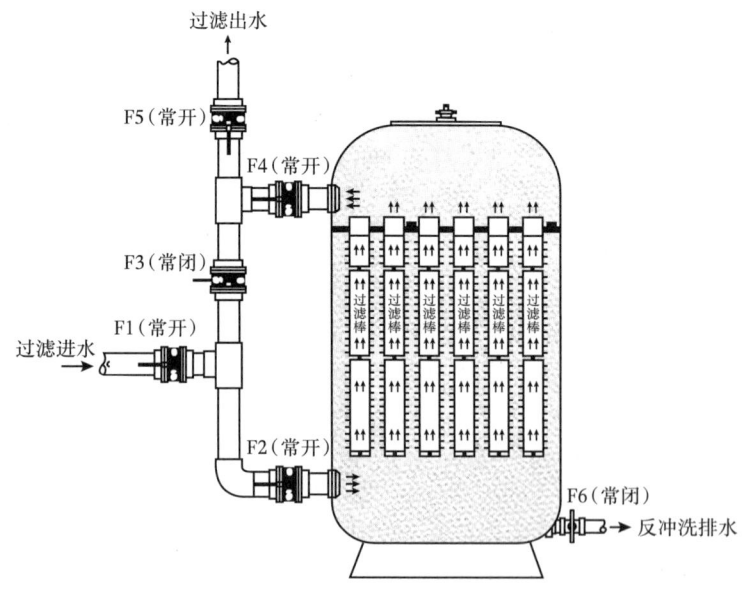

图 6-16 硅藻土过滤器原理示意图

该技术具有有效过滤面积大、占地面积小、结构简单、无驱动装置、检修方便、反冲洗水量小等优点。但同时具有对来水水质含油要求高、滤布易腐烂、冲洗更换频繁、人工清除硅藻土量大的缺点。

7）金属膜过滤器

金属膜过滤器是一种新型过滤器，滤芯采用多孔高级不锈钢薄壁空心过滤元件，可制成空隙率为 1~100μm 精度的过滤设备。金属膜过滤器反洗时压差小于 0.2MPa，操作压力小于 0.45MPa，反洗采用气水反冲洗。

金属膜过滤器具有渗透性强、耐腐蚀性好、耐高温、不需化学再生等优点。由于过滤芯强度大，耐压性好且不易破损，从而容易通过反吹、反洗来恢复设备过滤能力。但金属膜过滤器对进水含油、悬浮固体要求较高，前端必须经过常规精细过滤，否则易堵塞。

8）流砂过滤器

流砂过滤器是移动床向上连续过滤的简称。与以往的固定床滤器不同，无须每天停机反洗清洗截留在滤床上的杂质。过滤时，原水从过滤器的底部环形配水槽进入，向上流动并充分、均匀地接触滤料，原水中的悬浮物被截留在滤床上，处理后水从顶部的出水堰溢流排放。在过滤的同时，截留污染物的石英砂通过底部汽提装置提升至顶部的洗砂装置中进行清洗。提砂所用的动力为压缩空气，压力一般为 0.4~0.6MPa。由于水、砂子在压缩空气的作用下剧烈摩擦，使砂子截留的杂物洗脱。洗净后的砂在洗砂器中因重力自上而下补充到滤床中，洗砂水则通过单独的排水管路排放，完成整个洗砂过程。

9）膜过滤设备

膜过滤分离过程是一种新型的净化分离技术，是无相变、无污染的高效节能型分离净化技术。根据膜孔径的大小，依次分为微滤（MF）、超滤（UF）、纳滤（NF）和反渗透（RO）。

膜的分离机理是筛孔分离机理，在膜壁上有数纳米的贯通孔。超滤膜平均孔径为 1~50nm，可以分离溶液中大分子、胶体、微粒及各种微生物。在压力驱动下，尺寸小于膜分离孔径分子或粒子可以穿过膜壁，尺寸大于膜分离孔径分子或粒子则被膜壁所截留，从而实现大小粒子的分离。用于低渗透油田采出水处理的超滤膜平均孔径不大于 30nm。

膜从材质分类可分为有机膜和无机膜。

膜结构分类：管式膜、中空纤维膜、板框式膜、卷式膜和多孔膜等。

在油田采出水处理中，结合低渗透油田的水质要求，比较适用的膜过滤设备主要是微滤（MF）、超滤（UF），在我国低渗透油田采出水处理中，已经应用或做过工业试验的超滤膜是管式膜、中空纤维膜和陶瓷膜。

## 四、采出水处理药剂

在油气田采出水处理过程中，为控制设备及管线腐蚀、结垢，降低胶体、悬浮颗粒含量和抑制有害细菌增生等的环境条件，所加入的化学药剂统称为采出水处理药剂。

采出水处理系统使用化学药剂的主要目的为控制采出水对管线、罐、设备、容器的腐蚀；阻止采出水结垢；提高污水处理系统处理效率和出水水质质量，保障处理后水质达标。常用的化学药剂有杀菌剂、阻垢剂、缓蚀剂和水净化剂等。

所有化学药剂都必须用现场采出水,经筛选评价后方能使用。化学药剂筛选评价是一项专业性很强的技术工作,应由经培训合格的专业人员进行。

**1. 缓蚀剂**

金属与周围介质接触,由于化学或电化学原因引起的破坏称为腐蚀。油田采出水因其具有较高的矿化度、含有腐蚀性气体($H_2S$、$CO_2$)和微生物(SRB、TGB)等特点,所以一般具有较高的腐蚀性,造成管线、设备、罐及容器等的腐蚀破坏。

缓蚀剂指一类用量极少却能抑制金属在腐蚀介质中被破坏的物质。缓蚀剂种类很多,有在酸性、碱性、中性溶液中使用的,也有在气相中使用的。按化学组分划分,可分为无机和有机缓蚀剂,油田采出水系统常用的都是有机缓蚀剂,主要有有机胺、酰胺及咪唑啉衍生物等三大类。

1)有机胺类

典型产品是长链烷基胺化合物,化学结构为 R-$NH_2$,R 为 $C_{12}$ 以下的烷基,此类化合物的缓蚀机理为:氮原子外层有一对独对电子,吸附在金属表面,而长链烷基定向排列在溶液中,形成一层非极性保护层,减缓了腐蚀的进行。

2)酰胺类

主要是烷基酰胺。其化学结构为 $R-\overset{O}{\underset{\|}{C}}-NH_2$。与有机胺相比较,分子链上多了一个 $-\overset{O}{\underset{\|}{C}}-$(羰基),由于氧也有独对电子,并可和水分子中的 H 形成氢键,大大增加了水溶性,所以酰胺比有机胺的吸附性及水溶性都要好。

3)咪唑啉衍生物

由咪唑啉衍生的各类缓蚀剂很多。其中应用较广的代表品种是磷酸酯咪唑啉衍生物。此类缓蚀剂还兼有阻垢作用。

缓蚀剂正常加药量为 20~40mg/L。

**2. 阻垢剂**

能阻止水垢的形成、沉积,使其在水中呈分散状态而不沉积于构筑物表面的化学剂称阻垢剂。常用的阻垢剂有有机膦酸、膦基聚羧酸、磷酸酯、聚羧酸、聚磷酸盐及天然分散剂,油田采出水处理系统常用的阻垢剂,主要有如下几种。

1)HEDP(羟基乙叉二磷酸)

本品具有良好的阻垢性能。耐高温、抗氧化,在高 pH 值时仍很稳定。纯 HEDP 无毒。

2)ATMP(氨基三甲叉磷酸)

本品对抑制 $CaCO_3$ 垢特别有效。基本无毒。

3)EDTMP(乙二胺四甲叉磷酸)

本品对抑制 $CaCO_3$,$CaSO_4$ 垢均有效,对抑制 $CaSO_4$ 垢效果更好。

4)聚丙烯酸

聚丙烯酸是丙烯酸单体聚合而成。聚丙烯酸除有良好的阻垢性能外,还能对泥土、粉尘、腐蚀 OH 产物、菌落等污垢起分散作用。

阻垢剂一般用量为 5~10mg/L。

### 3. 水净化剂

采出水处理常用的净化剂主要包括混凝剂、絮凝剂、浮选剂和反向破乳剂。水净化剂能多中和水中胶体颗粒电荷（絮凝作用），对颗粒产生吸附桥联作用，使水中悬浮物聚结成较大的絮团后下沉或上浮。常用的净化剂可分为无机、有机、复合及微生物四大类。

无机类净化剂（混凝剂）分为铝盐系和铁盐系。主要有聚合氯化铝 $[Al_2(OH)_nCl_{6-n}\cdot XH_2O]m$，一般 $m \leq 10$。$n=3\sim5$；硫酸铝 $Al_2(SO_4)_3\cdot 18H_2O$；聚合硫酸铁 $[Fe_2(OH)(SO_4)_{3-n/2}=]m$，$m$ 随 $n$ 而定，$n \leq 2$。净化剂在水中产生大量的带正电荷的离子，进入胶体颗粒吸附层，消除或降低胶体颗粒的 ε 电位，使颗粒相互聚结，从而易于除去。无机类净化剂使用范围广（pH 值 =3~9 范围内），对水中胶体电荷中和能力强。

有机类净化剂可分为合成高分子和天然高分子两大类，合成高分子主要有阴离子型的部分水解聚丙烯酰胺，阳离子型的胺甲基化聚丙烯酰胺等。

天然高分子絮凝剂主要有淀粉类、多聚糖类、蛋白质类、壳聚糖类等。由于天然高分子絮凝剂易发生生物降解失去活性，故应用受限制。但壳聚糖类是一种性能优良、处理效率高，特别对含重金属的工业废水处理有独到功能的天然高分子絮凝剂。

微生物絮凝剂是一种无毒的生物高分子化合物，具有生物可降解的优点，对环境和人类无毒无害。这种絮凝剂主要是具有两性多聚电解质特性的蛋白质和多粉类物质。美国已经有商品化生产，PX 是著名的高效生物净化剂。

无机类净化剂（混凝剂）在油田采出水处理系统中应用较广。

### 4. 杀菌剂

能杀死或抑制各种微生物的化学剂统称杀菌剂。杀菌剂可分为氧化型和非氧化型两类。非氧化型又分吸附型和渗透型两种。常用品种有二氧化氯，季铵盐，戊二醛，卤代酚等。

1）季铵盐类

季铵盐类是油田采出水处理系统应用最广、使用时间最长的一类杀菌剂，典型品种是十二烷基二甲基苄基氯化铵，俗称 1227。

1227 不仅有较好的杀菌作用，还有较强的对污泥的剥离能力。

2）异咪唑啉酮

本品由 2- 甲基 -4- 异噻唑啉 -3- 酮与 5- 氯 -2- 甲基 -4- 异噻唑啉 -3- 酮两种化合物以一定比例混合而成，是一种极有效的广谱性杀菌剂，对真菌、细菌、藻类均有很好的杀灭与抑制效果。

3）二胺类

国外使用较广，具有杀菌、缓蚀两种功效。常用品种为 N- 牛油丙烯二胺，N- 椰丙烯二胺。

4）有机胍盐类

本品易溶于水，使用方便，杀菌效果好。

5）二氧化氯

二氧化氯是一种极强的氧化剂，其特点为杀菌效果好，用量少，作用快，持续时间长，对管线和处理设施有清洗去污的作用，二氧化氯适用的 pH 值范围较广。在供水和废水处理行业已广泛使用。

### 五、国外油田采出水处理技术现状与发展

了解和分析国外油田采出水处理技术的现状和发展动态，借鉴其先进的工艺、技术、方法与经验，对我国油田采出水处理和净化、对工艺设备及技术的改造和研发具有重要的作用和意义。

目前，国外油田采出水处理典型工艺，采出水回注处理：前段多采用API、CPI除油器、水力旋流除油技术，20世纪90年代以来，随着材料的迅速发展，聚结除油、带有斜管分离的溶气气浮得到广泛应用；后段配套核桃壳过滤。

采出水外排处理：多采用气浮和生化处理技术，20世纪90年代以来，生化处理发展多采用人工湿地系统（CWS）技术。

采出水回用锅炉：多采用热石灰软化、反渗透、离子交换技术，最近加拿大、美国采用压汽蒸馏法处理采出水回用锅炉取得进展。

油田采出水处理采用的设施主要有沉砂池、API隔油池、CPI斜板隔油池、自然除油罐、混凝除油罐、粗粒化罐、压力沉降罐、浮选池、压力滤罐单阀滤罐、组合式处理装置、水力旋流分离器和精滤器等。

近几年来国外油田采出水的处理工艺也在不断强化和改进。从文献报道来看，高效多功能一体化的油田采出水处理设备已成为研究热点，实现油—水、可溶性有机物—水、悬浮物—水之间的强化传质和有机物强化依然是今后采出水治理研究的重要方向。从处理新设备与新技术方面看，国外更注重强化传统采出水处理设备的效能研究，开发了一些多功能一体化的高效采出水处理设备，如水力旋流器、各种组合式高效油水分离器等一体化处理设备等，在设备结构上有较大改进，在提高各构筑物的处理效能方面有较大的发展。强调设备与工艺的整体性、匹配性与实效性；同时根据生产中实际需要开发设备、实现高效、简便、快捷、实用。

## 第三节　塔里木油田采出水处理技术

塔里木油田开发建设近30年，分为轮南油气开发部、东河油气开发部、哈得油气开发部、塔中油气开发部、克拉油气开发部、迪那油气开发部、英买力油气开发部、博大油气开发部、泽普油气开发部。已先后建成轮南、东河、哈得、塔中、克拉、迪那、英买力、大北、和田河等24座采出水处理站，采出水处理能力为57680m³/d。

### 一、塔里木油田采出水的特点

塔里木油田由于油藏埋藏深，地层采出水具有"四高一低"特点，即矿化度高（91800~252000mg/L）、Cl离子含量高（55700~155000mg/L）、密度高（1.0747~1.1791g/cm³）、总Fe含量高（40~60mg/L）和pH值低（5.57~6.3）的特点，水型为$CaCl_2$型，具有较强的腐蚀性和结垢趋势。

由于采出水原水具有高矿化度使密度变高，高密度提高了以斯托克斯分离效应为主的重力分离系统的除油效果。机械杂质与水体的密度差变小，降低了悬浮物的分离效果。故这种水质的采出水一般利于除油而不利于除悬浮物。

采出水含铁 90% 以上是以亚铁盐的形式存在。亚铁盐存在的状态与 pH 值有很大的关系，不论是 $Fe^{2+}$、$Fe^{3+}$、$Fe(OH)_2$ 和 $Fe(OH)_3$ 都是良好的絮凝剂，离子态的铁盐能够压缩胶体的双电层、吸附和中和电荷，使胶体脱稳沉析起凝聚作用；而分子态的铁盐是絮凝效应重要的物质基础之一。如果在水处理过程中对铁离子处理不好，很容易使 $Fe^{2+}$ 曝氧形成 $Fe(OH)_3$ 絮体，就会出现悬浮物超标的情况。并且 pH 值较低时，净水剂中的金属盐溶解成了净水作用较低的正离子，也降低了净水效果。

## 二、塔里木油田采出水注水、减排回注标准

### 1. 油田注水水质指标

油田采出水最主要的回用途径是油田注水。采出水注入地层后，水中所含有的污油和悬浮物等污染物容易堵塞地层孔隙，降低注水油田开发效果，因此要求采出水注入地下前必须进行处理，严格控制水中的含油和悬浮物等多项指标。

经过处理后的采出水回注，对水质基本要求如下：

（1）水质稳定，与油层水相混合不产生沉淀；
（2）水注入油层后，不使黏土矿物产生水化膨胀或悬浊；
（3）水中不得携带大量悬浮物，以防止堵塞注水井渗滤端面及渗流孔道；
（4）在运行条件下注水不应结垢；
（5）注入水对水体处理设备、注水设备和输水管线腐蚀性要小；
（6）不能造成注水井的吸收能力迅速下降，要使注水井保持一定的吸收能力。

根据注入层的平均空气渗透率，制定了注入水水质的行业推荐标准，即《碎屑岩油藏注水水质推荐指标及分析方法》(SY/T 5239—2012)，规定含油、悬浮物、粒径中值等指标的最低标准，详见表 6-2。

表 6-2 碎屑岩油藏注水推荐水质主要控制指标

| 控制指标 | 注入层平均空气渗透率 /D | ≤ 0.01 | 0.01~0.05 | 0.01~0.5 | 0.5~1.5 | > 1.5 |
|---|---|---|---|---|---|---|
| | 悬浮固体含量 /(mg/L) | ≤ 1.0 | ≤ 2.0 | ≤ 5.0 | ≤ 10.0 | ≤ 30.0 |
| | 悬浮物颗粒直径中值 /μm | ≤ 1.0 | ≤ 1.5 | ≤ 3.0 | ≤ 4.0 | ≤ 5.0 |
| | 含油量 /(mg/L) | ≤ 5.0 | ≤ 6.0 | ≤ 15.0 | ≤ 30.0 | ≤ 50.0 |
| | 平均腐蚀率 /(mm/a) | ≤ 0.076 | | | | |
| | 硫酸盐还原菌 /(个/mL) | ≤ 10 | ≤ 10 | ≤ 25 | ≤ 25 | ≤ 25 |
| | 腐生菌 /(个/mL) $1 < n < 10$ | $n \times 10^2$ | $n \times 10^2$ | $n \times 10^3$ | $n \times 10^4$ | $n \times 10^4$ |
| | 铁细菌 /(个/mL) $1 < n < 10$ | $n \times 10^2$ | $n \times 10^2$ | $n \times 10^3$ | $n \times 10^4$ | $n \times 10^4$ |

同时，中国石油各油田公司在行业标准的基础上，结合各自油田区块的自身特点，制定了适合自己油田的注水水质标准。塔里木油田各区块主要是碎屑岩油藏和碳酸盐岩油藏，制定了各区块注入水水质的企业标准——《碎屑岩油藏注水水质指标》(Q/SY TZ 0086—2017)，主要规定了塔里木油田包括东河、哈得、轮南、塔中等注水水质。轮南、东河、哈得碎屑岩油藏注水水质指标详见表 6-3；塔中碎屑岩油藏注水水质指标详见表 6-4。《碳酸盐岩注入水和回注水水质指标》(Q/SY TZ 0513—2017)，详见表 6-5。

表 6-3 轮南、东河、哈得碎屑岩油藏注水水质指标

| 检测项目 | | 注水水质指标 | | | 备注 |
|---|---|---|---|---|---|
| 区块 | | 轮南2、3、10井区 | 东河4CⅢ岩性段 | 哈得薄砂层(老区)、东河砂岩段及哈得10C | |
| 控制指标 | 悬浮固体含量 /（mg/L） | ≤3.0 | ≤3.0 | ≤4.0 | |
| | 悬浮物颗粒直径中值 /μm | ≤2.5 | ≤2.0 | ≤4.0 | |
| | 含油量 /（mg/L） | ≤15 | ≤15 | ≤15.0 | |
| | 平均腐蚀率 /（mm/a） | 0.076 | 0.076 | 0.076 | 挂片时间为7天 |
| | 点腐蚀 | 无明显点蚀 | 无明显点蚀 | 无明显点蚀 | |
| | 硫酸盐还原菌 /（个/mL） | ≤50 | ≤25 | ≤50 | |
| | 腐生菌 /（个/mL） | ≤500 | ≤300 | ≤500 | |
| | 铁细菌 /（个/mL） | ≤10 | ≤50 | ≤10 | |
| 辅助指标 | 溶解氧 /（mg/L） | ≤0.05 | ≤0.04 | ≤0.07 | |
| | 硫化物 /（mg/L） | ≤0.5 | ≤1.0 | ≤0.5 | |
| | $Fe^{2+}$ /（mg/L） | ≤0.6 | ≤0.1 | ≤0.3 | |

注：(1) 水质的主要控制指标已达到注水要求，注水又较顺利，可不考虑辅助指标；当达不到要求时，为查其原因可进一步检测辅助性指标。

(2) 肉眼观察，每个试片点蚀个数不超过2个，最大点蚀速率不高于1mm/a，则判定为无明显点蚀。

表 6-4 塔中碎屑岩油藏注水水质指标

| 检测项目 | | 注水水质指标 | | | | |
|---|---|---|---|---|---|---|
| 区块 | | 塔中40CⅢ含砾段 | 塔中4CⅠ、CⅢ | 塔中11S | 塔中12S | 塔中16CⅢ、塔中16S |
| 控制指标 | 悬浮固体含量 /（mg/L） | ≤2.0 | ≤5.0 | ≤3.0 | ≤3.0 | ≤3.0 |
| | 悬浮物颗粒直径中值 /μm | ≤2.0 | ≤2.0 | ≤2.0 | ≤3.0 | ≤2.0 |
| | 含油量 /（mg/L） | ≤15 | ≤15 | ≤10.0 | ≤15.0 | ≤15.0 |
| | 平均腐蚀率 /（mm/a） | 0.076 | 0.076 | 0.076 | 0.076 | 0.076 |
| | 点腐蚀 | 无明显点蚀 | 无明显点蚀 | 无明显点蚀 | 无明显点蚀 | 无明显点蚀 |
| | 硫酸盐还原菌 /（个/mL） | ≤10 | ≤150 | ≤50 | ≤25 | ≤25 |
| | 腐生菌 /（个/mL） | ≤100 | ≤500 | ≤300 | ≤300 | ≤500 |
| | 铁细菌 /（个/mL） | ≤10 | ≤10 | ≤50 | ≤100 | ≤50 |
| 辅助指标 | 溶解氧 /（mg/L） | ≤0.04 | ≤0.04 | ≤0.04 | ≤0.04 | ≤0.1 |
| | 硫化物 /（mg/L） | ≤1.0 | ≤1.0 | ≤0.5 | ≤0.5 | ≤1.0 |
| | $Fe^{2+}$ /（mg/L） | ≤0.4 | ≤0.4 | ≤0.4 | ≤0.4 | ≤0.4 |

注：(1) 水质的主要控制指标已达到注水要求，注水又较顺利，可不考虑辅助指标；当达不到要求时，为查其原因可进一步检测辅助性指标。

(2) 肉眼观察，每个试片点蚀个数不超过2个，最大点蚀速率不高于1mm/a，则判定为无明显点蚀。

表 6-5 碳酸盐岩注入水和回注水水质指标

| 注水对象 | 检测项目 | 指标 | 备注 |
| --- | --- | --- | --- |
| 裂缝孔隙型储层 | 悬浮固体含量/（mg/L） | ≤80 | |
| | 悬浮物颗粒直径中值/μm | ≤70 | |
| | 含油量/（mg/L） | ≤50 | ≤0.04 |
| | 平均腐蚀率/（mm/a） | ≤0.076 | 挂片时间为7天 |
| | 硫酸盐还原菌/（个/mL） | ≤150 | |
| 溶洞型储层 | 含油量/（mg/L） | ≤50 | |
| | 平均腐蚀率/（mm/a） | ≤0.076 | 挂片时间为7天 |
| | SRB 硫酸盐还原菌/（个/mL） | ≤150 | |

### 2. 气田水回注水质标准

气田水指气井生产过程中的采出水，根据中国石油天然气集团企业标准《气田水回注技术规范》（Q/SY 01004—2016）的要求，选择的回注层应具有良好的储集性、渗透性、封闭性，横向连通性好，有足够的储集空间，满足气田开采期的回注需求，回注层的水性与注入水的水性有很好的配伍性。气田水回注优先选择气藏枯竭层或废弃层，区域上无适宜的枯竭层或废弃层，可选择区域上大面积分布、沉积岩中碎屑岩与火成岩孔隙度大于或等于10%、沉积岩中碳酸盐岩与变质岩孔隙度大于或等于6%，渗透率大于或等于10mD的地层。气田水回注水质指标见表6-6。

表 6-6 气田水回注推荐水质指标

| 气田注水对象 | 检测项目 | 指标 | 备注 |
| --- | --- | --- | --- |
| 控制指标 | pH 值 | 6~9 | |
| | 悬浮固体含量/（mg/L） | ≤200 | |
| | 石油类/（mg/L） | ≤100 | |
| | 溶解氧/（mg/L） | ≤0.5 | |
| | 铁细菌/（个/mL） | $n \times 10^4$ | $1 < n < 10$ |
| | SRB 硫酸盐还原菌/（个/mL） | ≤25 | |

### 3. 减排回注水质指标

减排回注（又称地下灌注技术）是将液体储藏至地下深部多孔岩石地层中，或灌注至低于浅层土壤层中的一项技术，灌注液体可以是水、废水、盐水或水溶性化合物等。该技术是利用深层地质环境有效处理污染物的一种方式，可以使污染物不进入生物圈的物质循环。

减排回注作为一种防止水污染的措施，国外很早就有应用。我国于2015年1月1日起施行的《中华人民共和国环境保护法》，并未明确规定不允许回注，只是对不通过环境评价而进行的回注行为规定了处罚措施，因此，通过环境评价的减排回注，是解决油田剩余采出水出路的有效途径之一。

油田减排回注的剩余采出水，均利用废弃井回注于曾经开采过的地下岩层。为避免采出水中污油、悬浮物等杂质堵塞地层，降低减排回注井的吸水能力，影响回注效果，同样需要对回注采出水进行处理，以去除污油、悬浮物等杂质。但其控制指标与油田注水的控制指标相比，比较宽松。具体指标应根据所回灌地层的渗透率，进一步研究对地层造成伤害的敏感因素后确定。其指标确定的原则是回灌污水不应对地层造成明显的污染，而依靠增注措施来维持注水量。国家及行业并未制定统一的回注标准。塔里木油田制定了生产回注水水质的企业标准《生产回注水质指标》（Q/SY TZ 0466—2016），详见表6-7和表6-8。

表6-7  砂岩回注水质主要控制指标

| 注水对象 | 检测项目 | 指标 | 备注 |
|---|---|---|---|
| 控制指标 | pH值 | 6~9 | |
| | 悬浮固体含量/（mg/L） | ≤30.0 | |
| | 悬浮物颗粒直径中值/μm | ≤5 | |
| | 平均腐蚀率/（mm/a） | ≤0.076 | |
| | SRB硫酸盐还原菌/（个/mL） | ≤50 | |

表6-8  碳酸盐岩回注水质主要控制指标

| 注水对象 | 检测项目 | 指标 | 备注 |
|---|---|---|---|
| 控制指标 | pH值 | 6~9 | |
| | 悬浮固体含量/（mg/L） | ≤90.0 | |
| | 悬浮物颗粒直径中值/μm | ≤70.0 | |
| | 平均腐蚀率/（mm/a） | ≤0.076 | |
| | SRB硫酸盐还原菌/（个/mL） | ≤50 | |

## 三、塔里木油田采出水处理工艺

**1．轮南油田**

1）轮一联合站采出水处理工艺

轮一联合站是塔里木油田投产的第一座大型油气综合处理站，主要承担轮南油田油、气、水集中处理、原油集输、采出水处理及回注、锅炉供热、消防系统保障等任务。目前，轮一联合站内已建采出水处理站2座，即老采出水处理站和新采出水处理站。

老采出水处理站始建于1992年，采用"大罐沉降+压力除油+两级双向压力过滤"处理工艺，设计采出水处理规模为5800m³/d。由于过滤系统原设计是一、二级双向过滤，过滤器采用磁铁矿、石英砂、无烟煤多层滤料级配。上、下层同时进水，虽然可以提高滤速，但是当下进水量大于上进水量时滤床易"流化"，需要严格控制上下水的比例。实际运行时过滤操作系统自动控制水平较低，进水流量控制和反冲洗控制仍需人工操作，使得运行状态不正常；并且由于采出水中钙、铁离子含量较高，也容易导致滤料结垢、板结，在滤料中出现短流失效的现象。

2014年在轮南油田二次开发地面建设中对老采出水处理站进行改造，改造后老采出水处理站采用"大罐沉降+压力除油+一级过滤"工艺，设计规模为5000m³/d，设计出水水质：含油≤10mg/L，悬浮物≤5mg/L，粒径中值≤5μm，处理后采出水用于减排回注。老采出水处理站采出水处理工艺流程如图6-17所示。

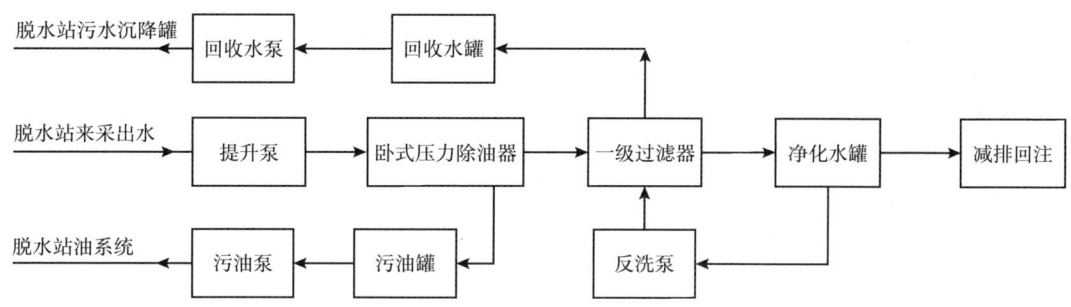

图6-17　老采出水处理站采出水处理工艺流程图

后随着轮南油田开发时间的逐步延长，地层含水率逐步增高，采出水量也逐步增大，为满足日益增加的采出水处理要求，2008年在原轮一联合站北侧新建了新采出水处理站1座，采用"大罐沉降+压力除油+二级过滤"工艺，设计采出水处理规模为6000m³/d。设计出水水质：含油≤10mg/L，悬浮物≤3mg/L，粒径中值≤2μm，处理后采出水用于注水开发。新采出水处理站采出水处理工艺流程如图6-18所示。

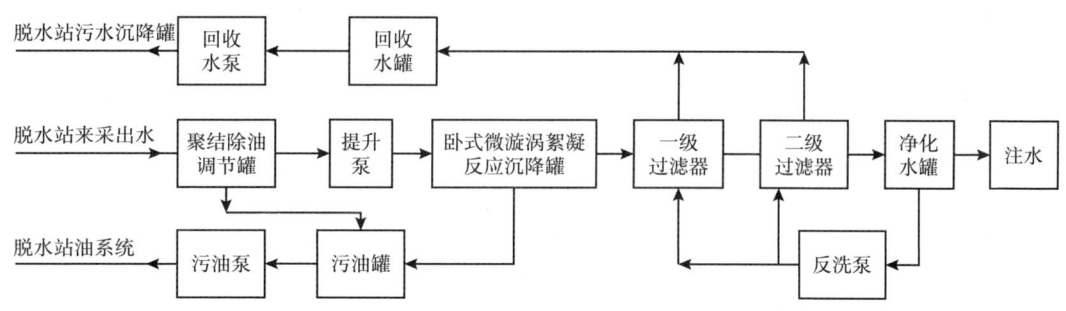

图6-18　新采出水处理站采出水处理工艺流程图

轮一联新采出水处理站原设计二级过滤采用悬挂式双亲可逆纤维过滤器，由于该纤维过滤器不适应轮南采出水的处理要求，在实际运行中纤维过滤器常出现污染及板结，导致出水悬浮物固体含量超标，处理后水质无法满足注水水质指标要求。因此在后来改造中将纤维过滤器更换为双滤料过滤器，使用效果较好。

2）桑南油气处理站采出水处理工艺

桑南油气处理站采出水处理系统建于1993年，采用"旋流反应+大罐沉降"处理工艺，设计采出水处理规模为3100m³/d，处理后的采出水用于减排回注。采出水处理工艺流程如图6-19所示。

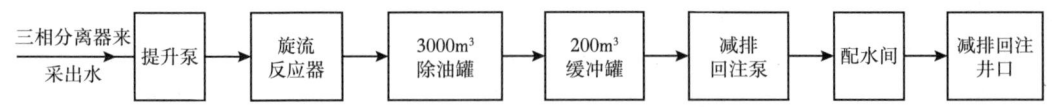

图 6-19　桑南油气处理站采出水处理工艺流程图

2012 年对用于地质注水部分的采出水处理工艺进行改造，采用"大罐沉降 + 一级过滤"处理工艺，一级过滤利旧哈得作业区的过滤器，处理规模 3600m³/d，处理后的采出水用于注水开发。

3）解放渠东转油站采出水处理工艺

解放渠东转油站采出水处理系统于 1993 年 8 月建成投产，采用"大罐沉降"处理工艺。1998 年对采出水处理系统进行改造，采用"大罐沉降 + 二级过滤"处理工艺，设计采出水处理规模为 3000m³/d。设计出水水质：含油≤10mg/L，悬浮物≤5mg/L，粒径中值≤5μm，处理后的采出水用于注水开发和减排回注。采出水处理工艺流程如图 6-20 所示。

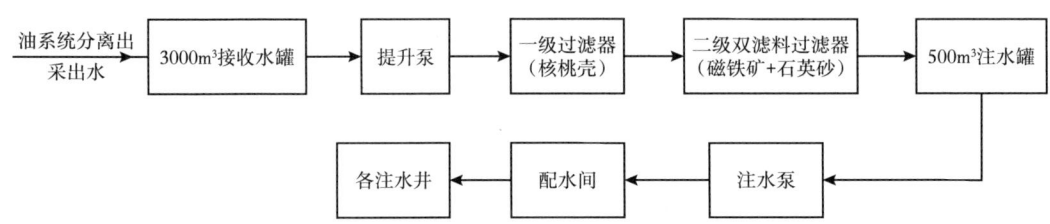

图 6-20　解放渠东转油站采出水处理工艺流程图

## 2. 东河油田

1）东一联合站采出水处理工艺

东一联合站采出水处理系统于 1995 年 4 月建成投产，采用"大罐沉降 + 水力旋流 + 两级过滤"处理工艺，设计采出水处理规模为 3000m³/d。设计出水水质：含油≤5mg/L，悬浮物≤1mg/L，粒径中值≤2μm，处理后的采出水用于注水开发。采出水处理工艺流程如图 6-21 所示。

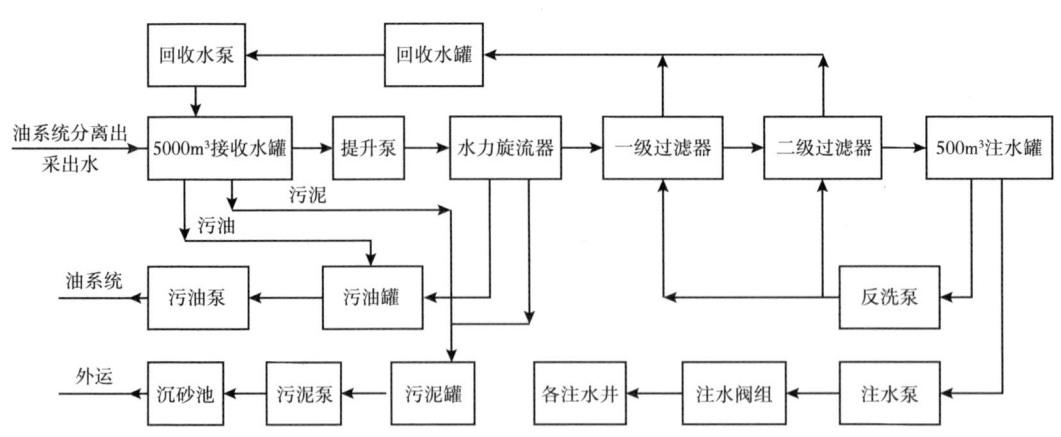

图 6-21　东一联合站采出水处理工艺流程图

2000年对采出水处理系统进行了改建,目前东一联合站站内采出水处理后净化水主要用于油田注水,处理后水质基本达到注水标准。主要是因为采出水处理系统经过改造后前段采用1座5000m³接收罐,该罐除油效果较好,同时停用了已建的旋流反应器(旋流反应器要求流量稳定,对悬浮物和粒径小的乳化油去除率很低,抗冲击负荷能力差,除油效果不明显,应用后反而增加泥量),目前为跨越旋流反应器运行。原建的精细过滤器因反冲洗方式不合理,滤芯质量不过关等原因,新建双滤料过滤器替代原精细过滤器。

2)哈拉哈塘油田哈六联采出水处理工艺

哈六联采出水处理系统于2013年12月建成投产,采用"大罐沉降+压力除油+一级过滤"处理工艺,总设计规模为7000m³/d,分期建设,一期建成规模3000m³/d。设计出水水质:含油≤15mg/L,悬浮物≤10mg/L,处理后采出水用于减排回注。采出水处理工艺流程如图6-22所示。

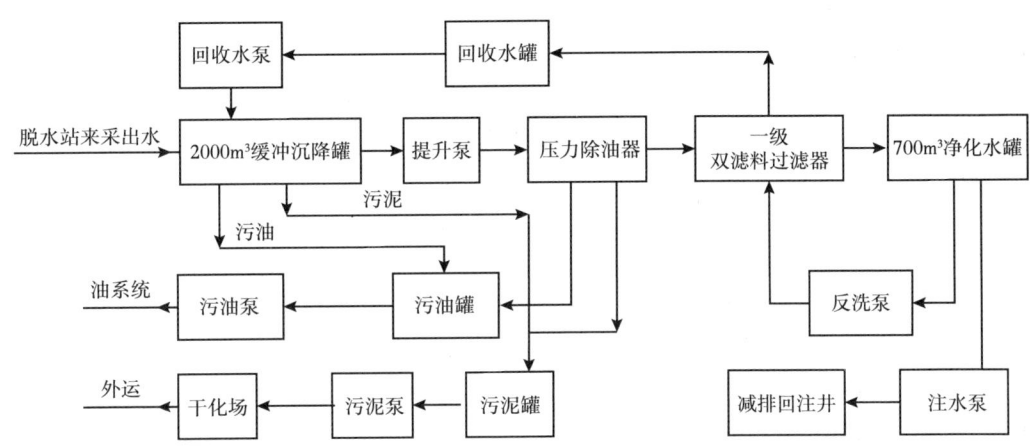

图6-22 哈六联采出水处理工艺流程图

### 3. 哈得油田

1)哈一联合站采出水处理工艺

哈一联合站于2005年12月建成投产,是哈得油田滚动开发过程中建设的第二座油气集中处理站,主要负责原油处理及外输、污水处理及注水、天然气外输等工作。哈一联合站采出水处理采用"大罐沉降+压力除油+二级过滤"处理工艺,设计采出水处理规模为5000m³/d。设计出水水质:含油≤5mg/L,悬浮物≤3mg/L,粒径中值≤3μm,处理后采出水用于注水开发。

2)哈四联合站采出水处理工艺

哈四联合站采出水处理系统于2001年1月建成投产,采用"大罐沉降"工艺。2003年哈得4油田一期注水工程建设时对采出水处理工艺进行改造,采用"大罐沉降+压力除油+一级过滤"处理工艺,设计规模为1000m³/d。设计出水水质:含油≤10mg/L,悬浮物≤5mg/L,粒径中值≤2μm。2005年12月哈四联污水站扩建投产,改造后采用"大罐沉降+压力除油+二级过滤"处理工艺,设计采出水处理规模为5000m³/d。设计出水水质:含油≤5mg/L,悬浮物≤3mg/L,粒径中值≤3μm,处理后采出水用于注水开发。采出水处理工艺流程如图6-23所示。

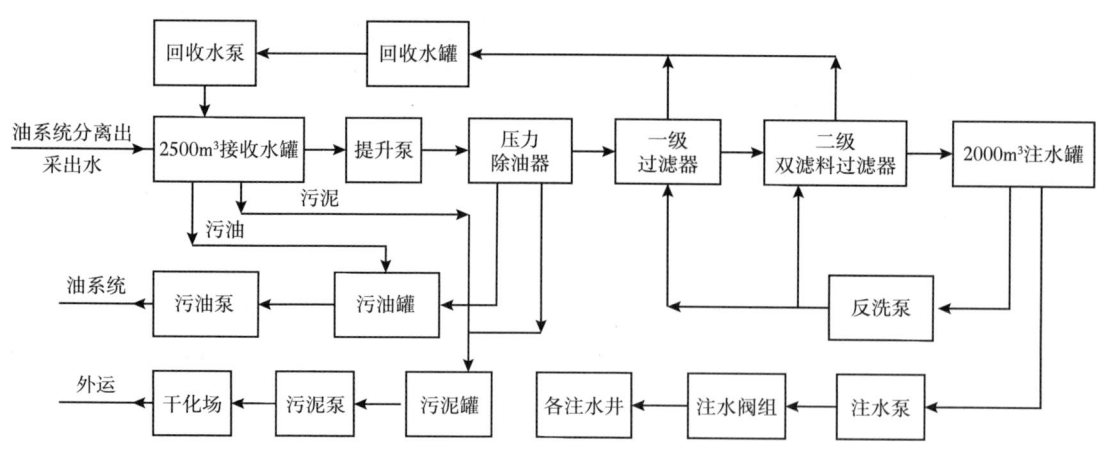

图 6-23 哈四联合站采出水处理工艺流程图

### 4. 塔中油田

塔中油田设有塔中第一联合站、塔中第二联合站、塔中第三联合站、塔中 161 计转站、塔中 40 集油站等站场。

1）塔一联采出水处理工艺

塔一联采出水处理站于 1997 年 6 月建成投产，采用"水力旋流 + 一级过滤"处理工艺，总设计规模为 8000m³/d。主要接收塔中 4 油田采出水及接收塔中 10 油田和塔中 16 油田部分采出水。2011 年对塔一联采出水处理站处理工艺进行改造，改造后采用"压力除油 + 大罐沉降 + 悬浮污泥"处理工艺，设计规模 5000m³/d。设计出水水质：含油 ≤ 8mg/L，悬浮物 ≤ 3mg/L，粒径中值 ≤ 2μm，执行《碎屑岩油藏注水水质指标》(Q/SY TZ0086—2017)。目前运行规模为 3000~4000m³/d，处理后采出水约 580m³/d 用于塔中 4 区块地质注水，其余采出水进行减排回注。采出水处理工艺流程如图 6-24 所示。

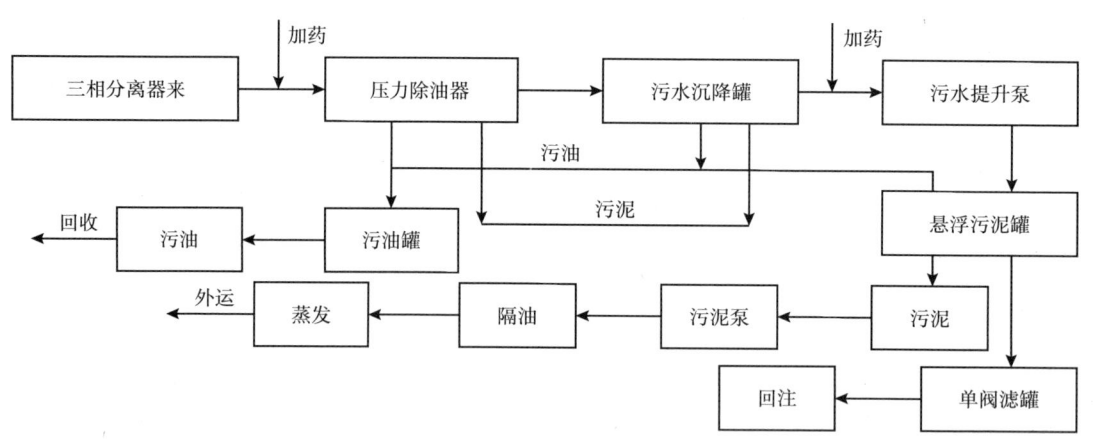

图 6-24 塔一联采出水处理工艺流程图

流程描述：三相分离器来水进入压力除油器进行聚结除油，出水利用余压进入污水沉降罐进行沉降，之后提升至悬浮污泥罐。通过向悬浮污泥罐投加絮凝剂，采用旋流布水的方式，促进水与悬浮物分离，形成活性悬浮污泥层。当采出水通过悬浮污泥层时，在吸附、网捕和电化学特性的作用下,将水中的油和悬浮物拦截在悬浮污泥层上,之后再经单阀滤罐过滤,进入注水系统用于地质注水和减排回注。在压力除油器前端投加杀菌剂和阻垢剂,降低水中细菌含量,减缓结垢速率,保障后续处理设施正常运行。在悬浮污泥罐前端投加絮凝剂和助凝剂,使水中的油和悬浮物形成絮凝体,增大悬浮污泥活性,提高去除效率。压力除油器、污水沉降罐和悬浮污泥罐需要定期收油排泥,之后经污泥泵提升回收至油区;悬浮污泥罐过剩污泥排入污泥池内,之后经污泥泵提升与压力除油器和污水沉降罐污泥一同排入隔油池内,之后进入蒸发池。

2)塔二联采出水处理工艺

塔二联采出水处理系统于2010年10月建成投产,采用"大罐沉降+压力除油+一级过滤"处理工艺,设计处理规模为360m³/d。主要接收塔中4油田采出水及接收塔中62区块、塔中24~26区块、塔中82区块、塔中83区块的气田采出水。设计出水水质执行《碳酸盐岩注入水和回注水水质指标》(Q/SY TZ 0513—2017),设计出水水质:含油≤50mg/L,悬浮物≤80mg/L,粒径中值≤70μm。处理后采出水送至站外晒水池,之后通过提升泵、注水泵至注水单井减排回注。塔二联合站内采出水处理设备底部的排污、污泥和反冲洗水全部进入520m³泥水池,经泵提升排入站外污泥干化场。采出水处理工艺流程如图6-25所示。

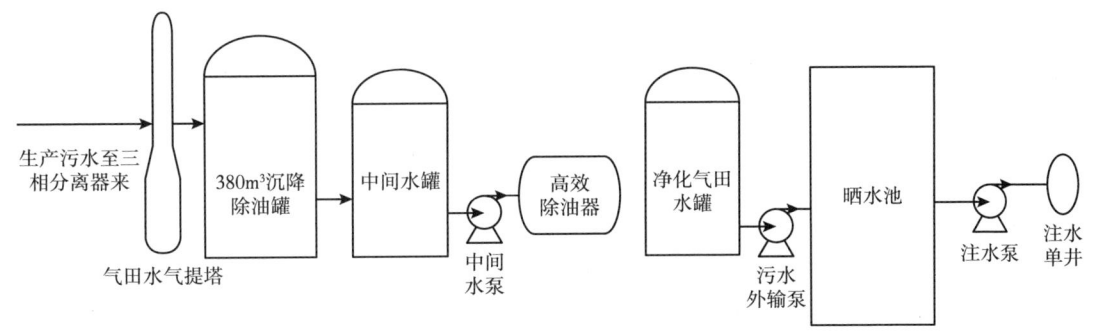

图6-25 塔二联采出水处理工艺流程图

3)塔三联采出水处理工艺

塔三联采出水处理系统于2014年9月建成投产,采用"压力除油+气浮+二级过滤"处理工艺,设计处理规模为720m³/d。设计出水水质执行《碳酸盐岩注入水和回注水水质指标》(Q/SY TZ 0513—2017),设计出水水质:含油≤50mg/L,悬浮物≤80mg/L,粒径中值≤70μm。处理后采出水前期排至生产污水蒸发池,后期用于回注。采出水处理工艺流程如图6-26所示。

由于塔三联进站采出水水量波动较大,并且采出水处理装置前段无调储设施,无法保证采出水处理装置连续平稳运行,使采出水处理装置出水水质严重超标。因此,在2016年对采出水处理系统进行了改造,采用"重力沉降+压力除油+气浮+二级过滤"处理工艺。在压力除油器前端增加2座700m³缓冲沉降罐,二级过滤后端增加1座500³注水罐和污水外输泵,处理后采出水减排回注。改造后处理规模为1400m³/d。塔三联合站内采出水装置底部的排污、污泥和反冲洗水全部进入20m³泥水罐,经泵提升排入站外蒸发池。改造后采出水处理工艺流程如图6-27所示。

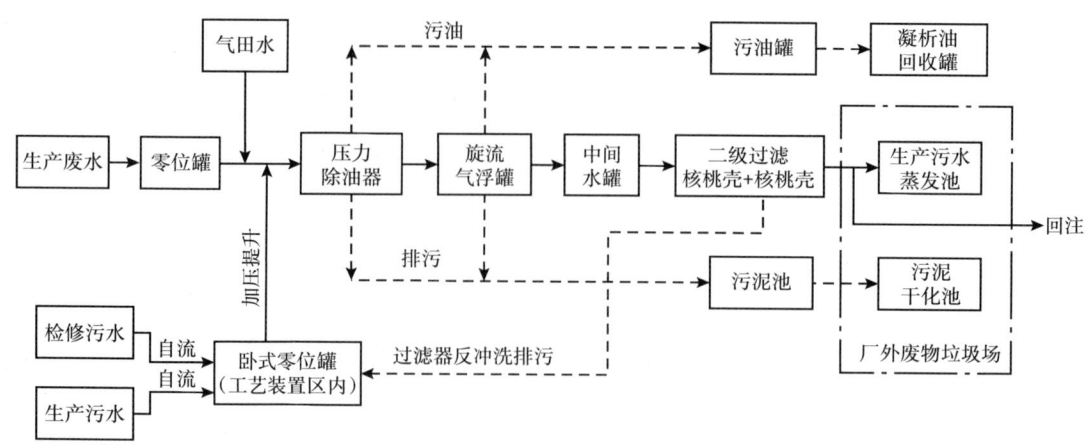

图 6-26 塔三联采出水处理工艺流程图

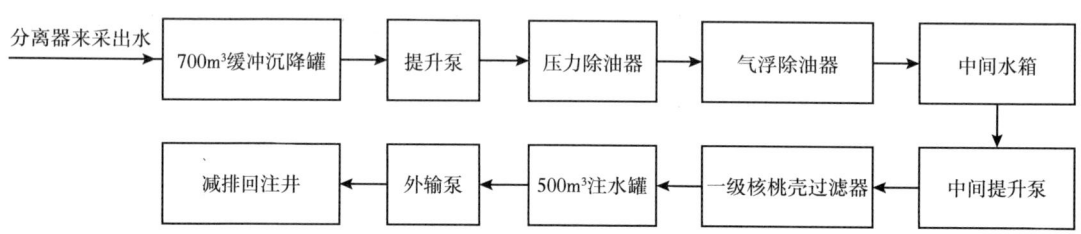

图 6-27 塔三联改造后采出水处理工艺流程图

4）塔中 40 集油站采出水处理工艺

塔中 40 集油站采出水处理系统于 2014 年建成投产，采用"大罐沉降＋二级过滤"处理工艺，设计处理规模为 $1000m^3/d$。设计出水水质：含油≤8mg/L，悬浮物≤8mg/L，粒径中值≤2μm。处理后采出水优先用于开发注水，多余采出水用于减排回注和调水至塔中 11 注水站。采出水处理工艺流程如图 6-28 所示。

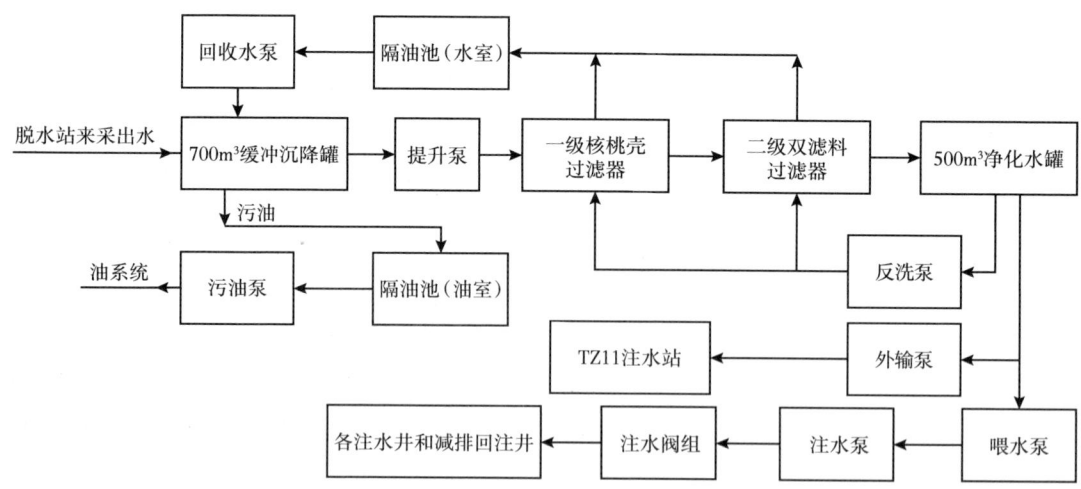

图 6-28 塔中 40 集油站采出水处理工艺流程图

5）塔中 161 计转站采出水处理工艺

塔中 161 计转站位于塔中 4 油田东端塔中 16 区块，塔中 161 计转站采出水处理系统于 2012 年 5 月建成投产，用于处理塔中 16 区块油田采出水并进行减排回注和注水井试注。采用"大罐沉降 + 一级核桃壳过滤"处理工艺，设计处理规模为 2000m³/d。站内一部分处理后的采出水用于生产注水（TZ16-12、TZ15-5 及 TZ16-31H 井），多余的水排至站外应急池（兼有隔油功能），水池内上清液经外输泵提升至 TZ58C 井、TZ162 和 ZS3 井减排回注。设计注水水质：含油≤15mg/L，悬浮物≤3mg/L，粒径中值≤2μm。采出水处理工艺流程如图 6-29 所示。

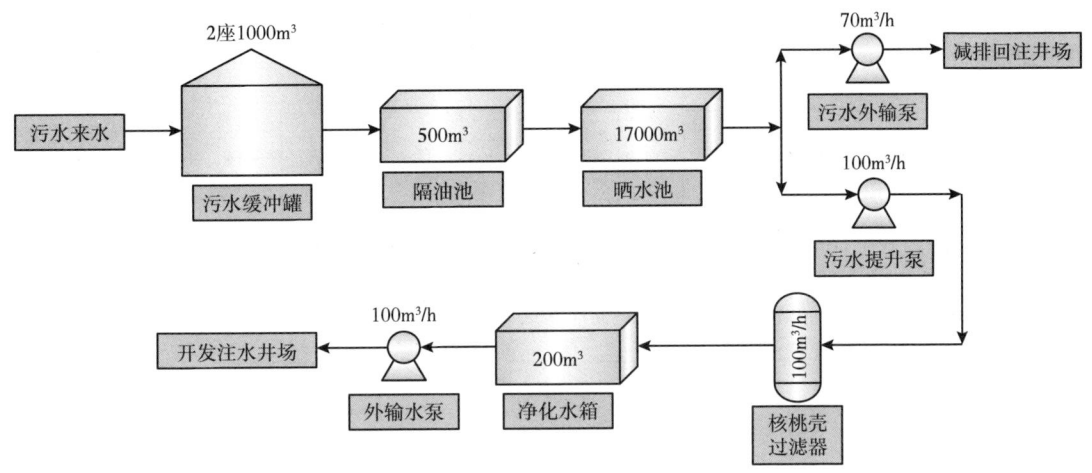

图 6-29　塔中 161 计转站采出水处理工艺流程图

分离器来液进入 2 座缓冲罐（1000m³），缓冲罐出水流至应急池（前端为隔油池，总容积 22000m³），缓冲罐顶部排油排至 700m³ 罐。应急池分别设有采出水提升泵和采出水外输泵。采出水提升泵增压输送至核桃壳过滤器，滤后出水进入净化水箱（200m³），水箱出水由注水泵增压输送至塔中 16 井区开发注水井。采出水外输泵直接从应急池吸水，提升至塔中 16 井区减排回注井场。并且采出水处理装置仅有一级核桃壳过滤器，过滤效果不佳。

**5. 克拉气田**

1）克拉 2 中央处理厂采出水处理工艺

克拉 2 中央处理厂采出水处理系统于 2004 建成投产，采用"压力除油 + 气浮 + 过滤"处理工艺，设计规模为 240m³/d，处理后的采出水排至蒸发池。克拉 2 中央处理厂采出水主要来自克拉 2 中央处理厂和克拉 2 第二处理厂产出的气田采出水，以及站内工艺装置正常生产排出的少量生产污水、装置检修水。随着采出水量的增加，原处理工艺及设备停用。改造后的流程为生产污水排入 1 座 20m³ 卧式埋地罐，罐出水经提升泵提升至 2 座 500m³ 气田水罐重力沉降；处理厂产出的气田水直接进入气田水罐；气田水罐出水经污水转输泵转输至站外蒸发池储存；蒸发池内污水通过外输泵提升外输至 KS2-2-9 注水井用于注水。

由于采出水处理系统规模及出水水质无法满足气田注水指标要求，2019 年在《克拉作业区绿色矿山建设隐患治理项目》中对克拉2中央处理厂采出水处理系统进行改造，采用"大罐沉降＋一级过滤"处理工艺，设计规模为500$m^3$/d，设计出水水质：含油≤30mg/L，悬浮物≤15mg/L，粒径中值≤8μm。主要设计内容为在已建气田水罐后新建双滤料过滤器1套、200$m^3$污水外输罐1座、200$m^3$反洗水回收罐1座、外输泵、反洗泵及污水回收泵各2台、新建水罐阀组间1座、利旧已建气田水处理用房1座。已建气田水处理用房室内的原油水分离器、喷射诱导气浮装置、含油污水过滤器等设备拆除。采出水处理工艺流程如图6-30所示。

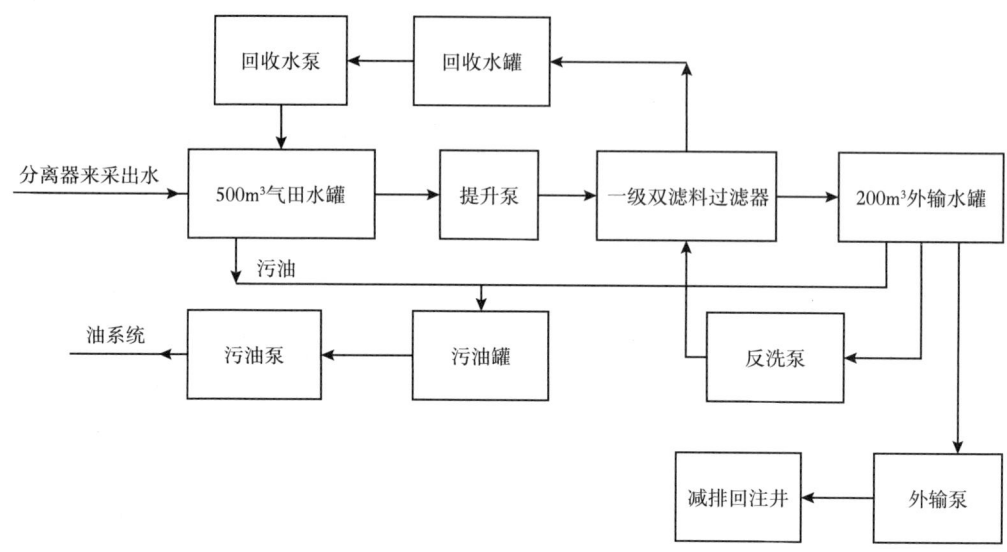

图6-30　克拉2中央处理厂采出水处理工艺流程图

2）克深天然气处理厂采出水处理工艺

克深天然气处理厂于2015年8月建成投产。站内采出水主要包括集气装置、凝析油处理装置、乙二醇再生及注醇装置分离出的水，化验室、空氮站、锅炉房排出的生产污水，以及工艺装置区场地冲洗及设备检修期的检修污水。采出水处理采用"大罐混凝沉降"处理工艺，设计规为500$m^3$/d。处理后的采出水排至蒸发池。

克深天然气处理厂所在区域为荒漠戈壁，生态环境敏感脆弱，处理后采出水排至蒸发池对周围的生态环境造成一定程度的影响，需要对采出水处理后进行回注。由于污水处理系统出水水质无法满足回注指标要求。2019年在《克深天然气处理厂采出水处理工程》中对克深天然气处理厂采出水处理系统进行改造。采用"大罐沉降＋气浮＋二级过滤"处理工艺，设计规模为500$m^3$/d，设计出水水质：含油≤30mg/L，悬浮物≤15mg/L，粒径中值≤8μm。采出水处理工艺流程如图6-31所示。

克深天然气处理厂采出水来水经投加絮凝剂之后进入1座1000$m^3$缓冲沉降罐，缓冲沉降罐对水质和水量进行调节的同时实现对油、悬浮物的初步去除；缓冲沉降罐出水经一级提升泵增压后进入1座1000$m^3$混凝沉降罐，一级提升泵进口投加pH调节剂，出口投加金属离子捕捉剂，经过与药剂的充分反应，水中的油、悬浮物和金属离子沉淀在混凝沉降罐中被去除；混凝沉降罐出水经二级提升泵增压后进入喷射气浮装置，进入装置前投加助凝剂，利用设置在装置底部的溶气泵出口形成的负压，将从底部通入的氮气剪切成大量且微小的气泡，气泡在上升过程中将相对密度较小的油、悬浮物携带至表面后形成浮渣排出；之后进入活性炭吸附装置，脱除水中的金属离子，进入装置前投加阻垢剂，以防止后续水处理设备和注水系统结垢；最后进入双滤料过滤器，保障出水的悬浮物和粒径中值指标，处理合格后的采出水最终进入 1 座 300m³ 的注水罐。

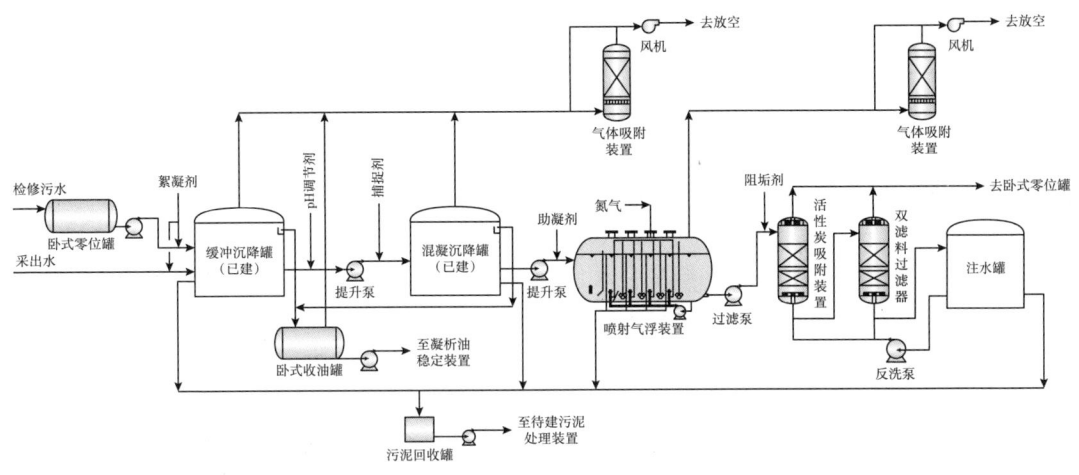

图 6-31 克深天然气处理厂采出水处理工艺流程图

缓冲沉降罐、混凝沉降罐和注水罐的溢流和放空水，活性炭吸附装置和双滤料过滤器的放空水，配药箱和加药箱的溢流水，以及采出水处理用房用水器具排水均为重力流排水，经暗管收集后排入 2 座卧式零位罐。反洗泵从注水罐中吸水，分别对活性炭吸附装置和双滤料过滤器进行反冲洗，对喷射气浮装置的排浮渣管线进行冲洗。活性炭吸附装置和双滤料过滤器的反冲洗排水为压力流排水，直接进入缓冲沉降罐进行处理。缓冲沉降罐和混凝沉降罐上层浮油经收油槽收集后重力排入卧式收油罐，之后经污油泵提升进入站内凝析油稳定装置。缓冲沉降罐、混凝沉降罐、卧式零位罐、卧式收油罐、污泥回收池内部产生的气体由引风机经管道收集后进入 1 套气体吸附装置对气体中的杂质进行去除，同时将卧式零位罐、卧式收油罐顶部的呼吸阀拆除。喷射气浮装置内部产生的气体由引风机经管道收集后进入 1 套气体吸附装置对气体中的杂质进行去除，以使放空气满足《环境空气质量标准》（GB 3095—2012）后排入大气。缓冲沉降罐、混凝沉降罐和注水罐底泥经穿孔管收集后重力排入污泥回收池，喷射气浮装置产生的浮渣重力排入污泥回收池，之后经污泥提升泵提升进入待建的污泥处理装置。

### 6. 迪那气田

1）迪那处理厂采出水处理工艺

迪那处理厂采出水处理站于 2009 年 6 月建成投产，采用"大罐沉降 + 水力旋流 + 压力除油 + 二级过滤"处理工艺，设计规模为 720m³/d。分期建设，一期建成规模 360m³/d，设计出水水质：含油 ≤ 10mg/L，悬浮物 ≤ 150mg/L，出水达到国家《污水综合排放标准》（GB 8978—1996）的二级标准。处理后的采出水排至蒸发池蒸发处理。采出水处理工艺流程如图 6-32 所示。

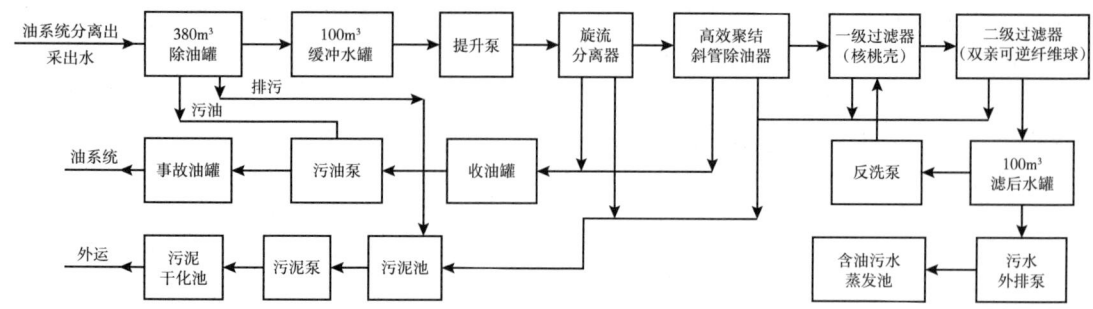

图 6-32 迪那处理厂采出水处理工艺流程图

迪那处理厂化验室转输来污水、检修污水及空氮站排污水进入 50m³ 卧式零位罐暂存，经加压提升后与气田采出水一并进入 380m³ 立式除油罐重力自然除油，出水经 100m³ 缓冲水罐收集后，再经泵加压提升至全自动旋流油水分离器。滤后水进入 100m³ 滤后水罐暂存，最后由污水外排泵加压外排至含油污水蒸发池或事故池。

采出水系统中所有除油设备分离出来的油储存于 100m³ 收油罐中，再由油泵提升到事故油罐中处理回收；采出水处理过程中产生的污泥及检修污水，储存于污泥池中，再由污泥泵加压外排至厂外污泥干化池。并且定期由污水外排泵抽取滤后水罐的水对污泥管道进行反冲洗。

2）牙哈 7 低压集气站采出水处理工艺

牙哈 7 低压集气站采出水处理站于 2018 年 4 月投产使用，采用"大罐沉降＋一级过滤"处理工艺，设计规模为 2000m³/d。设计出水水质：含油 ≤ 30mg/L，悬浮物 ≤ 15mg/L，粒径中值 ≤ 8μm，满足《气田水回注方法》（SY/T 6596）推荐指标，处理后采出水用于减排回注。采出水处理工艺流程如图 6-33 所示。

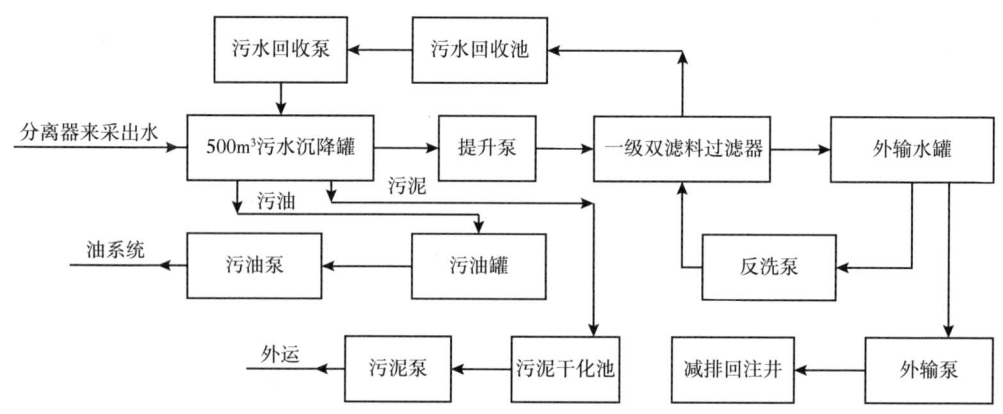

图 6-33 牙哈 7 低压集气站采出水处理工艺流程图

牙哈集中处理站来采出水、牙哈 7 低压集气站来采出水及井场卸水首先进入污水缓冲沉降罐，进行水量水质调节。在缓冲沉降罐进水投加除油剂及混凝剂，去除水中部分油和悬浮物。缓冲沉降罐出水经提升泵提升进入一级双滤料过滤器，出水进入已建外输罐，通过外输泵外输去各回注井井场。

#### 7. 英买力气田

1）英买力处理厂采出水处理工艺

英买力处理厂采出水处理站于2007年4月建成投产，采用"大罐沉降+压力除油+一级过滤"处理工艺，原设计规模为1400m³/d。分期建设，一期建成规模700m³/d，其中水罐及加药装置一次建成，压力除油器、过滤器和水泵分期建设。设计出水水质：含油≤20mg/L，悬浮物≤7mg/L，粒径中值≤3.5μm。处理后采出水用于减排回注。采出水处理工艺流程如图6-34所示。

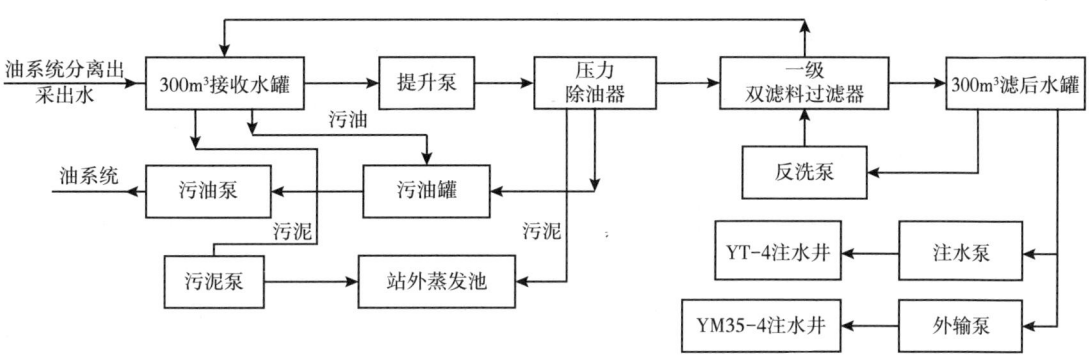

图6-34 英买力处理厂采出水处理工艺流程图

英买力处理厂站内的原油脱出的含油污水首先进入接收水罐，沉降处理后经升压泵进入压力除油器，出水利用余压直接进入双滤料高效过滤器，滤后水进入滤后水罐，一部分采出水通过高压注水系统回注YT-4井，剩余污水通过污水外输泵低压输送至YM35-4井。

2）英潜联合站采出水处理工艺

英潜联合站采出水处理站于2012年5月建成投产，采用"大罐沉降+压力除油+一级过滤"处理工艺，原设计规模为3000m³/d。设计出水水质：含油≤20mg/L，悬浮物≤7mg/L，粒径中值≤3.5μm。处理后采出水用于减排回注。采出水处理工艺流程如图6-35所示。

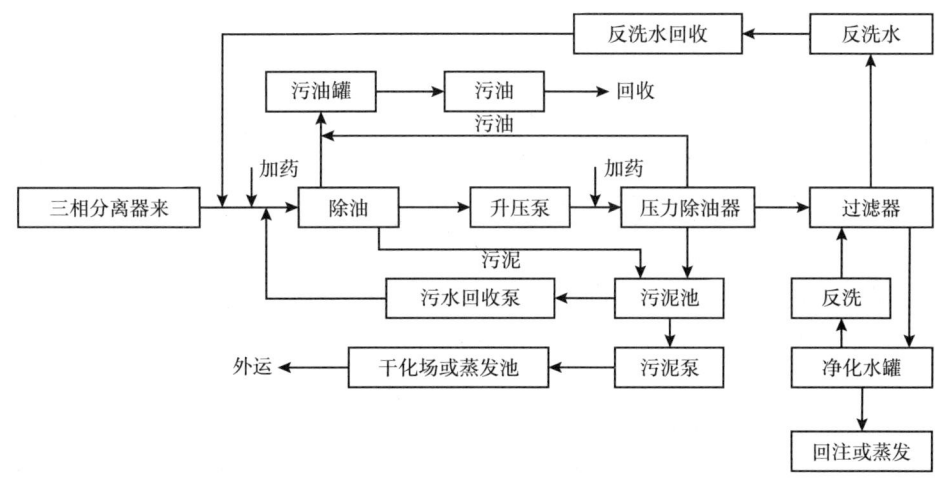

图6-35 英潜联合站采出水处理工艺流程图

3）玉东 6 转油站采出水处理工艺

玉东 6 转油站采出水处理站于 2020 年 6 月建成，采用"大罐沉降 + 压力除油 + 二级过滤"处理工艺，设计规模为 1000m³/d。设计出水水质：含油≤ 15mg/L，悬浮物≤ 5mg/L，粒径中值≤ 3μm。处理后采出水用于注水。采出水处理工艺流程如图 6-36 所示。

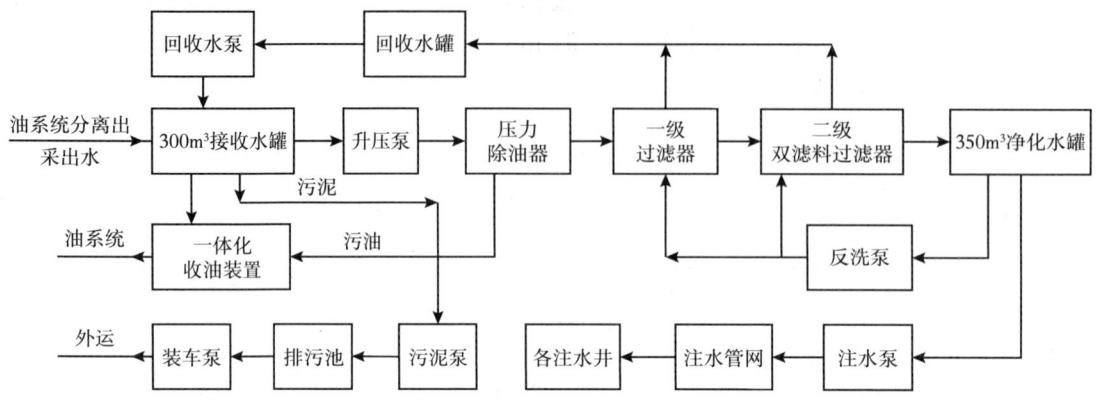

图 6-36　玉东 6 转油站采出水处理工艺流程图

玉东 6 转油站内三相分离器脱出水利用余压首先进入接收水罐沉降处理后经升压泵进入压力除油器，出水利用余压直接进入两级双滤料过滤器，滤后水进入净化水罐，处理后净化污水经高压注水泵增压，通过注水系统回注。

**8. 大宛齐油田**

大宛齐联合站采出水处理系统于 1997 年 4 月建成投产，采用"大罐沉降"工艺。2015 年大宛齐油田地面建设对采出水处理系统进行改造，改造后采用"大罐沉降 + 一级过滤"处理工艺，设计规模为 3300m³/d。设计出水水质：含油≤ 10mg/L，悬浮物≤ 5mg/L，粒径中值≤ 3μm（大宛齐油田地面建设工程），处理后的采出水用于注水开发和减排回注。采出水处理工艺流程如图 6-37 所示。

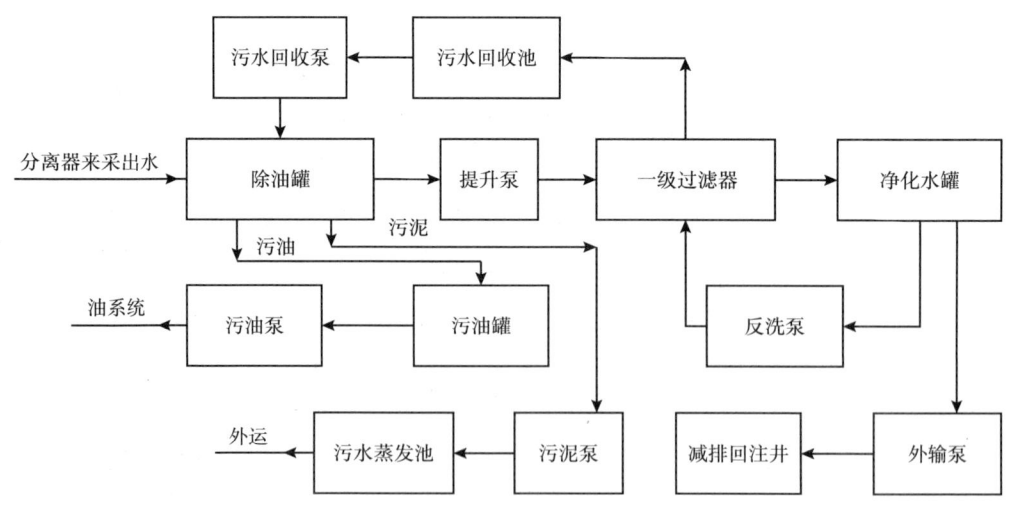

图 6-37　大宛齐联合站采出水处理工艺流程图

三相分离器来水进入除油罐,之后经提升泵提升至过滤器进行过滤,滤后水进入净化水罐暂存,经注水系统回注于地层中。除油罐定期进行收油排砂,污油回收至油区处理,污泥通过蒸发或干化脱水减量后外运处理。过滤器定时反洗后污水进入反洗水罐,通过反洗水回收泵提升至除油器前端与采出水一同处理。

### 9. 大北气田

大北处理厂采出水处理系统于 2014 年 7 月建成投产,采用"大罐沉降"工艺,设计规模为 360m³/d,处理后的采出水拉运至克深处理厂蒸发池。

2018 年对大北处理厂采出水处理系统进行改造,采用"大罐沉降+一级过滤"处理工艺,设计规模为 1000m³/d。设计出水水质:含油≤30mg/L,悬浮物≤15mg/L,粒径中值≤8μm。处理后采出水用于大北 305 井减排回注。采出水处理工艺流程如图 6-38 所示。

正常生产污水、检修污水排入 2 座 50m³ 卧式零位罐,化验室污水排入提升池,经过转输泵加压后也进入 2 座 50m³ 卧式零位罐。零位罐出水经过提升泵提升后进入 2 座 500m³ 污水沉降罐重力沉降。气田水来自三相分离器,利用余压直接进入污水沉降罐。污水沉降罐出水经过提升泵提升后经过站内新建的过滤器,出水进入新建注水罐,由外输泵低压输送至大北 305 井,在井口增压减排回注。

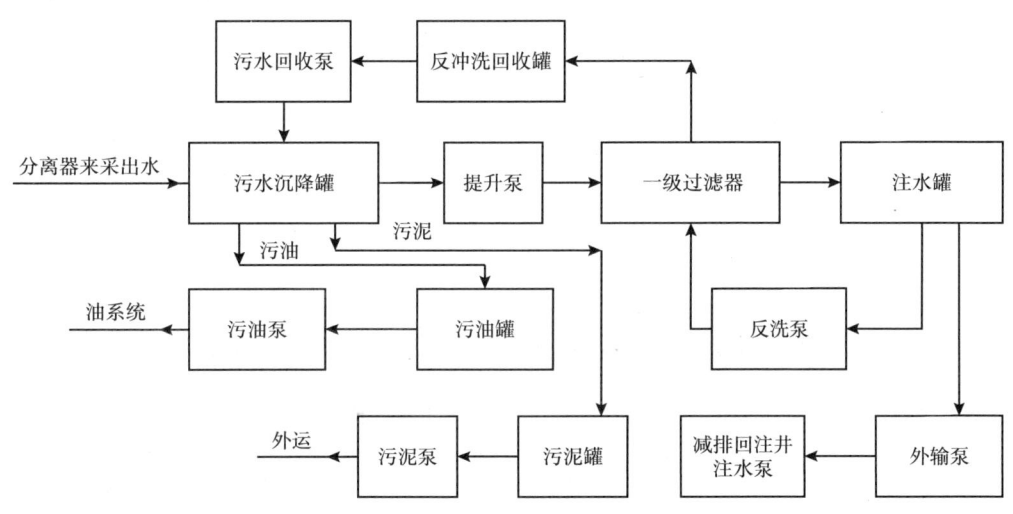

图 6-38 大北处理厂采出水处理工艺流程图

### 10. 和田河气田

和田河处理厂采出水处理站于 2013 年 12 月建成投产,采用"压力除油+旋流气浮+二级过滤"处理工艺,设计规模为 360m³/d。处理后水质达到国家《污水综合排放标准》(GB 8978—1996)的二级标准,设计出水水质:含油≤10mg/L,悬浮物≤150mg/L,处理后的采出水排至蒸发池。采出水处理工艺流程如图 6-39 所示。

厂区污水包括生产污水、检修污水进入卧式零位罐后,用泵提升,气田水带压进入高效聚结斜管除油器,利用粗粒化原理及浅池理论,采用压力式密闭运行,去除细小油珠和固体小颗粒,之后进入旋流气浮装置。溶气泵抽取气浮装置的一小部分出水和设备上部的氮气作为气浮用气,经溶气泵剪切混合成微气泡引入气浮罐内与采出水进行混合,与水中油和悬浮物发生接触和黏附形成含气聚集物浮于水面，通过收油装置收集浮油，气浮装置出水进入中间水罐，再经中间提升泵增压至两级核桃壳过滤器过滤，出水排至站外生产污水蒸发池。压力除油器和旋流气浮装置的污油经污油罐储存，由污油泵回收至油区处理；排泥进入泥水罐储存，经泥水外排泵提升至污泥干化场，脱水减量后外运。过滤器定时进行反洗，反洗泵从中间水罐抽水，反洗后污水直接回收至卧式零位罐与采出水一同进行处理。

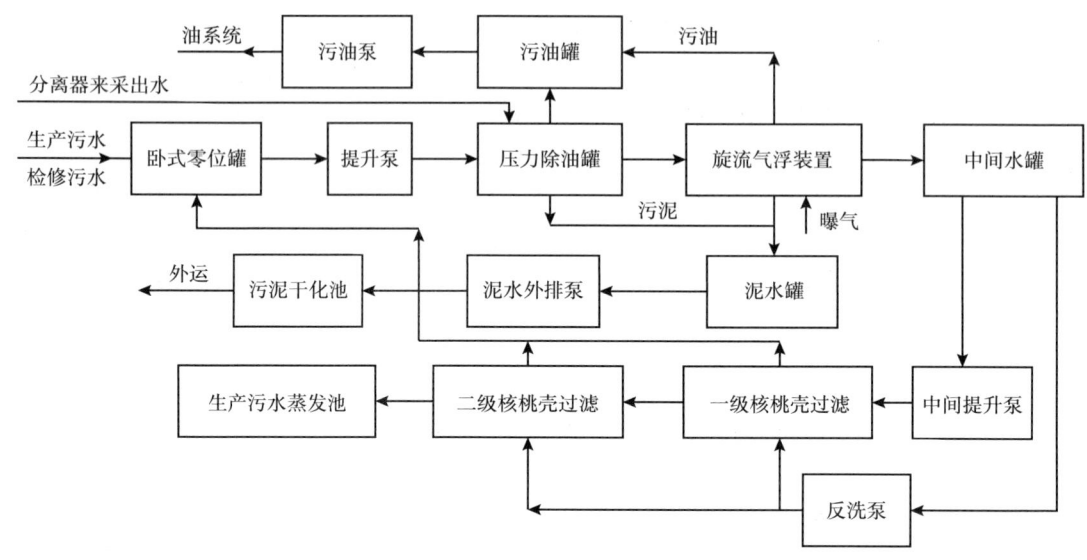

图 6-39　和田河处理厂采出水处理工艺流程图

## 第四节　采出水处理工艺适应性分析

根据对各油气田各站场调研及运行摸排，采出水处理系统现状归纳总结见表 6-9。

表 6-9　油气田采出水处理系统现状统计表

| 序号 | 油气田名称 | 处理站场 | 采出水处理工艺 | 装置规模/（m³/d） | 采出水出路 |
|---|---|---|---|---|---|
| 1 | 轮南油气田 | 轮一联合站（老） | 大罐沉降+压力除油+二级过滤 | 5000 | 注水和回注 |
| 2 | | 轮一联合站（新） | 大罐沉降+压力除油+二级过滤 | 6000 | 注水和回注 |
| 3 | | 桑南站 | 大罐沉降+一级过滤 | 3600 | 注水和回注 |
| 4 | | 解放渠东转油站 | 大罐沉降+二级过滤 | 3000 | 注水和回注 |
| 5 | | 轮三联 | 大罐沉降 | 1100 | 减排回注 |
| 6 | 东河油田 | 东一联合站 | 大罐沉降+水力旋流+二级过滤 | 3000 | 注水 |
| 7 | | 哈六联 | 大罐沉降+压力除油+一级过滤 | 3000 | 减排回注 |

续表

| 序号 | 油气田名称 | 处理站场 | 采出水处理工艺 | 装置规模/（m³/d） | 采出水出路 |
|---|---|---|---|---|---|
| 8 | 哈得油田 | 哈一联合站 | 大罐沉降+压力除油+二级过滤 | 5000 | 注水 |
| 9 | | 哈四联合站 | 大罐沉降+压力除油+二级过滤 | 5000 | 注水 |
| 10 | 塔中油气田 | 塔一联合站 | 压力除油+大罐沉降+悬浮污泥 | 5000 | 注水和回注 |
| 11 | | 塔二联合站 | 大罐沉降+压力除油+一级过滤 | 360 | 减排回注 |
| 12 | | 塔三联合站 | 大罐沉降+压力除油+气浮+二级过滤 | 1400 | 减排回注 |
| 13 | | 塔中40集油站 | 大罐沉降+二级过滤 | 1000 | 注水和回注 |
| 14 | | 塔中161计转站 | 大罐沉降+一级过滤 | 2000 | 注水和回注 |
| 15 | 克拉气田 | 克拉中央处理厂 | 大罐沉降+一级过滤 | 500 | 减排回注 |
| 16 | | 克深天然气处理厂 | 大罐沉降+气浮+二级过滤 | 500 | 减排回注 |
| 17 | 迪那气田 | 迪那处理厂 | 大罐沉降+水力旋流+压力除油+二级过滤 | 360 | 注水 |
| 18 | | 牙哈7低压集气站 | 大罐沉降+一级过滤 | 2000 | 减排回注 |
| 19 | 英买力油气田 | 英买力处理厂 | 大罐沉降+压力除油+一级过滤 | 1200 | 注水和回注 |
| 20 | | 英潜联合站 | 大罐沉降+压力除油+一级过滤 | 3000 | 减排回注 |
| 21 | | 玉东6转油站 | 大罐沉降+压力除油+二级过滤 | 1000 | 注水 |
| 22 | 大宛齐油田 | 大宛齐联合站 | 大罐沉降+一级过滤 | 3300 | 注水和回注 |
| 23 | 大北气田 | 大北处理厂 | 大罐沉降+一级过滤 | 1000 | 减排回注 |
| 24 | 和田河气田 | 和田河处理厂 | 压力除油+旋流气浮+二级过滤 | 360 | 排至蒸发池 |

由表6-9可以看出，塔里木油田公司采出水处理工艺技术主要分为以下七类。

## 一、"大罐沉降+一级过滤"处理工艺

"大罐沉降+一级过滤"处理工艺主要在桑南站、塔中161计转站、克拉中央处理厂、牙哈7低压集气站、大宛齐联合站和大北处理厂共6座站场应用，所占比例为25%。

此工艺中大罐沉降具有较强的抗水量、水质的冲击能力；采出水在大罐内停留时间较长，能除去大部分的浮油及分散油。当来水中油珠颗粒较小，乳化油较多时，除油效率较低。早期的重力沉降除油罐未设置排泥设施，罐底积累了大量的含油污泥，需要定期对大罐进行清扫排污。但近年来，通过穿孔管或强排泥设备，基本上解决了排泥问题。因此，重力除油设备（重力除油罐、混凝沉降罐）虽然存在占地面积较大，投资较高的缺点，但其具有抗负荷冲击能力强、适应性强、管理方便的优点，仍是常规稀油采出水处理的主要设备。

此处理工艺控制悬浮物能力较差，塔中161计转站现有的采出水处理系统仅有一级核桃壳过滤器，过滤效果不佳，出水悬浮物固体含量超标，无法满足地质注水要求。

因此"大罐沉降 + 一级过滤"处理工艺适应于水质特性中采出水黏度低、油水密度差大、来水含油较少、对悬浮物控制指标较宽松的碳酸盐岩注水和减排回注。

## 二、"大罐沉降 + 二级过滤"处理工艺

"大罐沉降 + 二级过滤"处理工艺主要在解放渠东转油站和塔中40集油站共2座站场应用，所占比例为8%。

两级过滤的目的是滤除较小的悬浮物颗粒，是水质最后的把关设备。目前的两级过滤工艺，一般采用核桃壳过滤器为一次过滤设备，双滤料过滤器为二次过滤设备。核桃壳滤罐滤速高，除油效果较好，但控制悬浮物能力较差。二级过滤一般采用双滤料过滤器，双层滤料一般为无烟煤和石英砂或石英砂和磁铁矿，双滤料过滤器去除悬浮物效果较好。

"大罐沉降 + 二级过滤"处理工艺适应于水质特性中采出水黏度低、油水密度差大、来水含油较少、水量波动较小的条件。

## 三、"大罐沉降 + 压力除油 + 二级过滤"处理工艺

"大罐沉降 + 压力除油 + 二级过滤"处理工艺主要在轮一联合站（老采出水处理站）、轮一联合站（新采出水处理站）、东一联合站、哈六联、哈一联合站、哈四联合站、塔二联合站、英买力处理厂、英潜联合站和玉东6转油站共10座站场应用，所占比例为41.7%。

"大罐沉降 + 压力除油 + 二级过滤"工艺在塔里木油田是主要的采出水处理工艺。采用压力除油和过滤压力式密闭流程，可以充分利用上一级的压力能量，同时避免采出水处理过程中大气中的氧气进入，两级过滤可以确保注入水悬浮物含量不超标，处理后采出水基本满足注水水质的要求。

压力除油提高除油构筑物单位处理能力，实现密闭除油工艺，提高了除油效率。在塔里木油田使用最普遍的是斜管除油器，斜管除油器是基于颗粒化学除油理论和浅池理论原理设计。内设三段由粗到精的油水分离区，采出水经配水后，先进入预分离区，将0.06mm以上的油粒首先分离出来，同时沉降固体杂质和泥沙，进入聚结区，一部分油滴上浮分离，一部分进入斜板区，由斜板区把聚结变大的油滴进一步分离出来，其除油效率较高。轮南、哈得、英买力采出水处理应用斜管除油器。

水力旋流除油设备靠离心力将油、水分离，但要求流量稳定，对悬浮物和粒径小的乳化油去除率很低。东一联合站采用的旋流反应器实际运行除油效果不明显，应用后反而增加了泥量。采出水处理系统经改造后前段增加了5000m$^3$接收罐，该罐除油效果较好，目前已经停用了水力旋流除油器。因此，水力旋流除油器抗冲击负荷能力差，悬浮固体去除效果一般，不能去除乳化油，一般不推荐使用。

过滤设备中的改性纤维球过滤器，从目前油田实际使用情况来看，改性纤维球过滤器对固体悬浮物的去除效果较好。但在除油方面，对进装置的采出水中的含油量仍需严格控制。要在该设备前设置核桃壳过滤器，实际应用中将改性纤维球过滤器进水含油量控制在30mg/L以下为好。

由于采出水中含油、沥青和胶质含量较高，纤维球过滤器滤料容易出现污染及板结。轮一联合站新采出水处理站原设计二级过滤采用悬挂式双亲可逆纤维过滤器，由于该纤维

# 第六章 采出水处理标准化工艺

过滤器不适应轮南采出水的处理要求，采出水处理站实际处理后水质无法满足注水水质指标要求，主要是悬浮物固体含量超标。因此在改造中将纤维过滤器更换为双滤料过滤器。因此，对于改性纤维球过滤器选择时应慎重。

### 四、"大罐沉降+气浮+二级过滤"处理工艺

"大罐沉降+气浮+二级过滤"处理工艺主要在克深天然气处理厂 1 座站场应用，所占比例为 4.2%。

气浮设备具有抗负荷冲击，除油、悬浮固体效率高，停留时间短的优点，适用于油水密度小，油乳化较严重的采出水，特别对于稠油、超稠油、化学驱采出水更为适用，对于高矿化度采出水，使用空气气浮增加了水中氧含量，后续会对注水管网、井下管柱造成腐蚀，故溶气介质不应采用空气，宜采用氮气气源。

克深天然气处理厂采出水装置在运行过程中发现克深气田水水质出现乳化现象，而且来水水质不稳定。设计出水水质：含油≤500mg/L，悬浮物≤500mg/L，投产运行后经化验沉降罐进水含油最高达 2350mg/L，悬浮物最高达 1920mg/L。原水水质较差导致一体化采出水处理装置出水悬浮物严重超标。

对水质不达标原因进行分析，原水中悬浮物、悬浮固体、石油类严重超出设计指标值，原水乳化严重是造成水质不达标的重要原因。气田水产生乳化现象的主要原因是在油气开采时，凝析油和气田水形成混合物流出井口，溶解在混合物中的气体会析出和膨胀，对油、水形成剧烈的搅拌，造成气田水乳化，由于油水乳化直接导致悬浮物和石油类等物质难以去除，与原设计的采出水处理装置进水水质发生了变化；现场多次反复对气田采出水进行了试验，得知，需对气田采出水进行破乳和调节 pH 值处理，才能达到预期的设计出水水质要求。

2020 年对采出水处理系统进行变更设计，在沉降罐前端增设破乳加药装置和高效油水泥分离器装置，目前变更后的采出水处理系统装置出水水质达标，装置运行良好。

### 五、"大罐沉降+水力旋流+压力除油+二级过滤"处理工艺

"大罐沉降+水力旋流+压力除油+二级过滤"处理工艺在迪那处理厂 1 座站场应用，所占比例为 4.2%。

该处理工艺采用两级除油，并且采用水力旋流，水力旋流系统操作条件要求高，系统稳定性差，不能适应现场来液波动大且抗冲击负荷能力差，不适宜塔里木油田采出水处理实际，一般不推荐使用。

### 六、"压力除油+旋流气浮+二级过滤"处理工艺

"压力除油+旋流气浮+二级过滤"处理工艺在塔三联合站和和田河处理厂共 2 座站场应用，所占比例为 8.3%。

该处理流程采出水来水直接进入压力除油，前段无调储设施，水质处理系统除油不够充分，悬浮物絮凝沉降不够彻底，导致后续过滤系统处理负荷过大。

塔三联采出水处理站原设计采用"压力除油+气浮+二级过滤"处理工艺。由于塔三联进站采出水水量波动较大，并且采出水处理装置前段无调储设施，无法保证采出水处理

装置连续平稳运行,使采出水处理装置出水水质严重超标。因此,在2016年对采出水处理系统进行改造,在压力除油器前端增加2座700m³缓冲沉降罐,加大了来水沉降缓冲时间,使后续处理段运行平稳,极大地改善了水质处理效果。

### 七、"压力除油 + 大罐沉降 + 悬浮污泥"处理工艺

"压力除油 + 大罐沉降 + 悬浮污泥"处理工艺在塔一联合站1座站场应用,所占比例为4.2%。

悬浮污泥过滤工艺没有滤料的污染和更换问题,在保证水质的前提下,节约了滤料更换和再生的费用,操作维修。但悬浮污泥过滤工艺是依靠精密的污泥层进行过滤,水量、水质的冲击影响较大,对来水水质、水量的稳定性要求较高;投加药剂较多,产生污泥量多,运行成本较高。因此,该工艺适用于来水水量、水质变化小且经药剂筛选所需药剂费用低的采出水。

塔一联污水处理系统于2011年改造投产,单阀滤罐是利用SSF悬浮污泥罐内部处理后水依靠水头压差自动进行反冲洗,由于SSF悬浮污泥罐与单阀滤罐静压差只有2m,导致单阀滤罐滤料反冲洗效果差,出水水质一直不达标。并且塔一联采出水矿化度高,Fe离子含量高,Cl离子含量高,腐蚀性强。导致SSF悬浮污泥罐内件腐蚀严重,罐壁因腐蚀多次出现穿孔刺漏。

塔一联通过筛选药剂、前端控制、悬浮污泥罐及注水罐增加顶部氮封隔氧、调节采出水pH值等措施,并对SSF悬浮污泥罐内壁、污泥收集桶、污泥浓缩室及絮凝反应室等内部构件均采用内衬环氧玻璃钢防腐,更换玻璃钢斜板,提高了防腐性能。经改造后出水水质大为改善。

## 第五节　标准化采出水处理工艺

### 一、地质注水水处理工艺

通过上述各站采出水处理分析,塔里木油田采出水油水密度差大,原水条件有利于沉降、油水分离,可选用缓冲沉降罐除油。同时为避免采出水波动的影响,可适当放大原水缓冲沉降罐容积。

塔里木油田各区块主要是碎屑岩油藏(中、低渗透区块)和碳酸盐岩油藏,因此,对于出路为地质注水的采出水处理工艺推荐采用"大罐沉降 + 压力除油 + 过滤"为主要工艺流程。大罐沉降的预处理方式,延长来水沉降缓冲时间,同时避免了采出水波动的影响,使后续处理段运行平稳,极大地改善了水质处理效果,比较适合塔里木油田采出水处理实际情况。后段采用过滤的压力式密闭流程,辅助加药、反冲洗、收油等系统,处理后采出水基本满足地质注水水质的要求。

**1. 碎屑岩油藏中渗透区块标准化采出水工艺流程推荐**

1)设计水质

原水水质:采出水处理站原水水质参考三相分离器常规出水指标,

含油量:≤1000mg/L;悬浮固体含量:≤300mg/L。

出水水质：含油量：≤15mg/L；悬浮固体含量：≤5mg/L；悬浮固体颗粒直径中值：≤3μm。

2）主工艺流程

采出水处理工艺为"大罐沉降+压力除油+二级过滤"，出水水质满足碎屑岩油藏中渗透区块注水水质要求。采出水处理工艺流程框图如图6-40所示。

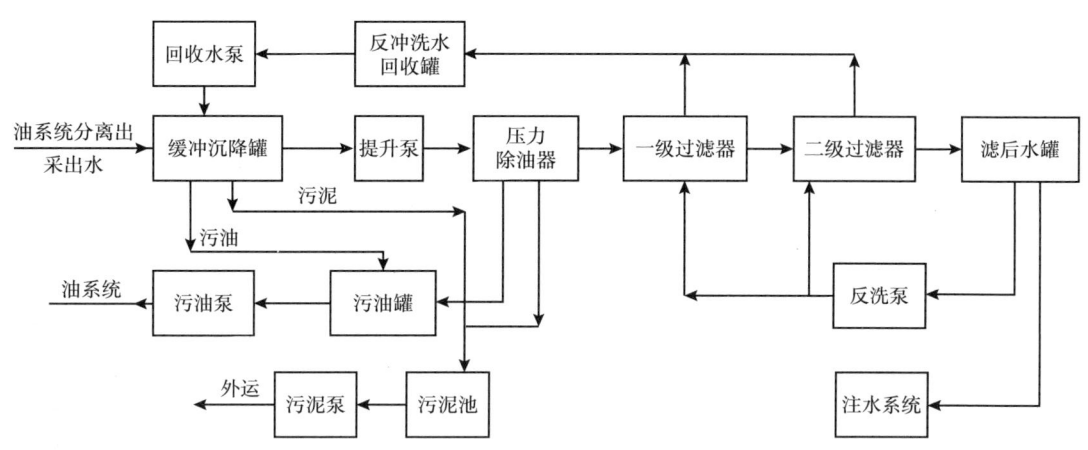

图6-40 "大罐沉降+压力除油+二级过滤"标准化工艺流程框图

站内三相分离器脱出水利用余压首先进入缓冲沉降罐，沉降处理后经提升泵进入压力除油器，出水利用余压直接进入两级双滤料过滤器，滤后水进入滤后水罐，处理后的采出水通过注水系统回注。

3）辅助工艺流程

（1）反洗流程：滤后水罐 → 反洗泵 → 双滤料过滤器。

反洗泵从滤后水罐吸水，加压后对双滤料过滤器进行反洗。为保证反洗质量，反洗泵宜设变频器，对过滤器进行变强度反洗。

（2）反洗水及污水回收工艺：反洗水回收罐 → 污水回收泵 → 缓冲沉降罐。

过滤器放空水及反洗水排入反冲洗水回收罐，而后经过污水回收水泵提升后进入缓冲沉降罐。

（3）污油回收工艺：缓冲沉降罐浮油 → 污油罐 → 污油泵 → 原油系统。

缓冲沉降罐（反冲洗水回收罐、滤后水罐）浮油根据油层厚度定期排油，污油重力流入一体化污油回收装置储油罐内；压力除油器上部的污油利用余压进入污油回收装置的储油罐，储油罐内的污油定期由污油泵回收至站内原油系统。

（4）污泥回收及脱水工艺。

缓冲沉降罐罐底污泥通过污泥泵抽至污泥池，压力除油器底部污泥利用余压排至污泥池，污泥池含水污泥定期由池内污泥泵提升装车外运处理。

（5）加药流程。

针对采出水处理站来水水质特点及处理工艺流程，在缓冲沉降罐前投加除油剂及混凝剂，强化去除水中的油和悬浮物。根据该种水质对设备和管道的腐蚀结垢情况，选择性投加阻垢剂、缓蚀剂等。在双滤料过滤器反冲洗时投加滤料清洗剂。

（6）事故流程。

各主要处理设施均设有跨越流程，当某一处理设施出现事故时，打开跨越管线阀门，越过事故设施。

**2. 碎屑岩油藏低渗透区块标准化采出水工艺流程推荐**

1）设计水质

出水水质：含油量：≤8mg/L；悬浮固体含量：≤3mg/L；悬浮固体颗粒直径中值：≤2μm。

2）主工艺流程

采出水处理工艺为"大罐沉降＋压力除油＋二级过滤＋硅藻土预涂膜过滤"，出水水质满足碎屑岩油藏低渗透区块注水水质要求。采出水处理工艺流程框图如图6-41所示。

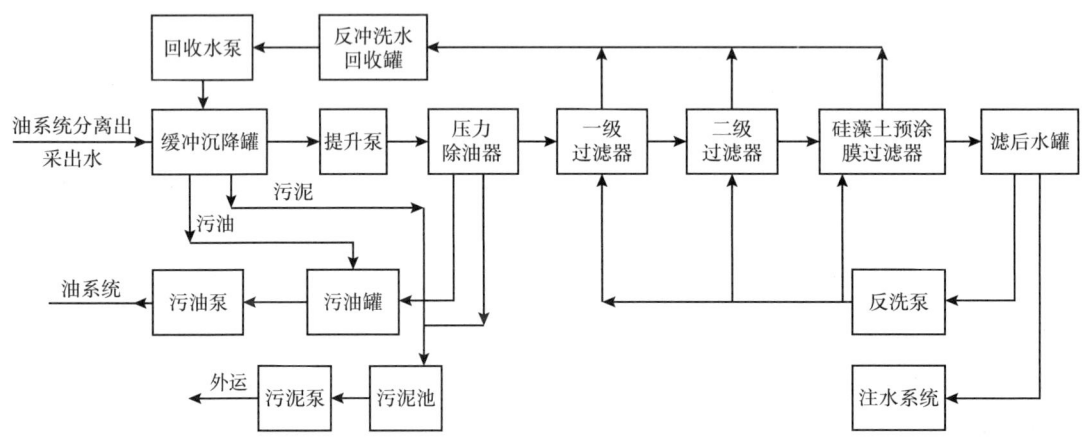

图6-41　"大罐沉降＋压力除油＋二级过滤＋硅藻土预涂膜过滤"标准化工艺流程框图

站内三相分离器脱出水利用余压首先进入缓冲沉降罐，沉降处理后经提升泵进入压力除油器，出水利用余压直接进入两级双滤料过滤器，两级双滤料出水进入硅藻土预涂膜过滤器，滤后水进入滤后水罐，处理后的采出水通过注水系统回注。

3）辅助工艺流程

反洗流程：滤后水罐 → 反洗泵 → 过滤器。

反洗泵从滤后水罐吸水，加压后对过滤器进行反洗。为保证反洗质量，反洗泵宜设变频器，对过滤器进行变强度反洗。

其余辅助流程，如反洗水及污水回收工艺、污油回收工艺、污泥回收及脱水工艺、加药流程、事故流程等，均与上文"碎屑岩油藏中渗透区块标准化采出水工艺流程"一致，不再赘述。

**3. 碳酸盐岩油藏标准化采出水工艺流程推荐**

1）设计水质

出水水质：含油量：≤50mg/L；悬浮固体含量：≤80mg/L；悬浮固体颗粒直径中值：≤70μm。

2）主工艺流程

采出水处理工艺为"一级沉降＋一级过滤"，出水水质满足碳酸盐岩油藏区块注水水质要求。采出水处理工艺流程框图如图 6-42 所示。

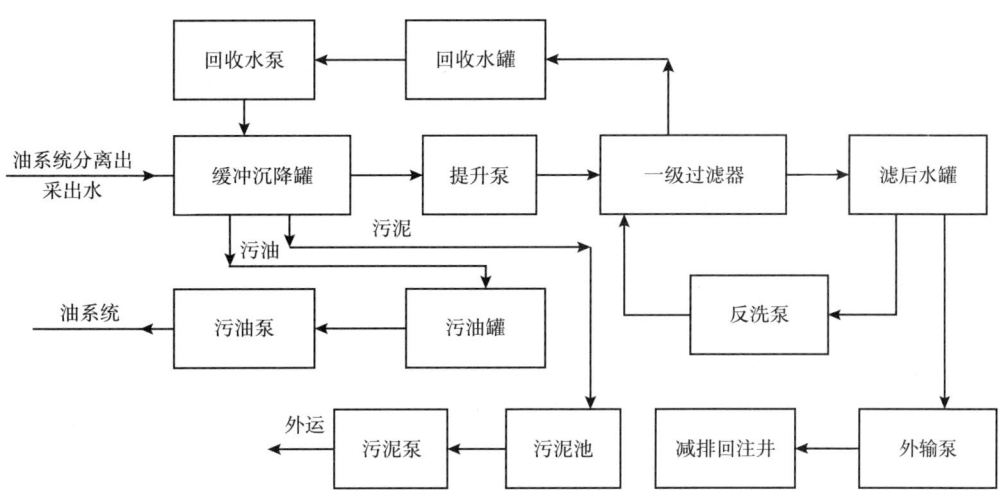

图 6-42 "一级沉降＋一级过滤"标准化工艺流程框图

站内三相分离器脱出水利用余压首先进入缓冲沉降罐，进行水量水质充分调节，出水经过滤泵提升进入一级核桃壳过滤器，滤后水进入滤后水罐，处理后的采出水通过注水系统回注。

3）辅助工艺流程

反洗流程：滤后水罐 → 反洗泵 → 过滤器。

反洗泵从滤后水罐吸水，加压后对过滤器进行反洗。为保证反洗质量，反洗泵设变频器，对过滤器进行变强度反洗。

其余辅助流程，如反洗水及污水回收工艺、污油回收工艺、污泥回收及脱水工艺、加药流程、事故流程等，均与上文"碎屑岩油藏中渗透区块标准化采出水工艺流程"一致，在此不再赘述。

## 二、气田水标准化采出水工艺流程推荐

气田水回注水质对含油量和悬浮物控制指标较宽松，设计出水水质：含油量：≤100mg/L；悬浮固体含量：≤200mg/L。推荐采用"一级沉降＋一级过滤"采出水处理工艺，出水水质满足气田水回注水质要求。采出水处理工艺流程框图如图 6-42 所示。

## 三、减排回注水处理工艺

**1. 设计水质**

砂岩出水水质：悬浮固体含量：≤30mg/L；悬浮固体颗粒直径中值：≤5μm。

碳酸盐岩出水水质：悬浮固体含量：≤90mg/L；悬浮固体颗粒直径中值：≤70μm。

**2. 主工艺流程**

1）砂岩油藏

对于砂岩油藏的减排回注可采用"二级沉降＋一级过滤"采出水处理工艺，出水水质

满足砂岩减排回注水质要求。采出水处理工艺流程框图如图 6-43 所示。

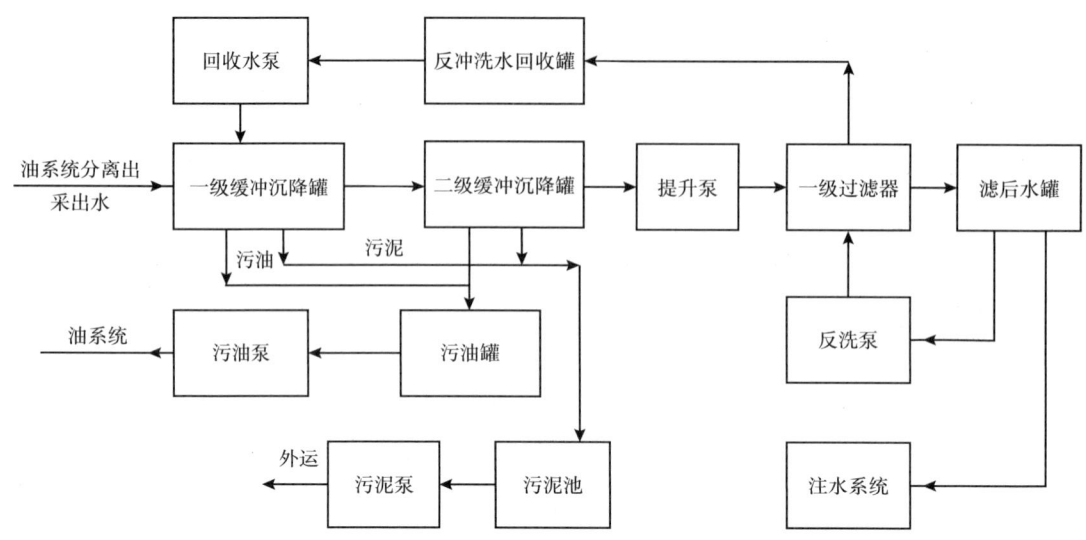

图 6-43 "二级沉降 + 一级过滤"标准化工艺流程框图

站内三相分离器脱出水利用余压首先进入一级缓冲沉降罐，进行水量水质充分调节，出水进入二级缓冲沉降罐。二级缓冲沉降罐出水经过滤泵提升进入一级双滤料过滤器，滤后水进入滤后水罐，处理后的采出水通过注水系统回注。

2）碳酸盐岩油藏

对悬浮物控制指标较宽松的碳酸盐岩地层减排回注可采用"一级沉降 + 一级过滤"采出水处理工艺，出水水质满足碳酸盐岩地层减排回注水质要求。采出水处理工艺流程框图如图 6-44 所示。

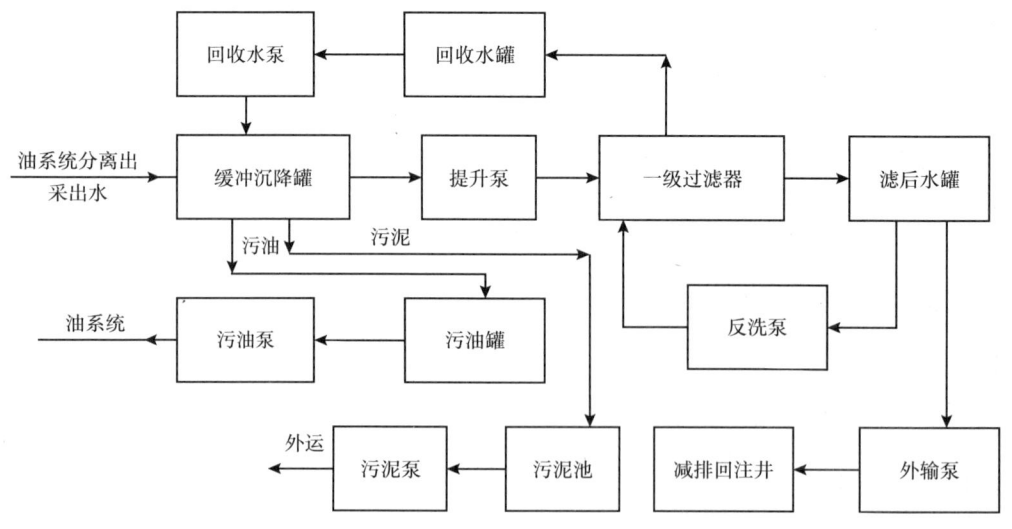

图 6-44 "一级沉降 + 一级过滤"标准化工艺流程框图

站内三相分离器脱出水利用余压首先进入缓冲沉降罐，进行水量水质充分调节，一级缓冲沉降罐出水经过滤泵提升进入一级核桃壳过滤器，滤后水进入滤后水罐，处理后的采出水通过注水系统回注。

### 3. 辅助工艺流程

1）反洗流程

滤后水罐 → 反洗泵 → 过滤器

反洗泵从滤后水罐吸水，加压后对过滤器进行反洗。为保证反洗质量，反洗泵设变频器，对过滤器进行变强度反洗。

其余辅助流程，如反洗水及污水回收工艺、污油回收工艺、污泥回收及脱水工艺、加药流程、事故流程等，均与上文"碎屑岩油藏中渗透区块标准化采出水工艺流程"一致，不再赘述。

## 四、采出水处理系统生产运行管理

采出水处理系统生产运行管理指从接纳原水至净化处理排出"达标"采出水的全过程管理，是确保采出水处理系统能否正常运行的关键。采出水处理系统生产运行管理应按以下内容执行。

（1）采出水处理系统应加强系统的全过程管理，做好节点控制，使每级处理的出水水质达标，并做好关键点的水质监测，确保不合格水不进入下一生产环节。若出现不可控制的出水水质不合格，应及时分析查找原因并整改。

（2）严格控制进站来水水质，采出水处理系统进水水质应满足设计进水水质指标要求。一般情况下，水驱采出水进站含油量应不大于1000mg/L。如高于此数值，应及时查找原因并整改。

（3）采出水处理系统应按照设计规定的药剂种类及投加量，投加杀菌剂、净水剂、缓蚀剂等化学处理剂。根据实际情况，需要调整投加药剂的种类和数量时，需经过现场筛选试验。各种投加设备应定期检查，保证运转正常，以确保采出水破乳除油和去除悬浮物的效果。

（4）调节罐、缓冲罐、除油罐、浮选机和储水罐等设备设施，应及时收油和排污，使采出水处理系统正常运行。除油罐宜连续收油，若无法实现连续收油，则收油频率需保证罐内油层厚度不超过设计油层厚度。调节罐、缓冲罐、除油罐和储水罐应根据实际情况排污或排泥，避免因罐底污泥过多影响出水水质。

（5）过滤器应严格按照设计规定或生产中摸索出的最佳反冲洗强度、反洗周期及反洗历时时间进行反冲洗。各种压滤罐，实际进水水质（含油量和悬浮物）不应超过设计水质。若进水水质超过设计水质指标，应分析原因并及时采取措施，避免污染滤料。对运行滤罐内的滤料应定期检查（每年至少检查一次），根据滤料漏失及污染情况，及时补充或清洗、更换滤料。

（6）各站场工艺设备和设施，应有详细的运行记录，主要包括处理水量、进水温度、各种水罐液位、药剂名称、加药量、各处理设备及设施进出口水质、压力、收油和排泥、出现的问题及解决情况等。

（7）油田生产中产生的各种含油污泥，应按要求进行无害化处理，满足相关规格要求，避免造成环境污染，处理后的产出液宜回收利用，不得超标排放。

## 第六节　注水工艺与设备

油田注水是利用注水设备把质量合乎要求的水从注水井注入油层，向油层补充能量，以保持油层压力的生产过程。

油田注水有以下几个方面的优势。

（1）保持地层压力，提高采收率。油田依靠天然地层能量采油，除少数有边水补充能量的油藏外，一般采收率不到20%；而利用注水的开发方式，采收率可达到35%~50%。

（2）维持高产稳产。油田采用注水开发，能够保持或提高油层压力，保证油流在油层中有足够的能量，同时容易调整和控制，维持油田的合理开发速度，使其长期高产稳产。

（3）变废为利、保护环境。随着油田开发的不断进行，油田采出水日益增多，将其处理后回注于地层，既防止了环境污染，又节省了水资源，变废为利，利国利民。

目前，我国大部分油田已进入石油开发的中期和后期，采出液中含水率也越来越高，致使每天产生的油田采出水量非常巨大。同时由于油田的注水量需求也越来越大，人们普遍认可处理后油田采出水作为油田注水水源的一系列的优势。以处理后油田采出水作为注水水源进行注水开发，仍是油田发展的主要方向。

向地层内注入的回注水是从水源来水，经过水处理站、注水泵、注水管网、配水间分配到各注水井去。

目前国内注水工艺按站场布局分为：（1）高压集中注水工艺；（2）低压集中供水、高压分散注水工艺。

按注水管网分为：（1）单干管配水间多井配水工艺；（2）单干管单井配水工艺；（3）双干管多井配水工艺；（4）分压注水工艺；（5）局部增压注水工艺。

### 一、注水工艺

#### 1. 高压集中注水工艺

高压集中注水工艺是注入水在注水站集中升压，再经高压管道输送至各注水井。高压集中注水工艺原理流程如图6-45所示。

站外流程有单干管单井配水和单干管多井配水两种，该工艺具有以下特点：

（1）集中建站，管理方便，有利于集中控制，设备维护的工作量少；

（2）各井之间干扰小，适应性强；

（3）缺点是主干管采用高压管材，工程费用高，高压输送距离长，运行管理具有一定风险。

集中注水工艺主要应用在布局相对集中、注水量相对较大、注水压力和水质要求差别不大的大规模整装油田中应用。

#### 2. 低压集中供水、高压分散注水工艺

低压集中供水、高压分散注水工艺是从供水水源通过低压管道将水输送至分散布置的

注配间，在注配间内采用注水泵升压后输至注水井。

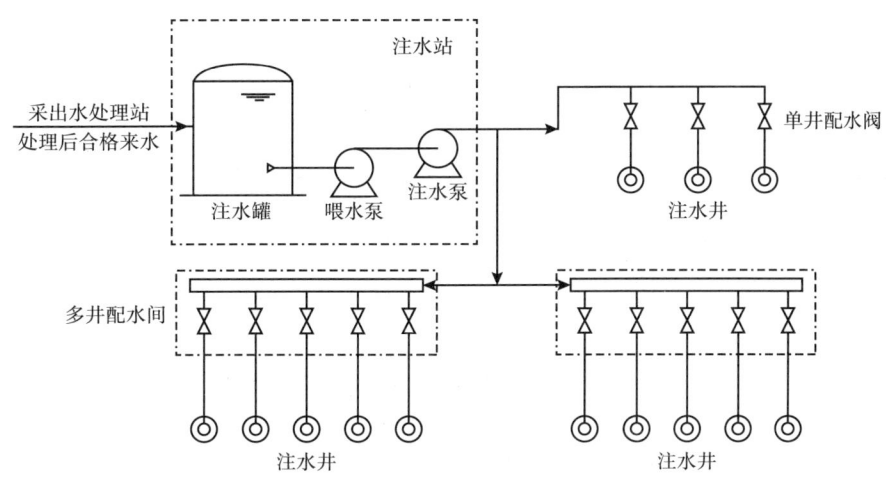

图 6-45　高压集中注水工艺原理流程图

优点：低压输水，主干管采用低压管材，工程费用低，日常运行维护风险低。

缺点：高压分散注水，需在各注水井场设置注水泵，需仪表、电气等配套设施。并且注水泵设置在井场需专业人员经常维护，日常维护费用高。

该工艺主要应用于布井较分散，各注水井水压、水量变化较大，注水压力较高的区块。

**3. 单干管配水间多井配水工艺**

单干管配水间多井配水工艺是将注入水、洗井水等经同一根注水干管输送至多井式配水间，注水井就近接入多井配水间，单井配水阀组集中在配水间内设置，通过配水间控制、计量后将注入水经过注水支管输送至注水井口，注入地下。单干管配水间多井配水工艺原理流程如图 6-46 所示。

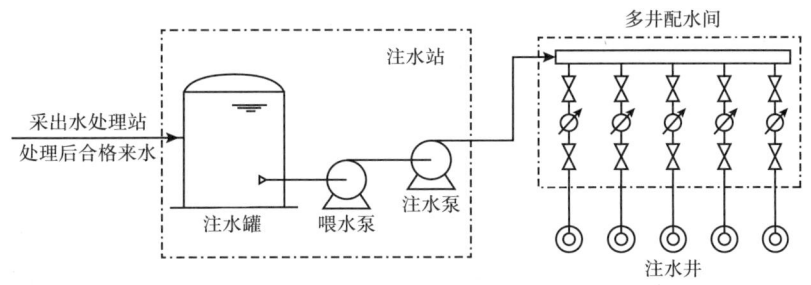

图 6-46　单干管多井配水工艺原理流程图

该工艺的特点是注水井在配水间集中调节，管理方便，便于对注水井网进行调整，各注水井之间干扰小；配水间易于与油气计量站联合设置，便于集中管理。这种类型的流程适应性强，适用于油田面积大、注水井多、注水量大的区块。缺点是单井支线相对较长。

**4. 单干管单井配水工艺**

单干管单井配水工艺由注水站将注入水、洗井水经同一根注水干管输送至单井，在井口经控制、计量后将注入水送到注水井口，注入地下。单干管单井配水工艺原理流程如图 6-47 所示。

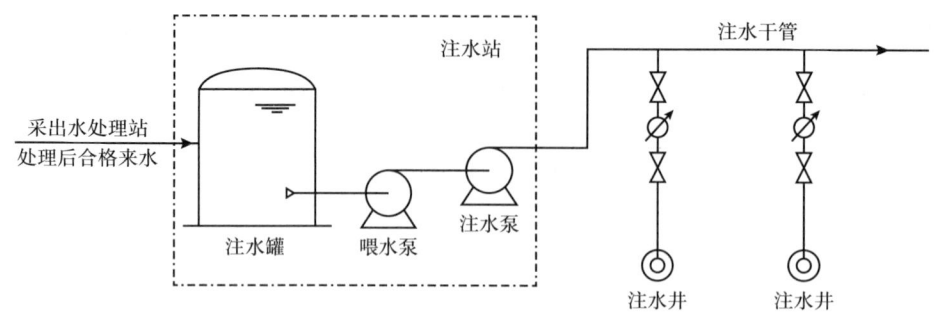

图 6-47　单干管单井配水工艺原理流程图

该工艺的特点是单井支线短，适应行列式布井开发的油田；缺点是单井在井口调节，管理相对困难。

#### 5. 双干管多井配水工艺

该工艺从注水站到配水间设 2 条干管，一条干管用于正常注水，另一条干管用于洗井或洗井水回收或其他液体输送。其特点是正常注水与洗井用水可分开，井间不受洗井干扰；在不洗井时，洗井水管可为注指示剂、增注剂，或给酸化、压裂等井下作业供水。对于日注量较大、井数较多的油田，这种流程会因投资大而不经济。目前，洗井一般采用专用洗井车洗井，一般不采用该流程。

#### 6. 分压注水工艺

当油田的注入层压力差别较大时，需采用压力不同的两套系统（包括注水泵和管线），对高压注入层和低压注入层实行分压注水。分压注水工艺原理流程如图 6-48 所示。

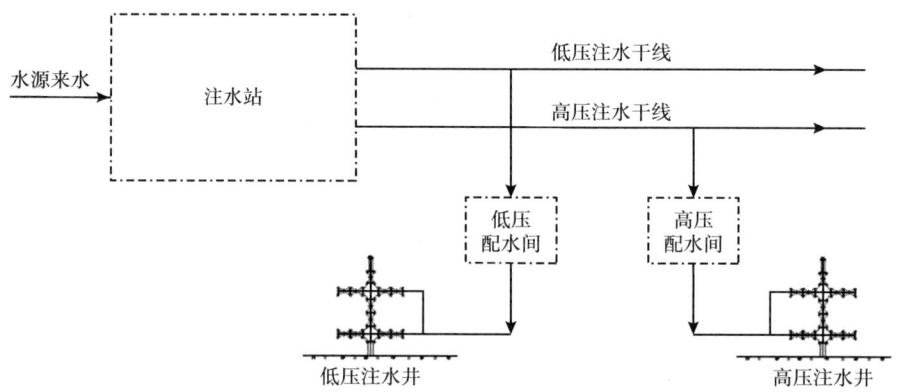

图 6-48　分压注水工艺原理流程图

分压注水系统虽然需增加部分投资，但可大大节省电费和运行费用，该工艺的选择需经过技术经济比较才能确定。

#### 7. 局部增压注水工艺

局部增压注水工艺是在完不成配注的少数注水井口增设增压泵，将注水站的高压来水进行二次增压,以提高注水井井口压力,对地层实施高压注水,同时减少了整个注水系统压力,降低了能耗。

## 二、注水设备

油田注水是保持油层压力、降低原油产量递减的主要措施,而注水泵机组则是油田注水的关键设备。

我国油田类型多种多样,配套的注水系统也不尽相同,但目前使用的注水泵机组主要有两种,一种是高压多级离心泵,另一种是小排量、高扬程的多柱塞往复式柱塞泵。由于离心泵和柱塞泵不同的工作原理和特点,决定了各自比较理想的适用范围。

### 1. 离心泵

离心泵为旋转叶片式泵,通过高速旋转的叶轮的离心力作用实现流体的输送。高压多级离心泵主要用于注水量较大的注水系统中。目前,国内高压多级离心泵中,其排量为 $60\sim400m^3/h$,扬程为 2000m 左右,铭牌效率为 45%~79%,排量越小,效率越低,一般运行排量大于 $160m^3/h$ 时,泵效率才能达到 75% 以上。

水平电泵可以用于小流量、较高扬程的工况,但是实际运行效率比较低,一般在 50% 以下。

因此,针对注水量较大、注水压力不高(一般小于 20MPa),且注水量和注水压力波动不大的注水系统,采用高压多级离心注水泵是比较合适的,泵效率也较高。

### 2. 柱塞泵

柱塞泵为往复式容积泵,通过柱塞的往复运动实现流体的输送,适用于流量较小、压力较高的工况。流量一般小于 $50m^3/h$,扬程最高可达到 43MPa,泵效率一般都在 85% 以上。从使用效果看,柱塞泵排量在 $30\sim45m^3/h$ 运行时,比较平稳,使用寿命较长,泵效能达到 85% 以上。

因此,针对注水量较小,注水压力较高,或注水量和注水压力波动较大的注水系统,采用柱塞泵是比较合适的。

## 三、塔里木油田注水工艺

塔里木油田注水工艺多采用高压集中供水、多井配水工艺。例如:轮一联合站、桑南油气处理站、解放渠东转油站、东一联合站、哈四联合站、塔一联合站、塔中 40 集油站、塔中 161 计转站、玉东 6 转油站等。低压集中供水、高压分散注水工艺主要应用于牙哈 7 低压集气站。

### 1. 轮一联合站注水工艺

轮一联站内目前建有注水站 3 座,即老注水站、新注水站和减排回注站。采用高压集中供水、多井配水工艺。

老注水站建于 1992 年,设计规模为 $4200m^3/d$,设计注水压力 16MPa。注水站内采用压力缓冲罐利用水处理站滤后水余压直接喂水,柱塞泵升压至出站阀组,再经高压管道输送至各注水井。由于已建设备腐蚀磨损严重、泵效低下、设备维护费用高,目前处于停运状态。

新注水站建于 2008 年，设计规模为 6000m³/d，设计注水压力 16MPa。站内采用了离心泵增压的方式。设置离心注水泵 3 台（$Q$=120m³/h，$H$=1575m，$P$=1250kW）。

减排回注站建于 2008 年，设计注水能力为 3300m³/d。后根据《轮南油田"二次开发"方案地面工程规划方案》，轮一联污水减排回注系统规模无法满足"十二五"生产的需要，对该站进行扩建。扩建后设计能力为 5500m³/d，设计注水压力为 18MPa。

### 2. 哈四联合站注水工艺

哈得油田注水系统含 2 个注水站：哈一联注水站和哈四联注水站，均采用高压集中供水、多井配水工艺。哈一联注水站始建于 2007 年，设计规模为 3050m³/d，采用离心泵增压的工艺流程。哈四联注水站始建于 2004 年，设计规模为 4500m³/d，采用离心泵和柱塞泵混合增压的工艺流程，设计注水压力为 22MPa。

两个注水站共用哈得油田站外注水管网。站外建有配水间 6 座（1 号至 6 号配水间），其中 1# 至 3# 配水间由哈一联注水站提供高压注水，4# 至 6# 配水间由哈四联注水站提供高压注水，各配水间均由注水站独立敷设注水干线提供高压注水。

针对哈得油田采出水水量多于注水水量的情况，哈得油田建设了回灌水系统，哈一联合站回灌站建于 2010 年，设计规模为 1000m³/d，工艺流程为："来水缓冲罐 → 外输泵 → 输水管网 → 回灌泵 → 回灌井"。站内建有回灌水缓冲罐 1 座，外输水泵 2 台；哈四联多余的采出水通过外输泵从污水站处理后的净化水储罐输送至哈一联回灌站。

### 3. 塔一联注水工艺

塔一联注水站建于 1998 年，设计规模为 8000m³/d，来水先进入两座 700m³ 注水罐，经注水泵提压到 22MPa 进入注水管网。塔一联注水站为塔中 4 油田 401 区块、402 区块、422 区块提供注水水源。注水系统采用集中增压、多井配水工艺，注水水源为塔一联采出水处理站提供处理后采出水。塔一联站外地质注水及减排回注共用 1 套管网，管网设计压力为 25MPa。塔一联注水站设备采用 5 台离心泵。设计为 3 用 2 备。注水能力为 8160m³/d，注水压力为 22MPa。

站外共有配水间 5 座，注水干线 3 条，1# 注水干线为塔一联合站至 1# 配水间；2# 注水干线为塔一联合站至 2# 配水间、3# 配水间、4# 配水间；3# 注水干线为塔一联合站至 5# 配水间。

### 4. 牙哈 7 低压集气站注水工艺

牙哈 7 低压集气站处理后采出水用于减排回注，注水采用低压输送、井口增压的方式，分别注入 YH15 井、YH7X-1 井及 YH7-H5 井。由第三方增压单位负责 3 口注水井的运维工作。

## 四、推荐注水工艺

### 1. 高压集中注水工艺

对于开发面积较大，注水井分布集中的整装区块，宜采用高压集中注水工艺。高压集中注水工艺将注水站建在联合站或转油站内，注入水在注水站集中升压，再经高压管道输送到配水间，经过配水阀组调节分配输至注水井口。高压集中注水工艺流程图如图 6-49 所示。

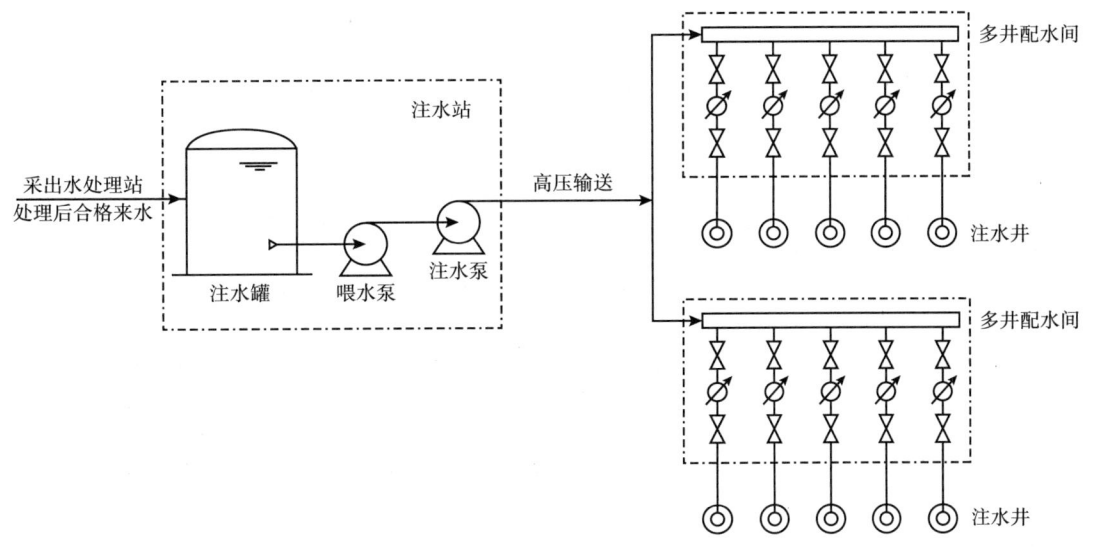

图 6-49 高压集中注水工艺流程图

### 2. 低压集中供水、高压分散注水工艺

对于布井较分散、小规模的零散井和扩边井，宜采用低压集中供水、高压分散注水工艺。低压集中供水、高压分散注水工艺是从供水水源通过低压管道将水供至分散布置的注配间，在注配间内用注水泵升压后输至注水井口。低压集中供水、高压分散注水工艺流程如图 6-50 所示。

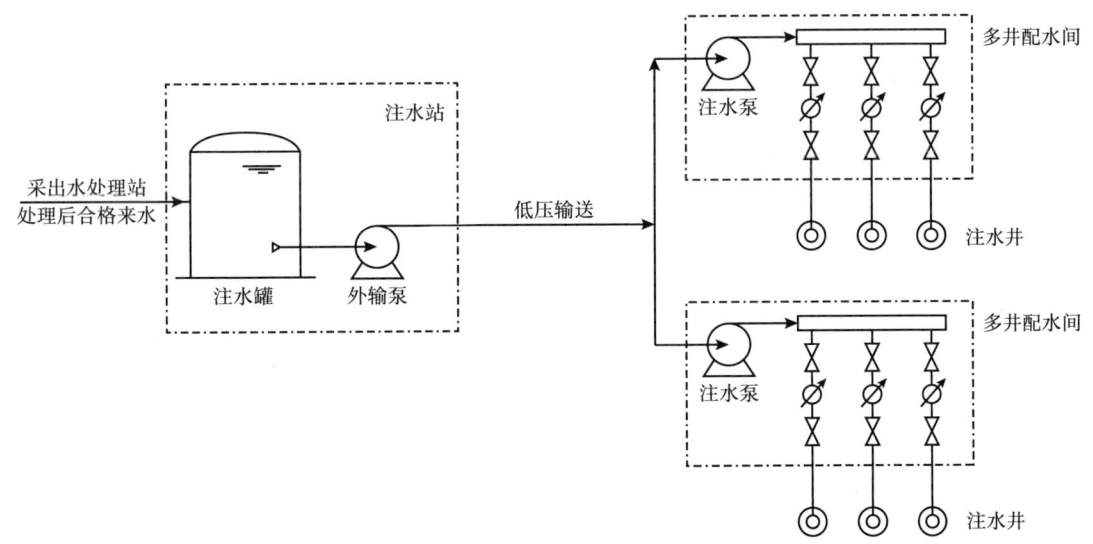

图 6-50 低压集中供水、高压分散注水工艺流程图

### 3. 分压注水工艺

当区块注水井间注入压力差大于 1.5MPa 时，宜采用分压注水方式。采用压力不同的两套系统（包括注水泵和管线），对高压注入层和低压注入层实行分压注水。分压注水工

艺流程如图 6-51 所示。

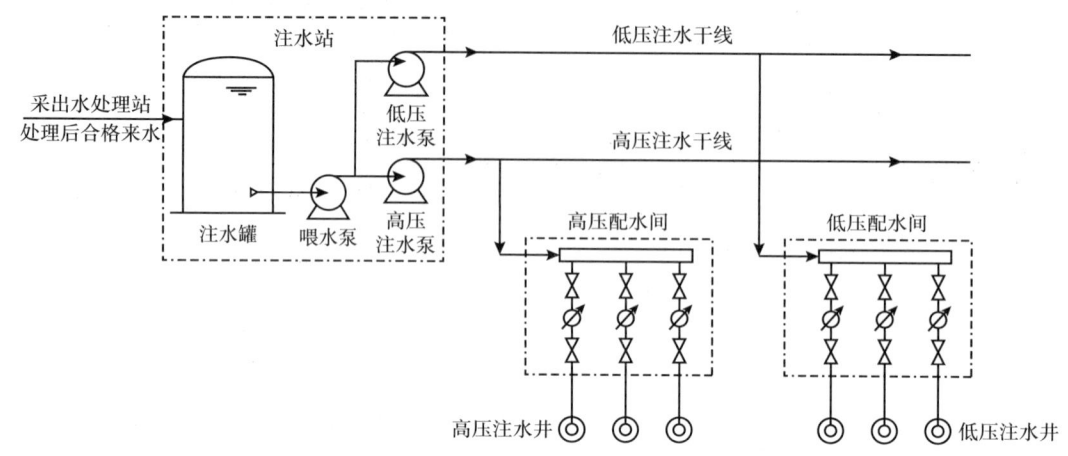

图 6-51　分压注水工艺流程图

对个别高压注水井宜采用局部增压注水方式。局部增压注水工艺是只针对零星个别注水井所需注水压力很高的情况，在注水井口增设增压泵，将注水站的高压来水进行二次增压，以提高注水井井口压力，对地层实施高压注水。注水管网的设计压力应按开发提供的井口注水压力与管道水头损失之和选取。

## 五、注水系统生产运行管理

（1）注水系统应加强系统的全过程管理，合理调整系统的运行参数，保证水量平衡、压力平稳，并应按开发方案要求确定注水井开关或调整配注量。

（2）注水站的出水应达到注入水质要求，一般情况下清水和采出水应分注，如确需混注时，应进行室内配伍性试验，以满足注水要求。

（3）注水管网严禁串接其他生产或生活用水管道。当注水井出现注入量明显下降、压力波动较大、水质变差等情况时，应及时分析原因并组织处理。

（4）注水泵应保持高效运行，高压离心注水泵泵效率应保持在 75% 以上，柱塞泵泵效应保持在 85% 以上。

（5）注水站各工艺设备与设施，应有详细的运行记录，主要包括：注水罐液位，注水泵进出口压力，轴承温度，润滑系统，电动机电流，温度，各注水干线压力，注水量，注水泵耗电量，注水井的注水量，油管压力和套管压力等生产参数。

（6）应加强注水系统设备及设施日常生产管理。严格执行有关规章制度和操作规程，及时维护确保安全稳定运行。注水罐每年宜清淤一次，当出水水质差于进水水质时，应及时清淤。注水干管应定期冲洗，清洗周期根据水质情况合理确定，原则上每年清洗一次。

（7）应积极采用高效、节能型设备，禁止使用国家明令淘汰的设备。应有计划地更新、淘汰低效、高耗能设备，降低运行成本。

（8）注水水源发生变化时，应进行水质全项目分析，出具水质全分析报告，并进行配伍性试验。

## 参 考 文 献

[1] 冯淑初,郭揆常,王学敏.油气集输[M].东营:石油大学出版社,1988.
[2] 白晓东,汤林,班兴安,等.油气田地面工程面临的形势及攻关方向[J].油气田地面工程,2012,31(10):9-10.
[3] 宋菁.原油脱水技术研究进展[J].化工技术与开发,2019,48(6):33-34.
[4] 林国锋,刘培林,冯传令.LF 13油田原油脱水脱盐工艺流程研究[J].中国海上油气(工程),2005,17(4):282-283.
[5] 陈春燕.原油脱水技术研究进展[J].辽宁化工,2019,48(6):546-547.
[6] 李慧君.原油脱水处理工艺的优化措施分析[J].中国石油和化工标准与质量,2017(10):2.
[7] 陈通.稳定原油脱水工艺的措施[J].油气田地面工程,2010,29(2):83-84.
[8] 彭洋平.原油脱水处理工艺的优化措施[J].工艺与设备,2019,45(7):87-88.
[9] 申刚.浅谈原油脱水系统基本原理及运行控制[J].内蒙古石油化工,2011(16):47-53.
[10] 宁长春,韩淑菊,吴廷友,等.哈拉哈塘油田原油脱水工艺优化设计[J].油气田地面工程,2013,32(2):34-35.
[11] 王梓丞.原油稳定工艺运行参数优化及适应性分析[J].天然气与石油,2017,35(5):40-44.
[12] 王梓丞.原油稳定工艺技术综述[J].新疆石油科技,2017,27(3):44-47.
[13] 冯叔初,郭揆常.油气集输与矿场加工[M].北京:中国石油大学出版社,2006.
[14] 陈赓良,朱利凯.天然气处理与加工工艺原理及技术进展[M].北京:石油工业出版社,2010.
[15] 王开岳.天然气净化——脱硫脱碳、脱水、硫黄回收及尾气处理[M].北京:石油工业出版社,2015.
[16] 王遇冬,郑欣,李逕红,等.天然气处理原理与工艺[M].北京:中国石化出版社,2016.
[17] 陈赓良,肖学兰,杨仲熙,等.克劳斯法硫黄回收工艺技术[M].北京:石油工业出版社,2007.